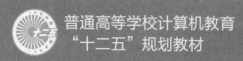
普通高等学校计算机教育
"十二五"规划教材

卓越工程师培养计划推荐教材
——软件开发类

Visual C++
应用开发与实践

U0306064

■ 刘乃琦 主编 ■ 张昱 姚建成 李雯 副主编

人民邮电出版社
北 京

图书在版编目（ＣＩＰ）数据

Visual C++应用开发与实践 / 刘乃琦主编. -- 北京
: 人民邮电出版社，2012.12（2015.1重印）
普通高等学校计算机教育"十二五"规划教材
ISBN 978-7-115-30105-5

Ⅰ. ①V… Ⅱ. ①刘… Ⅲ. ①C语言－程序设计－高等
学校－教材 Ⅳ. ①TP312

中国版本图书馆CIP数据核字(2012)第305756号

内 容 提 要

本书系统、全面地介绍了 Visual C++软件开发所涉及的各类知识。全书共分 9 章，内容包括对话框程序
设计，文档\视图程序设计，菜单、工具栏和状态栏，图形设备接口，多线程，套接字编程，数据库操作技
术，综合案例——商品销售管理系统，课程设计——网络五子棋。全书每章内容都与实例紧密结合，有助于
学生理解知识、应用知识，达到学以致用的目的。

本书附有配套 DVD 光盘，光盘中提供有本书所有实例、实验、综合案例和课程设计的源代码，还提供
了制作精良的电子课件 PPT、教学录像和《Visual C++编程词典（个人版）》体验版学习软件。其中，源代
码全部经过精心测试，能够在 Windows XP、Windows 2003、Windows 7 系统下编译和运行。

本书可作为普通高等院校本科计算机专业、软件学院、高职软件专业及相关专业的教材，同时也适合
Visual C++爱好者，初、中级的软件开发人员参考使用。

普通高等学校计算机教育"十二五"规划教材

Visual C++应用开发与实践

◆ 主　　编　刘乃琦

　　副主编　张　昱　姚建成　李　雯

　　责任编辑　刘　博

◆ 人民邮电出版社出版发行　　北京市丰台区成寿寺路 11 号
　　邮编　100164　电子邮件　315@ptpress.com.cn
　　网址　http://www.ptpress.com.cn
　　北京昌平百善印刷厂印刷

◆ 开本：787×1092　1/16
　　印张：27.75　　　　　　2012 年 12 月第 1 版
　　字数：734 千字　　　　　2015 年 1 月北京第 2 次印刷

ISBN 978-7-115-30105-5

定价：52.00 元（附光盘）

读者服务热线：(010) 81055256　印装质量热线：(010) 81055316
反盗版热线：(010) 81055315

前　言

　　Visual C++是 Microsoft 公司推出的 32 位 Windows 应用程序的开发平台，它是当今最主流的程序开发技术之一。目前，无论是高校的计算机专业还是 IT 培训学校，都将 Visual C++作为教学内容之一，这对于培养学生的计算机应用能力具有非常重要的意义。

　　目前，实例教学是计算机语言教学的最有效的方法之一，本书将 Visual C++知识和实用的实例有机结合起来，一方面，跟踪 Visual C++发展，适应市场需求，精心选择内容，突出重点、强调实用，使知识讲解全面、系统；另一方面，设计典型的实例，将实例融入知识讲解中，使知识与实例相辅相成，既有利于学生学习知识，又有利于指导学生实践。另外，本书在每一章的后面还提供了习题和实验，方便读者及时验证自己的学习效果（包括理论知识和动手实践能力）。

　　本书作为教材使用时，课堂教学建议 48～54 学时，实验教学建议 12～16 学时。各章主要内容和学时建议分配如下，老师可以根据实际教学情况进行调整。

章号	主要内容	课堂学时	实验学时
第 1 章	对话框程序的建立，控件的使用，通用对话框，消息框	9	1
第 2 章	文档\视力程序的建立，文档模板，文档对象、视图对象、框架对象	4	1
第 3 章	菜单，工具样，状态栏	5	1
第 4 章	GDI 对象，文本输出，图像输出	5	1
第 5 章	线程创建方法，线程挂起、唤醒、终止，线程同步	4	1
第 6 章	网络基础，API 函数创建套接字，Socket 类创建套接字	4	2
第 7 章	数据库基础，ADO 对象操作数据库，ADO 控件操作数据库	7	1
第 8 章	综合案例——商品销售管理系统，包括需求分析、总体设计、数据库设计、公共类设计、主要功能模块、程序打包与安装	7	
第 9 章	课程设计——网络五子棋，包括课程设计目的、功能描述、总体设计、实现过程、调试运行、课程设计总结	5	

　　由于编者水平有限，书中难免存在疏漏和不足之处，敬请广大读者批评指正，使本书得以改进和完善。

编　者

2012 年 6 月

目　录

第1章 对话框程序设计

本章要点

- 模态对话框和非模态对话框的显示
- 向对话框类中加入成员变量、成员函数的方法
- 基本对话框控件的使用
- 消息框的使用
- 通用对话框的使用

在 Windows 应用程序中，对话框是重要的组成部分。不论是打开文件，还是查询数据，或进行数据交换，都会用到对话框，大部分的应用程序整体就是一个个对话框组合而成的。图1-1、图1-2所示的 QQ 窗口就是对话框的例子。

图 1-1　QQ 登录

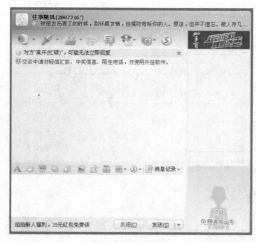

图 1-2　QQ 聊天

由于对话框应用广泛，可以说，学好了对话框程序，也就学好了 Windows 程序。

1.1 MFC 程序开发概述

1.1.1 MFC 类库的产生与发展

在 Microsoft 推出 Windows 3.0 之后，Windows 操作系统受到越来越多的人的青睐。因此，当时学习 Windows 程序设计便成为很多程序员的首选。但是不久，开发人员发现撰写 Windows 应用程序是重复的、令人厌烦的过程，而且效率极低。因为每一个窗口都需要在窗口函数中处理大量的信息，导致出现大量的重复代码。

随着 C++语言的盛行，开发人员发现利用 C++语言的特性来封装 Windows API 和 Windows 应用程序的开发可以明显地提高程序的开发效率。于是，人们对这种新的开发模式有了强烈的需求。在这种情况下，Microsoft 和其他一些大的厂商开始从事 Windows 框架的设计。于是，MFC 就在这种背景下诞生了。

MFC 英文全称是 Microsoft Fundation Class Library，即微软基础类库。从其产生至今已经发展了十几个版本，MFC 的发展过程见表 1-1。

表 1-1 MFC 发展过程

MFC	Visual C++
MFC 1.0 版本	Microsoft C/C++7.0 版本
MFC 2.0 版本	Visual C++1.0 版本
MFC 2.5 版本	Visual C++1.5 版本
MFC 3.0 版本	Visual C++2.0 版本
MFC 3.1 版本	Visual C++2.1 版本
MFC 3.2 版本	Visual C++2.2 版本
MFC 4.0 版本	Visual C++4.0 版本
MFC 4.1 版本	Visual C++4.1 版本
MFC 4.2 版本	Visual C++4.2 版本
MFC 4.2 版本	Visual C++5.0 版本
MFC 4.2 版本	Visual C++6.0 版本

1.1.2 MFC 类库层次

MFC 中的类按照功能的不同可以分为不同的层次。图 1-3 所示为 MFC 中的所有类及类库层次。

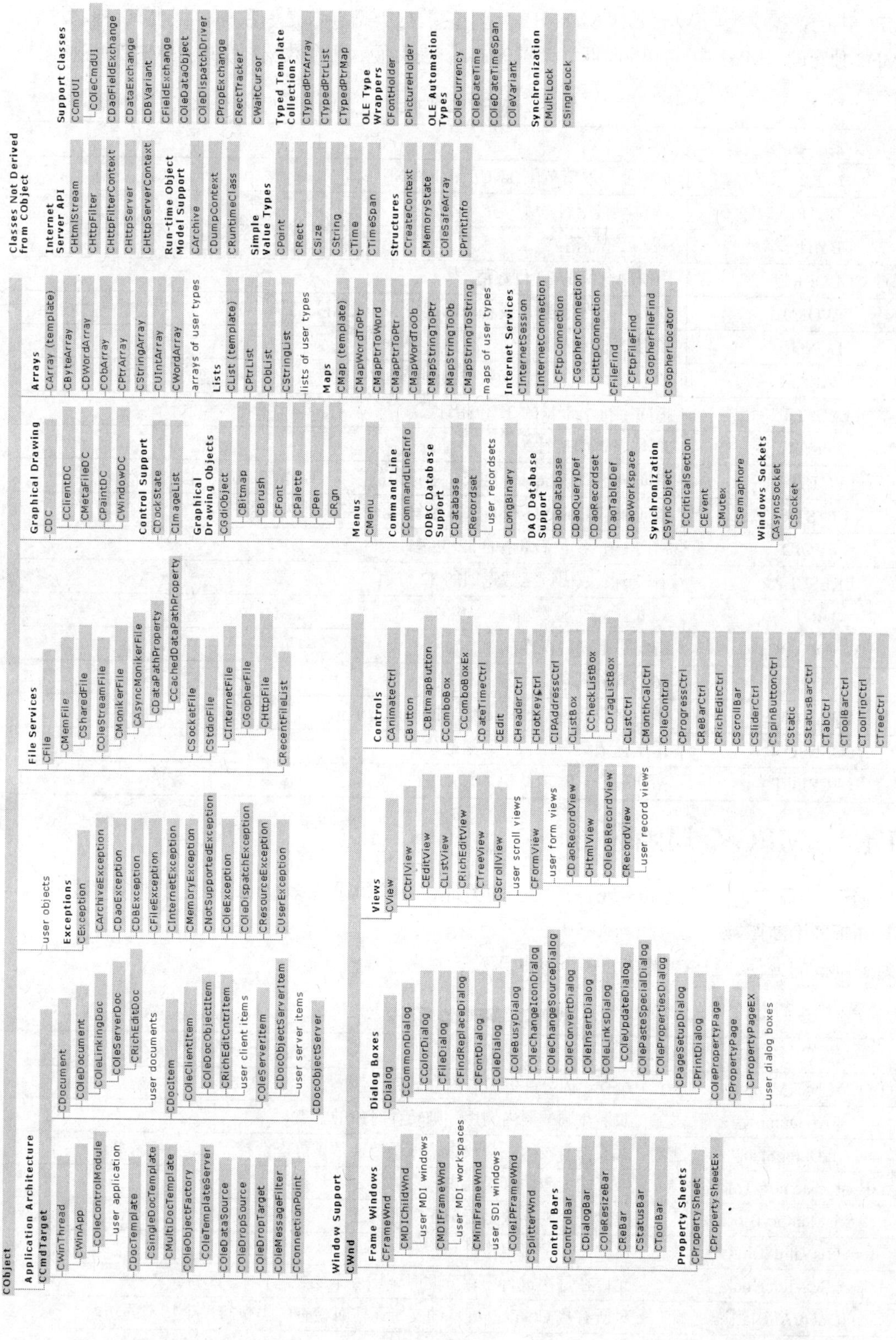

图 1-3　MFC 中的类及类库层次

CObject

Application Architecture
CCmdTarget
- CWinThread
  - CWinApp
    - COleControlModule
    - user application
  - CDocTemplate
    - CSingleDocTemplate
    - CMultiDocTemplate
  - COleObjectFactory
  - COleDataSource
  - COleDropSource
  - COleDropTarget
  - COleMessageFilter
  - CConnectionPoint
- CDocument
  - COleDocument
    - COleLinkingDoc
      - COleServerDoc
    - CRichEditDoc
  - user documents
- CDocItem
  - COleClientItem
  - COleServerItem
    - CDocObjectServerItem
  - user client items
  - user server items
- COleServer
  - CDocObjectServer

user objects

Window Support
CWnd

Frame Windows
CFrameWnd
- CMDIChildWnd
- user MDI windows
- CMDIFrameWnd
- user MDI workspaces
- CMiniFrameWnd
- COleIPFrameWnd
- CSplitterWnd
- user SDI windows

Control Bars
CControlBar
- CDialogBar
- COleResizeBar
- CReBar
- CStatusBar
- CToolBar

Property Sheets
CPropertySheet
- CPropertySheetEx

Dialog Boxes
CDialog
- CCommonDialog
  - CColorDialog
  - CFileDialog
  - CFindReplaceDialog
  - CFontDialog
  - COleDialog
  - COleBusyDialog
  - COleChangeIconDialog
  - COleConvertDialog
  - COleInsertDialog
  - COleLinksDialog
  - COleUpdateDialog
  - COleChangeSourceDialog
  - COlePasteSpecialDialog
  - COlePropertiesDialog
- CPageSetupDialog
- CPrintDialog
- CPropertyPage
  - COlePropertyPage
  - CPropertyPageEx
- user dialog boxes

Views
CView
- CCtrlView
  - CEditView
  - CListView
  - CRichEditView
  - CTreeView
- CScrollView
  - user scroll views
  - CFormView
  - user form views
    - CDaoRecordView
    - CHtmlView
    - COleDBRecordView
    - CRecordView
    - user record views

Controls
- CAnimateCtrl
- CButton
  - CBitmapButton
- CComboBox
  - CComboBoxEx
- CDateTimeCtrl
- CEdit
- CHeaderCtrl
- CHotKeyCtrl
- CIPAddressCtrl
- CListBox
  - CCheckListBox
  - CDragListBox
- CListCtrl
- CMonthCalCtrl
- COleControl
- CProgressCtrl
- CReBarCtrl
- CRichEditCtrl
- CScrollBar
- CSliderCtrl
- CSpinButtonCtrl
- CStatic
- CStatusBarCtrl
- CTabCtrl
- CToolBarCtrl
- CToolTipCtrl
- CTreeCtrl

File Services
CFile
- CMemFile
- CSharedFile
- COleStreamFile
- CMonikerFile
  - CAsyncMonikerFile
    - CDataPathProperty
      - CCachedDataPathProperty
- CSocketFile
- CStdioFile
  - CInternetFile
    - CHttpFile
    - CGopherFile
- CRecentFileList

Exceptions
CException
- CArchiveException
- CDaoException
- CDBException
- CFileException
- CInternetException
- CMemoryException
- CNotSupportedException
- COleException
- COleDispatchException
- CResourceException
- CUserException

Graphical Drawing
CDC
- CClientDC
- CMetaFileDC
- CPaintDC
- CWindowDC

Control Support
CDockState
CImageList

Graphical Drawing Objects
CGdiObject
- CBitmap
- CBrush
- CFont
- CPalette
- CPen
- CRgn

Menus
CMenu

Command Line
CCommandLineInfo

ODBC Database Support
CDatabase
CRecordset
user recordsets

DAO Database Support
CDaoDatabase
CDaoQueryDef
CDaoRecordset
CDaoTableDef
CDaoWorkspace

Synchronization
CSyncObject
- CCriticalSection
- CEvent
- CMutex
- CSemaphore

Windows Sockets
CAsyncSocket
- CSocket

Arrays
CArray (template)
- CByteArray
- CDWordArray
- CObArray
- CPtrArray
- CStringArray
- CUIntArray
- CWordArray
- arrays of user types

Lists
CList (template)
- CPtrList
- CObList
- CStringList
- lists of user types

Maps
CMap (template)
- CMapWordToPtr
- CMapPtrToWord
- CMapWordToOb
- CMapStringToPtr
- CMapStringToOb
- CMapStringToString
- maps of user types

Internet Services
CInternetSession
CInternetConnection
- CFtpConnection
- CGopherConnection
- CHttpConnection
CFileFind
- CFtpFileFind
- CGopherFileFind
CGopherLocator

Classes Not Derived from CObject

Internet Server API
CHtmlStream
CHttpFilter
CHttpFilterContext
CHttpServer
CHttpServerContext

Run-time Object Model Support
CArchive
CDumpContext
CRuntimeClass

Simple Value Types
CPoint
CRect
CSize
CString
CTime
CTimeSpan

Structures
CCreateContext
CMemoryState
COleSafeArray
CPrintInfo

Support Classes
CCmdUI
COleCmdUI
CDaoFieldExchange
CDataExchange
CDBVariant
CFieldExchange
COleDataObject
COleDispatchDriver
CPropExchange
CRectTracker
CWaitCursor

Typed Template Collections
CTypedPtrArray
CTypedPtrList
CTypedPtrMap

OLE Type Wrappers
CFontHolder
CPictureHolder

OLE Automation Types
COleCurrency
COleDateTime
COleDateTimeSpan
COleVariant

Synchronization
CMultiLock
CSingleLock

1.1.3 MFC 常用数据类型

MFC 中的数据类型与 Windows SDK 开发包中的数据类型多数是一致的，但也有一些数据类型是 MFC 独有的，MFC 中使用的数据类型见表 1-2。表中最后两个数据类型即是 MFC 所独有的。

表 1-2　MFC 数据类型

数 据 类 型	描　　述
BOOL	布尔值，取值范围 TRUE 和 FALSE
BSTR	32 位字符指针
BYTE	8 位无符号整数
COLORREF	用作颜色值的 32 位数值
DWORD	32 位无符号整数，或者段的地址和与之相关的偏移量
LONG	32 位有符号整数
LPARAM	32 位值，作为窗口函数或回调函数的参数
LPCSTR	指向字符串常量的 32 位指针
LPSTR	32 位字符串指针
LPCTSTR	指向兼容 Unicode 和 DBCS 字符集的字符串常量 32 位指针
LPTSTR	指向兼容 Unicode 和 DBCS 字符集的字符串 32 位指针
LPVOID	指向一个未定义类型的 32 位指针
LRESULT	窗口函数或回调函数返回的 32 位值
UINT	32 位无符号整数
WNDPROC	指向一个窗口函数的 32 位指针
WORD	16 位无符号整数
WPARAM	作为参数传递给窗口函数或回调函数的值
POSITION	用于标记集合中一个元素的位置
LPCRECT	指向一个 RECT 结构体常量的 32 位指针

1.1.4 MFC 全局函数

在 MFC 类库中，除了提供实现各种功能的类外，还提供了许多全局函数。具体介绍如下。

1. MFC 诊断函数

为了调试的方便，MFC 提供了多个诊断函数，见表 1-3。

表 1-3　MFC 诊断函数

函 数 名 称	描　　述
AfxCheckMemory	检查当前分配的所有内存的完整性
AfxDump	如果在调试器内调用，则转存对象的状态
AfxDumpStack	生成当前栈的一个映像，该函数通常被静态链接
AfxEnableMemoryTracking	打开或关闭内存跟踪
AfxIsMemoryBlock	检验一个内存块是否被正确的分配
AfxIsValidString	检验一个字符串指针是否有效
AfxSetAllocHook	允许在每次进行内存分配时调用一个函数
AfxDoForAllClasses	对所有从 CObject 继承的支持运行时检查的类执行一个特定的功能
AfxDoForAllObjects	对所有从 CObject 继承的用 new 分配内存对象执行一个指定的功能

2. 异常抛出函数

为了使程序更具有健壮性，MFC 提供了多个异常抛出函数，见表 1-4。

表 1-4　异常抛出函数

函 数 名 称	描　　述
AfxThrowArchiveException	抛出一个档案异常
AfxThrowFileException	抛出一个文件异常
AfxThrowMemoryException	抛出一个内存异常
AfxThrowNotSupportedException	抛出一个不支持的异常
AfxThrowResourceException	抛出一个 Windows 未找到资源异常
AfxThrowUserException	在用户初始化的程序动作中抛出一个异常
AfxThrowOleException	抛出一个 OLE 异常
AfxThrowOleDispatchException	在 OLE 自动化函数内抛出异常
AfxThrowDaoException	从代码中抛出一个 CDaoException 异常
AfxThrowDBException	从代码中抛出一个 CDBException 异常

3. 字符串格式和消息框函数

MFC 除了提供 CString 类操作字符串外，还提供了两个全局函数，见表 1-5。

表 1-5　字符串格式和消息框函数

函 数 名 称	描　　述
AfxFormatString1	用一个字符串替换给定字符串中的格式字符 "%1"
AfxFormatString2	用两个字符串替换给定字符串中两个格式字符 "%1" 和 "%2"
AfxMessageBox	显示一个消息框

4. 应用程序信息和管理函数

MFC 提供与应用程序有关的全局函数，见表 1-6。其中，有许多函数在开发应用程序过程中会经常用到。

表 1-6　应用程序信息和管理函数

函 数 名 称	描　　述
AfxFreeLibrary	减少已调入内存的动态链接库模块的引用计数，当引用计数减到 0 时，该模块就会被释放
AfxGetApp	返回应用程序对象 CWinApp 的一个指针
AfxGetAppName	返回应用程序的名称
AfxGetInstanceHandle	返回应用程序实例句柄
AfxGetMainWnd	返回指向非 OLE 应用程序的当前主窗口指针，或者是服务器程序的线程框架窗口
AfxGetResourceHandle	返回应用程序默认的资源
AfxInitRichEdit	为应用程序初始化 RichEdit 控件
AfxLoadLibrary	调入一个 DLL 模块，同时返回一个句柄，通过该句柄可以获得 DLL 中函数的地址
AfxRegisterWndClass	注册一个 Windows 窗口类，用它来代替 MFC 自动注册的窗口类
AfxSocketInit	在应用程序的 InitInstance 方法中调用，用于初始化套接字
AfxSetResourceHandle	设置应用程序默认的资源句柄
AfxRegisterClass	在使用 MFC 的 DLL 中注册窗口类
AfxBeginThread	创建一个新的线程
AfxEndThread	结束一个线程
AfxGetThread	获取指向当前 CWinThread 对象的指针
AfxWinInit	由 MFC 提供的 WinMain 函数直接调用，在 GUI 应用程序中，用于初始化 MFC

5. 集合类帮助函数

集合类帮助函数多用于数组操作，表 1-7 列出了 MFC 提供的集合类帮助函数。

表 1-7　集合类帮助函数

函 数 名 称	描　　述
CompareElements	比较元素是否相同
ConstructElements	当生成一个元素时必须实现的动作
CopyElements	将元素从一个数组中复制到另一个数组中
DestructElements	当销毁一个数组时需要实现的动作
DumpElements	提供了面向流的诊断输出
HashKey	计算一个 Hash 键
SerializeElements	将元素保存到文件中，或从文件中获得元素

6. 记录字段交换函数

记录字段交换函数用于记录集数据与变量的交互，与记录字段相关的函数见表 1-8。

表 1-8　记录字段交换函数

函 数 名 称	描　　述
RFX_Binary	传送 CByteArray 类型的字节数
RFX_Bool	传送布尔数据
RFX_Byte	传送单个字节数据
RFX_Date	传送 CTime 或 TIMESTAMP_STRUCT 类型的时间和日期数据
RFX_Double	传送双精度浮点数据
RFX_Int	传送整型数据
RFX_Long	传送长整型数据
RFX_LongBinary	通过 CLongBinary 类的对象传送二进制大对象
RFX_Single	传送浮点数据
RFX_Text	传送字符串数据
RFX_Binary_Bulk	传送二进制数据的数组
RFX_Bool_Bulk	传送布尔数据的数组
RFX_Date_Bulk	传送 TIMESTAMP_STRUCT 数据的数组
RFX_Double_Bulk	传送双精度浮点数据数组
RFX_Int_Bulk	传送整型数据数组
RFX_Long_Bulk	传送长整型数据数组
RFX_Single_Bulk	传送浮点数据数组
RFX_Text_Bulk	传送 LPSTR 数据数组

7. OLE 相关函数

为了支持 OLE 技术，MFC 对 OLE 进行了封装，同时提供了一些全局函数用于 OLE 操作，见表 1-9。

表 1-9　OLE 相关函数

函 数 名 称	描　　　述
AfxOleInit	初始化 OLE 库
AfxOleCanExitApp	判断应用程序是否能够结束
AfxOleGetMessageFilter	获取应用程序当前的消息过滤器
AfxOleGetUserCtrl	获取当前的用户控制标记
AfxOleSetUserCtrl	设置或清除用户控制标记
AfxOleLockApp	增加应用程序中活动对象的全局计数
AfxOleUnlockApp	减少应用程序中活动对象的全局计数
AfxOleRegisterServerClass	在 OLE 系统注册表中注册一个服务器
AfxOleSetEditMenu	实现 TypeName Object 命令的用户接口
AfxOleRegisterControlClass	在注册数据库中添加控件类
AfxOleRegisterPropertyPageClass	在注册数据库中添加控件的属性页类
AfxOleRegisterTypeLib	在注册数据库中添加控件的类型库
AfxOleUnregisterClass	从注册数据库中删除控件类或属性页类
AfxOleUnregisterTypeLib	从注册数据库中删除控件的类型库

8. Internet URL 解析全局函数

为了获得 URL 字符串相关信息，MFC 提供了两个全局函数，见表 1-10。

表 1-10　Internet URL 解析全局函数

函 数 名 称	描　　　述
AfxParseURL	分析一个 URL 字符串，返回服务器的类型及内容
AfxParseURLEx	分析一个 URL 字符串，返回服务器的类型及内容，同时返回系统用户的名字和密码

1.2　对话框程序向导

Visual C++ 6.0 开发环境中提供了 MFC 应用程序向导，帮助用户创建对话框应用程序，通过向导，可以简化对话框程序设计。

1.2.1　应用向导生成对话框程序

步骤如下。

（1）选择"开始"/"所有程序"/Microsoft Visual Studio 6.0/Microsoft Visual C++ 6.0 命令，打开 Visual C++ 6.0 集成开发环境。

（2）在 Visual C++ 6.0 开发环境中选择 File/New 命令，弹出 New 对话框。选择 Projects 选项卡，选择 MFC AppWizard[exe]（MFC 应用程序向导）选项，如图 1-4 所示。

（3）在 Project name 编辑框中输入创建的工程名，在 Location 编辑框中设置工程文件存放的位置，单击 OK 按钮，弹出 MFC AppWizard-Step 1 对话框，如图 1-5 所示。

（4）选中 Dialog based 单选按钮，创建一个基于对话框的应用程序，因为对程序没有特殊的要求，所以直接单击 Finish 按钮创建应用程序。

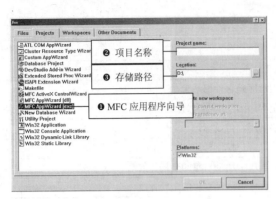

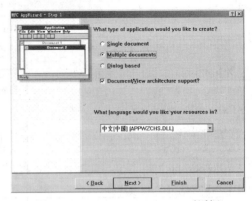

图 1-4　New 对话框　　　　　　　　　　图 1-5　MFC AppWizard-Step 1 对话框

1.2.2　对话框常用属性

前面已经介绍了如何创建并显示对话框，本节将介绍如何设置对话框的属性。右击对话框资源，在弹出的快捷菜单中选择 Properties 命令（也可以在选中对话框后按 Enter 键），将弹出 Dialog Properties（对话框属性）对话框，在其中即可对对话框的属性进行设置。

1. 设置对话框的标题

在 Dialog Properties（对话框属性）对话框的 General 选项卡中，用户可以通过 Caption 属性来设置对话框的标题，如图 1-6 所示。

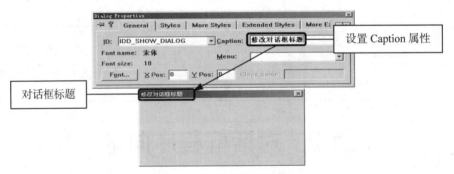

图 1-6　设置对话框的标题

2. 设置对话框的边框风格

在 Dialog Properties（对话框属性）对话框的 Styles 选项卡中，用户可以通过 Border 列表框来设置对话框的边框风格。当在 Border 下拉列表框中选择 None 选项时，对话框显示时没有边框，在使用标签控件时这一属性非常适用，对话框可以在标签页切换时显示；当在 Border 下拉列表框中选择 Resizing 选项时，对话框可以随意调整大小。

在设置对话框的边框风格时，还可以设置对话框标题栏是否显示系统菜单，如"最大化"和"最小化"按钮，如图 1-7 所示。

　　　如果用户只选中"最大化"和"最小化"按钮其中的一个属性，在显示对话框时两个按钮同样会全部显示，但是，未被选中的按钮会保持不可用的状态。

3. 使用对话框关联菜单

在 Dialog Properties（对话框属性）对话框的 General 选项卡中，用户可以通过 Menu 列表框来设置对话框所关联的菜单资源，如图 1-8 所示。

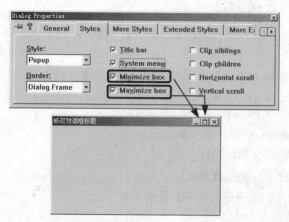

图 1-7　设置对话框的"最大化"和"最小化"按钮

图 1-8　使用对话框管理菜单

要想设置菜单，应先在资源视图中设计菜单，然后才能把它设置成对话框的显示菜单。本书将会在第 3 章详细讲解菜单的设计。

4. 设置对话框字体

在 Dialog Properties（对话框属性）对话框的 General 选项卡中包含了一个 Font 按钮，用户单击 Font 按钮可以在弹出的对话框中设置对话框的字体信息，如图 1-9 所示。

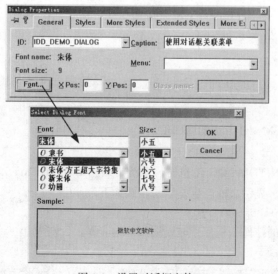

图 1-9　设置对话框字体

1.2.3　对话框主要方法

CDialog 封装了 Windows 对话框的基本功能，其主要方法如下。

（1）Create 方法。

该方法从对话框模板中创建一个对话框资源。有两种重载格式。

```
BOOL Create( LPCTSTR lpszTemplateName, CWnd* pParentWnd = NULL );
BOOL Create( UINT nIDTemplate, CWnd* pParentWnd = NULL );
```

- ❑　lpszTemplateName：标识资源模板名称。
- ❑　pParentWnd：标识父窗口指针。
- ❑　nIDtemplate：标识对话框资源 ID。

如果对话框创建成功，返回值为非零，否则为 0。

（2）DoModal 方法。

该方法用于创建并显示一个模态对话框。语法格式如下。

```
virtual int DoModal( );
```

方法返回一个整数值，该数值可以应用于 EndDialog 方法。如果方法返回值为-1，表示没有创建对话框，如果为 IDABORT，表示有其他错误发生。

（3）NextDlgCtrl 方法。

该方法使对话框中的下一个控件获得焦点。语法格式如下。

```
void NextDlgCtrl( ) const;
```

（4）PrevDlgCtrl 方法。

该方法使对话框中的上一个控件获得焦点。语法格式如下。

```
void PrevDlgCtrl( ) const;
```

（5）GotoDlgCtrl 方法。

该方法将焦点移动到指定的控件上。语法格式如下。

```
void GotoDlgCtrl( CWnd* pWndCtrl );
```

pWndCtrl：标识获得焦点的控件。

（6）SetDefID 方法。

该方法将某个按钮设置为窗口的默认按钮。语法格式如下。

```
void SetDefID( UINT nID );
```

nID：标识按钮 ID。

（7）EndDialog 方法。

该方法用于关闭一个模态对话框。语法格式如下。

```
void EndDialog( int nResult );
```

nResult：通常为 DoModal 方法的返回值。

（8）OnInitDialog 方法。

当窗口响应 WM_INITDIALOG 消息时，系统将调用 OnInitDialog 方法。WM_INITDIALOG 消息在对话框创建之后、显示之前产生。语法格式如下。

```
virtual BOOL OnInitDialog( );
```

当窗口为对话框中的控件获得焦点时，返回值为非零，否则为 0。

（9）OnOK 方法。

该方法在用户单击"OK"按钮（按钮 ID 为 IDOK）时调用。OnOK 方法在内部调用了 EndDialog

方法，因此，用户单击"Ok"按钮时会关闭对话框。通常情况下，用户需要改写该方法，禁止调用基类的 OnOK 方法。语法格式如下。

```
virtual void OnOK( );
```

（10）OnCancel 方法。

当用户在对话框中单击"Cancel"按钮或按<Esc>键，框架将自动调用 OnCancel 方法。语法格式如下。

```
virtual void OnCancel( );
```

该方法是一个虚拟方法，用户可以改写该方法，实现自己的动作。默认情况下，OnCancel 方法在内部调用 EndDialog 方法。如果用户在一个非模态对话框中实现 OnCancel 方法，需要在内部调用 DestroyWindow 方法，不要调用基类的 OnCancel 方法，因为它调用 EndDialog 方法将使对话框不可见，但不销毁对话框。

（11）DestroyWindow 方法。

该方法销毁窗口，但不释放窗口对象。语法格式如下。

```
virtual BOOL DestroyWindow( );
```

如果一个窗口是父窗口，调用该窗口的 DestroyWindow 方法时，将销毁所有的子窗口。

（12）PreCreateWindow 方法。

该方法在关联 CWnd 对象的窗口被创建之前调用。用户通过改写该方法，可以修改窗口风格。语法格式如下。

```
virtual BOOL PreCreateWindow( CREATESTRUCT& cs );
```

cs：标识窗口结构信息。

（13）Attach 方法。

该方法关联一个窗口句柄到 CWnd 对象上。语法格式如下。

```
BOOL Attach( HWND hWndNew );
```

hWndNew：标识窗口句柄。

如果执行成功，返回值为非零，否则为 0。

（14）Detach 方法。

该方法将窗口句柄从 CWnd 对象上分离出去。语法格式如下。

```
HWND Detach( );
```

返回值是从对象分离出的句柄。

（15）SubclassWindow 方法。

该方法动态子类化一个窗口，并将窗口关联到 CWnd 对象上。语法格式如下。

```
BOOL SubclassWindow( HWND hWnd );
```

hWnd：标识窗口句柄。

该方法在内部修改了 CWnd 对象的窗口过程，并保留了原始的窗口过程。

（16）PreSubclassWindow 方法。

该方法在窗口被子类化之前，由框架调用。用户可以改写该方法，进行必要的子类化。语法格式如下。

```
virtual void PreSubclassWindow( );
```

（17）UnsubclassWindow 方法。

该方法取消窗口的子类化。将窗口句柄与窗口对象分离，恢复窗口类原来的窗口过程。语法格式如下。

```
HWND UnsubclassWindow( );
```

（18）FromHandle 方法。

该方法根据窗口句柄返回一个窗口对象。语法格式如下。

```
static CWnd* PASCAL FromHandle( HWND hWnd );
```

hWnd：标识一个窗口句柄。如果窗口句柄没有关联窗口对象，一个临时的窗口对象将被创建。

（19）FromHandlePermanent 方法。

该方法根据窗口句柄返回一个窗口对象。与 FromHandle 方法不同的是，如果窗口句柄没有关联窗口对象，返回值为 NULL，该方法不创建临时窗口对象。语法格式如下。

```
static CWnd* PASCAL FromHandlePermanent( HWND hWnd );
```

hWnd：标识窗口句柄。

（20）DeleteTempMap 方法。

该方法由应用程序自动调用，在系统空闲时，调用该方法可以删除由 FromHandle 方法创建的临时对象。语法格式如下。

```
static void PASCAL DeleteTempMap( );
```

（21）GetSafeHwnd 方法。

该方法返回一个窗口句柄，如果窗口对象没有关联窗口句柄，返回值为 NULL。语法格式如下。

```
HWND GetSafeHwnd( ) const;
```

（22）IsWindowEnabled 方法。

该方法确定窗口是否可用。语法格式如下。

```
BOOL IsWindowEnabled( ) const;
```

如果窗口可用，返回值为非零，否则为 0。

（23）EnableWindow 方法。

该方法确定是否使窗口可用。语法格式如下。

```
BOOL EnableWindow( BOOL bEnable = TRUE );
```

bEnable：确定窗口是否可用，如果为 TRUE，窗口可用，否则窗口不可用。

（24）GetActiveWindow 方法。

该方法用于获得当前活动的窗口。语法格式如下。

```
static CWnd* PASCAL GetActiveWindow( );
```

（25）SetActiveWindow 方法。

该方法将窗口设置为当前活动窗口。语法格式如下。

```
CWnd* SetActiveWindow( );
```

返回值是之前的活动窗口。

（26）GetCapture 方法。

该方法用于获取鼠标捕捉的窗口。如果没有鼠标捕捉的窗口，返回值为 NULL。语法格式如下。

```
static CWnd* PASCAL GetCapture( );
```

在指定的时刻，只能有一个窗口被捕捉。

（27）SetCapture 方法。

该方法将一系列鼠标输入发送到 CWnd 对象，而不考虑鼠标的当前位置。语法格式如下。

```
CWnd* SetCapture( );
```

函数返回值是之前鼠标捕捉的窗口。

（28）SetFocus 方法。

该方法使窗口获得焦点。语法格式如下。

```
CWnd* SetFocus( );
```

函数调用前获得焦点的窗口。

（29）GetFocus 方法。

该方法返回当前获得焦点的窗口。语法格式如下。

```
static CWnd* PASCAL GetFocus( );
```

（30）GetDesktopWindow 方法。

该方法用于返回 Windows 桌面窗口。语法格式如下。

```
static CWnd* PASCAL GetDesktopWindow( );
```

（31）GetForegroundWindow 方法。

该方法返回顶层窗口指针。语法格式如下。

```
static CWnd* PASCAL GetForegroundWindow( );
```

（32）SetIcon 方法。

该方法用于设置窗口图标。语法格式如下。

```
HICON SetIcon( HICON hIcon, BOOL bBigIcon );
```

❑ hIcon：标识图标句柄。

❑ bBigIcon：标识是否设置大图标。

返回值是调用前窗口的图标句柄。

（33）ModifyStyle 方法。

该方法用于修改窗口风格。语法格式如下。

```
BOOL ModifyStyle( DWORD dwRemove, DWORD dwAdd, UINT nFlags = 0 );
```

❑ dwRemove：标识移除的窗口风格。

❑ dwAdd：标识添加的窗口风格。

❑ nFlags：标识是否调整窗口位置，可选值如下。

- SWP_NOSIZE：保留当前的大小。
- SWP_NOMOVE：保留当前的位置。
- SWP_NOZORDER：保留当前的 Z 轴顺序。
- SWP_NOACTIVATE：不激活这个窗口。

（34）MoveWindow 方法。

该方法用于改变窗口的大小和位置。该方法有两种重载形式。

```
void MoveWindow( int x, int y, int nWidth, int nHeight, BOOL bRepaint = TRUE );
void MoveWindow( LPCRECT lpRect, BOOL bRepaint = TRUE );
```

❑ *x*、*y*：标识窗口的左上角坐标。

❑ nWidth、nHeight：标识窗口的宽度和高度。

❑ bRepaint：标识窗口是否被重画。

❑ lpRect：标识窗口的显示区域。

（35）SetWindowPos 方法。

该方法用于设置窗口的大小和位置。语法格式如下。

```
BOOL SetWindowPos( const CWnd* pWndInsertAfter, int x, int y, int cx, int cy, UINT nFlags );
```

❑ pWndInsertAfter：标识在哪个窗口之后显示该窗口。

❑ *x*、*y*：标识窗口的左上角坐标。

❑ cx、cy：标识窗口的宽度和高度。

❑ nFlags：标识窗口的位置和大小选项。

（36）GetClientRect 方法。

该方法用于获取窗口的客户区域。语法格式如下。

```
void GetClientRect( LPRECT lpRect ) const;
```

lpRect：用于返回窗口的区域指针。

（37）WindowFromPoint 方法。

该方法根据坐标点返回一个窗口。语法格式如下。

```
static CWnd* PASCAL WindowFromPoint( POINT point );
```

point：以屏幕像素为单位标识一个坐标点。

（38）GetDlgItem 方法。

该方法根据指定的窗口 ID 返回一个窗口指针。该方法有两种重载形式。

```
CWnd* GetDlgItem( int nID ) const;
void CWnd::GetDlgItem( int nID, HWND* phWnd ) const;
```

nID：标识窗口 ID。

phWnd：用于返回窗口指针。

（39）UpdateData 方法。

该方法用于获得或设置对话框相关控件的数据。语法格式如下。

```
BOOL UpdateData( BOOL bSaveAndValidate = TRUE );
```

bSaveAndValidate：标识是设置数据还是获取数据，如果为 FALSE，将设置对话框数据；为 TRUE，则获取对话框数据。

（40）Print 方法。

该方法在指定的设备上绘制窗口。语法格式如下。

```
void Print( CDC* pDC, DWORD dwFlags ) const;
```

❑ pDC：标识一个设备指针，通常为打印机画布指针。

❑ DwFlags：表示绘制窗口的标识，可选值如下。

- PRF_CHECKVISIBLE：如果窗口可见，进行绘制。
- PRF_CHILDREN：绘制所有可见的子窗口。
- PRF_CLIENT：绘制窗口的客户区域。
- PRF_ERASEBKGND：绘制窗口前，擦除窗口的背景色。
- PRF_NONCLIENT：绘制窗口的非客户区域。
- PRF_OWNED：绘制所有窗口拥有的子窗口。

（41）GetDC 方法。

该方法用于返回窗口客户区的设备描述体指针。语法格式如下。

```
CDC* GetDC( );
```

（42）GetWindowDC 方法。

该方法用于返回整个窗口的设备描述体指针。语法格式如下。

```
CDC* GetWindowDC( );
```

（43）ReleaseDC 方法。

该方法用于释放一个设备描述体，其产生的作用依赖于设备描述体的类型。语法格式如下。

```
int ReleaseDC( CDC* pDC );
```

pDC：标识释放的设备描述体。对于窗口类中的设备描述体，不需要调用该方法释放。该方法通常用于释放通用的设备描述体。

（44）Invalidate 方法。

该方法使窗口的整个客户区域无效。当 WM_PAINT 消息发生时，将重绘窗口。语法格式如下。

```
void Invalidate( BOOL bErase = TRUE );
```

bErase：标识窗口的更新区域是否被擦除。如果为 True，更新区域的背景被擦除，否则，更新区域的背景不被擦除。

（45）ShowWindow 方法。

该方法控制窗口的显示。语法格式如下。

```
BOOL ShowWindow( int nCmdShow );
```

nCmdShow：表示窗口的可见状态，可选值如下。

- SW_HIDE：隐藏窗口。
- SW_MINIMIZE：最小化窗口。
- SW_RESTORE：在窗口最大化或最小化时还原窗口。
- SW_SHOW：以当前窗口的大小和位置显示窗口。
- SW_SHOWMAXIMIZED：最大化显示窗口，并激活该窗口。
- SW_SHOWMINIMIZED：最小化显示窗口，并激活该窗口。
- SW_SHOWMINNOACTIVE：最小化显示窗口，保持当前活动窗口不变。
- SW_SHOWNA：以当前窗口的大小和位置显示窗口，保持当前活动窗口不变。
- SW_SHOWNOACTIVATE：以最近的窗口大小和位置显示窗口，保持当前活动窗口不变。
- SW_SHOWNORMAL：在窗口最大化或最小化时还原窗口。

（46）IsWindowVisible 方法。

该方法确定窗口是否可见。语法格式如下。

```
BOOL IsWindowVisible( ) const;
```

（47）ClientToScreen 方法。

该方法将点或区域的客户坐标转换为屏幕坐标。该方法有两种重载形式。

```
void ClientToScreen( LPPOINT lpPoint ) const;
void ClientToScreen( LPRECT lpRect ) const;
```

❑ lpPoint：标识坐标点。

❑ lpRect：标识一个窗口区域。

（48）ScreenToClient 方法。

该方法将点或区域的屏幕坐标转换为客户坐标。该方法有两种重载形式。

```
void ScreenToClient( LPPOINT lpPoint ) const;
void ScreenToClient( LPRECT lpRect ) const;
```

❑ lpPoint：标识坐标点。

❑ lpRect：标识一个窗口区域。

（49）SetWindowText 方法。

该方法用于设置窗口文本。语法格式如下。

```
void SetWindowText( LPCTSTR lpszString );
```

lpszString：标识一个字符串。

（50）GetWindowText 方法。

该方法用于获取窗口文本。该方法有两种重载形式。

```
int GetWindowText( LPTSTR lpszStringBuf, int nMaxCount ) const;
void GetWindowText( CString& rString ) const;
```

❑ lpszStringBuf：标识一个字符缓冲区。

❑ nMaxCount：标识复制到缓冲区中最大的字符数量。

❑ rString：一个字符串引用，用以存放获取的窗口文件。

（51）SetFont 方法。

该方法用于设置窗口的字体。语法格式如下。

```
void SetFont( CFont* pFont, BOOL bRedraw = TRUE );
```

❑ pFont：标识字体指针。

❑ bRedraw：标识是否重画窗口。

（52）GetMenu 方法。

该方法用于获得窗口关联的菜单对象。语法格式如下。

```
CMenu* GetMenu( ) const;
```

（53）SetMenu 方法。

该方法用于为窗口设置菜单。语法格式如下。

```
BOOL SetMenu( CMenu* pMenu );
```

pMenu 标识菜单指针。如果执行成功，返回值为非零，否则为 0。

（54）EnableToolTips 方法。

该方法用于确定是否激活工具提示。语法格式如下。

```
BOOL EnableToolTips( BOOL bEnable );
```

bEnable：为 TRUE，激活工具提示；为 FALSE，不激活工具提示。如果用户想要在 CDialog 中显示工具提示，需要处理 TTN_NEEDTEXT 消息。

（55）SetTimer 方法。

该方法用于设置系统定时器。该方法有两种重载形式。

```
UINT SetTimer( UINT nIDEvent, UINT nElapse, void (CALLBACK EXPORT* lpfnTimer)(HWND,
UINT, UINT, DWORD) );
```

❑ nIDEvent：定时器标识。

❑ nElapse：以毫秒为单位标识时间间隔。

❑ lpfnTimer：一个函数指针，每隔 nElapse 时间，系统将调用 lpfnTimer 函数，如果 lpfnTimer 为 NULL，WM_TIMER 消息处理函数被调用。

（56）MessageBox 方法。

该方法用于显示一个消息对话框。语法格式如下。

int MessageBox(LPCTSTR lpszText, LPCTSTR lpszCaption = NULL, UINT nType = MB_OK);

❑ lpszText：标识消息对话框的内容。

❑ lpszCaption：标识消息对话框标题。

❑ nType：标识对话框中按钮的类型。

（57）SendMessage 方法。

该方法将某个消息发送到窗口过程中。语法格式如下。

LRESULT SendMessage(UINT message, WPARAM wParam = 0, LPARAM lParam = 0);

❑ message：标识消息 ID。

❑ wParam、lParam：标识消息的附加信息。该方法将消息发送到窗口过程，直到窗口过程 处理了该消息才返回。

（58）PostMessage 方法。

该方法把消息发送到窗口消息队列，并立即返回。语法格式如下。

BOOL PostMessage(UINT message, WPARAM wParam = 0, LPARAM lParam = 0);

❑ message：标识消息 ID。

❑ wParam、lParam：标识消息的附加信息。

1.2.4 添加成员变量和成员函数的方法

在 Visual C++开发环境中，为对话框添加成员及成员函数可以通过工作区窗口的 ClassView 选项卡来实现。

1. 添加普通成员

在 ClassView 选项卡中右击要添加成员的类，在弹出的快捷菜单中选择 Add Member Variable 命令，弹出 Add Member Variable 对话框，在该对话框中设置要添加的成员类型、成员名称以及成员的保护权限，如图 1-10 所示。

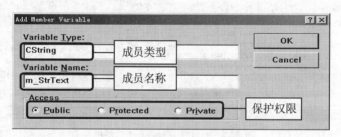

图 1-10 Add Member Variable 对话框

单击 OK 按钮，即在类的头文件中添加了成员。

2. 添加成员函数

为类添加成员函数的方法和添加普通成员类似，是在快捷菜单中选择 Add Member Function 命令，弹出 Add Member Function 对话框，设置成员函数的返回值类型、函数名称及成员函数的保护权限，如图 1-11 所示。

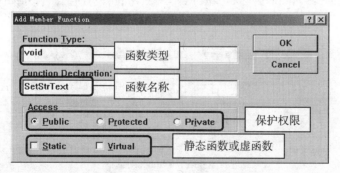

图 1-11 Add Member Function 对话框

单击 OK 按钮，在类的头文件中即会添加成员函数的声明，然后在源文件中找到函数的实现部分，为函数添加实现功能的代码。

如果想添加静态成员函数或虚函数，可以选中 Static 或 Virtual 复选框。

3. 添加消息处理函数

按<Ctrl+W>键打开 MFC ClassWizard（类向导）对话框，选择 Message Maps 选项卡，在 Class name 下拉列表框中选择对话框类，在 Object IDs 列表框中选择资源 ID，在 Messages 列表框中选择要处理的事件，单击 Add Function 按钮，如图 1-12 所示。

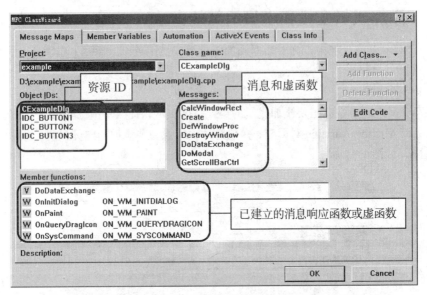

图 1-12　MFC ClassWizard 对话框

单击 Edit Code 按钮，即可跳转到建立的消息响应函数或虚函数中。

1.2.5　手动添加命令消息处理函数

在 Visual C++ 6.0 开发环境中，除了处理系统的消息外，还可以添加自定义命令消息，并处理自定义消息的处理函数。

选择 View/ResourceSymbols 命令，弹出 ResourceSymbols 对话框；单击 New 按钮，弹出 New Symbol 对话框，添加一个新命令标识 NEWMESSAGE，如图 1-13 所示。

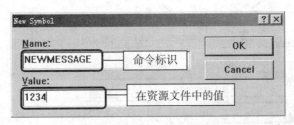

图 1-13　New Symbol 对话框

打开对话框的源文件，在 BEGIN_MESSAGE_MAP 中添加消息映射。代码如下。

```
ON_MESSAGE(NEWMESSAGE,OnNewMessage)
```

然后通过添加成员函数的方法添加 OnNewMessage 函数。

再在需要触发消息的地方调用 SendMessage 函数来发送消息。

语法格式如下。

```
LRESULT SendMessage( UINT message, WPARAM wParam = 0, LPARAM lParam = 0 );
```

- ❑ message：发送的命令标识。
- ❑ wParam：指定附加的消息指定信息。
- ❑ lParam：指定附加的消息指定信息。

消息 ID 的添加也可以通过宏的形式进行定义。

1.3　自定义对话框

在 Windows 系统中，对话框可以分为模态对话框和非模态对话框两大类，两种对话框根据需要应用在不同的程序中，并且它们的显示方法是不同的。本节将分别介绍这两种对话框的创建及显示。

1.3.1　创建对话框

创建对话框指的是在应用程序中创建对话框资源。在 Visual C++中，用户可以通过工作区窗口的 ResourceView 选项卡创建对话框资源。步骤如下：

（1）在工作区窗口中选择 ResourceView 选项卡，右击 Dialog 节点，在弹出的快捷菜单中选择 Insert Dialog 命令，创建一个对话框资源，如图 1-14 所示。

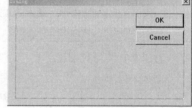

图 1-14　对话框资源

（2）按<Enter>键打开对话框的属性窗口，修改对话框资源的 ID 值，本例为 IDD_SHOW_DIALOG。要使用对话框资源，还需要为对话框创建一个窗口类。双击对话框资源或按 Ctrl+W 键打开类向导，弹出 Adding a Class 对话框，要求用户为新创建的对话框资源新建或选择一个类，如图 1-15 所示。

（3）选中 Create a new class 单选项，单击 OK 按钮，打开 New Class 对话框，在 Name 编辑框中输入类名，如图 1-16 所示。

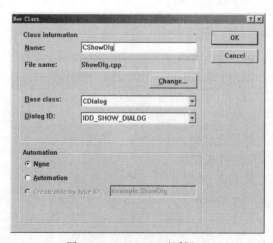

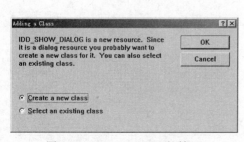

图 1-15　Adding a Class 对话框　　　　　图 1-16　New Class 对话框

（4）单击 OK 按钮，完成类的创建。

1.3.2 显示对话框

1. 模态对话框的显示（DoModal 方法）

模态对话框的特点是在对话框弹出以后，其他程序会被挂起，只有当前对话框响应用户的操作，在对话框关闭前，用户不能在同一应用程序中进行其他操作。要显示模态对话框，首先要为模态对话框声明一个对象，然后调用该对象的 DoModal 方法进行显示（DoModal 方法用于创建并显示一个模态对话框）。

语法格式如下。

```
virtual int DoModal();
```

返回值：DoModal 方法返回一个整数值，该数值可以应用于 EndDialog 方法。如果方法返回值为-1，表示没有创建对话框；如果为 IDABORT，表示有其他错误发生。

关闭模态对话框时，可以调用 CDialog 类的 OnOK 方法或 OnCancel 方法进行。用户单击 OK 按钮（按钮 ID 为 IDOK）时调用 OnOK 方法，该方法在内部调用了 EndDialog 方法，因此用户单击 OK 按钮时会关闭对话框。通常情况下，用户需要改写该方法，禁止调用基类的 OnOK 方法。当用户在对话框中单击 ID 为 IDCANCEL 的按钮或按 Esc 键时，程序将自动调用 OnCancel 方法，默认情况下 OnCancel 方法在内部调用 EndDialog 方法。如果用户要在一个非模态对话框中实现 OnCancel 方法，需要在内部调用 DestroyWindow 方法，而不要调用基类的 OnCancel 方法，因为它调用 EndDialog 方法将使对话框不可见，但不销毁对话框。

显示一个模态对话框。

```
CShowDlg dlg;           //声明对话框类对象
dlg.DoModal();          //显示模态对话框
```

关闭一个模态对话框。

```
CDialog::OnCancel();   //关闭模态对话框
```

2. 非模态对话框的显示（Create 方法）

非模态对话框在打开以后，不会影响其他线程处理消息。要显示非模态对话框，首先要调用 CDialog 类的 Create 方法进行创建。

语法格式如下。

```
BOOL Create( LPCTSTR lpszTemplateName, CWnd* pParentWnd = NULL );
BOOL Create( UINT nIDTemplate, CWnd* pParentWnd = NULL );
```

❑ lpszTemplateName：标识资源模板名称。

❑ pParentWnd：标识父窗口指针。

❑ nIDTemplate：标识对话框资源 ID。

返回值：如果对话框创建成功，返回值为非零，否则为 0。

然后通过 ShowWindow 函数进行显示。

语法格式如下。

```
BOOL ShowWindow( int nCmdShow );
```

nCmdShow：指定窗口的显示状态。

在销毁窗口时要使用 CDialog 类的 DestroyWindow 方法。

如果一个窗口是父窗口，调用该窗口的 DestroyWindow 方法时，将销毁所有的子窗口。

显示一个非模态对话框。

```
CShowDlg* dlg = new CShowDlg;              //声明对话框指针
dlg->Create(IDD_SHOW_DIALOG,this);         //创建非模态对话框
dlg->ShowWindow(SW_SHOW);                   //显示非模态对话框
```

销毁一个非模态对话框。

```
dlg->DestroyWindow();                       //销毁非模态对话框
delete dlg;                                 //释放指针
```

1.4 消息对话框

消息对话框是一种简单的对话框，不需要用户创建即可直接使用。在 Visual C++ 6.0 中提供了 AfxMessageBox 函数和 MessageBox 函数来弹出消息对话框。

语法格式分别如下。

```
int AfxMessageBox( LPCTSTR lpszText, UINT nType = MB_OK, UINT nIDHelp = 0 );
int MessageBox( LPCTSTR lpszText, LPCTSTR lpszCaption = NULL, UINT nType = MB_OK );
```

❑ lpszText：消息框中显示的文本为 NULL 时，使用默认标题。

❑ nType：消息框中显示的按钮风格和图标风格的组合，可以使用 "|" 操作符来组合各种风格。

❑ nIDHelp：信息的上下文 ID。

❑ lpszCaption：消息框的标题。

按钮风格见表 1-11。

表 1-11　按钮风格

风　格	显示的按钮
MB_ABORTRETRYIGNORE	显示 "终止" "重试" "忽略" 按钮
MB_OK	显示 "确定" 按钮
MB_OKCANCEL	显示 "确定" "取消" 按钮
MB_RETRYCANCEL	显示 "重试" "取消" 按钮
MB_YESNO	显示 "是" "否" 按钮
MB_YESNOCANCEL	显示 "是" "否" "取消" 按钮

图标风格见表 1-12。

表 1-12　图标风格

显示的图标	风　格
❌	MB_ICONHAND、MB_ICONSTOP、MB_ICONERROR
❓	MB_ICONQUESTION
⚠	MB_ICONEXCLAMATION、MB_ICONWARNING
ⓘ	MB_ICONASTERISK、MB_ICONINFORMATION

【例 1-1】　在关闭应用程序时使用消息对话框进行确认。程序设计步骤如下。（实例位置：光盘\MR\源码\第 1 章\1-1）

（1）创建一个基于对话框的应用程序，将对话框的 Caption 属性修改为 "应用程序"。

（2）删除对话框中自动生成的控件，为对话框处理 WM_CLOSE 消息，在该消息的响应函数中设置弹出消息对话框的功能。代码如下。

```
void CMessageDlg::OnClose()    //WM_CLOSE 消息响应函数
{
                               //判断是否按下"确定"按钮
    if(MessageBox("确定要退出应用程序吗? ","系统提示",MB_OKCANCEL|MB_ICONQUESTION)!=IDOK)
        return;                //用户单击"取消"按钮时不退出
    CDialog::OnClose();        //退出程序
}
```

实例的运行结果如图 1-17 所示。

图 1-17　消息对话框

MessageBox 只能使用在基于 Cwin 的子类成员方法中，否则必须使用 AfxMessageBox 函数显示提示框。

1.5　常用控件

1.5.1　静态文本

静态文本控件（Static Text）是一种单向交互的控件，用于显示数据，但是不接受输入。默认情况下，所有静态文本控件的 ID 都为 IDC_STATIC，如果要为静态文本控件添加消息处理函数，需要重新指定一个唯一的 ID 值。

编程时用得最多的就是静态文本控件，每一个静态控件都可以显示 255 个字符，如果有需要，也可以使用换行符"\n"。

1. 静态文本控件的主要属性

静态文本控件的主要属性见表 1-13。

表 1-13　静态文本主要属性

属　　性	说　　明
Align text	文本水平对齐
Center vertically	文本垂直居中
No Prefix	不使用&助记符
No Wrap	文本不换行
Notify	通知父窗口鼠标消息，如果不选中，父窗口中不会处理该控件的鼠标消息

属　　性	说　　明
Simple	文本单行左对齐
Sunken	控件具有凹陷状边框
Border	控件具有边框
ID	控件 ID
Caption	控件文本
Visible	控件是否可见
Disabled	控件是否可用
Group	将控件分组。在 Tab 键顺序中，从第 1 个为 Group 属性的控件开始到下一个为 Group 属性之前的所有控件为一组。一组内的控件可以通过方向键控制焦点的移动
Tab stop	标识用户按<Tab>键能否使控件获得焦点
Help ID	确定控件是否具有帮助 ID
Client edge	使控件边框下凹
Static edge	控件边缘为实边框
Modal frame	控件呈现 3D 效果
Transparent	控件透明。控件下方的窗口不会被控件掩盖
Accept files	是否接受文件拖动。如果用户在对话框中拖动一个文件，控件将接收 WM_DROPFILES 消息
Right aligned text	文本居右对齐
Right-to-left reading order	文本从右向左显示，主要用于使用希伯来文或阿拉伯文等的中东地区

2．静态文本控件的主要方法

（1）Create 方法。

Create 方法用于创建文本窗口，并将创建的文本窗口关联到 CStatic 对象上。

```
BOOL Create( LPCTSTR lpszText, DWORD dwStyle, const RECT& rect, CWnd* pParentWnd, UINT
nID = 0xffff );
```

Create 方法的参数见表 1-14。

表 1-14　Create 方法的参数说明

参　数　名	描　　述
lpszText	用于设置控件文本
dwStyle	用于设置控件风格
rect	用于确定控件的显示区域
pParentWnd	用于确定控件父窗口指针
nID	用于设置控件 ID

（2）SetBitmap 方法。

该方法用于将一个位图关联到静态文本控件中。位图自动绘制在控件中，并且控件会自动调整大小以适应位图。返回值为静态文本控件之前关联的位图句柄，如果控件在调用 SetBitmap 方法之前没有关联的位图，返回值为 NULL。

```
HBITMAP SetBitmap( HBITMAP hBitmap );
```

hBitmap：位图句柄。

（3）GetBitmap 方法。

该方法用于获取当前控件关联的位图句柄，如果控件没有关联的句柄，返回值为 NULL。

```
HBITMAP GetBitmap( ) const;
```

（4）SetIcon 方法。

该方法用于关联一个图标到静态文本控件上，图标自动绘制在控件上。

```
HICON SetIcon( HICON hIcon );
```

hIcon：是一个图标句柄。

返回值：是之前的图标句柄，如果控件没有关联一个图标，返回值为 NULL。

（5）GetIcon 方法。

该方法用于获取当前控件关联的图标句柄，如果控件没有关联图标，返回值为 NULL。

```
HICON GetIcon( ) const;
```

（6）SetCursor 方法。

该方法用于设置关联控件的鼠标指针形状。返回值为控件之前关联的鼠标指针句柄，如果控件之前没有关联鼠标指针，返回值为 NULL。

```
HCURSOR SetCursor( HCURSOR hCursor );
```

hCursor：鼠标指针句柄。

（7）GetCursor 方法。

该方法用于获取控件当前关联的鼠标指针句柄。如果控件没有关联鼠标指针句柄，返回值为 NULL。

```
HCURSOR GetCursor( );
```

（8）SetEnhMetaFile 方法。

该方法用于设置控件关联的增强的图元文件。返回值为之前的图元文件句柄，如果控件之前没有关联图元文件，返回值为 NULL。

```
HENHMETAFILE SetEnhMetaFile( HENHMETAFILE hMetaFile );
```

hMetaFile：增强的图元文件句柄。

（9）GetEnhMetaFile 方法。

该方法获取之前调用 SetEnhMetaFile 方法设置的图元文件句柄，如果之前没有调用 SetEnhMeta File 方法，返回值为 NULL。

```
HENHMETAFILE GetEnhMetaFile( ) const;
```

3. 静态文本控件的主要事件

BN_CLICKEN 事件：静态文本控件的单击事件，当鼠标单击静态文本控件时产生。

使用 BN_CLICKEN 事件时需要选择静态文本控件的 Notify 属性。

---

4. 静态文本控件的应用

【例 1-2】 通过函数显示文本。（实例位置：光盘\MR\源码\第 1 章\1-2）

一般情况下，在视图中就可以设置静态文本控件的显示文本，但如果静态文本的显示内容是程序的执行结果，这时就需要用代码显示。

生成一个对话框程序，删除两个按钮，修改自动产生静态文本控件的 ID 为 IDC_STATIC1，为静态文本控件关联一个 CStatic 类型的变量 m_Static，然后在 OnInitDialog 中通过该变量调用 SetWindowText 函数设置显示文本。代码如下。

```
m_Static.SetWindowText("使用函数显示静态文本控件的显示文本");
```

程序运行结果如图 1-18 所示。

图 1-18 通过函数显示静态
文本控件的显示文本

【例 1-3】 设置文本颜色。（实例位置：光盘\MR\源码\第 1 章\1-3）

如设置静态文本控件的文本颜色，可以使用 CDC 类的 SetTextColor 函数来进行。
语法格式如下。

```
virtual COLORREF SetTextColor( COLORREF crColor );
```

crColor：表示设置的颜色。

首先设置静态文本控件显示的文本，然后处理对话框的 WM_CTLCOLOR 消息，在该消息中调用 SetTextColor 函数设置文本颜色。WM_CTLCOLOR 消息的处理函数是 OnCtlColor 函数。

```
afx_msg HBRUSH OnCtlColor( CDC* pDC, CWnd* pWnd, UINT nCtlColor );
```

❏ pDC：指向绘图设备的指针。

❏ pWnd：指向具体控件的指针。

❏ nCtlColor：控件的类型，其值见表 1-15。

表 1-15　nCtlColor 参数可选值

可 选 值	描 述
CTLCOLOR_BTN	按钮类控件
CTLCOLOR_DLG	对话框
CTLCOLOR_EDIT	编辑框控件
CTLCOLOR_LISTBOX	列表框控件
CTLCOLOR_MSGBOX	消息框控件
CTLCOLOR_SCROLLBAR	滚动条控件
CTLCOLOR_STATIC	静态文本控件

程序步骤如下。

生成一个对话框程序，删除由应用程序向导自动添加的两个按钮，打开类向导，添加主对话框类的 WN_CTLCOLOR 消息响应函数，然后在 OnCtlColor 中通过加入代码。

```
if(nCtlColor == CTLCOLOR_STATIC)
        pDC->SetTextColor(RGB(255,0,0));
```

程序运行结果如图 1-19 所示。

5．模拟按钮控件的单击事件

通过静态文本控件的 BN_CLICKED 消息可以模拟按钮控件的单击事件。

【例 1-4】　使用静态文本控件模拟按钮控件的单击事件。（实例位置：光盘\MR\源码\第 1 章\1-4）

生成一个对话框程序，删除两个按钮，修改自动产生静态文本控件的 ID 为 IDC_STATIC1,选择 Notify 属性，打开类向导，为静态控件添加 BN_CLICKED 消息响应函数，在 OnStatic1 函数中添加实现代码，弹出一个消息对话框。代码如下。

```
void CExampleDlg::OnStatic1()
{
    MessageBox("模拟单击事件");
}
```

程序运行结果如图 1-20 所示。

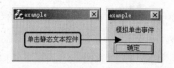

图 1-19　设置静态文本控件中的文本颜色　　　图 1-20　模拟按钮控件的单击事件

在使用该事件之前，需要选择静态文本控件的 Notify 属性，否则无法实现单击功能。

【例 1-5】 使静态文本控件的背景透明。（实例位置：光盘\MR\源码\第 1 章\1-5）

程序设计的具体操作步骤如下。

（1）创建一个基于对话框的应用程序。

（2）向对话框中添加一个静态文本控件，并将其索引修改为 IDC_STATIC1，将显示的文本改为 "背景透明"。

（3）在对话框初始化函数中设置静态文本的字体，代码如下。

```
BOOL CTransparenceDlg::OnInitDialog()
{
    ……//此处代码省略
    font.CreatePointFont(400,"宋体");      //创建字体
    m_Static.SetFont(&font);               //设置字体
    m_Static.UpdateWindow();               //刷新窗口
    return TRUE;
}
```

（4）添加 WM_CTLCOLOR 消息的处理函数 OnCtlColor，在该函数中将静态文本控件的背景设置为透明。为了更直观地显示控件的背景是透明的，将对话框的背景颜色设置为白色，代码如下。

```
HBRUSH CTransparenceDlg::OnCtlColor(CDC* pDC, CWnd* pWnd, UINT nCtlColor)
{
    HBRUSH hbr = CDialog::OnCtlColor(pDC, pWnd, nCtlColor);

    CBrush m_brush (RGB(255,255,255));     //创建画刷
    CRect m_rect;
    GetClientRect(m_rect);                 //获取对话框的客户区域
    pDC->SelectObject(&m_brush);
    pDC->FillRect(m_rect,&m_brush);        //填充背景
    if(nCtlColor == CTLCOLOR_STATIC)       //判断是否为静态文本控件
    {
        pDC->SetBkMode(TRANSPARENT);       //设置控件透明
    }
    return m_brush;
}
```

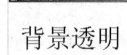

（5）运行程序，效果如图 1-21 所示。

图 1-21 控件背景透明

设置静态文本控件的背景透明时需要选择控件的 Simple 属性。

1.5.2 编辑框控件

编辑控件（Edit Box）又称文本框，也是在程序开发过程中经常使用的控件，通常编辑控件与静态文本一起使用，用于数据的输入或输出。编辑控件提供了完整的键盘输入和编辑功能，可以输入各种文本、数值或密码，并可以进行剪切、粘贴等操作，当一个编辑控件获得焦点时，框内会出现一个闪动的插入符。

1．编辑框控件的主要属性

编辑框控件的主要属性见表 1-16。

表 1-16　编辑框控件主要属性

属　　性	说　　明
Align text	选择文本对齐方式
Multiline	编辑框能够显示多行文本，如果用户想要按<Enter>键在编辑框中换行，还需要编辑框具有 AutoHScroll 和 Want return 属性
Number	编辑框只允许输入数字
Horizontal scroll	为多行控件提供水平滚动条
Auto HScroll	当用户在编辑框右方键入字符时，自动的向右方滚动文本
Vertical scroll	为多行文本控件提供垂直滚动条
Auto VScroll	在多行文本控件中，当用户在最后一行按<Enter>键时，文本自动向上滚动
Password	以*号代替显示的文本
No hide selection	当用户失去或获得焦点时，不隐藏被选中的部分
OEM convert	能够转换 OEM 字符集
Want return	当用户在多行文本控件中按<Enter>键时，回车符被插入

2．编辑框控件的主要方法

（1）Create 方法。

Create 方法用于创建编辑框，并将编辑框关联到 CEdit 对象上。

```
BOOL Create( DWORD dwStyle, const RECT& rect, CWnd* pParentWnd, UINT nID );
```

❑　dwStyle：用于设置控件风格。

❑　Rect：用于确定控件的显示区域。

❑　pParentWnd：用于确定控件父窗口指针。

❑　nID：用于设置控件 ID。

（2）CanUndo 方法。

该方法用于确定编辑控件是否取消操作。如果最后一次操作被取消了，返回值为 TRUE，否则为 FALSE。

```
BOOL CanUndo( ) const;
```

（3）GetLineCount 方法。

该方法用于获取控件的行数。

```
int GetLineCount( ) const;
```

返回值：如果编辑框没有文本被键入，返回值为 1；否则为文本的行数。

（4）GetModify 方法。

该方法用于确定控件的内容是否被修改。窗口保留一个内部标记，确定编辑框内容是否被更改。当控件首次被创建或调用 SetModify 方法时，该标记被创建。

```
BOOL GetModify( ) const;
```

（5）SetModify 方法。

该方法用于设置或清除编辑框的修改标记。

```
void SetModify( BOOL bModified = TRUE );
```

bModified：确定设置修改标记还是清除修改标记。如果为 TRUE，表示设置修改标记；为

FALSE 表示清除修改标记。

（6）GetRect 方法。

该方法用于获取编辑框的文本区域。

```
void GetRect( LPRECT lpRect ) const;
```

lpRect：用于接收返回的文本区域，该区域随控件的大小而改变。

（7）GetSel 方法。

该方法用于获取当前选中文本的开始位置和结束位置。返回值为该方法的第 1 个语法不带参数，其返回值是一个双字节整数，其低字节是选中文本的起始位置，高字节是选中文本的结束位置；第 2 个语法无返回值。

```
DWORD GetSel( ) const;
void GetSel( int& nStartChar, int& nEndChar ) const;
```

❑ nStartChar：记录选中文本的起始位置。

❑ nEndChar：记录选中文本的结束位置。

（8）SetMargins 方法。

该方法以像素为单位设置编辑控件的左右边距。

```
void SetMargins( UINT nLeft, UINT nRight );
```

❑ nLeft：用于设置左边距。

❑ nRight：用于设置右边距。

（9）GetMargins 方法。

该方法用于获取编辑框的左右边距。返回值为一个双字节整数，其低字节是编辑框的左边距，高字节是编辑框的右边距。

```
DWORD GetMargins( ) const;
```

（10）SetLimitText 方法。

该方法以字节为单位设置编辑框控件文本的长度。

```
void SetLimitText( UINT nMax );
```

nMax：用于确定文本的最大长度。该方法只是限制用户文本的录入，它不影响已经存在的文本，也不影响调用 SetWindowText 方法设置的文本。

（11）GetLimitText 方法。

该方法用于获取文本可以录入的最大长度。

```
UINT GetLimitText( ) const;
```

（12）PosFromChar 方法。

该方法用于返回指定字符的左上角坐标。

```
CPoint PosFromChar( UINT nChar ) const;
```

nChar：标识基于 0 基础的字符索引。

（13）CharFromPos 方法。

该方法根据坐标点返回当前行号和字符索引。

```
int CharFromPos( CPoint pt ) const;
```

pt：标识坐标点，返回值的低字节中存储字符索引，高字节存储行号。

（14）GetLine 方法。

该方法用于返回指定行的文本。返回值为实际复制到缓冲区中的字节数。

```
int GetLine( int nIndex, LPTSTR lpszBuffer ) const;
int GetLine( int nIndex, LPTSTR lpszBuffer, int nMaxLength ) const;
```

❑ nIndex：标识行索引，第 1 行索引为 0。

❑ lpszBuffer：一个字符缓冲区，用于接收返回的数据。

❑ nMaxLength：标识复制到缓冲区中的最大字节数。

（15）GetPasswordChar 方法。

该方法返回密码字符。如果密码字符不存在，返回值为 NULL。

```
TCHAR GetPasswordChar( ) const;
```

（16）LineFromChar 方法。

该方法根据字符索引返回行号。字符索引从文本的第 1 个字符开始，第 1 个字符的索引为 0，以此类推。

```
int LineFromChar( int nIndex = -1 ) const;
```

nIndex：标识字符索引，如果为-1，当前行号被返回。

（17）LineIndex 方法。

该方法用于返回某一行的字符索引。

```
int LineIndex( int nLine = -1 ) const;
```

nLine：标识行号，如果为-1，表示当前行。

（18）LineLength 方法。

该方法根据字符索引返回行的文本长度。

```
int LineLength( int nLine = -1 ) const;
```

nLine：标识字符索引，如果为-1，返回当前行。

（19）SetSel 方法。

该方法用于设置选中的文本。

```
void SetSel( DWORD dwSelection, BOOL bNoScroll = FALSE );
void SetSel( int nStartChar, int nEndChar, BOOL bNoScroll = FALSE );
```

SetSel 方法的参数见表 1-17。

表 1-17　SetSel 方法的参数说明

参　数　名	描　　述
dwSelection	低字节标识起始位置，高字节标识结束位置。如果起始位置为 0，结束位置为-1，则所有文本被选中
nStartChar	标识起始位置
nEndChar	标识结束位置
bNoScroll	确定插入符是否被滚动到可视区域，如果为 FALSE，表示插入符滚动到可视区域，否则插入符不滚动到可视区域

（20）SetPasswordChar 方法。

该方法用于设置字符密码。

```
void SetPasswordChar( TCHAR ch );
```

ch：标识密码字符，如果设置为 0，实际字符将被显示。

（21）Clear 方法。

该方法用于删除当前选中的文本。

```
void Clear( );
```

3. 编辑框控件的主要事件

EN_CHANGE：编辑框中文本更新后产生。

EN_ERRSPACE：编辑框无法分配内存时产生。

EN_HSCROLL：单击编辑框水平滚动条时产生。

EN_KILLFOCUS：编辑框失去焦点时产生。

EN_MAXTEXT：当编辑框控件不具有 Auto Hscroll 属性，且输入的字符超过编辑框的宽度时产生，或者当编辑框控件不具有 Auto VScroll 属性，且输入的字符超过编辑框的高度时产生。

EN_SETFOCUS：编辑框得到焦点时产生。

EN_UPDATE：在编辑框控件对文本格式化之后显示文本之前产生。

EN_VSCROLL：单击编辑框垂直滚动条时产生。

4．编辑框控件举例

【例 1-6】 设计登录对话框。（实例位置：光盘\MR\源码\第 1 章\1-6）

设置登录框的程序具体操作步骤如下。

（1）创建一个基于对话框的应用程序。

（2）新建一个对话框资源作为登录框，将对话框资源 ID 修改为 IDD_LOGIN，并通过类向导为对话框关联一个类 CLogin。

（3）向对话框资源添加两个静态文本控件、两个编辑框控件和两个按钮控件。

（4）处理"登录"按钮的单击事件，判断用户是否可以登录，代码如下。

```
void CLogin::OnOK()
{
    UpdateData(TRUE);                                        //更新数据交换
    if(m_Name.IsEmpty() || m_PassWord.IsEmpty())            //判断用户名和密码为空
    {
        MessageBox("用户名或密码不能为空");
        return;
    }
    num++;                                                   //记录密码输入次数
    if(m_Name=="明日科技" && m_PassWord=="mingrisoft")      //如果用户名和密码正确
    {
        CDialog::OnOK();                                     //关闭登录对话框
    }
    else                                                     //如果不正确
    {
        MessageBox("用户名或密码不正确");                    //提示错误
        m_Name = "";
        m_PassWord = "";
        UpdateData(FALSE);                                   //更新控件显示
        return;
    }
    if(num == 3)                                             //如果密码错误 3 次
    {
        MessageBox("密码 3 次不正确");
        CDialog::OnCancel();                                 //退出程序登录
    }
}
```

（5）在主窗口的初始化函数中添加如下代码，当用户不合法时关闭主窗口，代码如下。

```
BOOL CEditLoginDlg::OnInitDialog()
{
    …… //此处代码省略
```

```
CLogin dlg;
if(dlg.DoModal() != IDOK)
{
    OnOK();
}
return TRUE;
}
```

（6）运行程序，效果如图 1-22 所示。

图 1-22　使用编辑框控件
设计登录对话框

1.5.3　图像控件

图像控件也是常用的控件之一，常用来在对话框中插入位图、图标和指定的矩形区域等图像元素。本节就来介绍图像控件的使用。

1. 通过属性显示位图

图像控件可以通过属性设置来显示位图，其中 Type 属性可以指定图片的类型，包括 Frame（帧）、Rectangle（矩形）、Icon（图标）、Bitmap（位图）和 Enhanced Metafile（增强型图元文件）；Image 属性则是在 Type 属性为 Icon 或 Bitmap 时，为其指定位图资源。

下面介绍通过图像控件属性显示位图的步骤，首先向对话框中导入一个位图资源，然后打开图像控件的属性窗口，设置 Type 属性为 Bitmap，在 Image 属性中选择位图资源，如图 1-23所示。

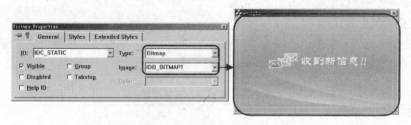

图 1-23　通过图像控件属性显示位图

在选择 Bitmap 类型时，显示的图片格式只能是 BMP。

2. 设置边框颜色和填充颜色

当图像控件的 Type 属性为 Frame 或 Rectangle 时，可以通过控件的 Color 属性设置边框颜色和矩形区域的填充颜色，颜色包括黑色、灰色和白色等。图 1-24 所示为以白色填充矩形区域。

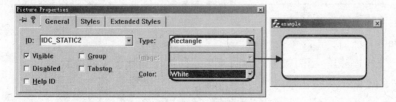

图 1-24　以白色填充矩形区域

3. 居中显示位图资源

当图像控件的 Type 属性为 Bitmap 时，可以在属性窗口的 Styles 选项卡中选择 Center image属性，位图资源将在控件中心显示，并根据位图资源的背景颜色填充空白区域，如图 1-25 所示。

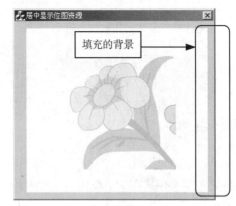

图 1-25　居中显示位图资源

1.5.4　按钮控件

按钮控件（Button）也是在程序开发过程中经常使用的控件，当按钮控件被按下时会立即执行某个命令，所以也称为命令按钮。

几乎所有的对话框都需要使用按钮，通过控件的 Properties 属性可以简单设置按钮的不同风格，如设置 Default button 属性后，按钮控件就被设置成为一个默认按钮，这意味着当用户在窗口中按下回车时，就将执行该命令按钮的功能。

1. 按钮控件的主要属性

右键单击按钮控件，在弹出的快捷菜单中选择 Properties 菜单项，将弹出按钮控件的属性窗口，按钮控件的主要属性见表 1-18。

表 1-18　按钮控件主要属性

属　　性	说　　明
Default button	按钮具有黑色的边框。用户在对话框中按<Enter>键，如果窗口中没有其他命令处理，该按钮的单击事件将要被执行
Owner draw	自定义按钮。用户需要在 OnDrawItem 消息处理函数中绘制按钮的外观
Icon	按钮将显示一个图标代替文本
Bitmap	按钮将显示一个位图代替文本
Flat	取消按钮的 3D 外观
Horizontal alignment	水平方向设置文本的对齐方式
Vertical alignment	垂直方向设置文本的对齐方式

2. 按钮控件的主要方法

（1）GetState 方法。

该方法用于返回按钮的当前状态。返回值为返回按钮的状态，可选值如下。

- BST_CHECKED：按钮被选中。
- BST_UNCHECKED：按钮没有被选中。
- BST_FOCUS：按钮获得焦点。
- BST_INDETERMINATE：按钮处于灰色状态。
- BST_PUSHED：按钮处于高亮状态。

```
UINT GetState( ) const;
```

（2）SetState 方法。

该方法用于设置按钮状态。

```
void SetState( BOOL bHighlight );
```

bHighlight：标识按钮是否高亮显示。

（3）GetButtonStyle 方法。

该方法用于返回按钮风格。

```
UINT GetButtonStyle( ) const;
```

 说明　　　该方法只返回按钮风格，不返回窗口风格。

（4）SetButtonStyle 方法。

该方法用于设置按钮风格。

```
void SetButtonStyle( UINT nStyle, BOOL bRedraw = TRUE );
```

❑　nStyle：按钮的风格。

❑　bRedraw：是否重画按钮。TRUE，重画；FALSE，不重画。

（5）SetIcon 方法。

该方法用于关联一个图标到按钮控件上。图标自动绘制在控件上。

```
HICON SetIcon( HICON hIcon );
```

hIcon：一个图标句柄。

返回值：返回图标句柄，如果控件没有关联图标，则返回值为 NULL。

（6）GetIcon 方法。

该方法用于获取当前控件关联的图标句柄，如果控件没有关联图标，返回值为 NULL。

```
HICON GetIcon( ) const;
```

（7）GetBitmap 方法。

该方法用于获取当前控件关联的位图句柄，如果控件没有关联的句柄，返回值为 NULL。

```
HBITMAP GetBitmap( ) const;
```

（8）SetBitmap 方法。

该方法用于将一个位图关联到按钮控件中。位图自动绘制在控件中，如果位图过大，将被剪裁。

```
HBITMAP SetBitmap( HBITMAP hBitmap );
```

hBitmap：位图句柄。

返回值：按钮控件之前关联的位图句柄。如果控件在调用 SetBitmap 方法之前没有关联的位图，则返回值为 NULL。

（9）GetCursor 方法。

该方法用于获取控件当前关联的鼠标指针句柄。如果控件没有关联鼠标指针句柄，返回值为 NULL。

```
HCURSOR GetCursor( );
```

（10）SetCursor 方法。

该方法用于设置关联控件的鼠标指针形状。

```
HCURSOR SetCursor( HCURSOR hCursor );
```

hCursor：鼠标指针句柄。

返回值：控件之前关联的鼠标指针句柄，如果控件之前没有关联鼠标指针，返回值为 NULL。

（11）DrawItem 方法。

该方法是一个虚拟方法，用于绘制控件的外观。语法如下。

```
virtual void DrawItem( LPDRAWITEMSTRUCT lpDrawItemStruct );
```

lpDrawItemStruct：一个 DRAWITEMSTRUCT 结构指针，其结构成员见表1-19。

表 1-19　DrawItem 方法的参数说明

结 构 成 员	描　　述
CtlType	表示控件的类型。可选值见表1-20
CtlID	表示控件 ID
ItemID	表示菜单项 ID 或列表框、组合框中的项目索引
ItemAction	表示绘画的动作。可选值见表1-21
ItemState	表示需要绘画的状态。可选值见表1-22
HwndItem	表示控件的句柄
HDC	控件的画布句柄
RcItem	控件的矩形区域
ItemData	控件的附加信息

表 1-20　CtlType 可选值

可 选 值	描　　述
ODT_BUTTON	按钮
ODT_COMBOBOX	组合框
ODT_LISTBOX	列表框
ODT_MENU	菜单
ODT_LISTVIEW	列表视图
ODT_STATIC	静态控件
ODT_TAB	标签控件

表 1-21　ItemAction 可选值

可 选 值	描　　述
ODA_DRAWENTIRE	整个控件需要被绘制时设置该标识
ODA_FOCUS	控件获得或失去焦点时设置该标识
ODA_SELECT	表示控件处于选中状态时设置该标识

表 1-22　ItemState 可选值

可 选 值	描　　述
ODS_CHECKED	菜单项被选中
ODS_DISABLED	控件不可用
ODS_FOCUS	控件获得焦点
ODS_GRAYED	控件处于灰色状态，只用于菜单控件
ODS_SELECTED	控件被选中
ODS_COMBOBOXEDIT	组合框中编辑控件的文本被选中
ODS_DEFAULT	默认状态

3. 按钮控件的主要事件

BN_CLICKED：在用户单击一个按钮时产生。按钮父窗口通过 WM_COMMAND 消息接收该通知消息。

BN_DOUBLELCLICKED：在用户双击一个按钮时产生。

4. 按钮控件举例

【例 1-7】 设计一个简单的计算器程序。（实例位置：光盘\MR\源码\第 1 章\1-7）

具体操作步骤如下。

（1）创建一个基于对话框的应用程序。

（2）向对话框中添加一个编辑框控件和 16 个按钮控件。

（3）在头文件中声明如下变量。

```
Double m_Num;                                    //记录编辑框中的数据
BOOL m_Time;                                     //判断是否为第 1 次按下数字键
char m_Operator;                                 //保存运算符
```

（4）处理数字"1"按钮的单击事件，将按钮代表的数字写入编辑框中。代码如下。

```
void CCalculatorDlg::OnButton1()
{
    UpdateData(TRUE);                            //更新控件显示
    if(m_Time == TRUE)                           //如果第一次按下按钮
    {
        m_Result = 0;
    }
    m_Result = m_Result * 10 + 1;                //原数据*10+1
    m_Time = FALSE;
    UpdateData(FALSE);                           //更新控件显示
}
```

（5）按照步骤 4 设置其他的数字按钮的单击事件。

（6）添加 Count 函数，用于计算数据。代码如下。

```
void CCalculatorDlg::Count()
{
    UpdateData(TRUE);                            //更新数据交换
    switch(m_Operator)                           //判断当前进行的运算
    {
    case '+':                                    //加法运算
        m_Num += m_Result;
        break;
    case '-':                                    //减法运算
        m_Num -= m_Result;
        break;
    case '*':                                    //乘法运算
        m_Num *= m_Result;
        break;
    case '/':                                    //除法运算
        if(m_Result == 0)                        //判断除数是否为 0
        {
            MessageBox("除数不能为 0");
            return;
```

```
        }
        m_Num /= m_Result;
        break;
    default:                                                    //计算结果
        m_Num = m_Result;
        break;
    }
    m_Result = m_Num;
    m_Time = TRUE;
    UpdateData(FALSE);
}
```

（7）处理 "+" 按钮的单击事件，为 m_Operator 变量赋值。代码如下。

```
void CCalculatorDlg::OnButton13()
{
    Count();
    m_Operator = '+';
}
```

（8）按照步骤 7 设置其他符号按钮的单击事件。

（9）处理 C 按钮的单击事件，用于清空编辑框中的数据。代码如下。

```
void CCalculatorDlg::OnButton11()
{
    UpdateData(TRUE);
    m_Result = 0;
    m_Num = 0;
    m_Time = TRUE;
    UpdateData(FALSE);
}
```

（10）运行程序，效果如图 1-26 所示。

【例 1-8】 使用按钮控件显示图标。（实例位置：光盘\MR\源码\第 1 章\1-8）

按钮控件除了显示正常的文本外，还可以显示位图和图标等图像元素。要使用按钮显示图标，首先要向对话框中导入一个图标资源，然后打开按钮控件的属性窗口，选择 Icon 属性，接下来为按钮控件关联一个 CButton 类的变量 m_button，使用主对话框类 OnInitDialog 方法加入以下语句。

```
    m_button.SetIcon(AfxGetApp()->LoadIcon(IDI_ICON1)); //设置图标
```

属性设置和运行结果，如图 1-27 所示。

图 1-26　简单计算器程序设计

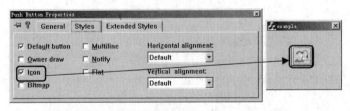

图 1-27　使用按钮控件显示图标

选中 Owner draw 复选框可以在按钮控件上自行绘制图标。

注意

1.5.5 复选框控件

复选框控件也属于按钮的一种，可以分组使用。使用复选框控件可以简化用户的操作。本节将简单介绍复选框控件的应用。

1. 设置复选框控件的选中状态

在设计程序时，复选框控件的初始状态是非选中状态，要设置复选框的选中状态可以使用 SetCheck 方法，该方法用于设置复选框是否处于选中的状态。

语法格式如下。

```
void SetCheck( int nCheck );
```

nCheck：表示复选框的状态。

【例 1-9】 通过 SetCheck 方法设置复选框的选中状态。（实例位置：光盘\MR\源码\第 1 章\1-9）

步骤如下。

（1）创建一个基于对话框的应用程序，将对话框的 Caption 属性修改为"设置复选框控件的选中状态"。

（2）向对话框中添加 2 个群组框控件和 6 个复选框控件。

（3）在对话框的 OnInitDialog 函数中设置"语文"和"数学"两个复选框被选中。代码如下。

```
m_Chinese.EnableWindow(FALSE);          //设置"语文"复选框不可用
m_Chinese.SetCheck(1);                  //设置"语文"复选框选中
m_Arith.EnableWindow(FALSE);            //设置"数学"复选框不可用
m_Arith.SetCheck(1);                    //设置"数学"复选框选中
```

运行结果如图 1-28 所示。

图 1-28 复选框控件的选中状态

使用 EnableWindow 方法可以设置控件是否可用，通过控件的属性也可以实现这一功能，只要选中控件的 Disabled 属性就可以使控件不可用，不选中时控件可用，如果使用属性设置控件不可用，也可以使用 EnableWindow 方法设置控件可用。

2. 使用复选框控件统计信息

在应用程序中经常会使用复选框来统计信息，因为复选框操作简单，用户只需选中要选择的信息即可。首先调用 GetCheck 方法获得控件的选中状态。

语法格式如下。

```
int GetCheck( ) const;
```

然后调用 GetWindowText 函数获得复选框控件的显示信息。

【例 1-10】 使用复选框控件统计信息。（实例位置：光盘\MR\源码\第 1 章\1-10）

步骤如下。

（1）创建一个基于对话框的应用程序，将对话框的 Caption 属性修改为"使用复选框控件统计信息"。

（2）向对话框中添加 2 个静态文本控件、2 个编辑框控件、2 个群组框控件、8 个复选框控件和 1 个按钮控件。

（3）在对话框的 **OnInitDialog** 函数中设置"语文"和"数学"两个复选框被选中。代码如下。

```
m_Chinese.EnableWindow(FALSE);                          //设置"语文"复选框不可用
m_Chinese.SetCheck(1);                                  //设置"语文"复选框选中
m_Arith.EnableWindow(FALSE);                            //设置"数学"复选框不可用
m_Arith.SetCheck(1);                                    //设置"数学"复选框选中
```

（4）处理"提交"按钮的单击事件，在该事件的处理函数中获得控件中的显示信息，并将获得的信息显示在消息框中。代码如下。

```
void CCountCheckDlg::OnButrefer()                        //"提交"按钮单击事件处理函数
{
    CString ID,Name;                                    //声明字符串变量保存编辑框文本
    GetDlgItem(IDC_EDIT1)->GetWindowText(ID);           //获得学号
    GetDlgItem(IDC_EDIT1)->GetWindowText(Name);         //获得姓名
    CString str,text;                                   //声明字符串变量
    str = "学号: " + ID + "姓名: " + Name + "\r\n";      //设置字符串
    str += "必修科目: 语文、数学\r\n 选修科目: ";          //设置字符串
    for(int i=0;i<6;i++)                                //根据选修科目循环
    {
        CButton* but = (CButton*)GetDlgItem(IDC_CHECK3+i);  //设置指向复选框的指针
        if(but->GetCheck()==1)                          //判断复选框是否选中
        {
            but->GetWindowText(text);                   //获得复选框的显示信息
            str += text + "、";                          //设置字符串
        }
    }
    str = str.Left(str.GetLength()-2);                  //去掉字符串末尾的顿号
    MessageBox(str);                                    //显示信息
}
```

使用 GetDlgItem 函数可以获得指定控件的窗口指针。

运行结果如图 1-29 所示。

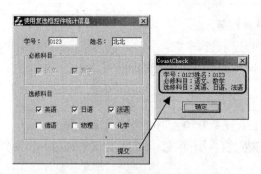

图 1-29　使用复选框控件统计信息

1.5.6 单选按钮控件

单选按钮控件也属于按钮的一种，可以分组使用。使用单选按钮控件同样可以简化用户的操作。本节将简单介绍单选按钮控件的应用。

1. 为单选按钮控件分组

在使用单选按钮时，有时因为不同的需要会把单选按钮分为几组，使每一组中只有一个处于选中状态。在默认情况下，所有单选按钮都被视为一组。要为单选按钮分组，可以在属性窗口中选择 General 选项卡中的 Group 属性，以 Tab 键顺序为基础，Group 属性是设置控件的群组关系的属性，为一个单选按钮选择了 Group 属性，以 Tab 键顺序为准，在这个单选按钮以后没有选择该属性的单选按钮都划分为一组，而分为一组的单选按钮可以共用一个成员变量。

2. 获得被选择的单选按钮的文本

要获得单选按钮中的文本，可以使用 GetWindowText 函数，只是在使用之前需要确定被选择的是哪个单选按钮，可以通过单选按钮的单击事件确定是哪个按钮被选中。

【例 1-11】 通过 GetWindowText 函数获得单选按钮中的数据。（实例位置：光盘\MR\源码\第 1 章\1-11）

步骤如下。

（1）创建一个基于对话框的应用程序，将对话框的 Caption 属性修改为"获得被选择的单选按钮的文本"。

（2）向对话框中添加 4 个单选按钮控件和 1 个按钮控件，为单选按钮分组，并关联一个整型变量 m_Radio。

（3）处理"确定"按钮的单击事件，在该事件中获得当前选中的单选按钮的文本，并通过消息框显示出来。代码如下。

```
void CGetRadioDlg::OnButtonok()                              //"确定"按钮单击事件
{
    CString str;                                             //声明字符串变量
    UpdateData(true);
    //计算选中的单选按钮
    CButton* Radiobutton = (CButton*)GetDlgItem(IDC_RADIO1+m_Radio);
    Radiobutton->GetWindowText(str);                         //获得单选按钮的文本
    MessageBox(str);                                         //显示单选按钮中的文本
}
```

实例的运行结果如图 1-30 所示。

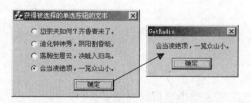

图 1-30 获得被选择的单选按钮的文本

1.5.7 组合框控件

编辑框允许用户输入新的文本，但用户却不能直接选择以前已输入的文本；而列表框恰恰相反，允许用户直接选择以前输入的文本，却不允许用户输入新的文本。组合框吸收了两者的优点，实质上，组合框是一个编辑框和一个列表框的组合。

组合框有简单组合框、下拉组合框和下拉列表框等 3 种形式，通过组合框的 Properties 属性对话框 Styles 页面的 Type 下拉框设置这 3 种形式。简单组合框是一个列表框和一个编辑框的组合，列表框总是可见的，被选中的列表项显示在编辑框内；下拉组合框含有列表框和编辑框，在编辑框旁还有一个下拉按钮，只有当用户单击下拉按钮时，列表框才显示出来；下拉列表框除不允许在编辑框内编辑外，其余和下列组合框相同。

1. 组合框控件的主要属性

右键单击组合框控件，在弹出的快捷菜单中选择 Properties 菜单项，将弹出组合框控件的属性窗口，组合框控件的主要属性见表 1-23。

表 1-23　组合框控件主要属性

属　　性	说　　明
Enter listbox items	向组合框中的列表插入文本，按<Ctrl + Enter>键编辑下一个节点
Type	标识组合框的类型
Owner draw	确定控件的所有者如何绘制控件
Has strings	标识一个 owner-draw 组合框中的项目由字符串组成
Sort	组合框中的内容按字母顺序排序
Disable no scroll	当组合框列表能完全显示项目时是否显示不可用的滚动条

2. 组合框控件的主要方法。

（1）GetTopIndex 方法。

该方法返回列表框中第 1 个可见项目的索引。

```
int GetTopIndex( ) const;
```

（2）SetTopIndex 方法。

该方法将某一项设置为列表中的可见项。

```
int SetTopIndex( int nIndex );
```

nIndex：标识列表框中的选项。

（3）Clear 方法。

该方法用于删除编辑框中选中的文本。

```
void Clear( );
```

（4）SetItemHeight 方法。

该方法用于设置编辑框或列表框中项目的高度。

```
int SetItemHeight( int nIndex, UINT cyItemHeight );
```

❑　nIndex：值为-1 时表示设置编辑框中项目的高度；值为 0 时表示设置列表框中项目的高度。

❑　cyItemHeight：标识项目高度。

（5）GetItemHeight 方法。

该方法用于获取编辑框或列表框中项目的高度。

```
int GetItemHeight( int nIndex ) const;
```

nIndex：标识返回的是编辑框项目高度还是列表框项目高度。如果为-1，表示编辑框项目高度；如果为 0，表示列表框项目高度。

（6）GetLBText 方法。

该方法用于获取列表框中的字符串。返回值为字符串长度，不包括空结束符（\n）。

```
int GetLBText( int nIndex, LPTSTR lpszText ) const;
void GetLBText( int nIndex, CString& rString ) const;
```

❑ nIndex：表示方法返回的项目索引（基于 0 开始）。

❑ lpszText：标识一个缓冲区指针，该指针必须有足够的空间接收字符串。

❑ rString：用于接收返回的字符串。

（7）GetLBTextLen 方法。

该方法用于返回列表框中某一项字符串的长度。

```
int GetLBTextLen( int nIndex ) const;
```

nIndex：标识列表框中的项目索引。

（8）ShowDropDown 方法。

该方法用于显示或隐藏组合框中的列表框。

```
void ShowDropDown( BOOL bShowIt = TRUE );
```

bShowIt：标识是否显示列表框，为 TRUE 时显示列表框，为 FALSE 时隐藏列表框。

（9）DeleteItem 方法。

该方法用于从具有用户绘制属性的组合框中删除一项。

```
virtual void DeleteItem( LPDELETEITEMSTRUCT lpDeleteItemStruct );
```

lpDeleteItemStruct：指向一个 DELETEITEMSTRUCT 结构的指针，该结构中记录了被删除项的信息。

（10）GetCurSel 方法。

获得当前选择的列表项索引。

语法格式如下。

```
int GetCurSel( ) const;
```

3．组合框控件的主要事件

CBN_EDITCHANGE：在组合框中的编辑框文本改变时产生。

CBN_CLOSEUP：在组合框中的列表框关闭时产生。

CBN_DBLCLK：在用户双击列表框中的字符串时产生。

CBN_DROPDOWN：在组合框中的列表框将要显示时产生。

CBN_EDITUPDATE：在组合框中的编辑框即将显示修改后的文本时产生。

CBN_ERRSPACE：在组合框不能分配足够的空间时产生。

CBN_KILLFOCUS：在组合框失去焦点时产生。

CBN_SELCHANGE：在用户改变列表框中选中的字符串时产生。

CBN_SELENDCANCEL：在用户选择一个字符串后，接着又选择了其他控件或关闭对话框时产生。

CBN_SELENDOK：在用户选择了一个列表框中的字符串或者选择一个字符串后又关闭了列表框时产生。

CBN_SETFOCUS：在组合框获得输入焦点时产生。

4．控件界面设计

（1）调整列表部分的显示大小。

在使用组合框控件时，如果不经过调整，控件的列表框非常小，只能显示一项，操作起来非常麻烦。下面将介绍如何调整组合框列表部分的显示大小，如图 1-31 所示。

在调整大小时需要适当，不易过小，否则拖曳滚动条时不方便。

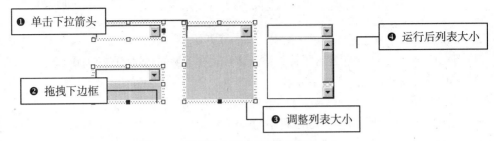

图 1-31　调整组合框列表部分的显示大小

（2）通过属性插入数据。

在使用组合框控件时，可以不使用代码而直接通过控件的属性窗口为控件添加数据选项。只需在控件的属性窗口中选择 Data 选项卡，即可在列表框中添加数据（需要注意的是，每添加一个数据后要按 Ctrl+Enter 键换行，然后才能添加下一个数据），如图 1-32 所示。

图 1-32　通过属性窗口向组合框中插入数据

（3）调整数据显示顺序。

组合框控件的默认选中属性中有 Sort 属性，该属性会使控件中的数据按字母顺序自动排列，但是用户有时需要数据按插入顺序排列，此时就要将该属性去掉。选中和去掉 Sort 属性后程序的运行结果分别如图 1-33 所示。

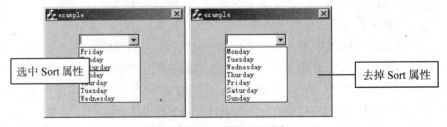

图 1-33　调整组合框控件中数据显示顺序

在使用代码添加数据时，使用 insert 方法可以在不去掉 Sort 属性时不进行自动排序。

5．组合框控件举例

【例 1-12】　获得选择的数据（实例位置：光盘\MR\源码\第 1 章\1-12）

要获得组合框中列表框部分的数据，首先要获得当前选择的列表项索引，可以使用 GetCurSel 方法实现。

获得当前选择的列表项索引后，还要根据指定的索引获得数据，可以使用 GetLBText 方法获取列表框中的字符串。

步骤如下。

（1）创建一个基于对话框的应用程序，将对话框的 Caption 属性修改为"获得列表框中选择的数据"。

（2）向对话框中添加 1 个组合框控件，并通过属性窗口为控件赋初值。

（3）为控件关联一个 CComboBox 类型变量，并处理组合框的 CBN_SELCHANGE 消息，当在组合框的列表框部分选择一项时，弹出消息框显示列表项的数据。代码如下。

```
void CGetComboDlg::OnSelchangeCombo1()
{
    int pos = m_Combo.GetCurSel();
    CString str;
    m_Combo.GetLBText(pos,str);
    MessageBox(str);
}
```

实例的运行结果如图 1-34 所示。

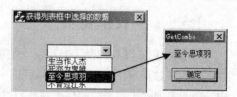

图 1-34　获得列表框中选择的数据

【例 1-13】　自动调整组合框的列表宽度（实例位置：光盘\MR\源码\第 1 章\1-13）

在使用组合框控件时，有时会因为列表项数据太长而无法全部显示，这就给用户带来了不便，为了解决这个问题，可以根据列表项数据设置列表的宽度，这样就能够完全显示列表项数据了，下面通过实例来实现这一功能。

具体操作步骤如下。

（1）创建一个基于对话框的应用程序。

（2）向对话框中添加一个组合框控件，打开组合框控件的属性窗口，向组合框控件中插入数据。

（3）处理对话框的 **WM_CTLCOLOR** 消息，在该消息中设置组合框的列表宽度。代码如下。

```
HBRUSH CComboListDlg::OnCtlColor(CDC* pDC, CWnd* pWnd, UINT nCtlColor)
{
    HBRUSH hbr = CDialog::OnCtlColor(pDC, pWnd, nCtlColor);
    if(nCtlColor == CTLCOLOR_LISTBOX)                              //是组合框控件
    {
        int ItemNum = m_Combo.GetCount();                         //获得列表项个数
        int Width = 0;                                            //保存列表宽度的变量
        CString strItem;
        CClientDC dc(this);                                       //获得客户设备上下文
        int SaveDC = dc.SaveDC();                                 //保存设备上下文
        dc.SelectObject(GetFont());                               //设置字体
        int VSWidth = ::GetSystemMetrics(SM_CXVSCROLL);           //垂直滚动条宽度
        for(int i=0;i<ItemNum;i++)
        {
            m_Combo.GetLBText(i,strItem);                         //获得列表项字符串
            //计算列表项宽度
            int WholeWidth = dc.GetTextExtent(strItem).cx + VSWidth;
            Width = max(Width,WholeWidth);                        //获得列表项最大宽度
        }
        dc.RestoreDC(SaveDC);                                     //恢复设备上下文
        if(Width > 0)
        {
            CRect rc;
            pWnd->GetWindowRect(&rc);                             //获得窗口区域
            if(rc.Width() != Width)
```

```
                    {
                        rc.right = rc.left+Width;          //设置列表宽度
                        pWnd->MoveWindow(&rc);
                    }
                }
            }
        return hbr;
    }
```

（4）运行程序，效果如图 1-35 所示。

图 1-35　自动调整组合框的列表宽度

1.5.8　列表框控件

列表框控件（List Box）显示了一个可选择的列表，可以通过列表框来查看或选择数据项，而且列表的项数是灵活多变的，当列表框中的项数较多时可以激活滚动条来显示。用户可以选择其中一项或多项，当列表中的列表项数超过列表框高度时，控件自动计划垂直滚动条来显示列表项。当用户选择一个列表项时，该列表项将高亮显示。

1. 列表框控件的主要属性

列表框控件的主要属性见表 1-24。

表 1-24　列表框控件主要属性

属　　性	说　　明
Selection	确定列表框中的项目怎样被选中
Multi-column	多列显示列表框中的数据
No redraw	当列表框模式改变时，不更新列表框的外观
Use tabstops	允许列表框识别和扩展 tab 字符
Want key input	列表框获得焦点时，用户按任意键，其父窗口将接收 WM_VKEYTOITEM 和 WM_CHARTOITEM 消息
No integral height	应用程序精确地调整列表框大小

2. 列表框控件的主要方法

（1）GetCount 方法。

该方法用于获取列表框中的项目数。

```
int GetCount( ) const;
```

（2）GetSel 方法。

该方法用于获取项目的选中状态。

```
int GetSel( int nIndex ) const;
```

nIndex：标识项目索引。

返回值：如果函数返回值大于 0，表示项目被选中，如果返回值为 0，表示项目没有被选中。

（3）GetText 方法。

该方法用于从列表框中获取一个字符串。

```
int GetText( int nIndex, LPTSTR lpszBuffer ) const;
void GetText( int nIndex, CString& rString ) const;
```

❑　nIndex：标识项目索引。

❑　lpszBuffer：一个字符缓冲区，该缓冲区必须有足够的空间接收字符串。

❑　rString：用于接收返回的字符串。

返回值：实际返回的字符串长度。

（4）GetTextLen 方法。

该方法用于返回列表框中某一项的长度。

```
int GetTextLen( int nIndex ) const;
```

nIndex：标识字符串索引。

（5）SetColumnWidth 方法。

该方法用于设置列的宽度。

```
void SetColumnWidth( int cxWidth );
```

cxWidth：以像素为单位标识列宽度。

（6）GetCurSel 方法。

该方法用于获取当前选项的索引。索引是基于 0 开始的。

```
int GetCurSel( ) const;
```

（7）SetCurSel 方法。

该方法用于设置当前选中的选项。

```
int SetCurSel( int nSelect );
```

nSelect：标识选中的选项，如果该参数设置为-1，方法将清除所有被选中的选项。

（8）GetSelCount 方法。

该方法用于获取列表框中当前选中的选项数。

```
int GetSelCount( ) const;
```

（9）AddString 方法。

该方法用于向列表框中添加字符串。

```
int AddString( LPCTSTR lpszString );
```

lpszString：标识字符串指针。

　　如果列表框不包含 CBS_SORT 风格，字符串将被插入到列表框的末尾，否则在字符串被插入后，列表框将进行排序。

（10）DeleteString 方法。

该方法从列表框中删除一个字符串。

```
int DeleteString( UINT nIndex );
```

nIndex：标识列表框中的项目索引。

返回值：列表框中字符串的数量。

（11）InsertString 方法。

该方法用于在列表框指定位置插入一个字符串。

```
int InsertString( int nIndex, LPCTSTR lpszString );
```

❑　nIndex：标识插入字符串的位置，如果为-1，字符串将被插入到列表框的末尾。

❑　lpszString：标识一个字符串指针。

返回值：函数返回值是被插入字符串的位置。

（12）ResetContent 方法。

该方法用于删除列表框中的所有字符串。

```
void ResetContent( );
```

（13）Dir 方法。

该方法添加盘符或文件列表到列表框中。

```
int Dir( UINT attr, LPCTSTR lpszWildCard );
```

❑ attr：标识列举属性，可以是如下值的任意组合。

- DDL_READWRITE：文件能够被读或写。
- DDL_READONLY：文件是只读的。
- DDL_HIDDEN：文件被隐藏，没有出现在文件目录中。
- DDL_SYSTEM：系统文件。
- DDL_DIRECTORY：参数 lpszWildCard 标识一个目录。
- DDL_ARCHIVE：文件被存档。
- DDL_DRIVES：包含所有的驱动器。
- DDL_EXCLUSIVE：排它标记。只有所标记的文件类型被列举。

❑ lpszWildCard：文件标识符指针，字符串中可以包含通配符。函数返回值是被添加到列表中的最后一个文件的索引。

（14）FindString 方法。

该方法在列表框中查找包含指定前缀的第一个字符串。

```
int FindString( int nStartAfter, LPCTSTR lpszString ) const;
```

❑ nStartAfter：标识从哪一项开始搜索字符串，当函数查找到列表框的底部时，还将从第一项开始查找，直到 nIndexStart 处。如果 nStartAfter 为-1，将从第一项开始查找整个列表框。

❑ lpszString：标识查找的字符串。

返回值：找到的字符串索引。

（15）FindStringExact 方法。

该方法可在列表框中精确地查找指定的字符串。

```
int FindStringExact( int nIndexStart, LPCTSTR lpszFind ) const;
```

❑ nIndexStart：标识从哪一项开始搜索字符串，当函数查找到列表框的底部时，还将从第一项开始查找，直到 nIndexStart 处。如果 nIndexStart 为-1，将从第一项开始查找整个列表框。

❑ lpszFind：标识查找的字符串。

返回值：函数的返回值是找到的字符串索引。

（16）SelectString 方法。

该方法可在列表框中查找指定的字符串，如果找到字符串，将选中该字符串，并将其复制到编辑框中。

```
int SelectString( int nStartAfter, LPCTSTR lpszString );
```

❑ nStartAfter：标识从哪一项开始搜索字符串，当函数查找到列表框的底部时，还将从第一项开始查找，直到 nStartAfter 处。如果 nStartAfter 为-1，将从第一项开始查找整个列表框。

❑ lpszString：标识查找的字符串。

返回值：函数的返回值是找到的字符串索引。

3. 列表框控件的主要事件

LBN_SELCHANGE：当列表框中的选项被改变时触发该消息。

LBN_DBLCLK：当用户双击列表框中的字符串时触发该消息。

LBN_ERRSPACE：当列表框不能分配足够的空间时触发该消息。

LBN_KILLFOCUS：当列表框失去焦点时触发该消息。

LBN_SELCANCEL：当用户取消了列表框中选中的选项时触发该消息。

LBN_SETFOCUS：当列表框获得焦点时触发该消息。

4. 列表框控件举例

【例 1-14】 操作列表框控件中的数据。（实例位置：光盘\MR\源码\第 1 章\1-14）

步骤如下。

（1）创建一个基于对话框的应用程序。

（2）向对话框中添加一个列表框控件、一个编辑框控件和 6 个按钮控件。

（3）处理"添加"按钮的单击事件，将用户在编辑框中输入的数据添加到列表中。代码如下。

```
void CListDlg::OnButadd()
{
    CString text;
    m_Edit.GetWindowText(text);                     //获得编辑框中数据
    if(text.IsEmpty())
    {
        MessageBox("请输入要添加的字符串！");
        return;
    }
    m_List.InsertString(m_List.GetCount(),text);    //插入到列表中
    m_Edit.SetWindowText("");                       //清空编辑框中数据
    m_Edit.SetFocus();                              //编辑框获得焦点
}
```

（4）处理"删除"按钮的单击事件，将用户选择的列表项在列表中删除。代码如下。

```
void CListDlg::OnButdel()
{
    int pos = m_List.GetCurSel();                   //获得当前选中列表项索引
    if(pos < 0)
    {
        MessageBox("请选择要删除的列表项！");
        return;
    }
    m_List.DeleteString(pos);                       //删除当前列表项
}
```

（5）处理"清空"按钮的单击事件，清空列表中数据。代码如下。

```
void CListDlg::OnButclear()
{
    m_List.ResetContent();                          //清空所有列表项
}
```

（6）处理"上移"按钮的单击事件，向上移动列表项位置。代码如下。

```
void CListDlg::OnButup()
{
    int pos = m_List.GetCurSel();                   //获得当前选中列表项索引
    if(pos < 0)
    {
        MessageBox("请选择要移动的列表项！");
        return;
    }
    if(pos == 0)                                    //如果索引为 0
    {
        MessageBox("已经是最上边了！");              //提示是第一个文件
        return;
    }
```

```
        CString text;
        m_List.GetText(pos-1,text);                    //获得当前选中文件的上一个文件
        m_List.DeleteString(pos-1);                     //删除上一个文件
        m_List.InsertString(pos,text);                 //在当前位置插入上一个文件
    }
```

下移按钮的实现代码和上移按钮的实现代码基本相同，只是将向上移动改为向下移动。

（7）处理"查找"按钮的单击事件，在列表中查找编辑框中的字符串。代码如下。

```
void CListDlg::OnButfind()
{
    CString text;
    m_Edit.GetWindowText(text);                        //获得编辑框中字符串
    if(text.IsEmpty())
    {
        MessageBox("请输入要查找的字符串！");
        return;
    }
    m_List.SelectString(-1,text);                       //在列表中查找字符串
}
```

（8）程序运行结果如图 1-36 所示。

【例 1-15】 避免向列表框控件中插入重复数据。（实例位置：光盘\MR\源码\第 1 章\1-15）

步骤如下。

（1）创建一个基于对话框的应用程序，将对话框的 Caption 属性修改为"避免向列表框控件中插入重复数据"。

图 1-36　操作列表框控件中的数据

（2）向对话框中添加 1 个编辑框控件、1 个列表框控件和 1 个按钮控件。

（3）处理"插入"按钮的单击事件，获取编辑框中输入的数据，判断数据是否存在，如果存在则弹出提示，反之插入数据。代码如下。

```
void CListBoxDlg::OnButtonadd()                 //"插入"按钮单击事件处理函数
{
    CString str;                                //声明字符串变量
    m_Text.GetWindowText(str);                  //获取编辑框中的数据
    int num = m_List.GetCount();                //获得列表框中的行数
    for(int i=0;i<num;i++)                       //根据列表框中的行数进行循环
    {
        CString Text;                           //声明字符串变量
        m_List.GetText(i,Text);                 //获得指定行的数据
        if(Text == str)                         //判断编辑框中的数据和列表框中的数据是否相等
        {
            MessageBox("数据已存在！");          //相等时弹出消息框
            return;
        }
    }
    m_List.AddString(str);                      //不相等时则插入数据
}
```

实例的运行结果如图 1-37 所示。

　　在对已添加的项进行查找时也可以通过 FindString 方法实现。

【例 1-16】　在列表框控件中实现复选数据功能。（实例位置：光盘\MR\源码\第 1 章\1-16）
步骤如下。

（1）创建一个基于对话框的应用程序，将对话框的 Caption 属性修改为"在列表框控件中实现复选数据功能"。

（2）向对话框中添加 1 个列表框控件和 1 个按钮控件，设置 Owner draw 属性为 Fixed（该属性用于确定控件的所有者如何绘制控件），并选择 Has strings 属性（该属性用于标识一个 owner-draw 列表框中的项目由字符串组成）。

（3）处理"确定"按钮的单击事件，获取列表框中的选中项数据，通过消息框将数据显示出来。代码如下。

```
void CCheckListDlg::OnButtonok()        //"确定"按钮单击事件处理函数
{
    CString strText="";                 //声明字符串变量并初始化为空
    int num = m_List.GetCount();        //获得列表框中的行数
    for(int i=0;i<num;i++)              //根据行数进行循环
    {
        if(m_List.GetCheck(i))          //判断指定行是否选中
        {
            CString str;                //声明字符串变量
            m_List.GetText(i,str);      //获得指定行的数据
            strText += str;             //将选中的数据连接到一个字符串中
        }
    }
    MessageBox(strText);                //将选中的字符串通过消息框显示出来
}
```

实例的运行结果如图 1-38 所示。

图 1-37　避免向列表框控件中插入重复数据

图 1-38　在列表框控件中实现复选数据功能

1.6　高 级 控 件

1.6.1　图像列表控件

图像列表控件用于存储和管理相同大小的一组图像，其中的每个图像都可以通过图像索引访

问。与前面介绍的控件有些不同，该控件不能通过控件面板向程序中添加，因为图像列表控件只是一个类 CImageList，该控件的创建和设置都是通过代码编辑的。

1. 创建图像列表

创建图像列表可以使用 Create 方法，该方法用于创建图像列表。

语法格式如下。

```
BOOL Create( int cx, int cy, UINT nFlags, int nInitial, int nGrow );
BOOL Create( UINT nBitmapID, int cx, int nGrow, COLORREF crMask );
BOOL Create( LPCTSTR lpszBitmapID, int cx, int nGrow, COLORREF crMask );
BOOL Create( CImageList& imagelist1, int nImage1, CImageList& imagelist2,int nImage2,
int dx, int dy );
BOOL Create( CImageList* pImageList );
```

Create 方法中的参数说明见表 1-25。

表 1-25　Create 方法中的参数说明

参　　数	描　　述
cx、cy	以像素为单位标识图像的大小
nFlags	标识创建何种类型图像列表
nInitial	标识图像列表初始化时的图像数量
nGrow	标识图像列表需要调整大小时的增长量
nBitmapID	标识图像列表关联的位图 ID
crMask	标识掩码颜色
imagelist1	标识一个图像列表引用
nImage1	标识第 1 个存在的图像列表索引
imagelist2	标识图像列表引用
nImage2	标识第 2 个存在的图像列表索引
dx、dy	以像素为单位标识第 2 个图像到第 1 个图像的 x 轴和 y 轴偏移量
pImageList	标识一个图像列表指针

2. 将图像绘制到程序中

通过图像列表控件，可以直接将控件中的图像绘制到程序中。首先调用 Create 方法创建一个图像列表，然后调用 Add 方法向图像列表控件中添加图像。

语法格式如下。

```
int Add( CBitmap* pbmImage, CBitmap* pbmMask );
int Add( CBitmap* pbmImage, COLORREF crMask );
int Add( HICON hIcon );
```

Add 方法中的参数说明见表 1-26。

表 1-26　Add 方法中的参数说明

参　　数	描　　述
pbmImage	位图对象指针，包含图像信息
pbmMask	位图信息指针，包含掩码图像信息
crMask	标识掩码颜色
hIcon	标识图标句柄

最后，调用 Draw 方法将图像列表中的图像绘制在指定的画布上。

语法格式如下。

```
BOOL Draw( CDC* pdc, int nImage, POINT pt, UINT nStyle );
```

Draw 方法中的参数说明见表 1-27。

表 1-27 Draw 方法中的参数说明

参　　数	描　　述
pdc	标识画布对象指针
nImage	标识图像索引
pt	标识在画布对象的哪个点处开始绘制图像
nStyle	标识绘画风格

【例 1-17】　将图像列表控件中的图像绘制到程序中。（实例位置：光盘\MR\源码\第 1 章\1-17）
步骤如下。

（1）创建一个基于对话框的应用程序，将对话框的 Caption 属性修改为"将图像列表控件中的图像绘制到程序中"。

（2）在工作区窗口中选择 RecourceView 选项卡，导入一个位图资源。

（3）在对话框头文件中声明一个图像列表对象 m_ImageList。

（4）在对话框的 OnInitDialog 函数中创建图像列表，并向图像列表中加载位图。代码如下。

```
m_ImageList.Create(IDB_BITMAP1,216,0,ILC_COLOR16|ILC_MASK);    //创建图像列表
CBitmap m_bitmap;                                              //声明 CBitmap 类型变量
m_bitmap.LoadBitmap(IDB_BITMAP1);                              //加载位图资源
m_ImageList.Add(&m_bitmap,ILC_MASK);                           //向图像列表中添加位图
```

（5）在对话框的 OnPaint 函数中绘制图像，代码如下。

```
CDC* pDC = GetDC();
m_ImageList.Draw(pDC,0,CPoint(20,20),ILD_TRANSPARENT);
pDC->DeleteDC();
```

实例的运行结果如图 1-39 所示。

图 1-39　将图像列表控件中的图像绘制到程序中

说明

　　图像列表通常用来存放图标，所以存储的图像大小都不大。其实，图像列表可以存储大的图像信息，但这些图像的大小都应相同。

1.6.2　列表视图控件

使用列表视图控件（List Control）可在窗体中管理和显示列表项。可控制列表内容的显示方式，它能够以图标和表格的形式显示数据。使用列表视图控件可在窗体中管理和显示列表项。如

同在 Windows 的 Explorer 中一样，列表视图控件可以控制列表内容的显示方式，并能够以图标和表格的形式显示数据。因此在开发程序时，经常使用列表视图控件。在 MFC 中，CListCtrl 类封装了列表视图控件的功能，本节将介绍 CListCtrl 的主要属性、方法及其应用。

1. 列表视图控件的主要属性

列表视图控件主要属性见表 1-28。

表 1-28　CListCtrl 列表视图控件主要属性

属　　性	说　　明
View	确定列表控件的视图显示。Icon 表示图标视图；Small Icon 表示小图标视图；List 表示列表视图；Report 表示报表视图
Align	确定图标的对齐方式。Top 表示顶部对齐；Left 表示左边对齐
Sort	对列表进行排序。None 表示不进行排序；Ascending 表示升序排列；Decending 表示降序排列
Single selection	同时只允许一个项目被选中
Auto arrange	确定图标是否自动排列
No label wrap	单行显示项目文本
Edit labels	允许编辑项目文本
No scroll	禁止滚动
No column header	没有列标题
No sort header	禁止响应列标题的单击事件
Show selection always	高亮显示选中的项目

2. 列表视图控件的主要方法

（1）Create 方法。

该方法用于创建列表视图窗口。

```
BOOL Create( DWORD dwStyle, const RECT& rect, CWnd* pParentWnd, UINT nID );
```

❑ dwStyle：标识列表视图的风格。

❑ rect：确定列表视图的显示区域。

❑ pParentWnd：标识父窗口指针。

❑ nID：标识列表视图控件 ID。

（2）SetImageList 方法。

该方法设置列表视图控件关联的图像列表。

```
CImageList* SetImageList( CImageList* pImageList, int nImageList );
```

❑ pImageList：标识图像列表指针。

❑ nImageList：标识图像列表类型，可选值如下。

● LVSIL_NORMAL：图像列表具有大图标。

● LVSIL_SMALL：图像列表具有小图标。

● LVSIL_STATE：图像列表具有状态图像。

（3）GetItemCount 方法。

该方法用于获取列表视图中的项目数量。

```
int GetItemCount( );
```

（4）GetItemRect 方法。

该方法用于获取视图项的显示区域。

```
BOOL GetItemRect( int nItem, LPRECT lpRect, UINT nCode ) const;
```

❑ nItem：标识视图项的索引。

❑ lpRect：用于返回视图项区域。

❑ nCode：标识返回的区域类型，可选值如下。

　　● LVIR_BOUNDS：返回整个视图项的区域，包含图标和标题。

　　● LVIR_ICON：返回图标或小图标的区域。

　　● LVIR_LABEL：返回整个视图项的区域，包含图标和标题，与 LVIR_BOUNDS 相同。

（5）GetStringWidth 方法。

该方法用于获取显示指定字符串所需的最小列宽。

```
int GetStringWidth( LPCTSTR lpsz ) const;
```

lpsz：标识一个字符串。

（6）SetColumnWidth 方法。

该方法用于设置列的宽度。

```
BOOL SetColumnWidth( int nCol, int cx );
```

❑ nCol：标识列索引。

❑ cx：标识新的列宽。

（7）SetTextColor 方法。

该方法用于设置文本颜色。

```
BOOL SetTextColor( COLORREF cr );
```

cr：标识文本颜色。

（8）GetItemText 方法。

该方法用于获得视图项的文本。

```
int GetItemText( int nItem, int nSubItem, LPTSTR lpszText, int nLen ) const;
CString GetItemText( int nItem, int nSubItem ) const;
```

❑ nItem：标识行索引。

❑ nSubItem：标识列索引。

❑ lpszText：用于记录视图项文本。

❑ nLen：标识 lpszText 的长度。

（9）SetItemText 方法。

该方法用于设置视图项的文本。

```
BOOL SetItemText( int nItem, int nSubItem, LPTSTR lpszText );
```

❑ nItem：标识行索引。

❑ nSubItem：标识列索引。

❑ lpszText：标识设置的视图项文本。

（10）SetExtendedStyle 方法。

该方法用于设置列表视图的扩展风格。

```
DWORD SetExtendedStyle( DWORD dwNewStyle );
```

dwNewStyle：标识列表视图控件的扩展风格。

返回值：函数调用前的扩展风格。

（11）InsertItem 方法。

该方法用于向列表视图控件中添加视图项。

```
int InsertItem( const LVITEM* pItem );
int InsertItem( int nItem, LPCTSTR lpszItem );
```

```
int InsertItem( int nItem, LPCTSTR lpszItem, int nImage );
int InsertItem( UINT nMask, int nItem, LPCTSTR lpszItem, UINT nState, UINT nStateMask,
int nImage, LPARAM lParam );
```

InsertItem 方法中的参数说明见表 1-29。

表 1-29　InsertItem 方法中的参数说明

参　　数	描　　述
pItem	是 LVITEM 结构指针，LVITEM 结构中包含的视图项的文本、图像索引、状态等信息
nItem	表示被插入的视图项索引
lpszItem	表示视图项文本
nImage	表示视图项图像索引
nMask	一组标记，用于确定哪一项信息是合法的
nState	表示视图项的状态
nStateMask	确定设置视图项的哪些状态
lParam	表示关联视图项的附加信息

（12）DeleteItem 方法。

该方法用于删除一个指定的视图项。

```
BOOL DeleteItem( int nItem );
```

nItem：标识视图项索引。

（13）DeleteAllItems 方法。

该方法用于删除所有的视图项。

```
BOOL DeleteAllItems( );
```

（14）InsertColumn 方法。

该方法用于向列表视图控件添加列。

```
int InsertColumn( int nCol, const LVCOLUMN* pColumn );
int InsertColumn( int nCol, LPCTSTR lpszColumnHeading, int nFormat = LVCFMT_LEFT,
int nWidth = -1, int nSubItem = -1 );
```

InsertColumn 方法中的参数说明见表 1-30。

表 1-30　InsertColumn 方法中的参数说明

参　　数	描　　述
nCol	标识新列的索引
pColumn	是 LVCOLUMN 结构指针，该结构中包含了列的详细信息
lpszColumnHeading	标识列标题
nFormat	标识列的对齐方式
nWidth	标识列宽度
nSubItem	标识关联当前列的子视图项索引

（15）DeleteColumn 方法。

该方法用于从列表视图中删除一列。

```
BOOL DeleteColumn( int nCol );
```

nCol：标识删除的列索引。

（16）SetBkImage 方法。

该方法用于设置背景图片。

```
BOOL SetBkImage( LVBKIMAGE* plvbkImage );
BOOL SetBkImage( HBITMAP hbm, BOOL fTile = TRUE, int xOffsetPercent = 0, int
yOffsetPercent = 0);
BOOL SetBkImage( LPTSTR pszUrl, BOOL fTile = TRUE, int xOffsetPercent = 0, int
yOffsetPercent = 0 );
```

SetBkImage 方法中的参数说明见表 1-31。

表 1-31　SetBkImage 方法中的参数说明

参　　数	描　　述
plvbkImage	包含位图背景信息的 LVBKIMAGE 结构
hbm	位图资源句柄
fTile	值为非零时，图片平铺显示
xOffsetPercent	以像素为单位标识绘制图像到控件背景的 x 轴偏移量
yOffsetPercent	以像素为单位标识绘制图像到控件背景的 y 轴偏移量
pszUrl	位图资源地址

3. 列表框控件的主要事件

NM_CLICK：单击列表视图控件时产生。

NM_DBLCLK：双击列表视图控件时产生。

LVN_COLUMNCLICK：单击列表视图列标题时产生。

LVN_ITEMCHANGED：当列表视图中的数据改变后产生。

LVN_ITEMCHANGING：当列表视图中的数据改变时产生。

4. 列表视图控件举例

【例 1-18】　利用列表视图控件设计登录窗口。（实例位置：光盘\MR\源码\第 1 章\1-18）

步骤如下。

（1）创建一个基于对话框的应用程序，将对话框的 Caption 属性修改为"利用列表视图控件设计登录窗口"。

（2）在工作区窗口中选择 RecourceView 选项卡，导入 7 个图标资源。

（3）向对话框中添加 1 个列表视图控件、1 个静态文本控件、1 个编辑框控件和 1 个按钮控件。

（4）在对话框头文件中声明一个图像列表对象 m_ImageList。

（5）在对话框的 OnInitDialog 函数中创建图像列表，向图像列表中添加图标，向列表视图中插入数据。代码如下。

```
m_ImageList.Create(32,32,ILC_COLOR24|ILC_MASK,1,0);        //创建列表视图窗口
m_ImageList.Add(AfxGetApp()->LoadIcon(IDI_ICON1));        //向图像列表中添加图标
m_ImageList.Add(AfxGetApp()->LoadIcon(IDI_ICON2));        //向图像列表中添加图标
m_ImageList.Add(AfxGetApp()->LoadIcon(IDI_ICON3));        //向图像列表中添加图标
m_ImageList.Add(AfxGetApp()->LoadIcon(IDI_ICON4));        //向图像列表中添加图标
m_ImageList.Add(AfxGetApp()->LoadIcon(IDI_ICON5));        //向图像列表中添加图标
m_ImageList.Add(AfxGetApp()->LoadIcon(IDI_ICON6));        //向图像列表中添加图标
m_ImageList.Add(AfxGetApp()->LoadIcon(IDI_ICON7));        //向图像列表中添加图标
m_Icon.SetImageList(&m_ImageList,LVSIL_NORMAL);        //将图像列表关联到列表视图控件中
m_Icon.InsertItem(0,"王一",0);        //向列表视图中添加数据
m_Icon.InsertItem(1,"孙二",1);        //向列表视图中添加数据
m_Icon.InsertItem(2,"刘三",2);        //向列表视图中添加数据
m_Icon.InsertItem(3,"吕四",3);        //向列表视图中添加数据
```

```
m_Icon.InsertItem(4,"庞五",4);                        //向列表视图中添加数据
m_Icon.InsertItem(5,"宋六",5);                        //向列表视图中添加数据
m_Icon.InsertItem(6,"孙七",6);                        //向列表视图中添加数据
```

实例的运行结果如图 1-40 所示。

图 1-40　利用列表视图控件设计登录窗口

 本例主要介绍的是列表视图控件，所以实例中只有控件的设计，而没有编写登录等功能。

【例 1-19】　向列表视图控件中插入数据。（实例位置：光盘\MR\源码\第 1 章\1-19）

步骤如下。

（1）创建一个基于对话框的应用程序，将对话框的 Caption 属性修改为"将数据加载到列表视图控件中"。

（2）向对话框中添加 1 个列表视图控件、2 个静态文本控件、2 个编辑框控件和 3 个按钮控件，并使用类向导为控件关联变量。

（3）在对话框的 OnInitDialog 函数中设置列表视图控件的扩展风格，并设置列信息。代码如下。

```
//设置列表视图的扩展风格
m_Grid.SetExtendedStyle(LVS_EX_FLATSB                  //扁平风格显示滚动条
    |LVS_EX_FULLROWSELECT                             //允许整行选中
    |LVS_EX_HEADERDRAGDROP                            //允许整列拖动
    |LVS_EX_ONECLICKACTIVATE                          //单击选中项
    |LVS_EX_GRIDLINES);                               //画出网格线
//设置表头
m_Grid.InsertColumn(0,"姓名",LVCFMT_LEFT,130,0);      //设置"姓名"列
m_Grid.InsertColumn(1,"绰号",LVCFMT_LEFT,130,1);      //设置"绰号"列
```

 列表视图控件在默认状态下是没有网格线等样式的，所以必须在程序中使用代码来指定。

（4）处理"插入"按钮的单击事件，将编辑框控件中的数据插入到列表视图控件中。代码如下。

```
void CInsertListDlg::OnButadd()                       //"插入"按钮单击事件处理函数
{
    UpdateData(TRUE);                                 //更新数据交换
    int count = m_Grid.GetItemCount();                //获得列表中的项目数量
    m_Grid.InsertItem(count,"");                      //插入行
    m_Grid.SetItemText(count,0,m_Name);               //向第 0 列插入数据
    m_Grid.SetItemText(count,1,m_Agname);             //向第 1 列插入数据
}
```

（5）处理列表视图控件的 NM_CLICK 消息，在该消息的处理函数中获得当前选中的列表项索引，并将当前项的文本显示在编辑框中。代码如下。

```
//NM_CLICK 消息处理函数
void CInsertListDlg::OnClickList1(NMHDR* pNMHDR, LRESULT* pResult)
{
    int pos     = m_Grid.GetSelectionMark();        //获得当前选中项索引
    m_Name  = m_Grid.GetItemText(pos,0);            //获得当前选中项第 0 列数据
    m_Agname = m_Grid.GetItemText(pos,1);           //获得当前选中项第 1 列数据
    UpdateData(FALSE);                              //更新控件显示
    *pResult = 0;
}
```

（6）处理"删除"按钮的单击事件，将当前选中的列表项删除。代码如下。

```
void CInsertListDlg::OnButdel()                     //"删除"按钮单击事件处理函数
{
    int pos = m_Grid.GetSelectionMark();            //获得当前选中项索引
    m_Grid.DeleteItem(pos);                         //删除当前选中的列表项
}
```

（7）处理"清空"按钮的单击事件，将列表视图中的数据全部删除。代码如下。

```
void CInsertListDlg::OnButclear()                   //"清空"按钮单击事件
{
    m_Grid.DeleteAllItems();                        //删除列表中的所有项
}
```

实例的运行结果如图 1-41 所示。

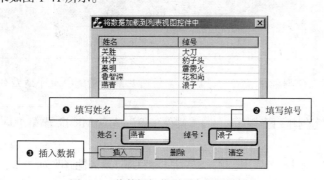

图 1-41　将数据加载到列表视图控件中

【例 1-20】　设计具有位图背景的列表视图控件。（实例位置：光盘\MR\源码\第 1 章\1-20）
步骤如下。

（1）创建一个基于对话框的应用程序，将对话框的 Caption 属性修改为"设计具有位图背景的列表视图控件"。

（2）向对话框中添加一个列表视图控件，并使用类向导为控件关联变量，向工程中导入 4 个图标资源。

（3）在程序初始化时调用 CoInitialize 函数初始化 COM 环境。

（4）在对话框头文件中声明一个图像列表对象 m_ImageList。

（5）在对话框的 OnInitDialog 函数中创建图像列表，向图像列表中添加图标，向列表视图中插入数据，获得位图文件路径，并为列表视图控件绘制背景。代码如下。

```
m_ImageList.Create(32,32,ILC_COLOR24|ILC_MASK,1,0);  //创建列表视图窗口
m_ImageList.Add(AfxGetApp()->LoadIcon(IDI_ICON1));   //向图像列表中添加图标
```

```
m_ImageList.Add(AfxGetApp()->LoadIcon(IDI_ICON2));     //向图像列表中添加图标
m_ImageList.Add(AfxGetApp()->LoadIcon(IDI_ICON3));     //向图像列表中添加图标
m_ImageList.Add(AfxGetApp()->LoadIcon(IDI_ICON4));     //向图像列表中添加图标
m_Icon.SetImageList(&m_ImageList,LVSIL_NORMAL);        //将图像列表关联到列表视图控件中
m_Icon.InsertItem(0,"王一",0);                         //向列表视图中添加数据
m_Icon.InsertItem(1,"孙二",1);                         //向列表视图中添加数据
m_Icon.InsertItem(2,"刘三",2);                         //向列表视图中添加数据
m_Icon.InsertItem(3,"吕四",3);                         //向列表视图中添加数据
char buf[256];                                         //声明字符数组
::GetCurrentDirectory(256,buf);                        //获得程序根目录路径
strcat(buf,"\\BK.bmp");                                //设置位图文件路径
m_Icon.SetBkImage(buf);                                //设置位图背景
m_Icon.SetTextBkColor(CLR_NONE);                       //设置文字背景透明
```

实例的运行结果如图 1-42 所示。

图 1-42　设计具有位图背景的列表视图控件

　　在给列表视图控件设置背景时，背景图片应尽量选择大小适应的图片。

【例 1-21】　动态创建列表视图控件。（实例位置：光盘\MR\源码\第 1 章\1-21）

步骤如下。

（1）创建一个基于对话框的应用程序，将对话框的 Caption 属性修改为"动态创建列表视图控件"。

（2）在对话框头文件中声明一个 CListCtrl 类变量 m_List。

（3）在对话框的 OnInitDialog 函数中创建列表视图控件，设置列表视图控件的扩展风格，设置列信息，并向列表视图控件中添加数据。代码如下。

```
m_List.Create(LVS_REPORT|LVS_SINGLESEL|LVS_SHOWSELALWAYS|WS_BORDER,
    CRect(0,0,0,0),this,10001);                        //创建列表视图控件
//设置列表视图控件的扩展风格
m_List.SetExtendedStyle(LVS_EX_FLATSB                  //扁平风格显示滚动条
    |LVS_EX_FULLROWSELECT                              //允许整行选中
    |LVS_EX_HEADERDRAGDROP                             //允许整列拖动
    |LVS_EX_ONECLICKACTIVATE                           //单击选中项
    |LVS_EX_GRIDLINES);                                //画出网格线
m_List.MoveWindow(10,10,300,200);                      //设置控件显示位置
m_List.ShowWindow(SW_SHOW);                            //显示控件
//设置表头
m_List.InsertColumn(0,"姓名",LVCFMT_LEFT,150,0);       //设置"姓名"列
```

```
m_List.InsertColumn(1,"所属国家",LVCFMT_LEFT,150,1);        //设置"所属国家"列
m_List.InsertItem(0,"");                                   //插入第0行
m_List.SetItemText(0,0,"关羽");                             //向第0列插入数据
m_List.SetItemText(0,1,"蜀国");                             //向第1列插入数据
m_List.InsertItem(1,"");                                   //插入第1行
m_List.SetItemText(1,0,"赵云");                             //向第0列插入数据
m_List.SetItemText(1,1,"蜀国");                             //向第1列插入数据
```

> 列表视图的动态创建与设计时期创建不同，必须指定控件在窗体中的位置，并且在窗体发生改变时需要重新指定列表视图控件的位置。

实例的运行结果如图 1-43 所示。

图 1-43　动态创建列表视图控件

1.6.3　树控件

树视图控件能够按层次结构组织和管理数据，通常用于显示树状结构数据。树视图控件以节点为单位显示数据，每一个节点（根节点除外）可以有一个父节点，多个子节点，这样便形成了一个阶梯形的树状结构。

1. 树视图控件的主要属性

树视图控件主要属性见表 1-32。

表 1-32　CTreeCtrl 树视图控件主要属性

属 性	说 明
Has buttons	如果节点是父节点，在节点旁边会显示+或−按钮
Has lines	以线条形式显示节点层级关系
Lines at root	线条连接根节点
Border	控件具有边框
Edit labels	允许用户编辑节点标题
Disable drag drop	阻止控件发送 TVN_BEGINDRAG 通知消息
Show selection always	利用系统高亮颜色绘制选中的节点
Check Boxes	在节点前显示复选框
Full Row Select	整行选中，被选中节点的行将被高亮显示
InfoTip	控件将要发送 TVN_GETINFOTIP 消息获得工具提示信息
Track Select	当鼠标在某个节点上时，显示节点轮廓
Single Expand	选中的文本被展开

2. 树视图控件的主要方法

（1）GetCount 方法。

该方法用于返回树视图节点数量。

```
UINT GetCount( );
```

（2）GetIndent 方法。

该方法用于获取子节点相对父节点的距离。

```
UINT GetIndent( );
```

（3）SetImageList 方法。

该方法用于设置树视图控件关联的图像列表控件。

```
CImageList* SetImageList( CImageList * pImageList, int nImageListType );
```

❑ pImageList：标识图像列表控件指针。

❑ nImageListType：标识图像列表类型。

（4）GetNextItem 方法。

该方法可根据当前节点获取下一个节点。

```
HTREEITEM GetNextItem( HTREEITEM hItem, UINT nCode );
```

❑ hItem：是当前节点句柄。

❑ nCode：标识如何查找下一个节点，可选值见表 1-33。

表 1-33　nCode 参数可选值

属　　性	说　　明
TVGN_CARET	返回当前选中的节点
TVGN_CHILD	返回第 1 个子节点
TVGN_DROPHILITE	返回拖动的节点
TVGN_FIRSTVISIBLE	返回第 1 个可见的节点
TVGN_NEXT	返回下一个兄弟节点
TVGN_NEXTVISIBLE	返回下一个可见节点
TVGN_PARENT	返回所标识节点的父节点
TVGN_PREVIOUS	返回上一个兄弟节点
TVGN_PREVIOUSVISIBLE	返回上一个可见节点
TVGN_ROOT	返回根节点

（5）ItemHasChildren 方法。

该方法用于确定所标识的节点是否有子节点。如果所标识的节点有子节点，返回值为非零，否则为 0。

```
BOOL ItemHasChildren( HTREEITEM hItem );
```

hItem：标识节点句柄。

（6）GetChildItem 方法。

该方法用于获得指定节点的子节点。返回值为子节点句柄。

```
HTREEITEM GetChildItem( HTREEITEM hItem );
```

hItem：标识一个节点句柄。

（7）GetNextSiblingItem 方法。

该方法用于获取下一个兄弟节点。返回值为下一个兄弟节点句柄。

```
HTREEITEM GetNextSiblingItem( HTREEITEM hItem );
```

hItem：标识节点句柄。

（8）GetPrevSiblingItem 方法。

该方法用于获取上一个兄弟节点。返回值为上一个兄弟节点句柄。

```
HTREEITEM GetPrevSiblingItem( HTREEITEM hItem );
```

hItem：标识节点句柄。

（9）GetParentItem 方法。

该方法用于获得所标识节点的父节点。返回值为父节点句柄。

```
HTREEITEM GetParentItem( HTREEITEM hItem );
```

hItem：标识节点句柄。

（10）GetFirstVisibleItem 方法。

该方法用于获得第 1 个可见节点。

```
HTREEITEM GetFirstVisibleItem( );
```

（11）GetNextVisibleItem 方法。

该方法用于获得下一个可见节点。返回值为下一个可见节点句柄。

```
HTREEITEM GetNextVisibleItem( HTREEITEM hItem );
```

hItem：标识当前节点句柄。

（12）GetPrevVisibleItem 方法。

该方法用于获得上一个可见节点。返回值为上一个可见节点句柄。

```
HTREEITEM GetPrevVisibleItem( HTREEITEM hItem );
```

hItem：标识当前节点句柄。

（13）GetSelectedItem 方法。

该方法用于获得树视图控件当前选中的节点。

```
HTREEITEM GetSelectedItem( );
```

（14）GetRootItem 方法。

该方法用于返回根节点。

```
HTREEITEM GetRootItem( );
```

（15）SetItemImage 方法。

该方法用于设置节点显示的图像。

```
BOOL SetItemImage( HTREEITEM hItem, int nImage, int nSelectedImage );
```

❑ hItem：标识节点句柄。

❑ nImage：标识图像索引。

❑ nSelectedImage：标识节点被选中时的图像索引。

（16）GetItemText 方法。

该方法用于获取节点文本。返回值为节点文本。

```
CString GetItemText( HTREEITEM hItem ) const;
```

hItem：标识节点句柄。

（17）SetItemText 方法。

该方法用于设置节点文本。

```
BOOL SetItemText( HTREEITEM hItem, LPCTSTR lpszItem );
```

❑ hItem：标识节点句柄。

❑ lpszItem：标识节点文本。

（18）SetItemHeight 方法。

该方法用于设置节点的高度。

```
SHORT SetItemHeight( SHORT cyHeight );
```

cyHeight：标识节点高度。

（19）SetCheck 方法。

该方法用于设置复选框的选中状态。

```
BOOL SetCheck( HTREEITEM hItem, BOOL fCheck = TRUE );
```

❑ hItem：标识节点句柄。

❑ fCheck：确定节点的复选框是否被选中。

（20）InsertItem 方法。

该方法用于插入节点。

```
HTREEITEM InsertItem( LPTVINSERTSTRUCT lpInsertStruct );
HTREEITEM InsertItem(UINT nMask, LPCTSTR lpszItem, int nImage, int nSelectedImage,
UINT nState, UINT nStateMask, LPARAM lParam, HTREEITEM hParent, HTREEITEM hInsertAfter );
HTREEITEM InsertItem( LPCTSTR lpszItem, HTREEITEM hParent = TVI_ROOT,
HTREEITEM hInsertAfter = TVI_LAST );
HTREEITEM InsertItem( LPCTSTR lpszItem, int nImage, int nSelectedImage,
HTREEITEM hParent = TVI_ROOT, HTREEITEM hInsertAfter = TVI_LAST);
```

InsertItem 方法的参数见表 1-34。

表 1-34　InsertItem 方法参数

属　　性	说　　明
lpInsertStruc	是 TVINSERTSTRUCT 结构指针，TVINSERTSTRUCT 结构中包含了插入操作的详细信息
nMask	标识节点的哪些信息被设置
lpszItem	确定节点的文本
nImage	确定节点的图像索引
nSelectedImage	确定节点选中时的图像索引
nState	确定节点的状态
nStateMask	确定节点的哪些状态被设置
lParam	用于指定关联节点的附加信息
hParent	标识父节点句柄
hInsertAfter	标识新插入节点后面的节点句柄

（21）DeleteItem 方法。

该方法用于删除指定的节点。

```
BOOL DeleteItem( HTREEITEM hItem );
```

hItem：标识删除节点的句柄。

（22）DeleteAllItems 方法。

该方法用于删除所有的节点。

```
BOOL DeleteAllItems( );
```

（23）Expand 方法。

该方法用于展开或收缩节点。

```
BOOL Expand( HTREEITEM hItem, UINT nCode );
```

❑ hItem：标识展开的节点句柄。

❑ nCode：确定展开的动作，可选值见表 1-35。

表 1-35 nCode 参数可选值

属　性	说　明
TVE_COLLAPSE	收缩所有节点
TVE_COLLAPSERESET	收缩节点，移除子节点
TVE_EXPAND	展开所有节点
TVE_TOGGLE	展开或收缩当前节点

（24）Select 方法。

该方法用于选中指定的节点。

```
BOOL Select( HTREEITEM hItem, UINT nCode );
```

❑ hItem：是选中节点的句柄。

❑ nCode：确定选中操作的类别，可选值见表 1-36。

表 1-36 nCode 参数可选值

属　性	说　明
TVGN_CARET	选中指定的节点
TVGN_DROPHILITE	以拖动操作的风格重绘节点
TVGN_FIRSTVISIBLE	垂直滚动控件，使指定的节点成为第 1 个可见节点

（25）SelectItem 方法。

该方法用于选中给定的节点。

```
BOOL SelectItem( HTREEITEM hItem );
```

hItem：标识选中节点的句柄。

（26）SelectSetFirstVisible 方法。

该方法使指定节点成为第 1 个可见节点。

```
BOOL SelectSetFirstVisible( HTREEITEM hItem );
```

hItem：标识节点句柄。

（27）EnsureVisible 方法。

该方法用于保证指定节点可见。

```
BOOL EnsureVisible( HTREEITEM hItem );
```

hItem：标识节点句柄。如果指定的节点是子节点，其父节点没有展开，将展开父节点；如果节点没有在可视区域，将在垂直方向滚动控件，使节点可见。

3. 树视图控件的主要事件

NM_CLICK：当鼠标单击树视图控件时产生。

NM_DBLCLK：当鼠标双击树视图控件时产生。

NM_KILLFOCUS：当树视图控件失去焦点时产生。

NM_OUTOFMEMORY：当内存溢出时产生。

NM_RCLICK：当鼠标右键单击树视图控件时产生。

NM_RDBLCLK：当鼠标右键双击树视图控件时产生。

NM_SETFOCUS：当树视图控件获得焦点时产生。

TVN_BEGINDRAG：当开始拖曳节点时产生。

TVN_BEGINLABELEDIT：当开始编辑节点时产生。

TVN_BEGINRDRAG：当鼠标右键开始拖曳节点时产生。

TVN_DELETEITEM：当删除节点时产生。

TVN_ENDLABELEDIT：当编辑节点结束时产生。

TVN_ITEMEXPANDED：当展开或收缩节点后产生。

TVN_ITEMEXPANDING：当展开或收缩节点时产生。

TVN_SELCHANGED：当选择节点改变后产生。

TVN_SELCHANGING：当选择节点改变时产生。

4. 树控件举例

【例 1-22】 设计带复选功能的树控件。（实例位置：光盘\MR\源码\第 1 章\1-22）

设计带复选功能的树控件，首先要为控件选择 Check Boxes 属性，该属性被选中后会在树控件的节点前显示复选框，然后使用 GetCheck 方法获得复选框的状态。

步骤如下。

（1）创建一个基于对话框的应用程序，将对话框的 Caption 属性修改为"带复选功能的树控件"。

（2）向对话框中添加 1 个树控件和 1 个按钮控件，并为树控件关联变量 m_Tree，选择树控件的 Check Boxes 属性，向工程中导入 3 个图标资源。

（3）在对话框头文件中声明一个图像列表对象 m_ImageList 和一个 CString 类型变量 m_StrText。

（4）在对话框的 OnInitDialog 函数中创建图像列表，向图像列表中添加图标，关联树控件和图像列表，并向树控件中添加数据。代码如下。

```
m_ImageList.Create(16,16,ILC_COLOR24|ILC_MASK,1,0);        //创建列表视图窗口
m_ImageList.Add(AfxGetApp()->LoadIcon(IDI_ICON1));         //向图像列表中添加图标
m_ImageList.Add(AfxGetApp()->LoadIcon(IDI_ICON2));         //向图像列表中添加图标
m_ImageList.Add(AfxGetApp()->LoadIcon(IDI_ICON3));         //向图像列表中添加图标
m_Tree.SetImageList(&m_ImageList,LVSIL_NORMAL);            //关联图像列表
HTREEITEM m_Root;                                          //声明保存根节点的变量
m_Root = m_Tree.InsertItem("司令",0,0);                    //向根节点插入数据
HTREEITEM m_Child;                                         //声明保存二级节点的变量
m_Child = m_Tree.InsertItem("将军甲",1,1,m_Root);          //插入一个二级节点
m_Tree.InsertItem("士兵甲",2,2,m_Child);                   //插入三级节点
m_Tree.InsertItem("士兵乙",2,2,m_Child);                   //插入三级节点
m_Child = m_Tree.InsertItem("将军乙",1,1,m_Root);          //插入二级节点
m_Tree.InsertItem("士兵丙",2,2,m_Child);                   //插入三级节点
m_Tree.InsertItem("士兵丁",2,2,m_Child);                   //插入三级节点
m_Tree.Expand(m_Root,TVE_EXPAND);                         //展开根节点
m_StrText = "";                                           //初始化变量为空
```

（5）添加一个 CheckToTree 函数，用来判断节点前的复选框是否被选中。代码如下。

```
void CCheckTreeDlg::CheckToTree(HTREEITEM m_Item)
{
    m_Item = m_Tree.GetChildItem(m_Item);                 //获得当前节点的子节点
    while(m_Item != NULL)                                 //判断子节点是否存在
    {
        if(m_Tree.GetCheck(m_Item))                       //判断当前节点复选框是否选中
        {
            m_StrText += m_Tree.GetItemText(m_Item);      //获得选中复选框的节点文本
            m_StrText += "\r\n";                          //为字符串加换行符
```

```
        }
        CheckToTree(m_Item);                              //递归调用 CheckToTree 函数
        m_Item = m_Tree.GetNextItem(m_Item,TVGN_NEXT);    //获得下一个节点
    }
}
```

（6）处理"确定"按钮的单击事件，在该事件中将调用 CheckToTree 函数获得选中复选框的节点文本，并通过消息框显示出来。代码如下。

```
void CCheckTreeDlg::OnButtonok()                          //"确定"按钮单击事件处理函数
{
    HTREEITEM item;                                       //声明保存根节点的变量
    item = m_Tree.GetRootItem();                          //获得根节点
    if(m_Tree.GetCheck(item))
    {
        m_StrText += m_Tree.GetItemText(item);            //获得根节点文本
        m_StrText += "\r\n";                              //为字符串加换行符
    }
    CheckToTree(item);                                    //调用 CheckToTree 函数
    MessageBox(m_StrText);                                //使用消息框显示文本
    m_StrText = "";                                       //清空字符串
}
```

实例的运行结果如图 1-44 所示。

【例 1-23】　动态创建树控件。（实例位置：光盘\MR\源码\第 1 章\1-23）

步骤如下。

（1）创建一个基于对话框的应用程序，将对话框的 Caption 属性修改为"动态创建树控件"。

（2）在对话框头文件中声明一个 CTreeCtrl 类变量 m_Tree 和一个图像列表对象 m_ImageList，向工程中导入 3 个图标资源。

图 1-44　带复选功能的树控件

（3）在对话框的 OnInitDialog 函数中创建树控件，创建图像列表，向图像列表中添加图标，关联树控件和图像列表控件，并向树控件中添加数据。代码如下。

```
m_Tree.Create(TVS_LINESATROOT |TVS_HASLINES |TVS_HASBUTTONS|WS_BORDER
    |LVS_SHOWSELALWAYS,CRect(0,0,0,0),this,10001);        //创建树控件
m_Tree.MoveWindow(10,10,300,200);                         //设置控件显示位置
m_Tree.ShowWindow(SW_SHOW);                               //显示控件
m_ImageList.Create(16,16,ILC_COLOR24|ILC_MASK,1,0);       //创建列表视图窗口
m_ImageList.Add(AfxGetApp()->LoadIcon(IDI_ICON1));        //向图像列表中添加图标
m_ImageList.Add(AfxGetApp()->LoadIcon(IDI_ICON2));        //向图像列表中添加图标
m_ImageList.Add(AfxGetApp()->LoadIcon(IDI_ICON3));        //向图像列表中添加图标
m_Tree.SetImageList(&m_ImageList,LVSIL_NORMAL);           //关联图像列表
HTREEITEM m_Root;                                         //声明保存根节点的变量
m_Root = m_Tree.InsertItem("司令",0,0);                   //向根节点插入数据
HTREEITEM m_Child;                                        //声明保存二级节点的变量
m_Child = m_Tree.InsertItem("将军甲",1,1,m_Root);         //插入一个二级节点
m_Tree.InsertItem("士兵甲",2,2,m_Child);                  //插入三级节点
m_Tree.InsertItem("士兵乙",2,2,m_Child);                  //插入三级节点
m_Child = m_Tree.InsertItem("将军乙",1,1,m_Root);         //插入二级节点
```

```
m_Tree.InsertItem("士兵丙",2,2,m_Child);                          //插入三级节点
m_Tree.InsertItem("士兵丁",2,2,m_Child);                          //插入三级节点
m_Tree.Expand(m_Root,TVE_EXPAND);                               //展开根节点
```

 在使用 InsertItem 方法插入树节点时，可以将节点的图像索引和选中时的图像索引设置为同一个索引，在节点选中时，节点的图像将不进行变化。

（4）在对话框头文件中声明树控件的双击事件和鼠标右键单击事件的处理函数，代码如下。

```
afx_msg void OnRclickTree1(NMHDR* pNMHDR, LRESULT* pResult);    //双击事件处理函数
afx_msg void OnDblclkTree1(NMHDR* pNMHDR, LRESULT* pResult);    //鼠标右键单击事件处理函数
```

（5）在对话框源文件中添加消息映射宏，代码如下。

```
ON_NOTIFY(NM_RCLICK, 10001, OnRclickTree1)                       //双击事件
ON_NOTIFY(NM_DBLCLK, 10001, OnDblclkTree1)                       //鼠标右键单击事件
```

（6）添加双击事件的处理函数，在该函数中判断是否删除当前选中的节点。代码如下。

```
void CCreateTreeDlg::OnDblclkTree1(NMHDR* pNMHDR, LRESULT* pResult)//双击事件处理函数
{
    HTREEITEM m_Item = m_Tree.GetSelectedItem();                //获得当前选中的节点
    //判断是否删除节点
    if(MessageBox("确定要删除该节点吗? ","系统提示",MB_OKCANCEL|MB_ICONQUESTION)==IDOK)
    {
        m_Tree.DeleteItem(m_Item);                              //删除节点
    }
    *pResult = 0;
}
```

（7）添加鼠标右键单击事件的处理函数，代码如下。

```
//鼠标右键单击事件处理函数
void CCreateTreeDlg::OnRclickTree1(NMHDR* pNMHDR, LRESULT* pResult)
{
    //判断是否删除所有节点
    if(MessageBox("确定要删除所有节点吗? ","系统提示",MB_OKCANCEL|MB_ICONQUESTION)==IDOK)
    {
        m_Tree.DeleteAllItems();                                //删除所有节点
    }
    *pResult = 0;
}
```

实例的运行结果如图 1-45 所示。

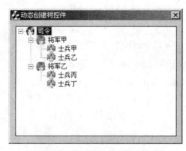

图 1-45　动态创建树控件

【例 1-24】　设计可编辑节点的树控件。（实例位置：光盘\MR\源码\第 1 章\1-24）

要实现树控件节点可编辑，需要选择树控件的 Edit labels 属性，选择该属性后将允许用户编

辑节点标题；但是只选择 Edit labels 属性是不够的，因为控件虽然可以被编辑，但是却无法保存修改后的文本，所以还要通过树控件的 **TVN_ENDLABELEDIT** 事件来实现保存修改文本的功能，在该事件中使用 SetItemText 设置当前修改的节点文本。

步骤如下。

（1）创建一个基于对话框的应用程序，将对话框的 Caption 属性修改为"可编辑节点的树控件"。

（2）向对话框中添加 1 个树控件，并为树控件关联变量 m_Tree，选择树控件的 Edit labels 属性，向工程中导入 3 个图标资源。

（3）在对话框头文件中声明一个图像列表对象 m_ImageList。

（4）在对话框的 OnInitDialog 函数中创建图像列表，向图像列表中添加图标，关联树控件和图像列表控件，并向树控件中添加数据。代码如下。

```
m_ImageList.Create(16,16,ILC_COLOR24|ILC_MASK,1,0);              //创建列表视图窗口
m_ImageList.Add(AfxGetApp()->LoadIcon(IDI_ICON1));              //向图像列表中添加图标
m_ImageList.Add(AfxGetApp()->LoadIcon(IDI_ICON2));              //向图像列表中添加图标
m_ImageList.Add(AfxGetApp()->LoadIcon(IDI_ICON3));              //向图像列表中添加图标
m_Tree.SetImageList(&m_ImageList,LVSIL_NORMAL);                //关联图像列表
HTREEITEM m_Root;                                              //声明保存根节点的变量
m_Root = m_Tree.InsertItem("校长",0,0);                        //向根节点插入数据
HTREEITEM m_Child;                                            //声明保存二级节点的变量
m_Child = m_Tree.InsertItem("老师甲",1,1,m_Root);              //插入一个二级节点
m_Tree.InsertItem("学生甲",2,2,m_Child);                       //插入三级节点
m_Tree.InsertItem("学生乙",2,2,m_Child);                       //插入三级节点
m_Child = m_Tree.InsertItem("老师乙",1,1,m_Root);              //插入二级节点
m_Tree.InsertItem("学生丙",2,2,m_Child);                       //插入三级节点
m_Tree.InsertItem("学生丁",2,2,m_Child);                       //插入三级节点
m_Tree.Expand(m_Root,TVE_EXPAND);                            //展开根节点
```

 　　SetImageList 方法的 LVSIL_NORMAL 参数值表示获取常规的图像列表，而 TVSIL_STATE 参数值表示获取状态图像列表。

（5）处理树控件的 **TVN_ENDLABELEDIT** 事件，在该事件中设置节点的显示文本。代码如下。

```
void CEditTreeDlg::OnEndlabeleditTree1(NMHDR* pNMHDR, LRESULT* pResult)
{
    TV_DISPINFO* pTVDispInfo = (TV_DISPINFO*)pNMHDR;
    m_Tree.SetItemText(pTVDispInfo->item.hItem,pTVDispInfo->item.pszText);
    *pResult = 0;
}
```

实例的运行结果如图 1-46 所示。

图 1-46　可编辑节点的树控件

1.6.4 标签控件

标签控件提供了一组标签按钮以及对应标签按钮的显示页面，用户可以单击标签按钮选择不同的显示页面，但是用户不能直接在各个标签页上插入控件，只能在选中不同标签页时显示不同的对话框或控件。

1. 设置显示方式

在使用标签控件时，除了使用默认的层叠显示的方式外，也可以设置其他显示方式，如图 1-47 所示。可以将标签设置为按钮的形式，方法是打开标签控件的属性窗口，在 Styles 选项卡中选择 Buttons 属性，该属性使标签以按钮形状显示；还可以将标签控件的标签设置到控件的底部，方法是打开标签控件的属性窗口，在 More Styles 选项卡中选择 Bottom 属性，该属性使标签在控件的底部显示。

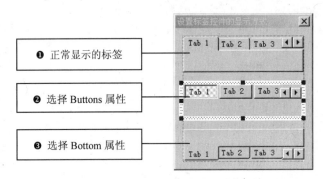

图 1-47　设置标签控件的显示方式

2. 图标标签控件

带图标的标签控件是通过图像列表和标签控件来实现的。首先，创建一个图像列表，然后调用 SetImageList 方法使标签控件关联图像列表。

语法格式如下。

```
CImageList * SetImageList( CImageList * pImageList );
```

pImageList：标识图像列表指针。

返回值：之前控件关联的图像列表控件。

调用 InsertItem 方法向标签控件中添加标签的语法格式如下。

```
BOOL InsertItem( int nItem, TCITEM* pTabCtrlItem );
BOOL InsertItem( int nItem, LPCTSTR lpszItem );
BOOL InsertItem( int nItem, LPCTSTR lpszItem, int nImage );
BOOL InsertItem( UINT nMask, int nItem, LPCTSTR lpszItem, int nImage, LPARAM lParam );
```

InsertItem 方法中的参数说明见表 1-37。

表 1-37　InsertItem 方法中的参数说明

参　　数	描　　述
nMask	确定哪一项标签信息可用
nItem	标识新的标签索引
pTabCtrlItem	TCITEM 结构指针，TCITEM 结构中包含了标签的详细信息
lpszItem	标识被插入项的指针
nImage	标识图像索引
lParam	用于设置关联标签的附加信息

【例 1-25】　设置带图标的标签控件。（实例位置：光盘\MR\源码\第 1 章\1-25）

步骤如下。

（1）创建一个基于对话框的应用程序，将对话框的 Caption 属性修改为"设置带图标的标签控件"。

（2）向对话框中添加 1 个标签控件，并为标签控件关联变量 m_Tab。

（3）在对话框头文件中声明一个图像列表对象 m_ImageList。

（4）在对话框的 OnInitDialog 函数中创建图像列表，向图像列表中添加图标，关联标签控件和图像列表控件，并向图像列表中插入标签。代码如下。

```
m_ImageList.Create(24,24,ILC_COLOR24|ILC_MASK,1,0);      //创建图像列表
m_ImageList.Add(AfxGetApp()->LoadIcon(IDI_ICON1));       //向图像列表中添加图标
m_ImageList.Add(AfxGetApp()->LoadIcon(IDI_ICON2));       //向图像列表中添加图标
m_ImageList.Add(AfxGetApp()->LoadIcon(IDI_ICON3));       //向图像列表中添加图标
m_Tab.SetImageList(&m_ImageList);                        //将图像列表关联到标签控件中
m_Tab.InsertItem(0,"员工信息",0);                         //插入标签项
m_Tab.InsertItem(1,"客户信息",1);                         //插入标签项
m_Tab.InsertItem(2,"供应商信息",2);                       //插入标签项
```

在黑体字的 InsertItem 方法中，左侧的 0、1、2 表示的是标签项索引，而右侧的 0、1、2 表示的是图像索引，两侧的索引没有关联，可以根据需要进行不同的设置，如"m_Tab.InsertItem(0,"员工信息",2);"语句，可以将第 1 个标签项的图像索引设置为图像列表中的第 3 个图像。

实例的运行结果如图 1-48 所示。

3. 设计程序模块

在使用标签控件设计程序模块时，最主要的功能就是在选择不同标签时有不同的显示信息。要实现这一功能，需要使用标签控件的 TCN_SELCHANGE 事件，该事件在选

图 1-48　设置带图标的标签控件

中标签改变后触发。可以在该事件的处理函数中使用 GetCurSel 方法获得当前被选中的标签索引。

语法格式如下。

```
int GetCurSel() const;
```

返回值：返回当前被选中的标签项索引。

也可以调用 SetCurSel 方法将某个标签设置为当前选中的标签。

语法格式如下。

```
int SetCurSel( int nItem );
```

nItem：标识标签索引。

返回值：之前选中的标签索引。

【例 1-26】　使用标签控件设计程序模块。（实例位置：光盘\MR\源码\第 1 章\1-26）

步骤如下。

（1）创建一个基于对话框的应用程序，将对话框的 Caption 属性修改为"使用标签控件设计程序模块"。

（2）添加 3 个对话框资源，资源 ID 分别为 IDD_DIALOG_EMP、IDD_DIALOG_CLI 和 IDD_DIALOG_PRO，并设置对话框资源的 Style 属性为 Child，Border 属性为 None。为 3 个对话框资源关联类，分别为 CEmployee、CClient 和 Cprovidedlg，并分别向对话框资源中添加控件。

（3）向主对话框中添加 1 个标签控件，并为标签控件关联变量 m_Tab。

（4）在主对话框头文件中声明一个图像列表对象和3个对话框类对象，代码如下。

```
CImageList    m_ImageList;                              //图像列表对象
CEmployee*    m_eDlg;                                    //员工对话框对象
CClient*      m_cDlg;                                    //客户对话框对象
CProvidedlg*  m_pDlg;                                    //供应商对话框对象
```

（5）在主对话框的 **OnInitDialog** 函数中创建图像列表，向图像列表中添加图标，关联标签控件和图像列表控件，并创建对话框。代码如下。

```
m_ImageList.Create(24,24,ILC_COLOR24|ILC_MASK,1,0);     //创建图像列表
m_ImageList.Add(AfxGetApp()->LoadIcon(IDI_ICON1));      //向图像列表中添加图标
m_ImageList.Add(AfxGetApp()->LoadIcon(IDI_ICON2));      //向图像列表中添加图标
m_ImageList.Add(AfxGetApp()->LoadIcon(IDI_ICON3));      //向图像列表中添加图标
m_Tab.SetImageList(&m_ImageList);                       //将图像列表关联到标签控件中
m_Tab.InsertItem(0,"员工信息",0);                        //插入标签项
m_Tab.InsertItem(1,"客户信息",1);                        //插入标签项
m_Tab.InsertItem(2,"供应商信息",2);                       //插入标签项
m_eDlg = new CEmployee;                                 //为指针分配内存空间
m_cDlg = new CClient;                                   //为指针分配内存空间
m_pDlg = new CProvidedlg;                               //为指针分配内存空间
m_eDlg->Create(IDD_DIALOG_CLI,&m_Tab);                  //创建员工对话框
m_cDlg->Create(IDD_DIALOG_EMP,&m_Tab);                  //创建客户对话框
m_pDlg->Create(IDD_DIALOG_PRO,&m_Tab);                  //创建供应商对话框
m_eDlg->CenterWindow();                                 //设置员工对话框在中心位置
m_eDlg->ShowWindow(SW_SHOW);                            //显示客户对话框
```

（6）处理对话框的 **TCN_SELCHANGE** 事件，在该事件中获得当前选中标签项的索引，根据索引判断显示的对话框。代码如下。

```
void CUseTabDlg::OnSelchangeTab1(NMHDR* pNMHDR, LRESULT* pResult)   //事件处理函数
{
    int index = m_Tab.GetCurSel();                      //获得当前选中标签项索引
    switch(index)                                       //判断标签项索引值
    {
    case 0:                                             //值为0时
        m_eDlg->CenterWindow();                         //设置员工对话框在中心位置
        m_eDlg->ShowWindow(SW_SHOW);                    //显示员工对话框
        m_cDlg->ShowWindow(SW_HIDE);                    //隐藏客户对话框
        m_pDlg->ShowWindow(SW_HIDE);                    //隐藏供应商对话框
        break;
    case 1:                                             //值为1时
        m_cDlg->CenterWindow();                         //设置客户对话框在中心位置
        m_eDlg->ShowWindow(SW_HIDE);                    //隐藏员工对话框
        m_cDlg->ShowWindow(SW_SHOW);                    //显示客户对话框
        m_pDlg->ShowWindow(SW_HIDE);                    //隐藏供应商对话框
        break;
    case 2:                                             //值为2时
        m_pDlg->CenterWindow();                         //设置供应商对话框在中心位置
        m_eDlg->ShowWindow(SW_HIDE);                    //隐藏员工对话框
        m_cDlg->ShowWindow(SW_HIDE);                    //隐藏客户对话框
        m_pDlg->ShowWindow(SW_SHOW);                    //显示供应商对话框
        break;
    }
```

```
    *pResult = 0;
}
```

说明　除了显示不同的对话框资源这种方法外，也可以将所有控件都添加到当前的对话框中，然后在 TCN_SELCHANGE 事件中根据需要隐藏或者显示不同的控件。

（7）处理对话框的 WM_CLOSE 事件，在主对话框关闭时销毁 3 个非模态对话框，并释放指针。代码如下。

```
void CUseTabDlg::OnClose()
{
    m_eDlg->DestroyWindow();                //销毁员工对话框
    delete m_eDlg;                          //释放员工对话框指针
    m_cDlg->DestroyWindow();                //销毁客户对话框
    delete m_cDlg;                          //释放客户对话框指针
    m_pDlg->DestroyWindow();                //销毁供应商对话框
    delete m_pDlg;                          //释放供应商对话框指针
    CDialog::OnClose();                     //关闭对话框
}
```

实例的运行结果如图 1-49 所示。

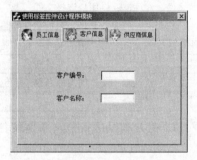

图 1-49　使用标签控件设计程序模块

1.7　Windows 通用对话框

Windows 提供的通用对话框有文件打开保存对话框、字体对话框、颜色对话框、查找替换对话框、打印对话框及页面设置对话框，这些对话框不需要我们自己定义，Windows 为我们提供了现成的类，只要定义对应类的一个对象，就可以调用这些通用对话框了。

1.7.1　使用"文件"对话框打开和保存文件

"文件"对话框为打开和保存文件提供了一个方便的接口，在 MFC 中 CFileDialog 类对"文件"对话框进行了封装。

使用"文件"对话框时要创建一个"文件"对话框对象，通过构造函数进行初始化。

语法格式如下。

```
CFileDialog( BOOL bOpenFileDialog, LPCTSTR lpszDefExt = NULL, LPCTSTR lpszFileName =
NULL, DWORD dwFlags = OFN_HIDEREADONLY | OFN_OVERWRITEPROMPT, LPCTSTR lpszFilter = NULL,CWnd*
pParentWnd = NULL );
```

CFileDialog 构造函数中的参数说明见表 1-38。

表 1-38　CFileDialog 构造函数中的参数说明

参　　数	描　　述
bOpenFileDialog	如果值为 TRUE，构造"打开"对话框；为 FALSE，构造"另存为"对话框
lpszDefExt	用于确定文件默认的扩展名，如果为 NULL，没有扩展名被插入到文件名中
lpszFileName	确定编辑框中初始化时的文件名称，如果为 NULL，编辑框中没有文件名称
dwFlags	用于自定义"文件"对话框
lpszFilter	用于指定对话框过滤的文件类型
pParentWnd	标识"文件"对话框的父窗口指针

lpszFilter 参数格式：文件类型说明和扩展名间用"|"分隔，每种文件类型间用"|"分隔，末尾用"||"结束。

在使用"文件"对话框时，还需要通过"文件"对话框的一些常用函数来实现用户需要的功能。"文件"对话框的常用函数见表 1-39。

表 1-39　"文件"对话框的常用函数

函　　数	功　能　描　述
DoModal	用于显示"文件"对话框，供用户选择文件
GetPathName	用于返回用户选择文件的完整路径，包括文件的路径、文件名和文件扩展名
GetFileName	用于返回用户选择的文件名称，包括文件名和扩展名，但不包含路径
GetFileExt	用于返回"文件"对话框中输入的文件扩展名
GetFileTitle	用于返回"文件"对话框中输入的文件名称，不包含路径和扩展名
OnFileNameOK	用于检查"文件"名称是否正确

【例 1-27】　使用"文件"对话框打开和保存文件。（实例位置：光盘\MR\源码\第 1 章\1-27）
步骤如下。

（1）创建一个基于对话框的应用程序，将对话框的 Caption 属性修改为"使用'文件'对话框打开和保存文件"。

（2）向对话框中添加 2 个静态文本控件、1 个编辑框控件和 2 个按钮控件。

（3）处理"打开"按钮的单击事件，在静态正文中显示文件路径，在编辑框中显示文件内容。代码如下。

```
void CFileDialogDlg::OnOpen()                        //"打开"按钮单击事件处理函数
{
    CFileDialog dlg(TRUE,NULL,NULL,OFN_HIDEREADONLY|OFN_OVERWRITEPROMPT,
        "All Files(*.TXT)|*.TXT||",AfxGetMainWnd());  //构造文件打开对话框
    CString strPath,strText="";                      //声明变量
    if(dlg.DoModal() == IDOK)                         //判断是否按下"打开"按钮
    {
        strPath = dlg.GetPathName();                 //获得文件路径
        m_OpenPath.SetWindowText(strPath);           //显示文件路径
        CFile file(strPath,CFile::modeRead);         //打开文件
        char read[10000];                            //声明字符数组
        file.Read(read,10000);                       //读取文件内容
        for(int i=0;i<file.GetLength();i++)          //根据文件大小设置循环体
        {
            strText += read[i];                      //为字符串赋值
```

```
        }
        file.Close();                                          //关闭文件
        m_FileText.SetWindowText(strText);                     //显示文件内容
    }
}
```

在上述代码中，使用的是字符数组存储文件数据，但是数组大小是固定的，如果文件大小超出数组的大小，程序就会出错。要解决这一问题，可以使用 new/delete 运算符并根据文件大小为字符指针动态分配存储空间，这样就不会出现由于文件过大造成程序出错的问题了。

（4）处理"保存"按钮的单击事件，在静态正文中显示文件路径，将编辑框中的内容保存到文件中。代码如下。

```
void CFileDialogDlg::OnSave()                                  // "打开" 按钮单击事件处理函数
{
    CFileDialog dlg(FALSE,NULL,NULL,OFN_HIDEREADONLY|OFN_OVERWRITEPROMPT,
        "All Files(*.TXT)|*.TXT||",AfxGetMainWnd());           //构造文件另存为对话框
    CString strPath,strText="";                                //声明变量
    char write[10000];                                         //声明字符数组
    if(dlg.DoModal() == IDOK)                                  //判断是否按下"保存"按钮
    {
        strPath = dlg.GetPathName();                           //获得文件保存路径
        if(strPath.Right(4) != ".TXT")                         //判断文件扩展名
            strPath += ".TXT";                                 //设置文件扩展名
        m_SavePath.SetWindowText(strPath);                     //显示文件路径
        CFile file(_T(strPath),CFile::modeCreate|CFile::modeWrite);   //创建文件
        m_FileText.GetWindowText(strText);                     //获得编辑框中内容
        strcpy(write,strText);                                 //将字符串复制到字符数组中
        file.Write(write,strText.GetLength());                 //向文件中写入数据
        file.Close();                                          //关闭文件
    }
}
```

实例的运行结果如图 1-50 所示。

图 1-50　使用"文件"对话框打开和保存文件

1.7.2 使用"字体"对话框设置文本字体

CFontDialog 类封装了 Windows "字体"对话框。用户可以从系统安装的字体列表中选择要用的字体，同时在"字体"对话框中还可以设置字体大小、颜色、效果和字符集等属性。可以通过构造函数 CFontDialog 构造"字体"对话框。

语法格式如下。

```
CFontDialog( LPLOGFONT lplfInitial = NULL, DWORD dwFlags = CF_EFFECTS | CF_SCREENFONTS,
CDC* pdcPrinter = NULL, CWnd* pParentWnd = NULL );
```

CFontDialog 构造函数中的参数说明见表 1-40。

表 1-40　CFontDialog 构造函数中的参数说明

参　　数	描　　述
lplfInitial	LOGFONT 结构指针，用于设置默认的字体
dwFlags	用于控制对话框的行为
pdcPrinter	打印机设备内容指针
pParentWnd	"字体"对话框父窗口指针

"字体"对话框的常用函数见表 1-41。

表 1-41　"字体"对话框的常用函数

函　　数	功　能　描　述
DoModal	用于显示"字体"对话框，供用户设置字体
GetCurrentFont	用于获取当前的字体
GetFaceName	用于获取"字体"对话框中选择的字体名称
GetStyleName	用于返回"字体"对话框中选择的字体风格名称
GetSize	用于获取字体的大小
GetColor	用于获取选择的字体颜色
GetWeight	用于获取字体的磅数

【例 1-28】　使用"字体"对话框设置编辑框控件中显示文本的字体。（实例位置：光盘\MR\源码\第 1 章\1-28）

步骤如下。

（1）创建一个基于对话框的应用程序，将对话框的 Caption 属性修改为"使用'字体'对话框设置文本字体"。

（2）向对话框中添加 1 个编辑框控件和 1 个按钮控件。

（3）在对话框头文件中声明一个 CFont 对象 m_Font。

（4）处理"字体"按钮的单击事件，创建"字体"对话框，设置在编辑框中显示文本的字体。代码如下。

```
void CFontDialogDlg::OnFont()                    // "字体"按钮单击事件处理函数
{
    CFont* TempFont = m_Text.GetFont(); //获取编辑框当前字体
    LOGFONT LogFont;                             //声明 LOGFONT 结构指针
    TempFont->GetLogFont(&LogFont);              //获得字体信息
    CFontDialog dlg(&LogFont);                   //初始化字体信息
    if(dlg.DoModal()==IDOK)                      //判断是否按下"确定"按钮
```

```
    {
        m_Font.Detach();                    //分离字体
        LOGFONT temp;                       //声明 LOGFONT 结构指针
        dlg.GetCurrentFont(&temp);          //获取当前字体信息
        m_Font.CreateFontIndirect(&temp);   //直接创建字体
        m_Text.SetFont(&m_Font);            //设置字体
    }
}
```

实例的运行结果如图 1-51 所示。

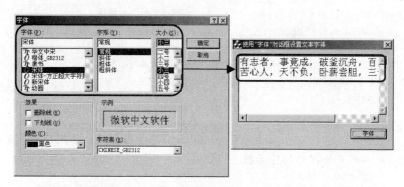

图 1-51　使用"字体"对话框设置文本字体

CFont 对象 m_Font 一定要在对话框的头文件中定义，否则无法修改字体。

1.7.3　使用"颜色"对话框设置文本背景颜色

"颜色"对话框也是常用的对话框之一，就像画家的调色板一样，用户可以直观地在"颜色"对话框中选择所需要的颜色，也可以创建自定义颜色。CColorDialog 类对"颜色"对话框进行了封装，可以通过构造函数 CColorDialog 构造"颜色"对话框。

语法格式如下。

```
CColorDialog( COLORREF clrInit = 0, DWORD dwFlags = 0, CWnd* pParentWnd = NULL );
```

❑ clrInit：标识"颜色"对话框默认时的颜色。

❑ dwFlags：一组标记，用于自定义"颜色"对话框。

❑ pParentWnd：标识"颜色"对话框的父窗口。

"颜色"对话框的常用函数见表 1-42。

表 1-42　"颜色"对话框的常用函数

函　　数	功　能　描　述
DoModal	用于显示"颜色"对话框，供用户选择颜色
GetColor	用于获得用户选择的颜色
GetSavedCustomColors	用于返回用户自定义的颜色
SetCurrentColor	用于设置当前选择的颜色

【例 1-29】　使用"颜色"对话框设置静态文本控件中文本的背景颜色。（实例位置：光盘\MR\源码\第 1 章\1-29）

步骤如下。

（1）创建一个基于对话框的应用程序，将对话框的 Caption 属性修改为"使用'颜色'对话框设置文本背景颜色"。

（2）向对话框中添加 1 个静态文本控件和 1 个按钮控件。

（3）在对话框头文件中声明一个 COLORREF 对象 m_Color。

（4）处理"颜色"按钮的单击事件，创建"颜色"对话框，获得选择的颜色。代码如下。

```
void CColorDialogDlg::OnColor()           // "颜色"按钮单击事件处理函数
{
    CColorDialog dlg(m_Color);            //创建"颜色"对话框
    if (dlg.DoModal()==IDOK)              //判断是否按下"确定"按钮
    {
        m_Color = dlg.GetColor();         //获取用户选择的颜色
        Invalidate();                     //重绘窗口
    }
}
```

获得用户选择的颜色后要使用 Invalidate 方法重绘窗口，否则程序不触发 WM_CTL COLOR 事件重绘控件的背景颜色。

（5）处理对话框的 WM_CTLCOLOR 事件，在该事件的处理函数中设置静态文本控件显示文本的背景颜色。代码如下。

```
HBRUSH CColorDialogDlg::OnCtlColor(CDC* pDC, CWnd* pWnd, UINT nCtlColor)
{
    HBRUSH hbr = CDialog::OnCtlColor(pDC, pWnd, nCtlColor);
    if(nCtlColor == CTLCOLOR_STATIC)              //判断是否为静态文本控件
        pDC->SetBkColor(m_Color);                 //设置文本的背景颜色
    return hbr;
}
```

实例的运行结果如图 1-52 所示。

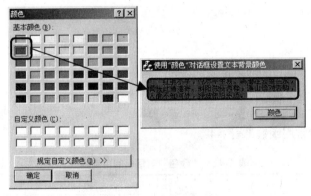

图 1-52 使用"颜色"对话框设置文本背景颜色

1.8 综合实例——学生信息管理

下面使用本章所讲内容设计一个学生信息管理程序，程序运行结果如图 1-53 所示。

图 1-53　学生信息管理

步骤如下。

（1）创建一个基于对话框的应用程序。

（2）向对话框中添加 3 个静态文本控件、一个编辑框控件、两个单选按钮控件、3 个复选框控件、3 个按钮控件和一个列表视图控件。

（3）为编辑框映射字符串变量 m_xm，为选项按钮映射整型变量 m_radio，为三个复选框映射控件变量 m_check1，m_check2，m_check3 。

（4）在对话框的 OnInitDialog 方法中加入以下语句。

```
BOOL CDIAOCHADlg::OnInitDialog()
{......
m_Grid.SetExtendedStyle(LVS_EX_FLATSB            //扁平风格显示滚动条
    |LVS_EX_FULLROWSELECT                        //允许整行选中
    |LVS_EX_HEADERDRAGDROP                       //允许整列拖动
    |LVS_EX_ONECLICKACTIVATE                     //单击选中项
    |LVS_EX_GRIDLINES);                          //画出网格线
//设置表头
m_Grid.InsertColumn(0,"姓名",LVCFMT_LEFT,80,0);   //设置"姓名"列
m_Grid.InsertColumn(1,"性别",LVCFMT_LEFT,50,1);   //设置"性别"列
m_Grid.InsertColumn(2,"爱好",LVCFMT_LEFT,190,1);  //设置"爱好"列
return true;
}
```

（5）处理"增加"按钮的单击事件，将提交的内容显示到对话框的右侧。代码如下。

```
void CDIAOCHADlg::OnButton1()
{
    CString xb,ah="";
    UpdateData(TRUE);
    int n=m_Grid.GetItemCount();
    m_Grid.InsertItem(n,"");
    if(m_radio==0)
        xb="男";
    if(m_radio==1)
        xb="女";
    if(m_check1)
        ah=ah+"看书";
```

```
    if(m_check2)
        ah=ah+"打球";
    if(m_check3)
        ah=ah+"游戏";
    m_Grid.SetItemText(n,0,m_xm);
    m_Grid.SetItemText(n,1,xb);
    m_Grid.SetItemText(n,2,ah);
}
```
（6）处理"删除"按钮的单击事件
```
void CDIAOCHADlg::OnButtonDelete()
{
    // TODO: Add your control notification handler code here
    int n=m_Grid.GetSelectionMark();
    if(n<0)
        MessageBox("请选中要删除的行");
    else
        m_Grid.DeleteItem(n);
}
```
（7）处理"退出"按钮的单击事件
```
void CDIAOCHADlg::OnButton2()
{
    OnOK();
}
```

知识点提炼

（1）模态对话框和非模态对话框的显示。

（2）基本控件中静态文本、编辑框控件、图像控件、按钮控件、复选框控件、单选按钮控件、组合框控件和列表框控件的使用；高级控件中图像列表控件、列表视图控件、树控件和标签控件的使用。

（3）对话框类的 MessageBox 方法和 API 函数 AfxMessageBox 都可以显示消息框，MessageBox 使用方便，只能在对话框及派生类中使用，AfxMessageBox 可以使用在任意位置。

（4）图像列表控件用于存储和管理相同大小的一组图像，其中的每个图像可以通过图像索引访问。与前面介绍的控件有些不同，该控件不能通过控件面板向程序中添加，因为图像列表控件只是一个类 CImageList，该控件的创建和设置都是通过代码编辑的。

（5）使用列表视图控件（List Control）可在窗体中管理和显示列表项。可控制列表内容的显示方式，它能够以图标和表格的形式显示数据。使用列表视图控件可在窗体中管理和显示列表项。如同在 Windows 的 Explorer 中一样，列表视图控件可以控制列表内容的显示方式，并能够以图标和表格的形式显示数据。

（6）树视图控件能够按层次结构组织和管理数据，通常用于显示树状结构数据。树视图控件以节点为单位显示数据，每一个节点（根节点除外）可以有一个父节点，多个子节点，这样便形成了一个阶梯形的树状结构。

（7）标签控件提供了一组标签按钮以及对应标签按钮的显示页面，用户可以单击标签按钮选择不同的显示页面。

（8）Windows 系统提供的通用对话框有文件打开保存对话框、字体对话框、颜色对话框、查找替换对话框、打印对话框及页面设置对话框，只要定义相关类的一个对象，就可以调用通用对话框。

习　　题

1-1　模态对话框和非模态对话框有什么区别，在 VC 中怎样创建这两种对话框。

1-2　怎样为单选按钮关联变量。

1-3　怎样为静态文本映射消息响应函数。

1-4　怎样获取列表框中选中的多行内容。

1-5　组合框和列表框的下拉列表中的内容分别是怎样加入的。

1-6　通用对话框中的文件打开对话框能打开文件吗？怎样用打开对话框获取文件名？

实验：登录对话框

实验目的

（1）练习应用软件框架设计。

（2）复习 C 语言中文件的用法。

实验内容

设计软件登录对话框，用户名和密码保存在文本文件中，可以注册新用户。

实验步骤

（1）打开 Visual C++6.0 开发环境，新建一个对话框工程 user。

（2）打开默认对话框，修改为图 1-54 所示的界面。

图 1-54　主窗口

（3）在主界面显示之前，先显示登录对话框，为此，在 BOOL CUserDlg::OnInitDialog()中加入如下代码。

```
BOOL CUserDlg::OnInitDialog()
{
    CLogin dlg;
    dlg.DoModal();
    return TRUE;
}
```

（4）设计 Login 对话框。

新建一个对话框，界面设计如图 1-55 所示。

图 1-55　登录对话框

为两个编辑框映射字符串变量 m_user,m_pawwsord。

（5）增加登录按钮的消息响应函数。

```
void CLogin::OnLogin()
{
    // TODO: Add your control notification handler code here
    UpdateData(true);
    FILE *fp;
    char user[20],pass[20];
    bool sucess=false;
    fp=fopen("user.txt","r");
    if(fp==NULL)
    {
        MessageBox("没有任何用户");
    }
    else
    {
        if(m_user==""||m_password=="")
        {
            MessageBox("输入用户名、密码");
            return;
        }
        while(!feof(fp))
        {
            fscanf(fp,"%s %s",user,pass);
            if(m_user==user&&m_password==pass)
              sucess=true;
        }
        if (sucess)
            OnOK();
        else
            MessageBox("密码错误");
```

```
        fclose(fp);
    }

}
```

（6）为防止按 ESC 键调用默认 OnCancel 方法退出登录对话框而直接进入主程序，重载 OnCancel 方法。内容为空，这样就可以在按 ESC 键时不执行任何语句。

```
void CLogin::OnCancel()
{
}
```

（7）增加注册按钮的消息响应函数。

```
void CLogin::OnZuce()
{
    // TODO: Add your control notification handler code here
    CZuce dlg;
    dlg.DoModal();
}
```

（8）如果没有任何用户，那么打开注册窗口，注册一个新用户，下面设计注册窗口。新建一个对话框，界面设计如图 1-56 所示。

图 1-56　注册对话框

为两个编辑框映射字符串变量 m_user,m_pawwsord。

（9）增加确定按钮的消息响应函数。

```
void CZuce::OnZuce()
{
    // TODO: Add your control notification handler code here
    FILE *fp;
    UpdateData(true);
    if(m_user==""||m_password=="")
        MessageBox("请填写用户名和密码");
    else
    {
        fp=fopen("user.txt","a");
        fprintf(fp,"%s %s ",m_user,m_password);
        fclose(fp);
        MessageBox("注册成功");
        OnOK();
    }
}
```

这样，一个具有登录注册功能的应用程序框架就产生了。我们可以在主程序中实现任意功能，这些功能与登录注册是没有任何关联的。

第2章
文档/视图程序设计

本章要点

- 文档/视图结构的创建
- 文档模板
- 文档对象
- 视图对象
- 框架窗口
- 文档/视图的典型应用

文档/视图结构是利用 MFC 开发应用程序的一种规范，使用文档/视图结构可以使开发过程模块化。文档/视图结构的好处是把应用程序的数据从用户操作数据的方法中分离出来，使文档对象只负责数据的存储、装载与保存，而数据的显示则由视图类来完成。

2.1 构建文档/视图应用程序

在 MFC 中，为了管理和维护文档、视图、框架之间的关系，定义了一个文档模板类 CDocTemplate，并从该类派生了两个子类 CSingleDocTemplate 和 CMultiDocTemplate。实际上，文档、视图、框架的创建都是通过 CDocTemplate 或其派生类实现的。当应用程序的文档模板为 CSingleDocTemplate 时，表示应用程序为单文档应用程序；如果应用程序的文档模板为 CMultiDocTemplate，表示应用程序是多文档应用程序。单文档应用程序与多文档应用程序的区别是，单文档应用程序一次只能打开一个框架窗口，同一时刻，只能存在一个文档实例；多文档应用程序一次可以打开多个框架窗口，每个框架窗口都可以包含一个文档实例。下面以创建单文档应用程序为例，来构建文档/视图应用程序，具体操作步骤如下。

（1）启动 Visual C++6.0 集成开发环境，单击菜单栏中的 File/New 命令，打开 New 窗口，如图 2-1 所示。

（2）在 New 窗口中选择 Projects 选项卡，在列表中选择 MFC AppWizard[exe]项，在 Project name 文本框中输入工程名 "CMyVeiw"，在 Location 文本框中设置工程文件存放的位置为 "C:\CMyVeiw"。

（3）单击 OK 按钮，打开 MFC AppWizard-Step1 窗口，如图 2-2 所示。

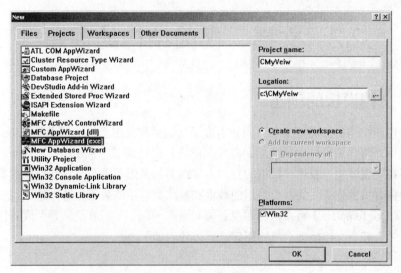

图 2-1　New 对话框

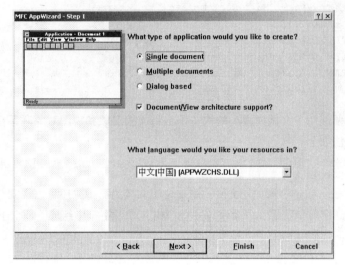

图 2-2　MFC 应用程序向导

（4）选择 Single document 选项，创建一个单文档视图应用程序，单击 Finish 按钮完成应用程序的创建。

（5）运行程序，效果如图 2-3 所示。

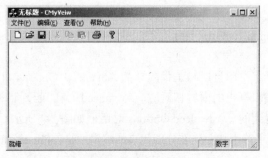

图 2-3　程序运行结果

2.2　文档、视图结构的创建

2.2.1　文档模板的创建

在文档、视图结构的代码框架中，向导生成了文档类和视图类，文档类（CDocument）负责读取用户的数据，将视图窗体中的数据和磁盘上的文件进行同步；视图类（CView）负责将用户的数据显示在视图窗体中以及用户数据的打印。文档类和视图类是两个相互独立的类，但两个类都与用户的数据有关，为了使文档类使用的数据和视图类显示的数据保持一致，在 MFC 中通过文档模板类（CDocTemplate）将文档类和视图类联系在一起，下面就是向导生成的代码框架中的一部分代码，主要完成文档模板对象的创建，具体代码如下。

```
BOOL CHelloWorldApp::InitInstance()
{
    CMultiDocTemplate* pDocTemplate;
    pDocTemplate = new CMultiDocTemplate(
        IDR_HELLOWTYPE,
        RUNTIME_CLASS(CHelloWorldDoc),
        RUNTIME_CLASS(CChildFrame),
        RUNTIME_CLASS(CHelloWorldView));
    AddDocTemplate(pDocTemplate);
}
```

上段代码中主要使用了文档模板类的构造函数将文档对象和视图对象联系在一起，文档模板类的构造函数的语法如下。

```
CDocTemplate ( UINT nIDResource, CRuntimeClass* pDocClass, CRuntimeClass* pFrameClass,
CRuntimeClass* pViewClass );
```

- ❑ nIDResource：指定资源的 ID 值，用来说明文档的类型，还可以说明菜单、图标、快捷方式列表和字符串资源，一个字符串资源由 7 个子字符串组成，每个子字符串都以 "\n" 结束。下面代码就是一个字符串资源。

```
\nHelloW\nHelloW\n\n\nHelloWorld.Document\nHelloW Document
```

- ❑ 两个 "\n" 之间没有任何字符，说明一个子字符串为空。一个子字符串可以通过文档模板类的方法 GetDocString 得到。
- ❑ pDocClass：指向 CRuntimeClass 对象的指针，该 CRuntimeClass 对象必须由 CDocument 类作为基础类。
- ❑ pFrameClass：指向 CRuntimeClass 对象的指针，该 CRuntimeClass 对象必须由 CFrameWnd 类作为基础类。
- ❑ pViewClass：指向 CRuntimeClass 对象的指针，该 CRuntimeClass 对象必须由 CView 类作为基础类。

字符串资源的 7 个子字符串可以与工程向导的 Advanced Options 对话框 Document Template Strings 选项卡中的 7 个编辑框中的内容相对应。Advanced Options 对话框是在工程向导的第 4 步通过 "Advanced" 按钮得到的。Advanced Options 对话框如图 2-4 所示。

字符串资源的 7 个子字符串从左到右分别代表的编辑框是：File extension、File Type ID、Main frame caption、Doc type name、Filter name、File new name、File type name。

图 2-4　Advanced Options 对话框

文档模板类有 CSingleDocTemplate 和 CMultiDocTemplate 两个子类，分别应用于单文档视图结构和多文档视图结构，无论是单文档模板类 CSingleDocTemplate 还是多文档模板类 CMultiDocTemplate，只要通过构造函数创建了模板对象，就可以通过 CWinApp 类的方法 AddDocTemplate 将对文档/视图结构的引用加入到应用程序中，也就是说现在可以使用文档/视图结构的特性了。

2.2.2　文档的创建

文档对象（CDocument 对象）主要是在文档模板对象创建的同时创建的，这项工作主要由 CRuntimeClass 类来完成，由于任何继承自 CObject 类的对象在运行的时候都分配一个 CRuntimeClass 结构，只要有 CRuntimeClass 结构就代表相应的对象已经创建，CRuntimeClass 类为 CDocument 类创建了 CRuntimeClass 结构，所以 CDocument 对象在创建文档模板对象的同时创建。文档对象创建后并没有和任何用户数据相连，此时需要通过 CDocument 类的 OnOpenDocument 方法来打开用户数据所在的磁盘文件，或是通过方法 OnNewDocument 新建数据文件。

如果没有使用文档/视图结构，打开磁盘文件需要使用 CFile 类，对文件的读写都需要使用 CFile 类的方法。使用了文档/视图结构后，通过 CFile 类的操作文件的任务就都交给 CDocument 类来完成。

文档对象的创建主要通过菜单"文件/新建"或"文件/打开"实现。

实现的过程如下。

（1）菜单"File/Open"的实现函数是在继承自 CWinApp 类的应用程序类的实现文件中进行映射的，具体代码如下。

```
ON_COMMAND(ID_FILE_OPEN, CWinApp::OnFileOpen)
```

（2）在 OnFileOpen 方法中调用 CDocManager（文档管理器）类的 OnFileOpen 方法。

（3）在 CDocManager 类的 OnFileOpen 方法中通过 DoPromptFileName 方法弹出打开对话框，并调用 AfxGetApp 的 OpenDocmentFile 方法。

（4）在 AfxGetApp 的 OpenDocmentFile 方法中调用 CDocManager 类的 OpenDocumentFile 方法。

（5）在 CDocManager 类的 OpenDocumentFile 方法中调用 CDocTemplate 对象的 OpenDocumentFile 方法。

（6）模板对象（CDocTemplate）有单文档模板对象（CSingleDocTemplate）还有多文档模板对象（CMultiDocTemplate），在模板对象 OpenDocumentFile 方法中通过 CSingleDocTemplate 或 CMultiDocTemplate 类的 CreateNewDocument 方法创建文档对象（CDocumnet）。

文档对象的创建过程是一个函数相互调用的过程，函数的调用过程如图 2-5 所示。

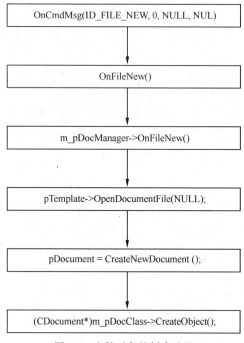

图 2-5　文档对象的创建过程

2.2.3　框架与视图的创建

无论是框架对象（CFrameWnd）还是视图对象（CView）的创建过程，都是随文档对象创建的同时创建的，创建框架对象的前 4 步与创建文档对象相同。

创建框架对象的函数调用过程如图 2-6 所示。

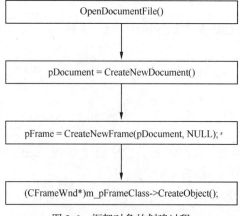

图 2-6　框架对象的创建过程

视图的创建主要是在 CreateNewFrame 方法中，首先通过模板对象的运行时类成员 m_pFrameClass 创建框架对象，然后调用框架的 LoadFrame 方法创建框架窗口，在 LoadFrame 方法中将调用 Create 方法创建框架窗口，Create 方法又调用 CreateEx 方法创建窗口，而 CreateEx 方法又调用 CreateWindowEx 方法创建窗口，CreateWindowEx 在创建窗口时发送 WM_CREATE 消息，导致调用 CFrameWnd 的 OnCreate 方法，在 OnCreate 方法中会连串地调用 OnCreateHelper 方法、OnCreateClient 方法、CreateView 方法。视图最终在 CreateView 方法中被创建，视图创建的伪代码如下。

```
CWnd* CFrameWnd::CreateView(CCreateContext* pContext, UINT nID)
{
    ASSERT(m_hWnd != NULL);
    ASSERT(::IsWindow(m_hWnd));
    ASSERT(pContext != NULL);
    ASSERT(pContext->m_pNewViewClass != NULL);
    //创建视图对象
    CWnd* pView = (CWnd*)pContext->m_pNewViewClass->CreateObject();
    if (pView == NULL)
    {
        TRACE1("Warning: Dynamic create of view type %hs failed.\n",
            pContext->m_pNewViewClass->m_lpszClassName);
        return NULL;
    }
    ASSERT_KINDOF(CWnd, pView);
    //创建视图窗口
    if (!pView->Create(NULL, NULL, AFX_WS_DEFAULT_VIEW,
        CRect(0,0,0,0), this, nID, pContext))
    {
        TRACE0("Warning: could not create view for frame.\n");
        return NULL;
    }
    if (afxData.bWin4 && (pView->GetExStyle() & WS_EX_CLIENTEDGE))
    {
        ModifyStyleEx(WS_EX_CLIENTEDGE, 0, SWP_FRAMECHANGED);
    }
    return pView;
}
```

2.3　文　档　模　板

2.3.1　文档管理器

文档管理器就是指 CDocManager 类，这个类在 MSDN 中并没有给出具体的说明，但用户在代码框架中创建了多个文档模板对象后，就需要使用文档管理器来进行管理。

文档管理器的主要数据成员和方法在 MFC 伪代码中定义，具体代码如下：

```
protected:
    CPtrList m_templateList;
public:
```

```
        static CPtrList* pStaticList;
        static BOOL bStaticInit;
        static CDocManager* pStaticDocManager;
```

❑ **m_templateList**：一个文档模板列表，用于存储多个模板，可以通过对列表的枚举来查看
   文档管理器所管理的所有模板。

❑ **PStaticInit**：一个静态成员变量，通过它确定文档模板是否已经放入到全局的文档模板列
   表（pStaticList）中。

全局文档模板列表只是临时的存储文档模板，文档管理器最终会将全局文档模板列表中的文
档模板放入 m_templateList 中，可以从下面的伪代码中看出。

```
CDocTemplate::CDocTemplate(UINT nIDResource, CRuntimeClass* pDocClass,
    CRuntimeClass* pFrameClass, CRuntimeClass* pViewClass)
{
    ……//代码省略
    if (CDocManager::bStaticInit)
    {
        m_bAutoDelete = FALSE;
        if (CDocManager::pStaticList == NULL)
            CDocManager::pStaticList = new CPtrList;
        if (CDocManager::pStaticDocManager == NULL)
            CDocManager::pStaticDocManager = new CDocManager;
        CDocManager::pStaticList->AddTail(this);
    }
    else
    {
        m_bAutoDelete = TRUE;
        LoadTemplate();
    }
}
BOOL CWinApp::InitApplication()
{
    if (CDocManager::pStaticDocManager != NULL)
    {
        if (m_pDocManager == NULL)
            m_pDocManager = CDocManager::pStaticDocManager;
        CDocManager::pStaticDocManager = NULL;
    }
    if (m_pDocManager != NULL)
        m_pDocManager->AddDocTemplate(NULL);
    else
        CDocManager::bStaticInit = FALSE;
    return TRUE;
}
void CDocManager::AddDocTemplate(CDocTemplate* pTemplate)
{
    if (pTemplate == NULL)
    {
        if (pStaticList != NULL)
        {
            POSITION pos = pStaticList->GetHeadPosition();
            while (pos != NULL)
            {
                CDocTemplate* pTemplate =
                    (CDocTemplate*)pStaticList->GetNext(pos);
```

```
                  AddDocTemplate(pTemplate);
            }
            delete pStaticList;
            pStaticList = NULL;
        }
        bStaticInit = FALSE;
    }
    else
    {
        ASSERT_VALID(pTemplate);
        ASSERT(m_templateList.Find(pTemplate, NULL) == NULL);
        pTemplate->LoadTemplate();
        m_templateList.AddTail(pTemplate);
    }
}
```

在 CDocTemplate 类的构造函数中创建全局文档模板列表和全局文档管理器，然后将文档模板添加到全局文档模板列表中。

应用程序通过 InitApplication 方法，将文档管理器 m_pDocManager 指向全局的文档管理器，然后调用文档管理器的 AddDocTemplate 方法开始创建文档、框架、视图。AddDocTemplate 方法利用递归的方式将全局文档模板列表中的数据添加到文档模板列表 m_templateList 中。

2.3.2　文档模板

在 MFC 工程向导生成的代码中可以看出，MFC 是通过文档模板类（CDocTemplate）将视图对象、文档对象、框架对象联系在一起的，视图对象、文档对象和框架对象都是通过文档模板类一步一步建立起来的，通过文档模板类可以管理视图、文档和框架这 3 个对象。文档模板类的主要方法见表 2-1。

表 2-1　CDocTemplate 类主要方法

方　　法	描　　述
SetContainerInfo	当 OLE 对象激活时，调用该函数设置使用的资源
SetServerInfo	当用户激活内嵌对象时，由 OLE 服务应用程序标识资源
GetFirstDocPosition	获取第一个文档在文档列表中的位置
GetNextDoc	获取下一文档对象
LoadTemplate	为文档模板对象加载资源
AddDocument	向文档模板中添加文档
RemoveDocument	从文档列表中移除文档
GetDocString	获取文档类型的字符串
CreateOleFrame	创建一个 OLE 框架
MatchDocType	通过该函数匹配文档模板类型
CreateNewDocument	根据文档模板创建一个新类型的文档
CreateNewFrame	用 CRuntimeClass 对象通过构造函数创建一个带文档和视图的框架窗体
InitialUpdateFrame	通过该函数对框架和视图进行初始化
SaveAllModified	保存所有已经修改的文档
CloseAllDocuments	关闭所有打开的文档
OpenDocumentFile	打开文档对应的文件
SetDefaultTitle	加载文档默认的标题，并把它显示在标题栏上

2.4 文档对象

2.4.1 文档对象的主要方法

文档对象（CDocument）就是数据对象，它提供了多个方法用于管理数据，其主要方法见表2-2。

表 2-2　CDocument 类主要方法

方　　法	描　　述
GetTitle	获取文档标题
SetTitle	设置文档标题
GetDocTemplate	获取文档对象所在的文档模板
IsModified	判断文档是否已经被修改
SetModifiedFlag	用于设置或清除修改标记
AddView	向视图列表中添加视图对象
GetFirstViewPosition	返回视图列表中第一个视图的位置
GetNextView	获取视图列表中下一个视图对象的位置
OnNewDocument	清除修改标记
OnOpenDocument	打开指定的文档
OnSaveDocument	保存指定的文档
OnCloseDocument	关闭文档
GetFile	获得打开 CFile 对象
DoSave	保存文档
DoFileSave	保存文档

2.4.2 文档对象的序列化

序列化是针对文件读操作或写操作而设计的技术，支持序列化技术的类可以简化文件的步骤。在工程向导生成的代码框架中，有 Serialize 这个方法，该方法主要存在于文档对象的实现文件中，用来实现文档序列化，下面就是工程向导生成用于文档对象序列化的代码。

```
void CHelloWorldDoc::Serialize(CArchive& ar)
{
    if (ar.IsStoring()) //判断文档是否进行存储
    {
        // 保存文档内容在这里写入代码
    }
    else
    {
        // 加载文档内容在这里写入代码
    }
}
```

Serialize 方法中用到 CArchive 类，该类的作用是向磁盘介质中写入内容，和 CFile 类的作用相同。向文件中写入内容只需要使用如下代码。

```
ar << name; //name 是一个变量,可以是 int、WORD、BYTE 等任何类型
```

如果是从文件中读取内容只需要使用下面的代码。

```
ar >> name;
```

Serialize 方法隐藏许多实现细节,其最终结果还是应用 CFile 对象将数据写入到磁盘介质中,从 MFC 所提供的原代码中了解到,它是通过如下过程最终达到 CFile 对象。

(1)CHelloWorldDoc 的 Serialize 方法调用了 CArchive 对象。

(2)CArchive 对象使用 "<<" 和 ">>" 操作符对成员变量进行保存和读取。

(3)CArchive 类的 "<<" 和 ">>" 操作符实现函数在 ARCCORE.CPP 文件中,根据成员变量类型的不同,实现函数也各不相同,但都是使用_AfxByteSwap 方法将成员变量保存到 BYTE* m_lpBufCur 中。

(4)CArchive 类的构造函数中创建 CFile 对象。

(5)在 CArchive "<<" 和 ">>" 操作符实现函数,调用 CArchive 类的 Write 方法。

(6)在 Write 的实现函数中通过 CFile 对象将数据 m_lpBufCur 写入到磁盘介质中。

如果用户想使自己新建的类也支持序列化,那么可以使用下面的步骤进行创建。

① 新建类应该从 CObject 派生下来;

② 类的声明部分应该有 DECLARE_SERIAL 宏;

③ 类的实现函数中应该有 IMPLEMENT_SERIAL 宏;

④ 在 Serialize 方法中调用 CArchive 对象进行读取和写入。

下面是一个支持序列化类的代码框架,具体代码如下。

```
//头文件
class CMySerilize : public CObject
{
public:
    CMySerilize();                                   //构造函数
protected:
    CMySerilize();                                   //缺省构造函数
  DECLARE_SERIAL( CMySerilize )                      //序列化支持宏
//Attributes
public:
  CString name;
  WORD    number;
//Operations
public:
    virtual void Serialize( CArchive& archive );     //继承序列化
};
//实现文件
#include "MySerilize.h"

IMPLEMENT_SERIAL( CMySerilize, CObject, 1 )

void CMySerilize::Serialize(CArchive& ar)
{
if (ar.IsStoring())
{
ar << name;  //name 信息序列化到 ar
```

```
ar << number;//number 信息序列化到 ar
}
else
{
ar >> name;  //ar 序列化到 name
ar << number;//ar 序列化到 number
}
}
```

2.4.3　文档的初始化

1. 文档创建初始化

文档对象是通过调用文档模板的 OpenDocumentFile 方法创建的。在文档对象被新建时，将会进行一系列的初始化。

（1）调用 SetDefaultTitle 方法设置文档标题。

（2）调用 OnNewDocument 方法，执行用户编写的 OnNewDocument 事件代码。

（3）调用 DeleteContents 方法进行清理工作。默认情况下，该方法不执行任何动作，用户可以改写该方法以执行必要的清理工作。

（4）调用 SetModifiedFlag 方法将修改标记设置为 FALSE。

2. 打开一个文档时发生的动作

对于单文档模板，当用户再次新建或打开一个文档时，程序会复用以前的文档对象。下面给出打开一个文档时发生的一系列动作。

（1）调用 SaveModified 方法保存当前文档。

（2）调用 SetModifiedFlag 方法将修改标记设置为 FALSE。

（3）调用 GetFile 方法获取打开的文件指针。

（4）调用 DeleteContents 方法进行清理工作。默认情况下，该方法不执行任何动作，用户可以改写该方法以执行必要的清理工作。

（5）调用 SetModifiedFlag 方法将设置修改标记设置为 TRUE。

（6）调用 Serialize 方法进行序列化。

（7）调用 ReleaseFile 方法删除文件指针。

（8）调用 SetModifiedFlag 方法清除修改标记。

2.4.4　文档的命令处理

MFC 伪代码中可以看出文档对象通过 OnCmdMsg 方法来处理命令，具体代码如下。

```
BOOL CDocument::OnCmdMsg(UINT nID, int nCode, void* pExtra,
    AFX_CMDHANDLERINFO* pHandlerInfo)
{
    if (CCmdTarget::OnCmdMsg(nID, nCode, pExtra, pHandlerInfo))
        return TRUE;
    if (m_pDocTemplate != NULL &&
      m_pDocTemplate->OnCmdMsg(nID, nCode, pExtra, pHandlerInfo))
        return TRUE;
    return FALSE;
}
```

对于文档对象所需要处理的命令都是交给文档模板进行处理的。当用户单击"保存""另存为"

菜单项时，实际上就是通过 CDocument 类的消息映射调用到 OnFileSave、OnFileSaveAs 方法进行保存的。当用户单击"保存"菜单项时，程序将调用框架类 CFrameWnd 的 OnCmdMsg 方法。CFrameWnd 的 OnCmdMsg 方法伪代码如下。

```
BOOL CFrameWnd::OnCmdMsg(UINT nID, int nCode, void* pExtra,
    AFX_CMDHANDLERINFO* pHandlerInfo)
{
    CPushRoutingFrame push(this);
    CView* pView = GetActiveView();
    if (pView != NULL && pView->OnCmdMsg(nID, nCode, pExtra, pHandlerInfo))
        return TRUE;
    if (CWnd::OnCmdMsg(nID, nCode, pExtra, pHandlerInfo))
        return TRUE;
    CWinApp* pApp = AfxGetApp();
    if (pApp != NULL && pApp->OnCmdMsg(nID, nCode, pExtra, pHandlerInfo))
        return TRUE;
    return FALSE;
}
```

在 CFrameWnd 的 OnCmdMsg 方法中，首先调用当前视图的 OnCmdMsg 方法，如果在视图类的消息映射表中没有处理消息，继续判断是否在框架类的消息映射表中处理了消息，如果还没有处理消息，最后将调用应用程序的 OnCmdMsg 方法，即在应用程序类的消息映射表中搜索消息对象的处理函数。在 CFrameWnd 的 OnCmdMsg 方法中并没有文档对象处理命令消息，按照命令消息的处理顺序，下面应该执行视图类的 OnCmdMsg 方法，CFrameWnd 的 OnCmdMsg 方法，伪代码如下。

```
BOOL CView::OnCmdMsg(UINT nID, int nCode, void* pExtra,
    AFX_CMDHANDLERINFO* pHandlerInfo)
{
    if (CWnd::OnCmdMsg(nID, nCode, pExtra, pHandlerInfo))
        return TRUE;
    if (m_pDocument != NULL)
    {
        CPushRoutingView push(this);
        return m_pDocument->OnCmdMsg(nID, nCode, pExtra, pHandlerInfo);
    }
    return FALSE;
}
```

在视图类的 OnCmdMsg 方法中调用了文档类的 OnCmdMsg 方法，这样回到了文档对象 OnCmdMsg 方法的伪代码中，通过 CCmdTarget 的 OnCmdMsg 方法处理菜单项 ID_FILE_SAVE 的命令，其伪代码如下。

```
BEGIN_MESSAGE_MAP(CDocument, CCmdTarget)
    //{{AFX_MSG_MAP(CDocument)
    ON_COMMAND(ID_FILE_CLOSE, OnFileClose)
    ON_COMMAND(ID_FILE_SAVE, OnFileSave)
    ON_COMMAND(ID_FILE_SAVE_AS, OnFileSaveAs)
    //}}AFX_MSG_MAP
END_MESSAGE_MAP()
```

OnFileSave 方法就是菜单项 ID_FILE_SAVE 的实现函数。到此，一个文档对象的命令就处理完成。

2.4.5　文档的销毁

文档的销毁是指删除文档对象，下面介绍文档销毁的过程。

（1）当应用程序结束时会调用 OnAppExit 方法向主窗口（框架窗口）发送 WM_CLOSE 消息，伪代码如下。

```
void CWinApp::OnAppExit()
{
    ASSERT(m_pMainWnd != NULL);
    m_pMainWnd->SendMessage(WM_CLOSE);
}
```

（2）由于当前主窗口是框架窗口，因此会调用框架窗口的 OnClose 方法，在该方法中调用了 CloseAllDocuments 方法关闭所有文档，伪代码如下。

```
void CFrameWnd::OnClose()
{
    if (m_lpfnCloseProc != NULL && !(*m_lpfnCloseProc)(this))
        return;
    CDocument* pDocument = GetActiveDocument();
    if (pDocument != NULL && !pDocument->CanCloseFrame(this))
    {
        return;
    }
    CWinApp* pApp = AfxGetApp();
    if (pApp != NULL && pApp->m_pMainWnd == this)
    {
        if (pDocument == NULL && !pApp->SaveAllModified())
            return;
        pApp->HideApplication();
        pApp->CloseAllDocuments(FALSE);
        if (!AfxOleCanExitApp())
        {
            AfxOleSetUserCtrl(FALSE);
            return;
        }
        if (!afxContextIsDLL && pApp->m_pMainWnd == NULL)
        {
            AfxPostQuitMessage(0);
            return;
        }
    }
}
```

（3）在 CloseAllDocuments 方法中调用了文档管理器的 CloseAllDocuments 方法，伪代码如下。

```
void CWinApp::CloseAllDocuments(BOOL bEndSession)
{
    if (m_pDocManager != NULL)
        m_pDocManager->CloseAllDocuments(bEndSession);
}
```

文档管理器的 CloseAllDocuments 方法先遍历所有的文档模板，然后调用文档模板的 CloseAllDocuments 方法来关闭所有的文件对象。伪代码如下。

```
void CDocManager::CloseAllDocuments(BOOL bEndSession)
{
```

```
    POSITION pos = m_templateList.GetHeadPosition();
    while (pos != NULL)
    {
        CDocTemplate* pTemplate = (CDocTemplate*)m_templateList.GetNext(pos);
        ASSERT_KINDOF(CDocTemplate, pTemplate);
        pTemplate->CloseAllDocuments(bEndSession);
    }
}
```

在文档模板的 CloseAllDocuments 方法中，最终调用了文档对象的 OnCloseDocument 方法销毁文档。

上面讲述的是关闭程序时，文档对象的销毁过程，开发人员还可以通过 CDocument 类的 OnFileClose 方法来销毁文档，OnFileClose 方法的伪代码如下。

```
void CDocument::OnFileClose(
{
    if (!SaveModified())
        return;
    OnCloseDocument();
}
```

在 OnFileClose 方法中调用了 OnCloseDocument 方法，OnCloseDocument 方法伪代码如下。

```
void CDocument::OnCloseDocument()
{
    BOOL bAutoDelete = m_bAutoDelete;
    m_bAutoDelete = FALSE;
    while (!m_viewList.IsEmpty())
    {
        CView* pView = (CView*)m_viewList.GetHead();
        ASSERT_VALID(pView);
        CFrameWnd* pFrame = pView->GetParentFrame();
        ASSERT_VALID(pFrame);
        PreCloseFrame(pFrame);
        pFrame->DestroyWindow();
    }
    m_bAutoDelete = bAutoDelete;
    DeleteContents();
    if (m_bAutoDelete)
        delete this;
}
```

在文档对象的 OnCloseDocument 方法中通过 "delete this" 语句将执行文档对象的析构函数销毁文档。文档对象的析构函数伪代码如下。

```
CDocument::~CDocument()
{
#ifdef _DEBUG
    if (IsModified())
        TRACE0("Warning: destroying an unsaved document.\n");
#endif
    DisconnectViews();
    ASSERT(m_viewList.IsEmpty());
    if (m_pDocTemplate != NULL)
        m_pDocTemplate->RemoveDocument(this);
    ASSERT(m_pDocTemplate == NULL);
}
```

在文档对象的析构函数中，首先调用 DisconnectViews 方法清空视图列表，断开视图列表与文档的关联。然后调用文档模板的 RemoveDocument 方法，清空文档对象关联的文档模板，也就是将文档对象的 m_pDocTemplate 成员设置为空。文档对象的 DisconnectViews 方法伪代码如下。

```
void CDocument::DisconnectViews()
{
    while (!m_viewList.IsEmpty())
    {
        CView* pView = (CView*)m_viewList.RemoveHead();
        ASSERT_VALID(pView);
        ASSERT_KINDOF(CView, pView);
        pView->m_pDocument = NULL;
    }
}
```

文档模板的 RemoveDocument 方法伪代码如下。

```
void CDocTemplate::RemoveDocument(CDocument* pDoc)
{
    ASSERT_VALID(pDoc);
    ASSERT(pDoc->m_pDocTemplate == this);
    pDoc->m_pDocTemplate = NULL;
}
```

2.5 视 图 对 象

2.5.1 视图对象的主要方法

视图的作用是显示文档中的数据，用户也可以通过视图修改文档中的数据。在视图 CView 中还封装了打印和打印预览功能，使打印工作变得简单了。视图对象的主要方法见表 2-3。

表 2-3 视图对象的主要方法

方　　法	描　　　　述
DoPreparePrinting	显示打印对话框，创建打印机画布
GetDocument	获取视图关联的文档对象
OnDraw	在视图上绘制数据
OnBeginPrinting	在打印或打印预览之前调用，进行打印设置
OnEndPrinting	在打印或打印预览结束后，释放相应的资源
OnEndPrintPreview	用户退出打印预览时由框架调用
OnPrepareDC	在 OnDraw 方法或 OnPrint 方法被调用前，由框架调用
OnPrint	打印或预览文档中的每一页时，由框架调用该方法

2.5.2 视图对象的初始化

从视图的创建过程可知，视图是通过调用框架的 CreateView 方法创建的。当视图调用 Create 方法时，会通过 CreateWindowEx 方法，引发 WM_Create 消息，执行 OnCreate 事件处理函数，将自身添加到文档对象的视图列表中，视图对象的创建就是通过文档模板的 OpenDocumentFile 方法实现的。

在 OpenDocumentFile 方法的结尾处调用了 InitialUpdateFrame 方法初始化更新，而该方法直接调用了框架对象的 InitialUpdateFrame 方法，在框架对象的 InitialUpdateFrame 方法中向所有视图发送了 WM_INITIALUPDATE 消息，伪代码如下。

```
SendMessageToDescendants(WM_INITIALUPDATE, 0, 0, TRUE, TRUE);
```

视图对象接收到 WM_INITIALUPDATE 消息后，执行 OnInitialUpdate 方法，该方法直接调用 OnUpdate 方法更新视图中的数据，伪代码如下。

```
void CView::OnInitialUpdate()
{
    OnUpdate(NULL, 0, NULL);
}
void CView::OnUpdate(CView* pSender, LPARAM /*lHint*/, CObject* /*pHint*/)
{
    ASSERT(pSender != this);
    UNUSED(pSender);
    Invalidate(TRUE);
}
```

视图对象通过调用 OnInitialUpdate 方法和 OnUpdate 方法完成了初始化。

2.5.3　视图的销毁

视图作为框架的子窗口，当框架被关闭时，视图将被自动销毁。下面介绍视图销毁的具体过程。

（1）在框架对象 CFrameWnd 关闭前，会接收到 WM_CLOSE 消息，通过消息映射会执行 OnClose 方法，OnClose 方法的伪代码如下。

```
void CFrameWnd::OnClose()
{
    if (m_lpfnCloseProc != NULL && !(*m_lpfnCloseProc)(this))
        return;
    CDocument* pDocument = GetActiveDocument();
    if (pDocument != NULL && !pDocument->CanCloseFrame(this))
    {
                return;
    }
    CWinApp* pApp = AfxGetApp();
    if (pApp != NULL && pApp->m_pMainWnd == this)
    {
        if (pDocument == NULL && !pApp->SaveAllModified())
            return;
        pApp->HideApplication();
        pApp->CloseAllDocuments(FALSE);
        if (!AfxOleCanExitApp())
        {
            AfxOleSetUserCtrl(FALSE);
            return;
        }
        if (!afxContextIsDLL && pApp->m_pMainWnd == NULL)
        {
            AfxPostQuitMessage(0);
```

```
                return;
            }
        }
    ......//代码省略
    }
```

（2）在 OnClose 方法中，由于框架是应用程序的主窗口，因此会调用应用程序的 CloseAllDocuments
方法。

```
void CWinApp::CloseAllDocuments(BOOL bEndSession)
{
    if (m_pDocManager != NULL)
        m_pDocManager->CloseAllDocuments(bEndSession);
}
```

（3）应用程序的 CloseAllDocuments 方法调用了文档管理器的 CloseAllDocuments 方法。

```
void CDocManager::CloseAllDocuments(BOOL bEndSession)
{
    POSITION pos = m_templateList.GetHeadPosition();
    while (pos != NULL)
    {
        CDocTemplate* pTemplate = (CDocTemplate*)m_templateList.GetNext(pos);
        ASSERT_KINDOF(CDocTemplate, pTemplate);
        pTemplate->CloseAllDocuments(bEndSession);
    }
}
```

（4）文档管理器的 CloseAllDocuments 方法调用了文档模板的 CloseAllDocuments 方法。

```
void CDocTemplate::CloseAllDocuments(BOOL)
{
    POSITION pos = GetFirstDocPosition();
    while (pos != NULL)
    {
        CDocument* pDoc = GetNextDoc(pos);
        pDoc->OnCloseDocument();
    }
}
```

（5）在文档模板的 CloseAllDocuments 方法中调用了文档的 OnCloseDocument 方法。

```
void CDocument::OnCloseDocument()
{
    BOOL bAutoDelete = m_bAutoDelete;
    m_bAutoDelete = FALSE;
    while (!m_viewList.IsEmpty())
    {
        CView* pView = (CView*)m_viewList.GetHead();
        ASSERT_VALID(pView);
        CFrameWnd* pFrame = pView->GetParentFrame();
        ASSERT_VALID(pFrame);
        PreCloseFrame(pFrame);
        pFrame->DestroyWindow();
    }
    m_bAutoDelete = bAutoDelete;
    DeleteContents();
    if (m_bAutoDelete)
        delete this;
}
```

（6）在文档对象的 OnCloseDocument 方法中调用了框架的 DestroyWindow 方法，而框架的
DestroyWindow 方法直接调用了 CWnd 的 DestroyWindow 方法释放窗口。

```
BOOL CWnd::DestroyWindow()
{
    if (m_hWnd == NULL)
        return FALSE;
    CHandleMap* pMap = afxMapHWND();
    ASSERT(pMap != NULL);
    CWnd* pWnd = (CWnd*)pMap->LookupPermanent(m_hWnd);
#ifdef _DEBUG
    HWND hWndOrig = m_hWnd;
#endif
#ifdef _AFX_NO_OCC_SUPPORT
    BOOL bResult = ::DestroyWindow(m_hWnd);
#else
    BOOL bResult;
    if (m_pCtrlSite == NULL)
        bResult = ::DestroyWindow(m_hWnd);
    else
        bResult = m_pCtrlSite->DestroyControl();
......//代码省略
    return bResult;
}
```

（7）在窗口类 CWnd 的 DestroyWindow 方法中调用了 API 函数 DestroyWindow 释放窗口。该函
数会向窗口发送 WM_DESTROY 消息，执行框架类的 OnDestroy 方法，然后向子窗口（包括视图对
象）发送 WM_DESTROY 消息，执行视图类的 OnDestroy 方法，接着释放掉视图窗口，在视图窗口
被释放后，向视图窗口发送最后一个窗口消息 WM_NCDESTROY，执行视图的 PostNcDestroy 方法。

```
void CView::PostNcDestroy()
{
    delete this;
}
```

语句"delete this"最终会调用视图的析构函数释放掉视图对象。图 2-7 所示为框架关闭时，
视图被销毁的流程。

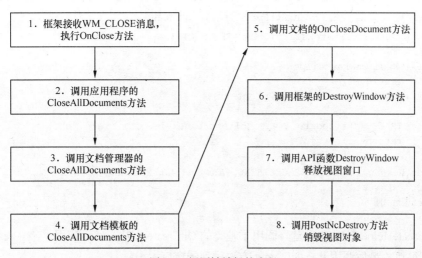

图 2-7　视图被销毁的流程

2.6 框 架 对 象

2.6.1 框架对象的主要方法

框架作为视图的容器，提供了多个方法用于维护和管理视图，其主要方法见表 2-4。

表 2-4 框架对象的主要方法

方 法	描 述
LoadFrame	从资源模板中加载框架资源
ActivateFrame	激活或显示一个框架窗口
GetActiveFrame	获得当前活动的框架窗口
SetActiveView	将某个视图设置为当前视图
GetActiveView	返回框架中当前活动的视图对象
CreateView	创建一个框架内的视图
GetActiveDocument	返回关联当前视图的文档对象指针
OnCreateClient	为框架创建客户窗口

2.6.2 框架的初始化

框架对象是通过调用 API 函数 CreateWindowEx 创建的，而该 API 函数在创建窗口时发送 WM_CREATE 消息，导致调用 CFrameWnd 的 OnCreate 方法，OnCreate 方法的伪代码如下。

```
int CFrameWnd::OnCreate(LPCREATESTRUCT lpcs)
{
    CCreateContext* pContext = (CCreateContext*)lpcs->lpCreateParams;
    return OnCreateHelper(lpcs, pContext);
}
```

在 OnCreate 方法中，框架对象获取了文档、视图的类型信息，记录在 CCreateContext 类型指针 pContext 中，然后调用 OnCreateHelper 方法，OnCreateHelper 方法伪代码如下。

```
int CFrameWnd::OnCreateHelper(LPCREATESTRUCT lpcs, CCreateContext* pContext)
{
    if (CWnd::OnCreate(lpcs) == -1)
        return -1;
    if (!OnCreateClient(lpcs, pContext))
    {
        TRACE0("Failed to create client pane/view for frame.\n");
        return -1;
    }
    PostMessage(WM_SETMESSAGESTRING, AFX_IDS_IDLEMESSAGE);
    RecalcLayout();
    return 0;
}
```

在 OnCreateHelper 方法中，首先调用了基类的 OnCreate 方法，然后调用了 OnCreateClient 方法创建视图窗口，最后调用 RecalcLayout 方法排列子窗口大小。

2.6.3　框架的命令消息处理

当用户单击某个菜单项时，程序会先执行模板对象的 OnCmdMsg 方法，然后执行框架的 OnCmdMsg 方法，框架的 OnCmdMsg 方法伪代码如下。

```
BOOL CFrameWnd::OnCmdMsg(UINT nID, int nCode, void* pExtra,
    AFX_CMDHANDLERINFO* pHandlerInfo)
{
    CPushRoutingFrame push(this);
    CView* pView = GetActiveView();
    if (pView != NULL && pView->OnCmdMsg(nID, nCode, pExtra, pHandlerInfo))
        return TRUE;
    if (CWnd::OnCmdMsg(nID, nCode, pExtra, pHandlerInfo))
        return TRUE;
    CWinApp* pApp = AfxGetApp();
    if (pApp != NULL && pApp->OnCmdMsg(nID, nCode, pExtra, pHandlerInfo))
        return TRUE;
    return FALSE;
}
```

在 OnCmdMsg 方法中首先调用了视图对象的 OnCmdMsg 方法。也就是说视图会最先处理框架的命令消息，如果没有处理，消息会继续向下传递。

在视图的命令消息中，首先会搜索视图本身的消息映射表，如果没有发现处理函数，则调用文档对象的 OnCmdMsg 方法。

如果文档没有处理命令消息，会执行"CWnd::OnCmdMsg"语句，搜索框架本身的消息映射表，如果没有搜索到命令消息的处理方法，会执行"pApp->OnCmdMsg"语句，调用应用程序的 OnCmdMsg 方法，框架的命令消息主要是交给文档和视图去处理。

2.7　视　图　分　割

在文档/视图结构的应用程序中，用户能够对视图窗口进行分割。这种特性通常用于设计应用程序主窗口，当主窗口需要由多个部分组成时，可以对其进行分隔，使用户能够动态调整每一部分的大小。本节将通过两个实例来介绍视图窗口的分割。

2.7.1　划分子窗口

在文档/视图结构应用程序中，用户可以通过 CSplitterWnd 类实现分割窗口。首先在框架类中定义一个 CSplitterWnd 对象，然后改写框架类的 OnCreateClient 虚方法，在该方法中调用 CSplitterWnd 对象的 CreateStatic 方法确定将窗口分割为几部分，调用 CreateView 方法为各个部分创建视图窗口。

【例 2-1】　划分子窗口实例位置。（光盘\MR\源码\第 2 章\2-1）

具体步骤如下。

（1）创建一个单文档/视图结构应用程序。

（2）在框架类中定义一个 CSplitterWnd 类对象 m_wndSplitter。

（3）在工作区的类视图窗口中，鼠标右键单击框架类（本例为 CMainFrame），在弹出的快捷菜单中选择 Add Virtual Function 菜单项，打开框架类的虚方法窗口，如图 2-8、图 2-9 所示。

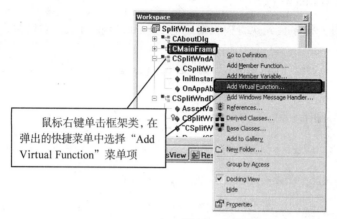

图 2-8　工作区窗口

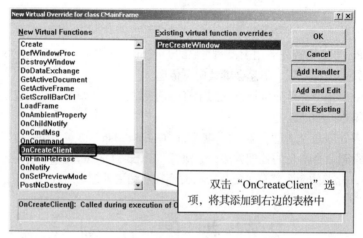

图 2-9　虚方法窗口

（4）在虚方法窗口中的 New Virtual Functions 列表中双击 OnCreateClient 选项，将其添加到右边的 Existing virtual function overrides 列表中，单击 Add and Edit 按钮，编辑 OnCreateClient 函数，代码如下。

```
BOOL CMainFrame::OnCreateClient(LPCREATESTRUCT lpcs, CCreateContext* pContext)
{
    //将窗口分为1行2列
    if (!m_wndSplitter.CreateStatic(this, 1, 2))
    {
        return FALSE;
    }
    if (!m_wndSplitter.CreateView(0, 0, RUNTIME_CLASS(CSplitWndView),
        CSize(400,100), pContext)      //创建第1行第1列的视图窗口
        ||
        !m_wndSplitter.CreateView(0, 1, RUNTIME_CLASS(CSplitWndView),
        CSize(400, 100), pContext))    //创建第1行第2列的视图窗口
    {
        m_wndSplitter.DestroyWindow();
        return FALSE;
```

```
        }
        return TRUE;
//      return CFrameWnd::OnCreateClient(lpcs, pContext);
}
```

（5）按〈F5〉键编译并运行程序，发现程序无法编译，并出现图 2-10 所示的提示信息。

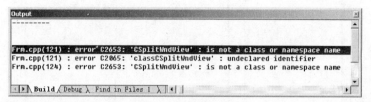

图 2-10　输出窗口 1

从图 2-10 中可以发现，出现错误的原因是 CSplitWndView 类没有发现。因为在框架类
（CMainFrame）的源文件（.CPP）中没有引用 SplitWndView.h 头文件，却使用了 CSplitWndView
类对象 m_wndSplitter。

在框架类（CMainFrame）的源文件（.CPP）中引用 SplitWndView.h 头文件，代码如下。

```
#include "SplitWndView.h"
```

再次按〈F5〉键编译并运行程序，发现程序仍然无法编译，出现图 2-11 所示的提示信息。

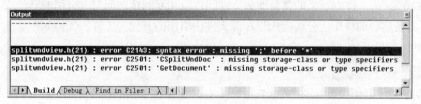

图 2-11　输出窗口 2

在图 2-11 中双击第 1 个错误提示信息，将定位到图 2-12 所示的代码处。

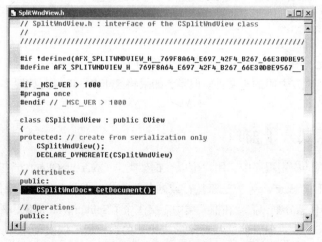

图 2-12　代码编辑窗口

问题出现在视图类的头文件中，编译器无法发现 CSplitWndDoc 类。在视图类的头文件中前
导声明 CSplitWndDoc 类，代码如下。

```
class CSplitWndDoc;
```

重新编译应用程序，发现程序可以运行了，效果如图 2-13 所示。

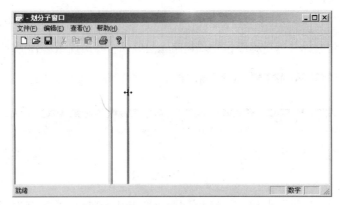

图 2-13　划分子窗口

在步骤 5 中，读者可能会产生疑问，为什么在框架类中引用了视图类的头文件，会出现一系列的编译错误，而默认情况下框架类没有引用视图类的头文件却不会出现编译错误。原因在于头文件（.h）中引用的其他头文件与源文件（.cpp）中引用的其他头文件的作用并不相同。例如，在头文件 one.h 中引用了 two.h 头文件，如果在 three.h 头文件中引用 one.h 头文件，那么 three.cpp 源文件中便可以使用 two.h 头文件中定义的类，即头文件间可以相互间接访问对方引用的其他头文件，但是源文件则不具备这样的性质。分析应用程序源文件中引用的其他头文件，代码如下。

```
#include "MainFrm.h"
#include "SplitWndDoc.h"
#include "SplitWndView.h"
```

编译器在编译框架类源文件 MainFrm.cpp 中，如果在 MainFrm.cpp 中应用了视图类的头文件，则编译器会继续编译视图类的头文件 SplitWndView.h，但是在视图类中使用了文档类，而此时文档类的头文件未被引用，所以会出现编译错误。读者可能会想，如果将 SplitWndDoc.h 头文件放置在 MainFrm.h 头文件之前，就可以编译了。代码如下。

```
#include "SplitWndDoc.h"
#include "MainFrm.h"
#include "SplitWndView.h"
```

但事实并非如此，因为源文件中应用的头文件与头文件中引用的头文件不同，它不能够实现源文件间的间接访问对方引用的头文件。但是，如果将 SplitWndDoc.h 放置在框架类的头文件中，应用程序便可以编译了。

2.7.2　任意划分子窗口

在文档/视图结构的应用程序中，用户可以在框架类的 OnCreateClient 方法中调用 CSplitterWnd 的 CreateStatic 方法和 CreateView 方法来按行或列分割窗口。但是，如何实现任意窗口的分割呢？为了实现视图窗口的任意分割，需要在框架类中定义多个 CSplitterWnd 对象，然后在 OnCreateClient 方法中创建 CSplitterWnd 对象，使这些对象形成父子关系，然后依次创建和分割视图。

【例 2-2】　任意划分子窗口。（实例位置：光盘\MR\源码\第 2 章\2-2）

具体步骤如下。

（1）创建一个单文档/视图结构的应用程序。

（2）鼠标右键单击工作区中类视图的根节点，在弹出的快捷菜单中选择 New Form 菜单项，打开新建窗体窗口，如图 2-14 所示。

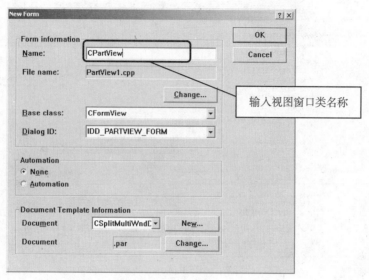

图 2-14　新建窗体窗口

（3）在 Name 编辑框中输入视图窗口名称，本例为 CPartView，单击 OK 按钮创建窗口。

（4）按照步骤 2、步骤 3 的方式创建视图窗口 CRunView。

（5）在工作区的资源视图窗口中单击根节点，在弹出的快捷菜单中选择 Import 菜单项，打开导入资源窗口，如图 2-15 所示。

（6）在"文件类型"组合框中选择"所有文件（*.*）"选项，然后选择两个位图文件，单击 Import 按钮将其导入到当前工程中。

（7）在工作区的类视图窗口中，鼠标右键单击视图类 CPartView，在弹出的快捷菜单中选择 Add Windows Message Hander 菜单项，打开 CPartView 类的消息处理窗口，处理 WM_PAINT 消息，如图 2-16、图 2-17 所示。

图 2-15　导入资源窗口

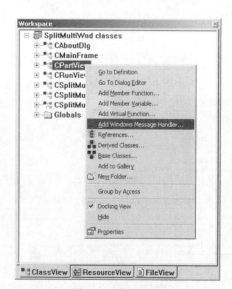

图 2-16　类视图窗口

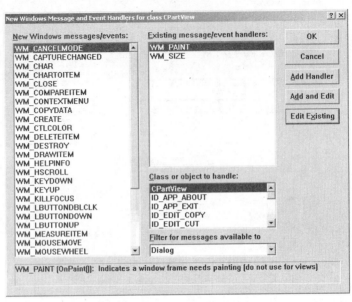

图 2-17　CPartView 类消息处理窗口

（8）在 CPartView 类消息处理窗口中的左边列表中双击 WM_PAINT 消息，将其添加到右表的列表中，单击 Add and Edit 按钮编写消息处理代码，如下所示。

```
void CPartView::OnPaint()
{
    CPaintDC dc(this);                                        //定义画布对象
    CDC memDC;                                                //创建一个兼容的画布对象
    memDC.CreateCompatibleDC(&dc);
    CBitmap bmp;                                              //定义一个位图对象
    bmp.LoadBitmap(IDB_BITMAP1);                              //载入位图
    memDC.SelectObject(&bmp);                                 //在画布对象中选中位图对象
    int x,y;
    BITMAP bInfo;
    bmp.GetBitmap(&bInfo);                                    //获取位图的宽度和高度
    x = bInfo.bmWidth;
    y = bInfo.bmHeight;
    CRect rc;
    GetClientRect(rc);                                        //获得视图的客户区域
    //将位图绘制在视图窗口中
    dc.StretchBlt(0,0,rc.Width(),rc.Height(),&memDC,0,0,x,y,SRCCOPY);
    bmp.DeleteObject();                                       //删除位图对象
    memDC.DeleteDC();                                         //释放画布对象
}
```

（9）按照步骤 7、步骤 8 的方式处理 CRunView 视图窗口的 WM_PAINT 消息，代码如下。

```
void CRunView::OnPaint()
{
    CPaintDC dc(this);                                        //定义画布对象
    CDC memDC;                                                //创建一个兼容的画布对象
    memDC.CreateCompatibleDC(&dc);
    CBitmap bmp;                                              //定义一个位图对象
    bmp.LoadBitmap(IDB_BITMAP2);                              //载入位图
```

```
    memDC.SelectObject(&bmp);                          //在画布对象中选中位图对象
    int x,y;
    BITMAP bInfo;
    bmp.GetBitmap(&bInfo);                             //获取位图的宽度和高度
    x = bInfo.bmWidth;
    y = bInfo.bmHeight;
    CRect rc;
    GetClientRect(rc);
    //将位图绘制在视图窗口中
    dc.StretchBlt(0,0,rc.Width(),rc.Height(),&memDC,0,0,x,y,SRCCOPY);
    bmp.DeleteObject();                                //删除位图对象
    memDC.DeleteDC();                                  //释放画布对象
}
```

（10）在框架类中定义两个 CSplitterWnd，分别作为分割的父窗口和子窗口。

```
CSplitterWnd m_SplitterWnd;
CSplitterWnd m_ChildWnd;
```

（11）在框架类的源文件中引用 CPartView 的头文件和 CRunView 的头文件，目的是在框架类的源文件中需要使用 CPartView 类和 CRunView 类。

（12）在应用程序的 InitInstance 方法中将如下代码注释掉，防止在程序运行时弹出视图选择窗口。

```
{   // BLOCK: doc template registration
    // Register the document template.  Document templates serve
    // as the connection between documents, frame windows and views.
    // Attach this form to another document or frame window by changing
    // the document or frame class in the constructor below.
    CSingleDocTemplate* pNewDocTemplate = new CSingleDocTemplate(
        IDR_RUNVIEW_TMPL,
        RUNTIME_CLASS(CSplitMultiWndDoc),
        RUNTIME_CLASS(CMainFrame),
        RUNTIME_CLASS(CRunView));
    AddDocTemplate(pNewDocTemplate);
}
{   // BLOCK: doc template registration
    // Register the document template.  Document templates serve
    // as the connection between documents, frame windows and views.
    // Attach this form to another document or frame window by changing
    // the document or frame class in the constructor below.
    CSingleDocTemplate* pNewDocTemplate = new CSingleDocTemplate(
        IDR_PARTVIEW_TMPL,
        RUNTIME_CLASS(CSplitMultiWndDoc),
        RUNTIME_CLASS(CMainFrame),
        RUNTIME_CLASS(CPartView));
    AddDocTemplate(pNewDocTemplate);
}
```

（13）改写框架类的 OnCreateClient 方法，分割窗口。

```
BOOL CMainFrame::OnCreateClient(LPCREATESTRUCT lpcs, CCreateContext* pContext)
{
    //将整个窗口分为1行2列
    m_SplitterWnd.CreateStatic(this,1,2);
    CRect frmRC;
```

```
GetClientRect(frmRC);
//在第 1 行第 1 列中创建视图窗口
m_SplitterWnd.CreateView(0,0,RUNTIME_CLASS(CSplitMultiWndView),
    CSize(200,frmRC.Height()),pContext);
//将 m_SplitterWnd 窗口的第 1 行第 2 列再划分为 2 行 1 列
m_ChildWnd.CreateStatic(&m_SplitterWnd,2,1,WS_CHILD|WS_VISIBLE,
    m_SplitterWnd.IdFromRowCol(0,1));
//在第 1 行第 1 列中创建视图窗口
m_ChildWnd.CreateView(0,0,RUNTIME_CLASS(CPartView),
    CSize(50,frmRC.Height()/2),pContext);
//在第 2 行第 1 列中创建视图窗口
m_ChildWnd.CreateView(1,0,RUNTIME_CLASS(CRunView),
    CSize(200,frmRC.Height()/2),pContext);
return true;
}
```

（14）运行程序，效果如图 2-18 所示。

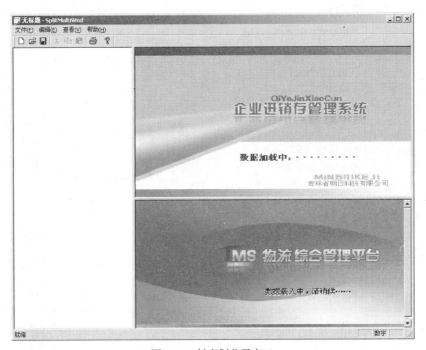

图 2-18　任意划分子窗口

2.8　综合实例——简单画图程序

通过前面的讲解，我们知道文档/视图结构中，数据保存在文档中，而视图是用于显示数据的。下面举一个具体实体来说明文档\视图结构的应用。

这个例子要把数据保存在文档中，以便使用文档进行文件读写，而数据显示在视图中。这样，视图使用数据时，就要先从文档中去取，即获取文档指针 GetDocument( )，有了文档指针，就可以操作文档中的数据了。如果文档要访问视图中的数据，就要用到视图指针，GetFirstViewPosition

和 GetNextView 可以获取视图指针。如果文档只是想更新视图的显示，而不需要访问视图中的具体数据，这时只要 UpdateAllViews 就可以了。

2.8.1　实例说明

该例功能很简单，只是画一些直线，按住鼠标，确定直线起始点；释放鼠标，决定直线终止点，并画一条直线，这部分功能在视图类中实现，这时用到视图类的 LBUTTONDOWN 和 LBUTTONUP 事件和 OnDraw 方法。画线用到的参数除了两点坐标，还有颜色、粗细和线的样式（虚线或实线），这些参数通过工具栏输入。所有这些参数定义一个结构体类型，保存在结构体中，多条直线用一个链表来表示，MFC 中的 CObList 类实现了对链表的封装，这样可以把所有数据用一个链表表示，它作为文档类的成员存在。视图每次产生一条直线时，都将直线保存在文档类的链表中。

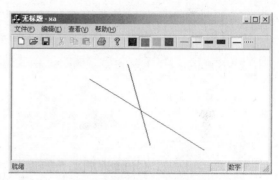

图 2-19　画线程序的运行效果

在文档类中，我们用序列化方法（Serialize）保存数据。它直接使用默认工具栏上的打开保存按钮。Carchive 对象的 IsStoring() 表示正在执行保存操作，否则就是打开操作。

程序运行效果如图 2-19 所示

2.8.2　实例实现

（1）创建一个单文档视图应用程序。工程文件名叫 xa。

（2）定义一个直线结构体类型，为使用方便，该结构体定义在文档类的头文件中（XaDoc.h）。

```
struct CLine
{
    CPoint start;          //起始点坐标
    CPoint end;            //终止点坐标
    COLORREF color;        //线条颜色
    int thick;             //线条粗细
    int style;             //线条样式（虚线或实线）
};
```

（3）在文档类中定义一个链表类型成员，用于保存以上结构体类型数据。

```
CObList list;
```

（4）在视图类中定义一个直线对象，保存正在绘制的那条直线的信息。还有一个逻辑值 isFinished 表示一条直线是否已经画完，该值释放鼠标时为 true，按下鼠标时为 false。

```
CLine l;
bool isFinished;
```

（5）在视图类的构造函数中完成第一条直线的颜色，粗细，样式的初始化。

```
CXaView::CXaView()
{
    // TODO: add construction code here
    isFinished=false;
    l.color=0;             //颜色为黑色
    l.thick=1;             //粗细为一个像素
```

```
        l.style=PS_SOLID;        //样式为实线

    }
```

（6）通过类向导，为视图类的 **LBUTTONDOWN** 消息增加消息响应函数。

```
void CXaView::OnLButtonDown(UINT nFlags, CPoint point)
{
    // TODO: Add your message handler code here and/or call default
    l.start=point;
    isFinished=false;
    CView::OnLButtonDown(nFlags, point);

}
```

（7）通过类向导，为视图类的 **LBUTTONUP** 消息增加消息响应函数。

```
void CXaView::OnLButtonUp(UINT nFlags, CPoint point)
{
    // TODO: Add your message handler code here and/or call default
    l.end=point;
    isFinished=true;
    Invalidate();
    CView::OnLButtonUp(nFlags, point);

}
```

（8）在视图类的 **OnDraw** 方法中完成绘图。

```
void CXaView::OnDraw(CDC* pDC)
{
    CXaDoc* pDoc = GetDocument();                    //文档指针
    ASSERT_VALID(pDoc);
    CPen pen,*oldpen;
    CObList *list=&pDoc->list;                       //取文档类的链表对象
    if(isFinished)                                   //是否完成一条线
        list->AddTail((CObject*)new CLine(l));       //加入链表尾
    POSITION p=list->GetHeadPosition();              //链表头结点位置
    CLine *t;
    while(p){                                        //遍历链表，更新所有直线
        t=(CLine*)list->GetNext(p);                  //从链表中取数据，
        pen.CreatePen(t->style,t->thick,t->color);   //创建画笔
        oldpen=pDC->SelectObject(&pen);
        pDC->MoveTo(t->start);
        pDC->LineTo(t->end);                         //画线
        pDC->SelectObject(oldpen);                   //恢复原画笔
        pen.DeleteObject();                          //删除画笔
    }

    isFinished=false;                                //避免重复向链表加入同一直线
    // TODO: add draw code for native data here
}
```

（9）在类视图中打开工具栏，增加新的工具按钮。如图 2-20 所示

图 2-20 新增工具栏

其中 4 个颜色按钮，4 个粗细按钮，两个样式（虚实）按钮是新增加的。

（10）通过类向导为 10 个按钮增加 COMMAND 消息响应函数

红色按钮的消息响应函数如下。其他 3 种颜色类似。

```
void CXaView::OnButtonRed()
{
    // TODO: Add your command handler code here
    l.color=RGB(255,0,0);

}
```

工具栏中 1 个像素按钮的消息响应函数如下。其他 3 种类似。

```
void CXaView::OnButton1()
{
    // TODO: Add your command handler code here
    l.thick=1;
}
```

实线的消息响应函数如下。虚线的样式值为 PS_DASHDOT。

```
void CXaView::OnButtonSolid()
{
    // TODO: Add your command handler code here
    l.style=PS_SOLID;
}
```

（11）对于工具栏按钮中当前选中状态，我们希望能够在按钮上显示出来，如当前画线颜色是红色，希望红色按钮处于按下的状态，其他两组也是这样。

这时可以通过按钮的 SetCheck 方法实现，选中时用 SetCheck(true)，未选中时用 SetCheck(false)。程序可以写在对应按钮的 UPDATE_COMMAND_UI 事件中，这样，再为每个按钮增加一个事件处理函数，以红色为例，代码如下。

```
void CXaView::OnUpdateButtonBlue(CCmdUI* pCmdUI)
{
    // TODO: Add your command update UI handler code here
    pCmdUI->SetCheck(l.color==RGB(0,0,255));
}
```

（12）文档类中的文件打开保存操作在文档类的序列化函数（Serialize）中实现。

```
void CXaDoc::Serialize(CArchive& ar)
{
    if (ar.IsStoring())                    //保存数据
    {
        // TODO: add storing code here
        CLine *t;
        POSITION p=list.GetHeadPosition(); //链表头结点位置
        ar<<list.GetCount();               //为文件读数据，先把链表结点个数存入文件
        while(p)
        {
            t=(CLine*)list.GetNext(p);     //每个结点数据
            ar<<t->start<<t->end<<t->color<<t->style<<t->thick ; //存入文件
        }
    }
    else
    {
        // TODO: add loading code here
```

```
        CLine *t;
        int n,i;
        ar>>n;                              //从文件中取出结点个数
        for(i=0;i<n;i++)
        {
            t=new CLine;
            ar>>t->start>>t->end>>t->color>>t->style>>t->thick;  //逐一从文件取出数据
            list.AddTail((CObject*)t);                           // 放入链表
        }
    }
}
```

通过前面的讲解，我们知道文档/视图结构中，数据保存在文档中，而视图是用于显示数据的。下面举一个具体实体来说明文档/视图结构的应用。

这个例子要把数据保存在文档中，以便使用文档进行文件读写，而数据显示在视图中。这样视图使用数据时，就要先从文档中去取，即获取文档指针 GetDocument( )，有了文档指针，就可以操作文档中的数据了。如果文档要访问视图中的数据，就要用到视图指针，GetFirstViewPosition 和 GetNextView 可以获取视图指针。如果文档只是想更新视图的显示，而不需要访问视图中的具体数据，只要 UpdateAllViews 就可以了。

知识点提炼

（1）文档/视图结构把应用程序的数据从用户操作数据的方法中分离出来，使文档对象只负责数据的存储、装载与保存，而数据的显示则由视图类来完成。

（2）文档对象（CDocument）就是数据对象，它提供了多个方法用于管理数据。

（3）序列化是针对文件读操作或写操作而设计的技术，支持序列化技术的类可以简化文件的步骤。在工程向导生成的代码框架中，有 Serialize 这个方法，该方法主要存在于文档对象的实现文件中，用来实现文档序列化。

（4）视图的作用是显示文档中的数据，用户也可以通过视图修改文档中的数据。

（5）框架作为视图的容器，提供了多个方法用于维护和管理视图。

（6）在文档/视图结构应用程序中，用户可以通过 CSplitterWnd 类实现分割窗口。

（7）框架类的 OnCreateClient 方法中调用 CSplitterWnd 的 CreateStatic 方法和 CreateView 方法来按行或列分割窗口。

习　　题

2-1　单文档应用程序的模板类是什么？

2-2　多文档与单文档程序功能上的区别是什么，这种区别在程序中是怎样实现的？

2-3　怎样在视图类中获取框架指针？

2-4　怎样在文档中更新视图的显示内容？

2-5　怎样利用序列化实现文件操作？

实验：文档/视图结构的打印

实验目的

（1）熟悉文档/视图结构对打印的支持。

（2）掌握文档/视图框架中把对话框作为程序主窗口的方法。

实验内容

文档/视图结构对打印功能进行了很好的封装，本实验将以具体实例介绍如何利用文档/视图结构打印对话框中的数据。

实验步骤

（1）创建一个单文档视图应用程序。工程文件名叫 DocViewPrint。

（2）通过工作区，创建一个对话框，作为应用程序的主窗口。在对话框中放置按钮、列表视图等控件，为列表视图关联变量 m_list，如图 2-21 所示。

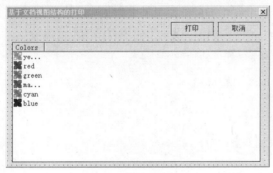

图 2-21　对话框资源

（3）改写对话框的 OnInitDialog 方法，向列表中添加数据。

```
BOOL CMainDlg::OnInitDialog()
{
    CDialog::OnInitDialog();
    //add  columns for list
    m_list.SetExtendedStyle(LVS_EX_FLATSB|LVS_EX_GRIDLINES|LVS_EX_FULLROWSELECT);
    m_list.InsertColumn(100,"姓名",LVCFMT_LEFT,100);
    m_list.InsertColumn(100,"语文",LVCFMT_LEFT,70);
    m_list.InsertColumn(100,"数学",LVCFMT_LEFT,70);
    m_list.InsertColumn(100,"英语",LVCFMT_LEFT,70);
    m_list.InsertColumn(100,"政治",LVCFMT_LEFT,70);
    m_list.InsertColumn(100,"历史",LVCFMT_LEFT,70);
    CString temp;
    int grade;
    //add data to list
    for (int i = 0;i<10;i++)
```

```
        {
            m_list.InsertItem(i,"");
            for (int c = 1;c<6;c++)
            {
                grade = c*2+80+i;
                temp.Format("%d",grade);
                m_list.SetItemText(i,c,temp);
            }

        }
        m_list.SetItemText(0,0,"王平");
        m_list.SetItemText(1,0,"李可");
        m_list.SetItemText(2,0,"张红");
        m_list.SetItemText(3,0,"周亮");
        m_list.SetItemText(4,0,"孙军");
        m_list.SetItemText(5,0,"刘海");
        m_list.SetItemText(6,0,"王中华");
        m_list.SetItemText(7,0,"宋可平");
        m_list.SetItemText(8,0,"张男");
        m_list.SetItemText(9,0,"李菊");
        return TRUE;
    }
```

（4）为 CdocViewPrintApp 增加成员变量类型为 CmainDlg，变量名为*tempdlg。修改应用程序的 InitInstance 方法，将新创建的窗口设置为应用程序的主窗口。

```
    BOOL CDocViewPrintApp::InitInstance()
    {
        AfxEnableControlContainer();
#ifdef _AFXDLL
        Enable3dControls();
#else
        Enable3dControlsStatic();
#endif
        SetRegistryKey(_T("Local AppWizard-Generated Applications"));
        LoadStdProfileSettings();
        CSingleDocTemplate* pDocTemplate;
        pDocTemplate = new CSingleDocTemplate(
            IDR_MAINFRAME,
            RUNTIME_CLASS(CDocViewPrintDoc),
            RUNTIME_CLASS(CMainFrame),      // main SDI frame window
            RUNTIME_CLASS(CDocViewPrintView));
        AddDocTemplate(pDocTemplate);
        CMainDlg m_maindlg;
        this->m_pMainWnd = &m_maindlg;
        tempdlg = &m_maindlg;
        m_maindlg.DoModal();
        return TRUE;
    }
```

（5）在视图类中定义如下成员变量。

```
CFont m_titlefont;              //标题字体
CFont m_bodyfont;               //正文字体
```

```
int screenx,screeny;          //屏幕每英寸像素数
int printx,printy;            //打印机每英寸像素数
double xrate,yrate;           //屏幕与打印机的像素比率
int pageheight;               //打印纸高度
int pagewidth;                //打印纸宽度
int leftmargin,rightmargin;   //打印纸页边距
BOOL isPreview;               //处于预览状态
```

（6）在视图类的源文件中引入对话框的头文件，目的是访问对话框中的数据。

```
#include "MainDlg.h"
```

（7）处理视图类的 **OnDraw** 方法，在视图窗口中绘制数据。

```
void CDocViewPrintView::OnDraw(CDC* pDC)
{
    m_titlefont.CreatePointFont(200,"宋体",pDC);
    m_bodyfont.CreatePointFont(100,"宋体",pDC);
    screenx =pDC->GetDeviceCaps(LOGPIXELSX);
    screeny =pDC->GetDeviceCaps(LOGPIXELSY);

    CDocViewPrintDoc* pDoc = GetDocument();
    ASSERT_VALID(pDoc);

    pDC->SelectObject(&m_titlefont);
    CRect m_rect;
    this->GetClientRect(m_rect);
    m_rect.DeflateRect(0,20,0,0);
    //绘制报表标题
    pDC->DrawText("学生成绩单",m_rect,DT_CENTER);
    CMainDlg* pmaindlg = ((CDocViewPrintApp*)(AfxGetApp()))->tempdlg;
    pDC->SelectObject(&m_bodyfont);
    char* pchar = new char[100];
    LVCOLUMN column;
    column.mask = LVCF_TEXT;
    column.pszText = pchar;
    column.cchTextMax = 100;
    CString str;
    CRect m_temprect (m_rect.left+60,m_rect.top+60,60+
(m_rect.Width())/6,m_rect.bottom);
        CRect m_itemrect;
    m_rect.DeflateRect(60,40);
    int width = m_temprect.Width();
    for (int i = 0;i< 6;i++)
    {
        if (pmaindlg->m_list.GetColumn(i,&column))
          str = column.pszText;
        pDC->DrawText(str,m_temprect,DT_LEFT);
        m_itemrect.CopyRect(m_temprect);
        for (int row = 0;row <10;row++)
        {
            m_itemrect.DeflateRect(0,30);
            str = pmaindlg->m_list.GetItemText(row,i);
            pDC->DrawText(str,m_itemrect,DT_LEFT);
```

```
        }
            m_temprect.DeflateRect(width,0,0,0);
            m_temprect.InflateRect(0,0,width,0);
        }
            m_titlefont.DeleteObject();
        m_bodyfont.DeleteObject();
}
```

（8）改写视图类的 OnPrint 方法，设置预览和打印信息。

```
void CDocViewPrintView::OnPrint(CDC* pDC, CPrintInfo* pInfo)
{
    isPreview = TRUE;
    m_titlefont.CreatePointFont((int)xrate*200, "宋体",pDC);
    m_bodyfont.CreatePointFont((int)xrate*100, "宋体",pDC);
    pDC->SelectObject(&m_titlefont);
    CRect m_rect(-leftmargin,0,pagewidth+rightmargin,pageheight);
    m_rect.DeflateRect(0,(int)20*yrate,0,0);
    //绘制报表标题
    pDC->DrawText("学生成绩单",m_rect,DT_CENTER|DT_SINGLELINE);
    CMainDlg* pmaindlg = ((CDocViewPrintApp*)(AfxGetApp()))->tempdlg;
    m_rect.DeflateRect(0,(int)20*yrate,0,0);
    pDC->SelectObject(&m_bodyfont);

    char* pchar = new char[100];
    LVCOLUMN column;
    column.mask = LVCF_TEXT;
    column.pszText = pchar;
    column.cchTextMax = 100;
    CString str;
    CRect m_temprect ((int)(xrate*60),m_rect.top+(int)(xrate*60),(int)(xrate*60)
+(m_rect.Width()-(int)(xrate*60)*2)/6,m_rect.bottom);
    CRect m_itemrect;
    int width = m_temprect.Width();
    for (int i = 0;i< 6;i++)
    {
      if (pmaindlg->m_list.GetColumn(i,&column))
        str = column.pszText;
      pDC->DrawText(str,m_temprect,DT_LEFT);
      m_itemrect.CopyRect(m_temprect);
      for (int row = 0;row <10;row++)
      {
        m_itemrect.DeflateRect(0,(int)(xrate*30));
        str = pmaindlg->m_list.GetItemText(row,i);
        pDC->DrawText(str,m_itemrect,DT_LEFT);
      }
      m_temprect.DeflateRect(width+1,0,0,0);
      m_temprect.InflateRect(0,0,width+1,0);
    }
    m_titlefont.DeleteObject();
    m_bodyfont.DeleteObject();
}
```

（9）处理主窗口"打印"按钮的单击事件。

```
void CMainDlg::OnPrint()
{
    AfxGetApp()->m_pMainWnd = NULL;
    AfxGetApp()->m_pDocManager->OnFileNew();
    IsPreview= TRUE;
}
```

（10）运行程序，结果如图 2-22、图 2-23、图 2-24 所示。

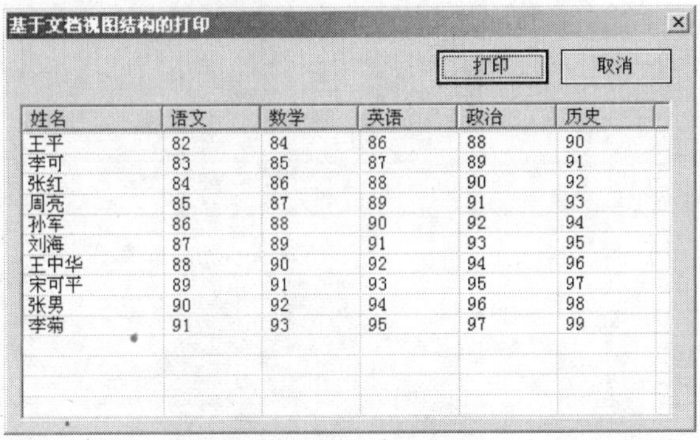

图 2-22　主窗口

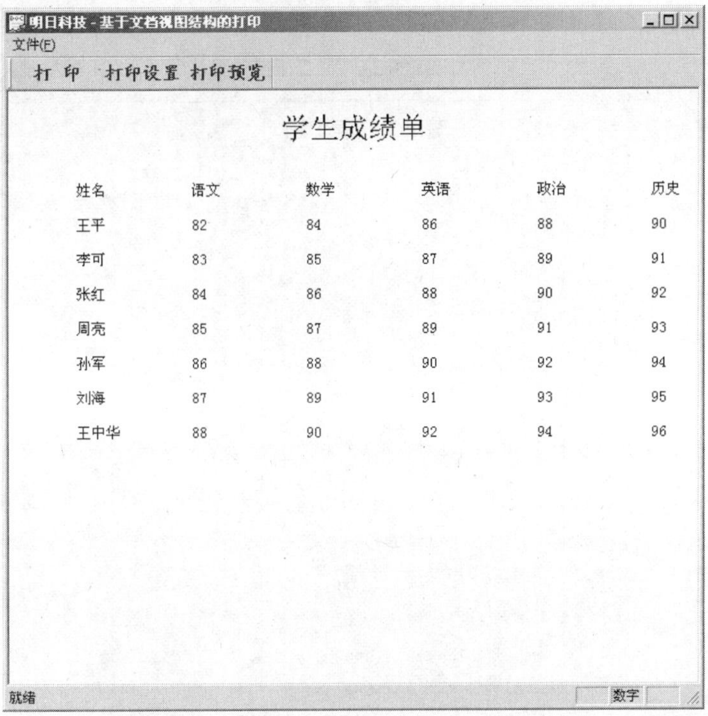

图 2-23　框架窗口

　　通常情况下，打印机的分辨率比屏幕的分辨率高出许多。因此，在屏幕中绘制 1 厘米长的线条，在打印纸中可能只有几毫米的长度。为了将屏幕的数据按实际效果输出到打印机，需要确定打印机与屏幕的分辨率比率。在本例中，利用 screenx、screeny 记录屏幕每英寸的像素数，printx、printy 记录打印机每英寸的像素数，xrate，yrate 确定打印机与屏幕的水平像素

比率和垂直像素比率。如果在屏幕中的（100,200）点处输出数据，在打印纸中对应的点应为
（100*xrate,200*yrate）。

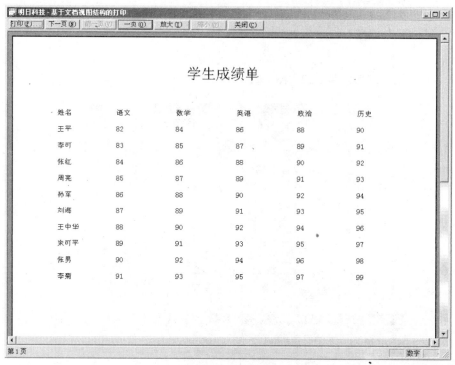

图 2-24　预览窗口

第**3**章
菜单、工具栏和状态栏

本章要点
- 使用菜单设计器设计菜单
- 动态创建菜单
- 使用工具栏设计器设计工具栏
- 动态创建工具栏
- 动态创建状态栏

会使用菜单、工具栏和状态栏，是设计程序界面的基础。在开发应用程序时，菜单、工具栏和状态栏是不可或缺的界面元素。Visual C++可以用设计器创建菜单、工具栏，但状态栏只能用代码创建，同时菜单、工具栏也可以用代码创建。使用代码设计界面虽然有些复杂，给初学者带来一定的难度，但是很灵活，用户可以通过它设计各种各样的菜单、工具栏和状态栏。

3.1 菜 单 设 计

菜单是用户界面的组成部分。在 MFC 中，CMenu 类封装了 Windows 的菜单功能，它提供了多个方法用于创建、修改、合并菜单。本节将详细介绍菜单的设计和应用。

3.1.1 菜单资源设计

在 Visual C++中，用户可以通过工作区方便地设计菜单资源。下面介绍如何设计菜单资源。

（1）在工作区的 ResourceView 选项卡中，用鼠标右键单击某个节点，将弹出一个快捷菜单，如图 3-1 所示。

（2）在弹出菜单中选择 Insert 菜单项，打开 Insert Resource 窗口，如图 3-2 所示。

（3）在 Resource type 列表框中选择 Menu 节点，单击 "New" 按钮，创建一个

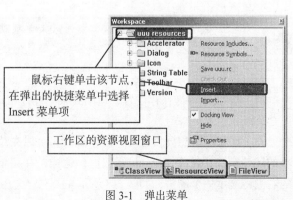

图 3-1 弹出菜单

菜单，如图 3-3 所示。

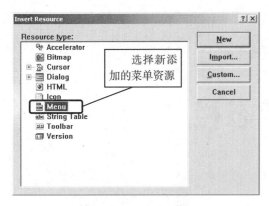

图 3-2　插入资源对话框

图 3-3　菜单设计窗口 1

（4）在菜单设计窗口中，按<Enter>键打开属性窗口，设计菜单标题，如图 3-4 所示。

（5）按<Enter>键保存设置，返回到菜单设计窗口，如图 3-5 所示。

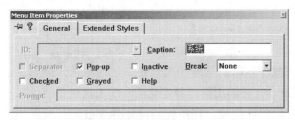

图 3-4　菜单项属性窗口 1

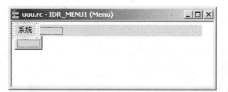

图 3-5　菜单设计窗口 2

（6）如果用户需要设计子菜单，可以选中下方的虚边框，按<Enter>键打开属性窗口，在属性窗口中设置菜单项标题和菜单 ID，如图 3-6 所示。

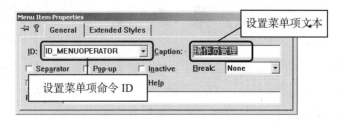

图 3-6　菜单项属性窗口 2

在设计菜单时，通常需要修改菜单项默认的命令 ID，使其体现出菜单项的功能。这样做虽然在程序功能上无关紧要，但是通过菜单项命令 ID，其他人可以非常容易地了解菜单项的功能，方便他人阅读代码。

（7）按<Enter>键保存设置，返回到菜单设计窗口，图 3-7 所示。

（8）如果用户想要设计一个级联菜单，可以在菜单项的属性窗口中选中 Pop-up 复选框，这样，在菜单项的右侧将显示一个箭头，如图 3-8 所示。

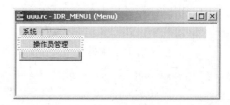

图 3-7　菜单设计窗口 3

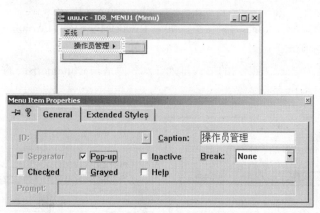

图 3-8 级联菜单

在菜单项的属性窗口中，有多个选项设置菜单属性，作用如下。

● Separator 属性

该属性用于将菜单项设置为分隔条样式，如图 3-9 所示。

● Checked 属性

该属性用于标记菜单项是否被选中，如图 3-10 所示。

图 3-9 分割条菜单

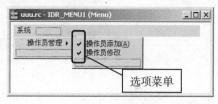

图 3-10 选项菜单

● Pop-up 属性

该属性表示菜单是一个弹出式菜单，如图 3-8 所示。

● Grayed 属性

该属性将菜单置为灰色，即菜单不可用，如图 3-11 所示。

● Inactive 属性

该属性表示菜单项不可用，如果设置了 Grayed 属性，该属性自动被设置。

● Help 属性

该属性表示从右边对齐菜单项，如图 3-12 所示。

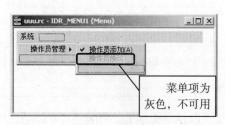

图 3-11 灰色菜单

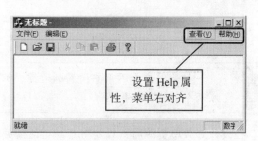

图 3-12 右对齐菜单

● Break 属性

该属性共有 3 个选项，None 为默认值。如果 Break 属性设置为 Column，菜单项以列的形式排列显示，如图 3-13 所示。

如果 Break 属性为 Bar，将以列的形式排列显示，但是与 Column 不同的是每一列以一个垂直的分隔条分隔，如图 3-14 所示。

图 3-13　Column 菜单　　　　　　　　　　　　　　图 3-14　Bar 菜单

● Prompt 属性

当菜单项被选中时，状态栏中将显示该属性的值。设置该属性后，在字符串表中显示菜单项命令 ID 及命令 ID 对应的 Prompt 属性值。如图 3-15、图 3-16 所示。

图 3-15　菜单属性窗口

在设计菜单项信息时，可以为菜单项设置快捷键来方便用户操作。在菜单标题的后面加 "&+字母" 即可实现快捷键的设置。在程序运行时，用户按下<Alt>键加上该字母键，便可激活并操作该菜单。例如将菜单标题设置为 "操作员添加&A"，程序运行时，用户只需按<Alt+A>组合键，便可完成与鼠标单击 "操作员添加" 菜单相同的功能。菜单效果如图 3-17 所示。

图 3-16　字符串表

图 3-17　菜单设计窗口 4

说明　　如果用户并不需要设置加速键，只想在菜单标题中输入 "&" 符号，则需要连续输入两个 "&" 符号。

在设计好菜单资源后，只要将其与对话框关联，就可以显示菜单了。最简单的方法是在对话框的属性窗口中进行设置，如图 3-18 所示。

在程序运行时，对话框中将自动显示菜单，如图 3-19 所示。

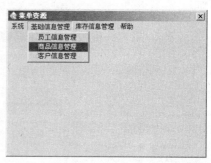

图 3-18 对话框属性窗口

图 3-19 菜单显示窗口

3.1.2 菜单项的命令处理

如果一个菜单项不是顶层菜单或弹出式菜单，则菜单项有一个菜单 ID，即使用户不设置菜单 ID，系统也会为其指定一个唯一的菜单 ID。通过菜单 ID，用户可以处理菜单项的命令消息。具体操作步骤如下。

（1）单击菜单栏中的 View/Class Wizard 命令，打开 MFC ClassWizard 窗口，并选择 Message Maps 选项卡，在 Object IDs 列表框中选择一个菜单项，如图 3-20 所示。

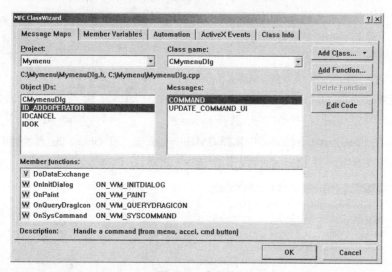

图 3-20 类向导

（2）在该窗口的 Messages 列表框中双击 COMMAND，将打开"添加成员函数"窗口，如图 3-21 所示。

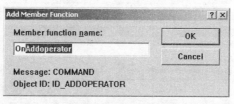

图 3-21 添加成员函数窗口

（3）单击 OK 按钮即可编写命令消息处理代码，代码编辑器中将显示消息处理函数，如图 3-22 所示。

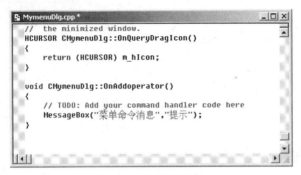

图 3-22　代码编辑器

（4）运行程序时，用户单击菜单项即执行其命令消息处理函数。

3.1.3　菜单项的更新机制

在使用类向导为菜单添加命令处理函数时，发现菜单除了 COMMAND 消息外，还有一个 UPDATE_COMMAND_UI 消息，该消息是"更新命令用户接口消息"，菜单项的状态维护就依赖于 UPDATE_COMMAND_UI 消息。下面我们就来看看如何使用这个消息。

（1）打开一个基于单文档的应用程序，运行程序后发现"编辑"菜单下的菜单项都不可用，如图 3-23 所示。

（2）如果要使"编辑"菜单下的菜单项都可用，就要为相应的菜单项处理 UPDATE_COMMAND_UI 消息，以"撤销"菜单项为例，打开类向导，选择 Message

图 3-23　运行结果

Maps 选项卡，在 Class name 下拉列表中选择 CMainFrame 类；在 Object Ids 列表框中选择"撤销"菜单项 ID_EDIT_UNDO；在 Message 列表框中选择 UPDATE_COMMAND_UI 项，如图 3-24 所示。

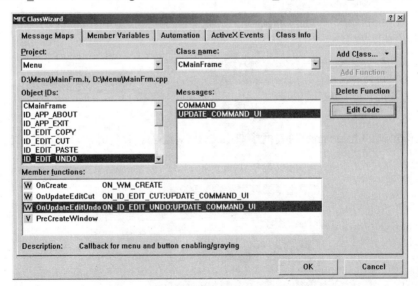

图 3-24　类向导

（3）单击 Add Function 按钮即可创建该消息的处理函数。

（4）单击 Edit Code 按钮即可定位到新建的消息处理函数，在函数中添加代码使"撤销"菜单项可用。代码如下。

```
void CMainFrame::OnUpdateEditUndo(CCmdUI* pCmdUI)
{
    pCmdUI->Enable();                                        //使菜单项可用
}
```

（5）运行程序，效果如图 3-25 所示。

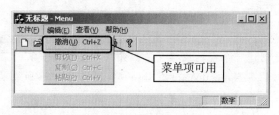

图 3-25　菜单项的更新机制

3.1.4　菜单类的主要方法

在 MFC 中，CMenu 类封装了 Windows 的菜单功能，它提供了多个方法用于创建、修改、合并菜单。CMenu 类的主要方法如下。

（1）Attach 方法。

Attach 方法用于将句柄关联到菜单对象上。返回值为非零，表示执行成功，否则执行失败。

```
BOOL Attach( HMENU hMenu );
```

hMenu：标识菜单句柄。

如果用户获得了某个菜单句柄，可以通过该方法将其与菜单对象关联，这样，就可以使用菜单对象操作菜单资源了。举例如下。

```
CMenu menu;                                                 //定义菜单对象
HMENU hMenu = ::GetMenu(m_hWnd);                            //获取一个菜单句柄
menu.Attach(hMenu);                                         //将菜单句柄关联到菜单对象上
menu.GetSubMenu(0)->ModifyMenu(0,MF_BYPOSITION,0,"修改菜单");//修改子菜单文本
menu.Detach();                                              //分离菜单句柄
```

（2）Detach 方法。

Detach 方法从菜单对象上分离菜单句柄，方法返回分离的菜单句柄。

```
HMENU Detach( );
```

（3）FromHandle 方法。

FromHandle 方法根据菜单句柄返回一个菜单对象指针。如果句柄没有关联一个菜单对象，一个临时的菜单对象指针将要被创建。

```
static CMenu* PASCAL FromHandle( HMENU hMenu );
```

hMenu：标识菜单句柄。

当用户获得了一个菜单句柄，便可以调用 FromHandle 方法获取一个与菜单句柄关联的菜单对象指针。举例如下。

```
HMENU hMenu = ::GetMenu(m_hWnd);                            //获取菜单句柄
CMenu* pMenu = CMenu::FromHandle(hMenu);                    //获取一个与菜单句柄关联的菜单指针
```

```
//根据菜单指针修改菜单文本
pMenu->GetSubMenu(0)->ModifyMenu(0,MF_BYPOSITION,0,"修改菜单");
```

使用 FromHandle 方法获得的菜单对象是一个临时的菜单对象，不能永久保存。当应用程序空闲时，可能会自动删除临时对象。

（4）CreateMenu 方法。

CreateMenu 方法用于创建一个菜单窗口，并将其关联到菜单对象上。方法执行成功，返回值为非零，否则为 0。

```
BOOL CreateMenu( );
```

该方法只是创建一个空的菜单资源，并将其关联到当前的菜单对象上，调用该方法之后，用户可以调用 AppendMenu 或 InsertMenu 等方法添加菜单项。

（5）CreatePopupMenu 方法。

CreatePopupMenu 方法用于创建一个弹出式菜单窗口，并将其关联到菜单对象上。方法执行成功，返回值为非零，否则为 0。对于弹出式菜单，如果菜单窗口被释放，菜单对象就要被自动释放。

```
BOOL CreatePopupMenu( );
```

（6）LoadMenu 方法。

LoadMenu 方法从应用程序的可执行文件中加载一个菜单资源，将其关联到菜单对象上。

```
BOOL LoadMenu( LPCTSTR lpszResourceName );
BOOL LoadMenu( UINT nIDResource );
```

❑ lpszResourceName：标识资源名称。

❑ nIDResource：标识资源 ID。

用户在使用菜单设计器设计一个菜单后，可以在程序中定义一个菜单对象，然后调用 LoadMenu 方法将菜单对象与菜单资源关联。举例如下。

```
CMenu menu;                                              //定义菜单对象
menu.LoadMenu(IDR_MAINFRAME);                            //加载菜单资源
menu.GetSubMenu(0)->ModifyMenu(0,MF_BYPOSITION,0,"修改菜单");  //修改菜单项
```

对于 Windows 中的各种资源，例如菜单、按钮、对话框等，有两种表示方法：一种方法是使用资源 ID，即用一个无符号的整数表示；另一种方法是使用资源名称，用一个字符串来表示。因此，LoadMenu 方法提供了两个版本的函数。通常，Visual C++6.0 中的资源设计器是通过资源 ID 表示的，但有些 Windows 函数是使用资源名称作为参数的，例如 LoadIcon 函数。那么如何将资源 ID 转换为资源名称呢？Visual C++6.0 提供了 MAKEINTRESOURCE 宏用于将资源 ID 转换为资源名称。在 32 位的 Windows 系统中，资源标识占用 4 字节，如果资源标识的高字节为零，则低字节表示资源 ID，即资源标识是以资源 ID 的形式表示；如果资源标识的高字节不为 0，则资源标识以资源名称的形式表示。

（7）DestroyMenu 方法。

DestroyMenu 方法用于释放菜单窗口，菜单窗口被释放前，它将从菜单对象上分离出来。

```
BOOL DestroyMenu( );
```

当菜单对象的析构函数被调用时，将自动调用 DestroyMenu 方法释放菜单窗口。

（8）DeleteMenu 方法。

DeleteMenu 方法用于从菜单中删除一个菜单项。

`BOOL DeleteMenu( UINT nPosition, UINT nFlags );`

❑　nPosition：标识某一个菜单项。

❑　nFlags：表示如何删除菜单项，可选值如下。

● MF_BYCOMMAND：根据 nPosition 标识的菜单 ID 删除菜单项。

● MF_BYPOSITION：根据 nPosition 标识的菜单位置删除菜单项。

例如，下面的代码将删除某一个菜单中第 1 个子菜单项。

```
CMenu menu;                              //定义菜单对象
menu.LoadMenu(IDR_MAINFRAME);            //加载菜单资源
menu.DeleteMenu(0,MF_BYPOSITION);        //删除菜单的第 1 个菜单项
```

（9）TrackPopupMenu 方法。

TrackPopupMenu 方法用于显示一个弹出式菜单。

`BOOL TrackPopupMenu( UINT nFlags, int x, int y, CWnd* pWnd, LPCRECT lpRect = NULL );`

TrackPopupMenu 方法参数说明见表 3-1。

表 3-1　TrackPopupMenu 方法参数说明

参 数 名 称	参 数 说 明
nFlags	表示屏幕位置标记和鼠标按钮标记，为 TPM_CENTERALIGN，表示在 x 水平位置居中显示菜单；为 TPM_LEFTALIGN，表示在 x 水平位置左方显示菜单；为 TPM_RIGHTALIGN，表示在 x 水平位置右方显示菜单；为 TPM_LEFTBUTTON，表示单击鼠标左键显示弹出式菜单；为 TPM_RIGHTBUTTON，表示单击鼠标右键显示弹出式菜单
x	以屏幕坐标标识弹出式菜单的水平坐标
y	以屏幕坐标标识弹出式菜单的垂直坐标
pWnd	标识弹出式菜单的所有者
lpRect	以屏幕坐标表示用户在菜单中的单击区域，如果为 NULL，当用户单击弹出式菜单之外的区域，将释放菜单窗口

（10）AppendMenu 方法。

AppendMenu 方法用于在菜单项的末尾添加一个新菜单。

`BOOL AppendMenu( UINT nFlags, UINT nIDNewItem = 0, LPCTSTR lpszNewItem = NULL );`
`BOOL AppendMenu( UINT nFlags, UINT nIDNewItem, const CBitmap* pBmp );`

AppendMenu 方法参数说明见表 3-2。

表 3-2　AppendMenu 方法参数说明

参 数 名 称	参 数 说 明
nFlags	标识菜单项的状态信息
nIDNewItem	标识菜单项的 ID
lpszNewItem	标识菜单项的内容
pBmp	标识关联菜单项的位图对象指针

下面的代码可在菜单的末尾添加一个菜单项。

```
HMENU hMenu = ::GetMenu(m_hWnd);                    //获取菜单句柄
CMenu* pMenu = CMenu::FromHandle(hMenu);            //获取一个与菜单句柄关联的菜单指针
pMenu->AppendMenu(0,MF_BYPOSITION,"新的菜单");      //在当前菜单项的最后添加一个菜单项
```

（11）CheckMenuItem 方法。

CheckMenuItem 方法用于在弹出的菜单项中放置或删除标记。

```
UINT CheckMenuItem( UINT nIDCheckItem, UINT nCheck );
```

❑ nIDCheckItem：指定由 nCheck 确定的将要检测的菜单项。

❑ nCheck：指定如何检测菜单项以及如何决定菜单中子菜单的位置。可选值见表 3-3。

表 3-3　nCheck 参数值说明

参　数　值	参数值说明
MF_BYCOMMAND	指定参数给出已存在菜单项的命令 ID 号，为缺省值
MF_BYPOSITION	指定参数给出已存在菜单项的位置，第 1 项位置为 0
MF_CHECKED	与 MF_UNCHECKED 一起用作开关，在菜单项之前放置缺省的检测标记
MF_UNCHECKED	与 MF_CHECKED 一起用作开关，删除菜单项之前的检测标记

（12）CheckMenuRadioItem 方法。

CheckMenuRadioItem 方法用于将单选按钮放置在菜单项之前，或从组中所有的其他菜单项中删除单选按钮。

```
BOOL CheckMenuRadioItem( UINT nIDFirst, UINT nIDLast, UINT nIDItem, UINT nFlags );
```

AppendMenu 方法参数说明见表 3-4。

表 3-4　CheckMenuRadioItem 方法参数说明

参　数　名　称	参　数　说　明
nIDFirst	指定单选按钮组中的第 1 个菜单项的值
nIDLast	指定单选按钮组中的最后一个菜单项的值
nIDItem	指定单选按钮组中被选中的菜单项的值
nFlags	对 nIDFirst、nIDLast 和 nIDItem 参数的解释，如果为 MF_BYCOMMAND 表示指定参数给出已存在菜单项的命令 ID 号；若没有设置 MF_BYCOMMAND 和 MF_BYPOSITION，该值为缺省值。如果为 MF_BYPOSITION，表示指定参数给出已存在菜单项的位置，第 1 项位置为 0

（13）EnableMenuItem 方法。

EnableMenuItem 方法用于设置菜单项有效、无效或变灰。

```
UINT EnableMenuItem( UINT nIDEnableItem, UINT nEnable );
```

❑ nIDEnableItem：指定 nEnable 决定的将要有效的菜单项，该参数既可以指定弹出式菜单，也可以指定标准菜单项。

❑ nEnable：指定了将要进行的动作，可选值见表 3-5。

表 3-5　nEnable 参数值说明

参　数　值	参数值说明
MF_BYCOMMAND	指定参数给出已存在的菜单项的命令 ID 号，此值为缺省值
MF_BYPOSITION	指定参数给出已存在菜单项的位置，第 1 项位置为 0

续表

参　数　值	参数值说明
MF_DISABLED	使菜单项无效，但不变灰
MF_ENABLED	使菜单项有效
MF_GRAYED	使菜单项变灰

（14）GetMenuItemCount 方法。

GetMenuItemCount 用于返回弹出式菜单或顶层菜单的菜单数。如果菜单项没有子菜单，函数返回值为-1，否则返回子菜单数。

```
UINT GetMenuItemCount( ) const;
```
下面的代码将遍历当前菜单中的所有子菜单项。

```
HMENU hMenu = ::GetMenu(m_hWnd);                    //获取菜单句柄
CMenu* pMenu = CMenu::FromHandle(hMenu);            //获取一个与菜单句柄关联的菜单指针
int menuCount = pMenu->GetMenuItemCount();          //获取菜单项个数
CMenu* pSubMenu;
for (int i = 0 ; i< menuCount; i++)
{
    pSubMenu = pMenu->GetSubMenu(i);
    //......
}
```

（15）GetMenuItemID 方法。

GetMenuItemID 方法根据菜单项的位置返回菜单 ID，如果菜单项是一个弹出式菜单，返回值为-1，如果菜单项是一个分隔条，返回值为 0。

```
UINT GetMenuItemID( int nPos ) const;
```
nPos：标识菜单项的位置。

（16）GetMenuState 方法。

GetMenuState 方法用于返回指定菜单项的状态或弹出菜单的项数。

```
UINT GetMenuState( UINT nID, UINT nFlags ) const;
```
- nID：指定了由 nFlags 决定的菜单项 ID。
- nFlags：指定 nID 的特性。值为 MF_BYCOMMAND 和 MF_BYPOSITION 之一。

（17）GetMenuString 方法。

GetMenuString 方法用于获取菜单项的文本。方法返回实际拷贝到缓冲区中的字符数。

```
int GetMenuString( UINT nIDItem, LPTSTR lpString, int nMaxCount, UINT nFlags ) const;
int GetMenuString( UINT nIDItem, CString& rString, UINT nFlags ) const;
```
GetMenuString 方法参数说明见表 3-6。

表 3-6　GetMenuString 方法参数说明

参　数　名　称	参　数　说　明
nIDItem	标识菜单项位置或菜单项命令 ID，具体含义依赖于 nFlags 参数
lpString	标识一个字符缓冲区
nMaxCount	标识向字符缓冲区中拷贝的最大字符数
rString	标识返回的菜单文本
nflags	表示如何解释 nIDItem。如果为 MF_BYCOMMAND，nIDItem 标识菜单项命令 ID；如果为 MF_BYPOSITION，nIDItem 标识菜单项位置

（18）GetSubMenu 方法。

GetSubMenu 方法用于获取弹出式菜单中的一个菜单项。

```
CMenu* GetSubMenu( int nPos ) const;
```

nPos：标识菜单项位置，第 1 个菜单项对应的位置是 0，第 2 个菜单项对应的位置是 1，依此类推。

（19）InsertMenu 方法。

InsertMenu 方法用于向菜单中指定位置插入菜单项。

```
BOOL InsertMenu( UINT nPosition, UINT nFlags, UINT nIDNewItem = 0, LPCTSTR lpszNewItem
= NULL );
BOOL InsertMenu( UINT nPosition, UINT nFlags, UINT nIDNewItem, const CBitmap* pBmp );
```

InsertMenu 方法参数说明见表 3-7。

表 3-7　InsertMenu 方法参数说明

参 数 名 称	参 数 说 明
nPosition	标识某一个菜单项
nFlags	表示如何解释 nPosition，如果为 MF_BYCOMMAND，表示根据 nPosition 标识的菜单 ID 插入菜单项；如果为 MF_BYPOSITION，表示根据 nPosition 标识的菜单位置插入菜单项
nIDNewItem	标识菜单项的 ID
lpszNewItem	标识菜单项的内容
pBmp	标识关联菜单项的位图对象指针

与 AppendMenu 方法不同的是，InsertMenu 方法能够在菜单的任意位置添加菜单项，而 AppendMenu 方法只能在菜单项最后添加。

（20）ModifyMenu 方法。

ModifyMenu 方法用于修改菜单项信息。

```
BOOL ModifyMenu( UINT nPosition, UINT nFlags, UINT nIDNewItem = 0, LPCTSTR lpszNewItem
= NULL );
BOOL ModifyMenu( UINT nPosition, UINT nFlags, UINT nIDNewItem, const CBitmap* pBmp );
```

ModifyMenu 方法参数说明见表 3-8。

表 3-8　ModifyMenu 方法参数说明

参 数 名 称	参 数 说 明
nPosition	标识某一个菜单项
nFlags	表示如何解释 nPosition，如果为 MF_BYCOMMAND，表示根据 nPosition 标识的菜单 ID 修改菜单项；如果为 MF_BYPOSITION，表示根据 nPosition 标识的菜单位置修改菜单项
nIDNewItem	标识菜单项的 ID
lpszNewItem	标识菜单项的内容
pBmp	标识关联菜单项的位图对象指针

（21）RemoveMenu 方法。

RemoveMenu 方法用于移除一个菜单项。

```
BOOL RemoveMenu( UINT nPosition, UINT nFlags );
```

❑ nPosition：标识某一个菜单项。

❑ nFlags：表示如何删除菜单项，可选值如下。

● MF_BYCOMMAND：根据 nPosition 标识的菜单 ID 删除菜单项。

● MF_BYPOSITION：根据 nPosition 标识的菜单位置删除菜单项。

（22）DrawItem 方法。

DrawItem 方法是一个虚方法，用户可以改写该方法实现菜单的绘制。

```
virtual void DrawItem( LPDRAWITEMSTRUCT lpDrawItemStruct );
```

lpDrawItemStruct：一个 DRAWITEMSTRUCT 结构指针，DRAWITEMSTRUCT 结构包含了菜单项的 ID、类型、画布、句柄等详细信息。

3.1.5 使用菜单类创建菜单

通过菜单编辑器，用户可以方便地设计菜单；通过类向导，可以直接编写菜单项的命令处理函数。那么，如何在程序中动态地创建菜单并响应其命令处理函数呢？

（1）创建一个菜单，具体步骤如下。

① 在对话框类中定义一个菜单对象，调用 CreateMenu 方法创建菜单资源。

② 调用 AppendMenu 或 InsertMenu 方法创建菜单项，设置菜单文本和命令 ID。

（2）为菜单项关联命令消息处理函数，具体步骤如下。

① 在对话框类中添加一个消息处理函数。

② 在对话框类的消息映射部分添加 ON_COMMAND 消息映射宏，将菜单项的命令 ID 与消息处理函数关联。

【例 3-1】 使用菜单类设计菜单。（实例位置：光盘\MR\源码\第 3 章\3-1）

具体步骤如下。

（1）创建一个基于对话框的应用程序。

（2）在主窗口中定义一个菜单成员变量。

```
CMenu m_Menu;
```

（3）在对话框的源文件中定义两个菜单的命令消息。

```
//定义菜单资源命令 ID
#define ID_MENUADD    35610
#define ID_MENUUPDATE 35611
```

（4）在主窗口的头文件中添加消息处理函数，代码如下。

```
afx_msg  void AddInfo();
```

AddInfo 函数前的 *afx_msg* 没有实际意义，只是表示该函数是消息处理函数。

（5）在主窗口的源文件中编写消息处理函数 AddInfo 的实现代码。

```
void CDynamiMenuDlg::AddInfo()
{
    MessageBox("基础信息添加!","提示");
}
```

（6）在主对话框的消息映射部分添加命令消息映射宏，将菜单项的命令 ID 与消息处理函数关联。

```
BEGIN_MESSAGE_MAP(CDynamiMenuDlg, CDialog)
    //{{AFX_MSG_MAP(CDynamiMenuDlg)
    ON_WM_SYSCOMMAND()
    ON_WM_PAINT()
    ON_WM_QUERYDRAGICON()
    ON_COMMAND(ID_MENUADD,AddInfo)
    //}}AFX_MSG_MAP
END_MESSAGE_MAP()
```

（7）在主窗口的 **OnInitDialog** 方法中编写代码，创建菜单项。

```
m_Menu.CreateMenu();                                                   //创建空的菜单资源
m_Menu.AppendMenu(MF_STRING, -1,"系统");                               //创建父菜单
CMenu subMenu;                                                          //创建子菜单
subMenu.CreatePopupMenu();
subMenu.AppendMenu(MF_STRING,ID_MENUADD ,"信息添加");
subMenu.AppendMenu(MF_STRING,ID_MENUUPDATE ,"信息修改");
//创建一个父菜单，将子菜单作为父菜单的级联菜单
m_Menu.AppendMenu(MF_POPUP,(UINT)subMenu.m_hMenu,"基础信息");
m_Menu.AppendMenu(MF_STRING, -1,"库存管理");                            //创建父菜单
subMenu.Detach();                                                      //将菜单对象与菜单资源分离
SetMenu(&m_Menu);                                                      //将菜单关联到对话框资源上
```

（8）运行程序，效果如图 3-26 所示。

图 3-26　使用菜单类创建菜单

3.1.6　设计弹出式菜单

在设计应用程序时，为了方便用户操作，通常提供一些快捷菜单简化操作步骤。Windows 操作系统本身就是一个典型的应用，在 Windows 系统中随处右键单击一个地方，都会弹出相应的弹出式菜单。那么，如何在程序中设计弹出式菜单呢？

弹出式菜单通常是与某个窗口控件关联的，当用户右键单击窗口控件的客户区域时，将在当前光标位置弹出一个快捷菜单。为了实现该功能，需要处理窗口控件的 **WM_CONTEXTMENU** 消息，该消息在用户鼠标右键单击窗口控件区域时产生，因此只要在该消息处理函数中弹出一个快捷菜单就可以了。

【例 3-2】 设计弹出式菜单。(实例位置: 光盘\MR\源码\第 3 章\3-2)

具体步骤如下。

(1)创建一个基于对话框的工程。在工作区的资源视图窗口中添加一个菜单资源, 如图 3-27 所示。

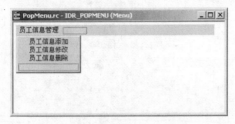

图 3-27 菜单资源设计窗口

(2)在工作区的类视图窗口中鼠标右键单击对话框类, 在弹出的快捷菜单中选择 Add Windows Message Hander 菜单项, 打开对话框消息处理窗口, 如图 3-28 所示。

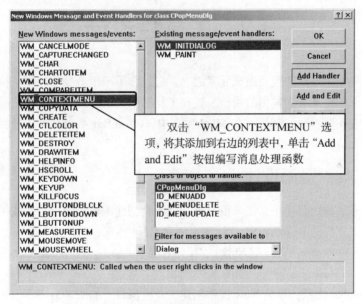

图 3-28 对话框消息处理窗口

(3)在左边的列表中双击 WM_CONTEXTMENU 选项, 将其添加到右边的列表中, 单击 Add and Edit 按钮编写消息处理函数, 代码如下。

```
void CPopMenuDlg::OnContextMenu(CWnd* pWnd, CPoint point)
{
    CMenu menu;
    menu.LoadMenu(IDR_POPMENU);                              //加载菜单资源
    CMenu* pMenu;                                            //获取子菜单
    pMenu = menu.GetSubMenu(0);
    pMenu->TrackPopupMenu(TPM_RIGHTBUTTON
            |TPM_LEFTALIGN,point.x,point.y,this,NULL);       //弹出子菜单
    menu.DestroyMenu();                                      //销毁菜单资源
}
```

（4）运行程序，效果如图 3-29 所示。

图 3-29　设计弹出式菜单

3.2　工具栏设计

工具栏是应用程序界面的重要组成元素之一，它包含了一组命令按钮用于执行某些菜单项的功能。通常情况下，将菜单中常用的功能放置在工具栏中，这样可以方便用户操作，省去了在级联菜单中一层层查找菜单项的麻烦。在 MFC 类库中，CToolBar 类封装了工具栏的基本功能。在本节中，将详细介绍如何利用 CToolBar 类设计工具栏。

3.2.1　工具栏资源设计

在基于对话框的应用程序中，默认情况下，是不会创建工具栏窗口的。如果用户想要设计工具栏，可以通过工作区的 ResourceView 标签页创建工具栏。

（1）在工作区的 ResourceView 选项卡中，鼠标右键单击根节点，在弹出的快捷菜单中选择 Insert 菜单项，打开 Insert Resource 窗口，如图 3-30 所示。

（2）选择 Toolbar 选项，单击 New 按钮创建工具栏窗口，如图 3-31 所示。

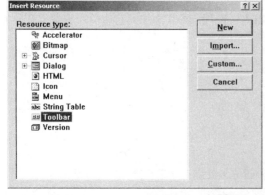

图 3-30　插入资源窗口

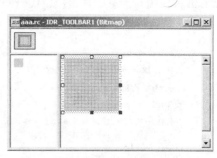

图 3-31　工具栏窗口

（3）在工具栏窗口中绘制工具栏按钮。当用户在按钮上绘制图像后，工具栏窗口会创建一个新的工具栏按钮，如图 3-32 所示。

（4）如果用户想要删除工具栏窗口中的某个按钮，可以先选中该按钮，然后按住鼠标左键，将其拖出工具栏即可。

（5）在设计完工具栏按钮后，需要为工具栏按钮设置命令 ID，如果不指定，系统会为每个工具栏按钮设置一个默认的 ID。选中工具栏按钮，按<Enter>键打开属性对话框，通过属性对话框可以设置工具栏按钮 ID，如图 3-33 所示。

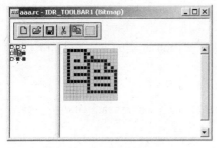

图 3-32　绘制工具栏按钮

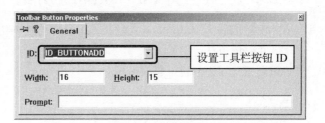

图 3-33　属性窗口

3.2.2　工具栏的命令处理

每一个工具栏按钮均有一个命令 ID，通过命令 ID，用户可以编写命令消息处理函数。当用户单击工具栏按钮时，会执行消息处理函数。下面介绍如何编写消息处理函数。

（1）单击菜单栏中的 View/Class Wizard 命令，打开 MFC ClassWizard 窗口，并选择 Message Maps 选项卡，在 Object IDs 列表框中选择一个菜单项，如图 3-34 所示。

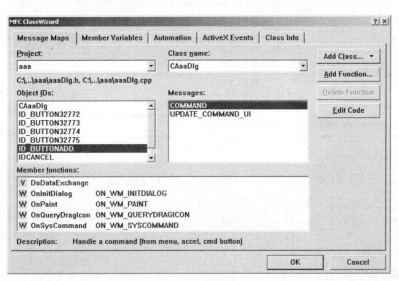

图 3-34　类向导窗口

（2）在该窗口的 Messages 列表中双击 COMMAND 选项，打开添加成员函数窗口，如图 3-35 所示。

（3）单击 OK 按钮，代码编辑器中将显示添加的消息处理函数，如图 3-36 所示。

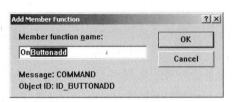

图 3-35　添加成员函数

图 3-36　代码编辑器

3.2.3　工具栏类（CToolBar）介绍

在 MFC 类库中，CToolBar 类封装了工具栏的基本功能，CToolBar 类的主要方法如下。

（1）Create 方法。

Create 方法用于创建工具栏窗口。

```
BOOL Create( CWnd* pParentWnd, DWORD dwStyle = WS_CHILD | WS_VISIBLE | CBRS_TOP,
UINT nID = AFX_IDW_TOOLBAR );
```

❑　pParentWnd：标识父窗口。

❑　dwStyle：标识工具栏风格。可选值见表 3-9。

❑　nID：表示工具栏 ID。

表 3-9　dwStyle 参数值说明

参 数 值	参数值说明
CBRS_TOP	工具栏位于框架窗口的顶部
CBRS_BOTTOM	工具栏位于框架窗口的底部
CBRS_NOALIGN	当父窗口重新调整尺寸时不重新定位工具栏
CBRS_TOOLTIPS	工具栏显示工具提示
CBRS_SIZE_DYNAMIC	工具栏动态调整大小
CBRS_SIZE_FIXED	工具栏大小是固定的
CBRS_FLOATING	工具栏是浮动的
CBRS_FLYBY	状态栏显示按钮的信息
CBRS_HIDE_INPLACE	工具栏不显示

（2）CreateEx 方法。

CreateEx 方法与 Create 方法类似，用于创建工具栏窗口，只是该方法支持工具栏的扩展风格。

```
BOOL CreateEx(CWnd* pParentWnd, DWORD dwCtrlStyle = TBSTYLE_FLAT, DWORD dwStyle =
WS_CHILD | WS_VISIBLE | CBRS_ALIGN_TOP, CRect rcBorders = CRect(0, 0, 0, 0),
UINT nID = AFX_IDW_TOOLBAR);
```

CreateEx 方法参数说明见表 3-10。

表 3-10　CreateEx 方法参数说明

参 数 名 称	参 数 说 明
pParentWnd	标识父窗口
dwCtrlStyle	标识工具栏扩展风格

续表

参 数 名 称	参 数 说 明
dwStyle	标识工具栏风格
rcBorders	标识工具栏边框的宽度
nID	标识工具栏 ID

下面的代码即是利用 CreateEx 方法创建一个工具栏。

```
toolOne.CreateEx(this,TBSTYLE_FLAT,WS_CHILD|WS_VISIBLE|CBRS_TOP);
toolOne.LoadToolBar(IDR_MAINFRAME);
RepositionBars(AFX_IDW_CONTROLBAR_FIRST,AFX_IDW_CONTROLBAR_LAST,0);
```

（3）SetSizes 方法。

SetSizes 方法用于设置按钮和位图的大小。

```
void SetSizes( SIZE sizeButton, SIZE sizeImage );
```

❏　sizeButton：标识按钮的大小。

❏　sizeImage：标识位图的大小。

　　　　　在调用 SetSizes 方法时，注意参数 sizeButton 的范围一定要大于参数 sizeImage 的范围，否则会出现错误。

（4）SetHeight 方法。

SetHeight 方法用于设置工具栏的高度。

```
void SetHeight( int cyHeight );
```

cyHeight：以像素为单位标识工具栏的高度。

（5）LoadToolBar 方法。

LoadToolBar 方法用于加载工具栏资源。如果函数执行成功，返回值是非零，否则为 0。

```
BOOL LoadToolBar( LPCTSTR lpszResourceName );
BOOL LoadToolBar( UINT nIDResource );
```

❏　lpszResourceName：标识资源名称。

❏　nIDResource：标识资源 ID。

与菜单类 CMenu 的 LoadMenu 方法类似，LoadTooBar 方法也提供了两个版本，分别以资源 ID 和资源名称作为参数。下面的代码分别使用了两个不同版本的 LoadToolBar 方法加载工具栏资源。

```
CToolBar toolOne;
toolOne.Create(this);
toolOne.LoadToolBar(IDR_MAINFRAME);
CToolBar toolAnother;
toolAnother.Create(this);
toolAnother.LoadToolBar(MAKEINTRESOURCE(IDR_MAINFRAME));
```

（6）LoadBitmap 方法。

LoadBitmap 方法用于加载一个位图资源，位图中包含了每个工具栏按钮的图像。如果方法执行成功，返回值是非零，否则为 0。

```
BOOL LoadBitmap( LPCTSTR lpszResourceName );
BOOL LoadBitmap( UINT nIDResource );
```

❏　lpszResourceName：标识资源名称。

❏　nIDResource：标识资源 ID。

（7）SetBitmap 方法。

SetBitmap 方法用于设置工具栏按钮位图。

```
BOOL SetBitmap( HBITMAP hbmImageWell );
```

hbmImageWell：工具栏位图资源按钮。

（8）SetButtons 方法。

SetButtons 方法用于向工具栏中添加按钮，并设置按钮的 ID 和图像索引。

```
BOOL SetButtons( const UINT* lpIDArray, int nIDCount );
```

❑ lpIDArray：标识一个无符号整型数组，其中包含了按钮 ID，如果数组中的某个元素值为 ID_SEPARATOR，对应的按钮将是一个分隔条。

❑ nIDCount：标识数组中的元素数量。

（9）CommandToIndex 方法。

CommandToIndex 方法根据工具栏按钮 ID 返回按钮索引，如果按钮 ID 没有对应的按钮，返回值为−1。

```
int CommandToIndex( UINT nIDFind );
```

nIDFind：标识按钮 ID。

（10）GetItemID 方法。

GetItemID 方法根据按钮索引返回按钮 ID。如果 nIndex 标识的按钮是一个分隔条，返回值是 ID_SEPARATOR。

```
UINT GetItemID( int nIndex ) const;
```

nIndex：标识按钮索引。

（11）GetItemRect 方法。

GetItemRect 方法根据按钮索引获取工具栏按钮的显示区域。

```
virtual void GetItemRect( int nIndex, LPRECT lpRect );
```

❑ nIndex：标识按钮 ID。

❑ lpRect：用于接收按钮区域。

（12）GetButtonStyle 方法。

GetButtonStyle 方法用于获得按钮的风格。

```
UINT GetButtonStyle( int nIndex ) const
```

nIndex：工具栏中按钮的索引，最小为 0，从左到右依次增大。

（13）SetButtonStyle 方法。

SetButtonStyle 方法用于设置某个按钮风格。

```
void SetButtonStyle( int nIndex, UINT nStyle );
```

❑ nIndex：标识按钮索引。

❑ nStyle：标识按钮风格。可选值见表 3-11。

表 3-11　nStyle 参数值说明

参　数　值	参数值说明
TBBS_BUTTON	标准按钮
TBBS_SEPARATOR	分隔线
TBBS_CHECKBOX	复选风格
TBBS_GROUP	按钮组
TBBS_CHECKGROUP	复选按钮组

（14）GetButtonInfo 方法。

GetButtonInfo 方法用于获取按钮信息。

```
void GetButtonInfo( int nIndex, UINT& nID, UINT& nStyle, int& iImage ) const;
```

GetButtonInfo 方法参数说明见表 3-12。

表 3-12　GetButtonInfo 方法参数说明

参 数 名 称	参 数 说 明
nIndex	标识按钮索引
nID	用于接收返回的按钮 ID
nStyle	接收按钮风格
iImage	用于接收按钮的图像索引

（15）SetButtonInfo 方法。

该方法用于设置按钮的信息。

```
void SetButtonInfo( int nIndex, UINT nID, UINT nStyle, int iImage );
```

❏ nIndex：要设置信息的按钮索引。

❏ nID：要设置按钮的 ID。

❏ nStyle：要设置按钮的风格。

❏ iImage：要设置的位图资源索引。

（16）GetButtonText 方法。

GetButtonText 方法用于获取工具栏按钮文本。

```
CString GetButtonText( int nIndex ) const;
void GetButtonText( int nIndex, CString& rString ) const;
```

❏ nIndex：标识按钮索引。

❏ rString：用于接收按钮文本。

（17）SetButtonText 方法。

GetButtonText 方法用于设置按钮文本。

```
BOOL SetButtonText( int nIndex, LPCTSTR lpszText );
```

❏ nIndex：标识按钮 ID。

❏ lpszText：标识按钮文本。

（18）GetToolBarCtrl 方法。

GetToolBarCtrl 方法用于访问底层的工具栏按钮通用控件。函数返回一个 CToolBarCtrl 类对象。在 3.2.5 小节工具栏控制类中将详细介绍 CToolBarCtrl 类的使用。

```
CToolBarCtrl& GetToolBarCtrl( ) const;
```

3.2.4　使用工具栏类创建工具栏

在开发文档\视图结构的应用程序时，系统会自动创建工具栏。但是如果开发基于对话框的应用程序，就需要用户自己创建工具栏了。

工具栏的创建有两种方法：一种方法是先创建一个工具栏资源，然后定义一个工具栏对象，接着调用 Create 或 CreateEx 方法创建工具栏窗口，最后调用 LoadToolBar 方法加载工具栏资源；另一种方法是先定义一个工具栏对象，然后调用 Create 或 CreateEx 方法创建工具栏窗口，最后调用 SetButtons 方法添加按钮并设置按钮 ID。下面以两个实例分别介绍这两种创建工具栏的方法。

【例3-3】 使用工具栏类创建工具栏 1。（实例位置：光盘\MR\源码\第 3 章\3-3）

（1）创建一个基于对话框的应用程序。

（2）按照 3.2.1 小节介绍的方法设计一个工具栏资源，资源 ID 为 IDR_MAINFRAME。

（3）在对话框类中定义一个工具栏对象 m_Toolbar。

（4）在对话框的 OnInitDialog 方法中创建工具栏窗口，加载工具栏资源。

```
BOOL CDesignToolDlg::OnInitDialog()
{
    CDialog::OnInitDialog();
    ASSERT((IDM_ABOUTBOX & 0xFFF0) == IDM_ABOUTBOX);
    ASSERT(IDM_ABOUTBOX < 0xF000);
    CMenu* pSysMenu = GetSystemMenu(FALSE);
    if (pSysMenu != NULL)
    {
        CString strAboutMenu;
        strAboutMenu.LoadString(IDS_ABOUTBOX);
        if (!strAboutMenu.IsEmpty())
        {
            pSysMenu->AppendMenu(MF_SEPARATOR);
            pSysMenu->AppendMenu(MF_STRING, IDM_ABOUTBOX, strAboutMenu);
        }
    }
    m_Toolbar.Create(this);                                     //创建工具栏窗口
    m_Toolbar.LoadToolBar(IDR_MAINFRAME);                       //加载工具栏资源
    RepositionBars(AFX_IDW_CONTROLBAR_FIRST,AFX_IDW_CONTROLBAR_LAST,0);//显示工具栏
    SetIcon(m_hIcon, TRUE);
    SetIcon(m_hIcon, FALSE);
    return TRUE;
}
```

（5）运行程序，效果如图 3-37 所示。

图 3-37 使用工具栏类创建工具栏窗口 1

【例3-4】 使用工具栏类创建工具栏 2。（实例位置：光盘\MR\源码\第 3 章\3-4）

（1）创建一个基于对话框的应用程序。

（2）在对话框类中定义一个工具栏对象 m_Toolbar。

（3）在工作区的资源视图窗口中设置一个位图资源，如图 3-38 所示。

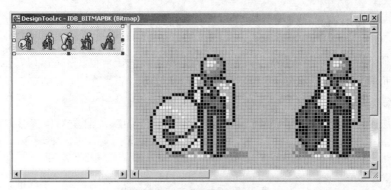

图 3-38　位图资源设计窗口

（4）在对话框的 **OnInitDialog** 方法中创建工具栏窗口，添加工具栏按钮。

```
BOOL CDesignToolDlg::OnInitDialog()
{
    //...代码省略
    //定义一个数组,记录工具栏按钮的命令ID
    UINT array[9];
    for (int i = 0;i<9;i++)
    {
        if ( (i+1) % 2 ==0 )
            array[i] = ID_SEPARATOR;                    //设置分隔条
        else
            array[i]=i+1001;                            //设置工具栏按钮ID
    }
    m_Toolbar.CreateEx(this,TBSTYLE_FLAT);              //利用扩展风格创建工具栏窗口
    m_Toolbar.SetButtons(array,9);                      //设置工具栏按钮
    m_Toolbar.SetSizes(CSize(60,60),CSize(40,40));      //设置工具栏按钮大小和图像大小
    m_Toolbar.LoadBitmap(IDB_BITMAPBK);                 //加载工具栏位图资源
    //调整对话框中控制栏的位置
    RepositionBars(AFX_IDW_CONTROLBAR_FIRST,AFX_IDW_CONTROLBAR_LAST,0);
    SetIcon(m_hIcon, TRUE);
    SetIcon(m_hIcon, FALSE);
    return true;
}
```

（5）运行程序，效果如图 3-39 所示。

图 3-39　使用工具栏类创建工具栏窗口 2

3.2.5 工具栏控制类（CToolBarCtrl）介绍

CToolBarCtrl 类提供了 Windows 通用工具栏控制功能，是一个矩形子窗口，包含一个或多个按钮，这些按钮可以显示位图图像、字符文本或两者同时显示。下面介绍 CToolBarCtrl 类的主要方法。

（1）Create 方法。

Create 方法用于创建一个工具栏窗口并将它与一个 CToolBarCtrl 类对象连接。

```
BOOL Create( DWORD dwStyle, const RECT& rect, CWnd* pParentWnd, UINT nID );
```

Create 方法参数说明见表 3-13。

表 3-13　Create 方法参数说明

参 数 名 称	参 数 说 明
dwStyle	表示工具栏风格
rect	表示工具栏的显示区域
pParentWnd	表示工具栏的父窗口
nID	表示工具栏控件 ID

（2）SetState 方法。

SetState 方法用于设置工具栏按钮的状态。

```
BOOL SetState( int nID, UINT nState );
```

❑ nID：表示工具栏按钮的命令 ID。

❑ nState：表示工具栏按钮的状态，可选值见表 3-14。

表 3-14　工具栏按钮状态

状 态 值	状 态 描 述
TBSTATE_CHECKED	表示工具栏按钮具有 TBSTYLE_CHECKED 风格，将要被按下
TBSTATE_ENABLED	表示工具栏可用，能够接受用户输入
TBSTATE_HIDDEN	表示工具栏按钮不可见
TBSTATE_INDETERMINATE	表示工具栏按钮为灰色
TBSTATE_PRESSED	表示工具栏按钮将要被按下
TBSTATE_WRAP	表示工具栏按钮具有换行风格，设置该风格时，工具栏按钮也必须具有 TBSTATE_ENABLED 风格

下面的代码可将命令 ID 为 1001 的工具栏按钮设置为灰色状态。

```
m_Toolbar.SetState(1001,TBSTATE_INDETERMINATE);
```

（3）GetButtonCount 方法。

GetButtonCount 方法用于获取工具栏按钮的数量。

```
int GetButtonCount( ) const;
```

（4）SetButtonSize 方法。

SetButtonSize 方法用于设置工具栏按钮的大小。

```
BOOL SetButtonSize( CSize size );
```

size：表示工具栏按钮的大小。

（5）SetBitmapSize 方法。

SetBitmapSize 方法用于设置工具栏按钮中图像的大小。

```
BOOL SetBitmapSize( CSize size );
```

size：表示工具栏按钮位图的显示大小。

（6）SetCmdID 方法。

SetCmdID 方法用于设置按钮被按下时发送的父窗口的命令 ID。

```
BOOL SetCmdID( int nIndex, UINT nID );
```

❏ nIndex：表示工具栏中的按钮索引。

❏ nID：表示工具栏按钮的命令 ID。

下面的代码可将第 1 个工具栏按钮的命令 ID 设置为 1001。

```
m_Toolbar.SetCmdID(0,1001);
```

（7）SetButtonWidth 方法。

SetButtonWidth 方法用于设置工具栏按钮的最大宽度和最小宽度。

```
BOOL SetButtonWidth( int cxMin, int cxMax );
```

❏ cxMin：表示工具栏按钮的最小宽度。

❏ cxMax：表示工具栏按钮的最大宽度。

（8）SetHotImageList 方法。

SetHotImageList 方法用于设置工具栏用来显示热点按钮的图像列表。当工具栏按钮具有热点效果时，将从图像列表中显示相应的图像。

```
CImageList* SetHotImageList( CImageList* pImageList );
```

pImageList：表示一个图像列表（CImageList）对象指针。

（9）SetImageList 方法。

SetImageList 方法用于设置工具栏按钮缺省时的图像列表。

```
CImageList* SetImageList( CImageList* pImageList );
```

pImageList：表示一个图像列表（CImageList）对象指针。

（10）HideButton 方法。

HideButton 方法用于显示或隐藏工具栏中的指定按钮。

```
BOOL HideButton( int nID, BOOL bHide = TRUE );
```

❏ nID：表示工具栏按钮的命令 ID。

❏ bHide：为 TRUE，表示隐藏工具栏按钮；为 FALSE，表示显示工具栏按钮。

（11）CommandToIndex 方法。

CommandToIndex 方法根据工具栏按钮的命令 ID 返回工具栏按钮的索引。

```
UINT CommandToIndex( UINT nID ) const;
```

nID：表示工具栏按钮的命令 ID。

（12）AddButtons 方法。

AddButtons 方法用于向工具栏中添加工具栏按钮。

```
BOOL AddButtons( int nNumButtons, LPTBBUTTON lpButtons );
```

❏ nNumButtons：表示按钮的数量。

❏ lpButtons：表示 TBBUTTON 结构指针。TBBUTTON 结构中记录了工具栏按钮的文本、状态、风格和命令 ID 等信息。

3.2.6　使用工具栏控制类创建工具栏

CToolBarCtrl 类是对工具栏底层功能的封装，对于 CToolBar，它提供了更为复杂、功能更多的方法，使用户能够设计功能强大的工具栏。下面通过一个实例来介绍如何使用 CToolBarCtrl 类设计工具栏。

【例 3-5】 使用工具栏控制类创建工具栏。（实例位置：光盘\MR\源码\第 3 章\3-5）

步骤如下。

（1）创建一个基于对话框的工程。

（2）在主窗口头文件中声明一个 CToolBarCtrl 类对象和两个图像列表对象。

```cpp
CToolBarCtrl m_Toolbar;                  //工具栏控制类对象
CImageList   m_HotImages;                //热点图像列表
CImageList   m_Images;                   //普通图像列表
```

（3）在工作区的资源视图窗口中导入图标资源。

（4）在对话框的 OnInitDialog 方法中加载图标，关联图像列表，创建工具栏。

```cpp
m_Toolbar.Create(WS_CHILD| WS_VISIBLE,CRect(20,20,100,60),this,12345); //创建工具栏
TBBUTTON    btns[9];
TBBUTTONINFO btnInfo[9];
//设置工具栏按钮信息
for (int i = 0;i<8;i++)
{
   memset(&btns[i],0,sizeof(TBBUTTON));
   if (i==3 || i==7)
      btns[i].fsStyle = TBSTYLE_SEP ;      //第 4、8 个按钮为分隔条
   else
      btns[i].idCommand= 1001+i;           //设置工具栏按钮 ID
   btns[i].iBitmap = i;                     //工具栏按钮显示图标索引
   btns[i].fsState = TBSTATE_ENABLED ;
}
m_Toolbar.AddButtons(9,btns);              //添加工具栏按钮
for (i = 0; i<9; i++)
{
   btnInfo[i].cbSize  = sizeof(TBBUTTONINFO);
   btnInfo[i].dwMask = TBIF_TEXT;
   char buffer[20] ;
   memset(buffer,0,20);
   itoa(i,buffer,10);
   strcat( buffer,"按钮");
   btnInfo[i].pszText = buffer;
   m_Toolbar.SetButtonInfo(1001+i,&btnInfo[i]);
}
m_Toolbar.SetImageList(&m_Images);         //设置工具栏关联的图像列表控件
m_Toolbar.SetHotImageList(&m_HotImages);   //关联热点图像列表
m_Toolbar.SetButtonWidth(50,60);           //设置工具栏按钮宽度范围
m_Toolbar.SetBitmapSize(CSize(40,30));     //设置工具栏按钮位图大小
m_Toolbar.SetStyle(TBSTYLE_FLAT|CCS_TOP);  //设置工具栏按钮风格
//调整对话框中的控制条控件
RepositionBars(AFX_IDW_CONTROLBAR_FIRST,AFX_IDW_CONTROLBAR_LAST,0);
```

（5）运行程序，效果如图 3-40 所示。

图 3-40　使用工具栏控制类创建工具栏

3.3　状态栏设计

　　状态栏通常位于应用程序主窗口的底部，用于显示窗口内容或其他上下文信息，例如当前菜单项或工具栏按钮的提示信息。在 MFC 类库中，提供了 CStatusBar 类用于设计状态栏，本节将详细介绍如何利用 CStatusBar 类设计状态栏。

3.3.1　状态栏类（CStatusBar）介绍

　　在 MFC 类库中，提供了 CStatusBar 类用于设计状态栏，CStatusBar 类的主要方法如下。

（1）Create 方法。

Create 方法用于创建状态栏窗口。

```
BOOL Create( CWnd* pParentWnd, DWORD dwStyle = WS_CHILD | WS_VISIBLE | CBRS_BOTTOM,
UINT nID = AFX_IDW_STATUS_BAR );
```

- ❑ pParentWnd：标识状态栏父窗口。
- ❑ dwStyle：标识状态栏风格。可选值见表 3-15。
- ❑ nID：标识状态栏 ID。

表 3-15　dwStyle 参数值说明

参　数　值	参数值说明
CBRS_TOP	状态栏位于框架窗口的顶部
CBRS_BOTTOM le	状态栏位于框架窗口的底部
CBRS_NOALIGN	当父窗口重新调整尺寸时不重新定位状态栏

（2）CreateEx 方法。

CreateEx 方法与 Create 方法类似，用于创建状态栏窗口，只是该方法支持扩展风格。

```
BOOL CreateEx( CWnd* pParentWnd, DWORD dwCtrlStyle = 0 ,DWORD dwStyle = WS_CHILD |
WS_VISIBLE | CBRS_BOTTOM,UINT nID = AFX_IDW_STATUS_BAR );
```

CreateEx 方法参数说明见表 3-16。

表 3-16　CreateEx 方法参数说明

参 数 名 称	参 数 说 明
pParentWnd	表示父窗口指针
dwCtrlStyle	表示状态栏的扩展风格，如果为 SBARS_SIZEGRIP，表示在状态栏的右侧有一个调整大小的状态栏控件。它是一个特别的区域，可以单击并拖动它来调整父窗口的大小；如果为 SBT_TOOLTIPS，表示状态栏支持工具提示
dwStyle	表示窗口风格
nID	表示状态栏 ID

（3）SetIndicators 方法。

SetIndicators 方法用于向状态栏中添加面板，并设置面板 ID。

```
BOOL SetIndicators( const UINT* lpIDArray, int nIDCount );
```

❑　lpIDArray：标识一个无符号整型数组，该数组中包含了面板 ID。

❑　nIDCount：用于标识数组元素数量。

下面的代码可调用 SetIndicators 方法为状态栏添加 6 个面板。

```
m_Statusbar.Create(this);                                    //创建状态栏窗口
UINT parts[6];
for (int i = 0 ; i <6; i++)
{
    parts[i] = 1000+i;                                       //设置面板 ID
}
m_Statusbar.SetIndicators(parts,6);                          //添加面板
```

（4）CommandToIndex 方法。

CommandToIndex 方法用于根据面板 ID 返回面板索引。返回值是面板 ID 对应的面板索引，如果面板 ID 没有关联的面板，返回值为-1。

```
int CommandToIndex( UINT nIDFind ) const;
```

nIDFind：标识面板 ID。

（5）GetItemID 方法。

GetItemID 方法与 CommandToIndex 方法是相对的，根据面板索引返回面板 ID。

```
UINT GetItemID( int nIndex ) const;
```

nIndex：标识面板 ID。

（6）GetItemRect 方法。

GetItemRect 方法用于获取某个面板的显示区域。

```
void GetItemRect( int nIndex, LPRECT lpRect ) const;
```

❑　nIndex：标识面板 ID。

❑　lpRect：用于接收面板的显示区域。

下面的代码可返回状态栏中第 1 个面板的显示区域。

```
CRect rc;
m_Statusbar.GetItemRect(0,rc);
```

（7）GetPaneInfo 方法。

GetPaneInfo 方法用于获取面板信息。

```
void GetPaneInfo( int nIndex, UINT& nID, UINT& nStyle, int& cxWidth ) const;
```

GetPaneInfo 方法参数说明见表 3-17。

表 3-17　GetPaneInfo 方法参数说明

参 数 名 称	参 数 说 明
nIndex	标识面板索引
nID	用于返回的面板 ID
nStyle	表示返回的面板风格
cxWidth	表示返回的面板宽度

（8）GetPaneStyle 方法。

GetPaneStyle 方法用于获取面板风格。

```
UINT GetPaneStyle( int nIndex ) const;
```

nIndex：标识面板索引。

（9）GetPaneText 方法。

GetPaneText 方法用于获取面板文本。

```
CString GetPaneText( int nIndex ) const;
void GetPaneText( int nIndex, CString& rString ) const;
```

❑　nIndex：标识面板索引。

❑　rString：用于返回面板文本。

（10）GetStatusBarCtrl 方法。

GetStatusBarCtrl 方法用于返回底层的通用状态栏控件。

```
CStatusBarCtrl& GetStatusBarCtrl( ) const;
```

（11）SetPaneStyle 方法。

SetPaneStyle 方法用于设置面板风格。

```
void SetPaneStyle( int nIndex, UINT nStyle );
```

❑　nIndex：标识面板索引。

❑　nStyle：标识面板风格。

（12）SetPaneText 方法。

SetPaneText 方法用于设置面板文本。

```
BOOL SetPaneText( int nIndex, LPCTSTR lpszNewText, BOOL bUpdate = TRUE );
```

❑　nIndex：标识面板 ID。

❑　lpszNewText：标识面板文本。

❑　bUpdate：标识是否立即更新面板。

下面的代码可为状态栏中第 1 个面板设置文本。

```
m_Statusbar.SetPaneText(0,"提示:");
```

（13）SetPaneInfo 方法。

SetPaneInfo 方法用于设置面板基本信息。

```
void SetPaneInfo( int nIndex, UINT nID, UINT nStyle, int cxWidth );
```

SetPaneInfo 方法参数说明见表 3-18。

表 3-18　SetPaneInfo 方法参数说明

参 数 名 称	参 数 说 明
nIndex	标识面板索引

参 数 名 称	参 数 说 明
nID	用于设置的面板 ID
nStyle	表示设置的面板风格
cxWidth	表示设置的面板宽度

3.3.2 使用状态栏类创建状态栏

状态栏位于对话框的最下方，用于显示应用程序的状态等信息。在 3.3.1 小节中已经介绍了状态栏类的主要方法，下面将通过实例展示如何使用状态栏类来创建状态栏窗口。

【例 3-6】 使用状态栏类创建状态栏。（实例位置：光盘\MR\源码\第 3 章\3-6）

步骤如下。

（1）创建一个基于对话框的应用程序。

（2）在主窗口的头文件中声明一个 CStatusBar 类对象 m_StatusBar。

```
CStatusBar m_Statusbar;
```

（3）在主窗口的 OnInitDialog 函数中创建状态栏。

```
m_Statusbar.Create(this);                                         //创建状态栏窗口
UINT  parts[6];
for (int i = 0 ; i <6; i++)
{
    parts[i] = 1000+i;                                            //设置面板 ID
}
m_Statusbar.SetIndicators(parts,6);                               //添加面板
//设置面板显示文本
m_Statusbar.SetPaneText(0,"提示:");
m_Statusbar.SetPaneText(2,"操作员:");
m_Statusbar.SetPaneText(4,"当前时间:");
//设置面板宽度
UINT  widths[6];
widths[0] = 60;
widths[1] = 200;
widths[2] = 60;
widths[3] = 80;
widths[4] = 60;
widths[5] = 32765;
for (i = 0 ; i<6; i++)
{
    m_Statusbar.SetPaneInfo(i,1000+i,SBPS_NORMAL,widths[i]);      //设置面板信息
}
//调整对话框中的控制条位置
RepositionBars(AFX_IDW_CONTROLBAR_FIRST,AFX_IDW_CONTROLBAR_LAST,0);
```

（4）运行程序，效果如图 3-41 所示。

图 3-41　状态栏的创建

3.3.3　在状态栏中添加进度条控件

在状态栏中，除了可以显示文字以外，还可以向状态栏中添加控件，比较常见的是在状态栏中添加进度条控件，用来显示程序执行命令的进度。下面将通过实例展示如何向状态栏中添加进度条控件。

【例 3-7】　在状态栏中添加进度条控件。（实例位置：光盘\MR\源码\第 3 章\3-7）

步骤如下。

（1）创建一个基于对话框的应用程序。

（2）在对话框中添加一个进度条控件，并为控件关联变量 m_Progress。

（3）在主窗口的头文件中声明一个 CStatusBar 类对象 m_StatusBar。

```
CStatusBar m_Statusbar;
```

（4）在主窗口的 OnInitDialog 函数中创建状态栏。

```
BOOL CProgressBarDlg::OnInitDialog()
{
    //……                                          //此处代码省略
    UINT array[4];
    for(int i=0;i<4;i++)
    {
        array[i] = 100+i;
    }
    m_StatusBar.Create(this);                        //创建状态栏窗口
    m_StatusBar.SetIndicators(array,sizeof(array)/sizeof(UINT)); //添加面板
    for(int n=0;n<4;n++)
    {
        m_StatusBar.SetPaneInfo(n,array[n],0,90);     //设置面板宽度
    }
    //设置面板文本
    m_StatusBar.SetPaneText(0,"当前用户: ");
    m_StatusBar.SetPaneText(1,"mrkj");
    m_StatusBar.SetPaneText(2,"当前状态: ");
```

```
RepositionBars(AFX_IDW_CONTROLBAR_FIRST,AFX_IDW_CONTROLBAR_LAST,0); //显示状态栏
RECT m_rect;
m_StatusBar.GetItemRect(3,&m_rect);              //获取第四个面板的区域
m_Progress.SetParent(&m_StatusBar);              //设置进度条的父窗口为状态栏
m_Progress.MoveWindow(&m_rect);                  //设置进度条显示的位置
m_Progress.ShowWindow(SW_SHOW);                  //显示进度条控件
m_Progress.SetRange(0,100);                      //设置进度条范围
m_Progress.SetPos(70);                           //设置进度条当前位置
return TRUE; // return TRUE  unless you set the focus to a control
}
```

（5）运行程序，效果如图 3-42 所示。

图 3-42　在状态栏中添加进度条控件

3.3.4　状态栏控制类（CStatusBarCtrl）介绍

除了使用 CStatusBar 可以创建状态栏以外，还可以使用 CStatusBarCtrl 类。CStatusBarCtrl 类提供了 Windows 通用状态栏控件的功能，是一个水平窗口，通常显示在父窗口的底部，可以分割为多个窗格，显示不同类型的状态信息。CStatusBarCtrl 类的主要方法如下。

（1）Create 方法。

Create 方法用于创建状态栏窗口并将其与一个 CStatusBarCtrl 类对象关联。

`BOOL Create( DWORD dwStyle, const RECT& rect, CWnd* pParentWnd, UINT nID );`

Create 方法参数说明见表 3-19。

表 3-19　Create 方法参数说明

参 数 名 称	参 数 说 明
dwStyle	表示状态栏窗口的风格
rect	表示状态栏窗口的显示区域
pParentWnd	表示状态栏的父窗口指针
nID	表示状态栏的控件 ID

（2）SetText 方法。

SetText 方法用于设置状态栏面板文本。

`BOOL SetText( LPCTSTR lpszText, int nPane, int nType );`

❑　lpszText：表示设置的面板文本。

❑ nPane：表示面板索引。

❑ nType：表示文本的显示类型，可选值见表 3-20。

表 3-20　nType 参数值说明

参　数　值	参数值描述
0	表示文本具有边框，并凹陷于面板的表面
SBT_NOBORDERS	表示文本不具有边框
SBT_OWNERDRAW	表示文本被父窗口输出
SBT_POPOUT	表示文本具有边框，并凸起于面板的表面

下面的代码可调用 SetText 方法设置状态栏中第 1 个面板的文本。

```
m_StatusBar.SetText("单位名称: ",0,0);
```

（3）SetParts 方法。

SetParts 方法用于将状态栏分为几个部分。

```
BOOL SetParts( int nParts, int* pWidths );
```

❑ nParts：表示状态栏的面板数量。

❑ pWidths：记录状态栏面板的宽度。

下面的代码可调用 SetParts 方法为状态栏添加 6 个面板。

```
m_StatusBar.Create(WS_CHILD|WS_VISIBLE,CRect(0,0,0,0),this,1100); //创建状态栏窗口
int width[]={80,220, 300,380,460,32765};                        //确定状态栏面板的左边界
m_StatusBar.SetParts(6, width);                                  //设置状态栏面板
```

（4）SetTipText 方法。

SetTipText 方法用于设置状态栏面板的提示文本。

```
void SetTipText( int nPane, LPCTSTR pszTipText );
```

❑ nPane：表示面板索引。

❑ pszTipText：表示提示信息。

（5）SetBkColor 方法。

SetBkColor 方法用于设置状态栏的背景颜色。

```
COLORREF SetBkColor( COLORREF cr );
```

cr：表示背景颜色，如果为 CLR_DEFAULT，表示采用默认颜色。

（6）SetIcon 方法。

SetIcon 方法设置状态栏面板图标。

```
BOOL SetIcon( int nPane, HICON hIcon );
```

❑ nPane：表示面板索引。

❑ hIcon：表示图标句柄。

3.3.5　使用状态栏控制类创建状态栏

在程序中可以使用 CStatusBar 类来设计状态栏，但是要对工具栏进行一些复杂操作，则需要使用 CStatusBarCtrl 类来设计状态栏。下面介绍如何使用 CStatusBarCtrl 类设计状态栏。

【例 3-8】　使用状态栏控制类创建状态栏。（实例位置：光盘\MR\源码\第 3 章\3-8）

步骤如下。

（1）创建一个基于对话框的应用程序。

（2）在主窗口的头文件中声明一个 CStatusBarCtrl 类对象 m_StatusBar。

```
CStatusBarCtrl m_StatusBar;
```

（3）在主窗口的 OnInitDialog 函数中创建状态栏。

```
m_StatusBar.Create(WS_CHILD|WS_VISIBLE,CRect(0,0,0,0),this,1100);  //创建状态栏窗口
int width[]={80,220, 300,380,460,32765};                          //确定状态栏面板的左边界
m_StatusBar.SetParts(6, width);                                   //设置状态栏面板
//设置状态栏面板文本
m_StatusBar.SetText("单位名称: ",0,0);
m_StatusBar.SetText("吉林省明日科技有限公司",1,0);
m_StatusBar.SetText("当前用户: ",2,0);
m_StatusBar.SetText("mrkj",3,0);
CTime ct;
ct = CTime::GetCurrentTime();                                    //获取当前日期
CString strdate;
strdate.Format("%s",ct.Format("%y-%m-%d"));
m_StatusBar.SetText("当前日期: ",4,0);
m_StatusBar.SetText(strdate,5,0);
//重新调整对话框中的控制条控件
RepositionBars(AFX_IDW_CONTROLBAR_FIRST,AFX_IDW_CONTROLBAR_LAST,0);
```

（4）运行程序，效果如图 3-43 所示。

图 3-43　使用状态栏控制类创建状态栏

3.4　综合实例——创建一个包含菜单、工具栏和状态栏的对话框程序

下面使用本章所讲内容设计一个包含菜单、工具栏和状态栏的对话框程序，程序运行结果如图 3-44 所示。

步骤如下。

（1）创建一个基于对话框的应用程序 MTS。

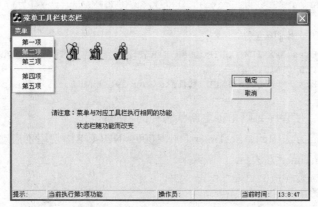

图 3-44　包含菜单、工具栏和状态栏的对话框程序

（2）向对话框中添加 2 个静态文本控件，按图设置标题。

（3）在资源视图中添加一个菜单 IDR_MENU1，一个工具栏 IDR_TOOLRBAR1，在工具栏中绘制 5 个图标，注意使 5 个工具栏图标和 5 个菜单项具有相同的 ID。在对话框中设置显示菜单 IDR_MENU1。

（4）为对话框类添加工具栏变量，状态栏变量。

```
CStatusBar m_Statusbar;
CToolBar m_Toolbar;
```

在对话框的 OnInitDialog 方法中显示工具栏、状态栏。

```
BOOL CMTSDlg::OnInitDialog()
{
    ……
    m_Toolbar.CreateEx(this);
    m_Toolbar.LoadToolBar(IDR_TOOLBAR1);
    RepositionBars(AFX_IDW_CONTROLBAR_FIRST,AFX_IDW_CONTROLBAR_LAST,0);
    m_Statusbar.Create(this);
    UINT parts[6];
    for (int i = 0 ; i <6; i++)
    {
        //设置面板 ID
        parts[i] = 1000+i;
    }
    m_Statusbar.SetIndicators(parts,6);
    m_Statusbar.SetPaneText(0,"提示:");
    m_Statusbar.SetPaneText(2,"操作员:");
    m_Statusbar.SetPaneText(4,"当前时间:");
    //设置面板宽度
    UINT widths[6];
    widths[0] = 60;
    widths[1] = 200;
    widths[2] = 60;
    widths[3] = 80;
    widths[4] = 60;
    widths[5] = 32765;
    for (i = 0 ; i<6; i++)
    {
```

```
        m_Statusbar.SetPaneInfo(i,1000+i,SBPS_NORMAL,widths[i]);
    }
    //调整对话框中的控制条位置
    RepositionBars(AFX_IDW_CONTROLBAR_FIRST,AFX_IDW_CONTROLBAR_LAST,0);
    SetTimer(1,1000,NULL);
    return TRUE;  // return TRUE  unless you set the focus to a control
}
```

（5）设置计时器，使程序每隔 1 秒更新状态栏的当前时间。

以下 OnInitDialog 方法中的，SetTimer（1，1000，NULL）语句用于启动计时器。

添加对话框的 OnTimer 方法。

```
void CMTSDlg::OnTimer(UINT nIDEvent)
{
    CString x;
    CTime t(NULL);
    t=t.GetCurrentTime();                                      //获取当前时间
    x.Format("%d:%d:%d",t.GetHour(),t.GetMinute(),t.GetSecond());//变成字符串
    m_Statusbar.SetPaneText(5,x);                              //显示在状态栏中
    CDialog::OnTimer(nIDEvent);
}
```

设置第一个工具栏按钮和菜单项的响应事件。

```
void CMTSDlg::OnButton1()
{
    m_Statusbar.SetPaneText(1,"当前执行第 1 项功能");
    MessageBox("第 1 项","提示");
}
```

知识点提炼

（1）使用资源视图创建菜单。

（2）使用代码创建菜单。

（3）快捷菜单的显示。

（4）使用资源视图创建工具栏。

（5）使用代码创建工具栏。

（6）状态栏的显示和命令处理。

习　　题

3-1　Cmenu 类的哪个方法可以创建弹出式菜单？

3-2　在对话框程序中，工具栏和状态栏用哪个函数显示？

3-3　怎样使菜单和工具栏执行相同的代码？

3-4　菜单和工具栏自身状态的改变应该在哪个消息中实现？

3-5　参照综合实例，说明怎样在程序中加入计时器。

实验：在工具栏中加入控件

实验目的

（1）掌握用文档视图框架编写简单记事本程序的方法。

（2）掌握在工具栏中加入控件的方法。

（3）掌握在 PreTranslateMessage 中处理事件的方法。

实验内容

在文档视图程序的工具栏中加入一个文本框，在该文本框中输入字号，改变视图中数据的字号。运行效果如图 3-45 所示。

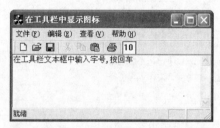

图 3-45　在工具栏中加入控件

实验步骤

（1）新建一个单文档视图程序，在向导的最后一步，为视图类选择基类 CEditVeiw，而不选择默认的 Cview，这样创建的文档视图程序就具有编辑功能。

（2）在框架类中加入编辑框变量和字体变量。

```
CEdit edit;
CFont font;
```

（3）为框架类加入 OnCreate 方法，加入动态显示文本框功能。

```
int CMainFrame::OnCreate(LPCREATESTRUCT lpCreateStruct)
{
……
    CRect rect;
    edit.Create(WS_CHILD|WS_CLIPSIBLINGS|WS_EX_TOOLWINDOW|WS_BORDER,
        CRect(0,40,10,50),this,1234);
    m_wndToolBar.GetItemRect(10,&rect);
    edit.SetParent(&m_wndToolBar);
        edit.SetWindowText("10");
    edit.MoveWindow(&rect);
    edit.ShowWindow(SW_SHOW);
    edit.SetFocus();
    UpdateWindow();
        return 0;
}
```

（4）为框架类加入 PreTranslateMessage 消息响应函数，在文本框中输入回车时设置视图字体。

```
BOOL CMainFrame::PreTranslateMessage(MSG* pMsg)
{
    // TODO: Add your specialized code here and/or call the base class
    if(pMsg->hwnd==edit.m_hWnd&&pMsg->message==WM_KEYUP&&pMsg->wParam==13){
    CString size,str;
    font.DeleteObject();
    edit.GetWindowText(size);
    font.CreatePointFont(atoi(size)*10,"宋体");
    ((CEditView*)GetActiveView())->SetFont(&font);
    }
    return CFrameWnd::PreTranslateMessage(pMsg);
}
```

（5）在视图类中加入字体变量。

```
CFont font;
```

（6）在视图类中加入 OnInitialUpdate 事件响应函数。

```
void CControlInToolView::OnInitialUpdate()
{
    CEditView::OnInitialUpdate();
    // TODO: Add your specialized code here and/or call the base class
    this->SetWindowText("在工具栏文本框中输入字号,按回车");
    font.CreatePointFont(100,"宋体");
    this->SetFont(&font);
}
```

第4章

图形设备接口

本章要点

- 设备环境 DC
- 图形设备接口：Cpen、CBrush、Cbitmap、CRgn、CFont、CPalette
- 文本字体、颜色的控制
- 位图显示

Windows 操作系统属于图形界面操作系统，也被称为视窗操作系统。它以其美观的图形界面简化了用户的各种操作。为了在 Windows 操作系统上开发出漂亮的图形界面应用程序，操作系统提供了一组 GDI（Graphics Device Interface）函数，用户可以使用这些函数在窗口中输出文本、图形、图像信息。为了简化开发难度，VisualC++提供的 MFC 类库对 GDI 函数进行了封装。本章将介绍有关 Visual C++对文本、图形、图像处理的支持。

4.1　GDI 对象

GDI 是个抽象的概念，其实 GDI 接口是微软公司提供的一组绘图函数，通常称之为 GDI 函数，使用这些函数可以绘制各种图形。另外，Windows 还提供了各种显示卡及打印机的驱动程序，这样在写程序时就可以不必关心显示卡和打印机的类型，简化了程序开发的难度。

应用 GDI 接口需要了解设备环境这个概念。设备环境（Device Contexts）是包含颜色、大小等属性的对象。GDI 函数需要参照设备环境的数据结构，将其映射到相应的物理设备上，并且提供正确的输入/输出指令，图像就会显示在像显示器这样的输出设备上。GDI 接口在处理速度上与直接进行视频访问一样快，并且它允许 Windows 的不同应用程序共享显示器。

采用 GDI 函数可以进行图形、图像处理。MFC 类库对 GDI 函数进行了封装，将其封装为 CPen、CBrush、CBitmap、CRgn 和 CFont 等不同的 GDI 对象，进一步简化了图形、图像处理程序的开发难度。本节将介绍这些常用的 GDI 对象。

4.1.1　画笔 CPen

画笔（CPen）用于在设备环境中绘制直线、曲线和多边形边框。其主要方法见表 4-1。

表 4-1　画笔 Cpen 类的方法

方　法	描　述
CPen	构造函数，构造一个 CPen 对象
CreatePen	用指定的风格、宽度和画刷属性创建一个逻辑装饰画笔或几何画笔
CreatePenIndirect	通过 LOGPEN 结构来创建一支画笔
FromHandle	用 HPEN 句柄返回一个 CPen 对象的指针
HPEN	返回连接到 CPen 对象上的 HPEN 句柄
GetLogPen	获取 LOGPEN 结构
GetExtLogPen	获取 EXTLOGPEN 结构

下面对这些方法进行详细介绍。

（1）CreatePen。

动态创建一个画笔。语法格式如下。

```
BOOL CreatePen( int nPenStyle, int nWidth, COLORREF crColor );
BOOL CreatePen( int nPenStyle, int nWidth, const LOGBRUSH* pLogBrush, int nStyleCount = 0,const DWORD* lpStyle = NULL );
```

CreatePen 方法中各参数的说明见表 4-2。

如果成功，返回非零值或画笔句柄，画笔样式取值见表 4-3。

表 4-2　CreatePen 方法参数说明

参　数	描　述
nPenStyle	画笔样式，具体见表 4-3
nWidth	画笔宽度
crColor	画笔颜色
pLogBrush	LOGBRUSH 结构的指针
nStyleCount	画笔样式长度
lpStyle	画笔样式指针

表 4-3　画笔样式的取值

取　值	描　述
PS_SOLID	绘制实线
PS_DASH	绘制虚线
PS_DOT	绘制点线
PS_DASHDOT	绘制虚线和点线交替的直线
PS_DASHDOTDOT	绘制一虚线和两点交替的直线
PS_NULL	不可见画线
PS_INSIDEFRAME	实线画笔，用来压缩图表使之适合有界矩形
PS_GEOMETRIC	创建一支几何画笔
PS_COSMETIC	创建一支装饰画笔
PS_ALTERNATE	创建一支交替设置像素的画笔
PS_USERSTYLE	创建一支使用用户提供的风格数组的画笔
PS_ENDCAP_ROUND	尾帽是圆的
PS_ENDCAP_SQUARE	尾帽是方的
PS_ENDCAP_FLAT	尾帽是平面的

取 值	描 述
PS_JOIN_BEVEL	连接是斜截式的
PS_JOIN_MITER	在 SetMiterLimit 函数设置的限制内，连接是斜接式的，否则是斜截式的
PS_JOIN_ROUND	连接是圆的

（2）Cpen。

用来构造一个 CPen 对象。语法格式如下。

```
CPen( );
CPen( int nPenStyle, int nWidth, COLORREF crColor );
CPen( int nPenStyle, int nWidth, const LOGBRUSH* pLogBrush, int nStyleCount = 0, const
DWORD* lpStyle = NULL );
```

第一个是没有参数的构造函数，必须和 CreatePen、CreatePenIndirect 或 CreateStockObject 方法一起来创建 CPen 对象。Cpen 方法中各参数的说明见表 4-4。

表 4-4　Cpen 类构造函数参数说明

参 数	描 述
nPenStyle	指定画笔的风格，第二个构造函数和第三个构造函数都使用这个参数，但取值不同。第二个构造函数使用的风格有 PS_SOLID、PS_DASH、PS_DOT、PS_DASHDOT、PS_DASHDOTDOT、PS_NULL、PS_INSIDEFRAME；而第三个构造函数使用的风格有 PS_GEOMETRIC、PS_COSMETIC、PS_ALTERNATE、PS_USERSTYLE、PS_ENDCAP_ROUND、PS_ENDCAP_SQUARE、PS_ENDCAP_FLAT、PS_JOIN_BEVEL、PS_JOIN_MITER、PS_JOIN_ROUND。各风格的说明可参照表 4-3 中的内容
nWidth	指定画笔的宽度。对于第二个构造函数，如果这个值是 0，则不管是什么映射方式，以设备单位计算的宽度总是一个像素。对于第三个构造函数，如果 nPenStyle 是 PS_GEOMETRIC，则宽度以逻辑单位给出。如果 nPenStyle 是 PS_COSMETIC，则宽度必须设置为 1
crColor	指定画笔的 RGB 值
pLogBrush	指向一个 LOGBRUSH 结构，如果 nPenStyle 设为 PS_COSMETIC，则此 LOGBRUSH 结构的 lbColor 成员用来指定画笔的颜色，并且此时 LOGBRUSH 结构的 lbStyle 必须设置为 BS_SOLID；如果 nPenStyle 设为 PS_GEOMETRIC，则此结构的所有成员都必须用于指定画笔画刷属性
nStyleCount	指定 lpStyle 数组的长度，以双字为单位，如果 nPenStyle 不是 PS_USERSTYLE，则这个值必须为 0
lpStyle	指向一个双字值的数组，第一个值指定用户定义的风格中第一段虚线的长度，第二个值指定第一段空白的长度。如果 nPenStyle 不是 PS_USERSTYLE，则这个指针必须为 NULL

（3）CreatePenIndirect。

用 LOGPEN 结构创建一个画笔。语法格式如下。

```
BOOL CreatePenIndirect( LPLOGPEN lpLogPen );
```

lpLogPen：指向 LOGPEN 结构的指针。

如果成功，返回非零值。

（4）FromHandle。

从画笔句柄 HPEN 中得到 CPen。语法格式如下。

```
static CPen* PASCAL FromHandle( HPEN hPen );
```

hPen：一个 HPEN 句柄。

返回 CPen 对象指针。

（5）GetLogPen。

获取一个 LOGPEN 结构。语法格式如下。

```
int GetLogPen( LOGPEN* pLogPen );
```

pLogPen：指向 LOGPEN 结构的指针。

如果成功，返回非零值。

下面通过一个示例来介绍画笔对象主要方法的应用。

【例 4-1】 CreatePen 的 nPenStyle 参数应用。（实例位置：光盘\MR\源码\第 4 章\4-1）

本示例用表 4-3 中 nPenStyle 参数的取值创建不同的画笔对象，并通过画笔对象画出不同的线条，程序运行结果如图 4-1 所示。

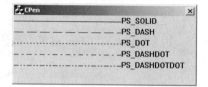

图 4-1　画笔程序运行结果

步骤如下。

创建一个对话框程序，在 OnPaint 中加入如下代码。

```
void CCPenDlg::OnPaint()
{
        ……
    CDC *p=this->GetDC();
    CPen pen;
    pen.CreatePen(PS_SOLID,1,RGB(0,0,0));
    ::SelectObject(p->GetSafeHdc(),pen);
    p->SetBkMode(TRANSPARENT);
    p->MoveTo(0,10);
    p->LineTo(0,10);
    p->LineTo(200,10);
    p->TextOut(200,0,"PS_SOLID");
    pen.DeleteObject();
    pen.CreatePen(PS_DASH,1,RGB(0,0,0));
    ::SelectObject(p->GetSafeHdc(),pen);
    p->MoveTo(0,30);
    p->LineTo(0,30);
    p->LineTo(200,30);
    p->TextOut(200,20,"PS_DASH");
    pen.DeleteObject();
    pen.CreatePen(PS_DOT,1,RGB(0,0,0));
    ::SelectObject(p->GetSafeHdc(),pen);
    p->MoveTo(0,50);
    p->LineTo(0,50);
    p->LineTo(200,50);
    p->TextOut(200,40,"PS_DOT");
    pen.DeleteObject();
    pen.CreatePen(PS_DASHDOT,1,RGB(0,0,0));
    ::SelectObject(p->GetSafeHdc(),pen);
    p->MoveTo(0,70);
    p->LineTo(0,70);
    p->LineTo(200,70);
    p->TextOut(200,60,"PS_DASHDOT");
    pen.DeleteObject();
    pen.CreatePen(PS_DASHDOTDOT,1,RGB(0,0,0));
    ::SelectObject(p->GetSafeHdc(),pen);
    p->MoveTo(0,90);
    p->LineTo(0,90);
```

```
    p->LineTo(200,90);
    p->TextOut(200,80,"PS_DASHDOTDOT");
    pen.DeleteObject();
}
```

需要注意的是，画笔对象在使用后，应调用 DeleteObject 方法将其删除，以释放系统资源。

4.1.2　画刷 CBrush

画刷（CBrush）用于填充诸如多边形、椭圆和路径等图形内部区域。其主要方法见表 4-5。

表 4-5　画刷 CBrush 类的方法

方　　法	描　　述
CreateSolidBrush	创建实体画刷
CreateHatchBrush	创建虚体画刷
CreateBrushIndirect	通过 LOGBRUSH 结构创建画刷
CreatePatternBrush	通过颜色模板创建画刷
CreateDIBPatternBrush	通过位图创建画刷
CreateSysColorBrush	通过颜色创建画刷

下面对这些方法进行详细介绍。

（1）CreateSolidBrush。

创建实体画刷。语法格式如下。

`BOOL CreateSolidBrush( COLORREF crColor );`

crColor：画刷的颜色。

如果成功，返回非零值。

（2）CreateHatchBrush。

创建虚体画刷。语法格式如下。

`BOOL CreateHatchBrush( int nIndex, COLORREF crColor );`

❑　nIndex：画刷的阴影线风格，具体见表 4-6。

❑　crColor：画刷的阴影颜色。

如果成功，返回非零值。

表 4-6　画刷的阴影线风格取值说明

取　　值	描　　述
HS_BDIAGONAL	45°的向下阴影线（从左到右）
HS_CROSS	水平和垂直方向以网格线做出阴影
HS_DIAGCROSS	45°的网格线阴影
HS_FDIAGONAL	45°的向上阴影线（从左到右）
HS_HORIZONTAL	水平的阴影线
HS_VERTICAL	垂直的阴影线

（3）CreateBrushIndirect。

通过 LOGBRUSH 结构创建画刷。语法格式如下。

`BOOL CreateBrushIndirect( const LOGBRUSH* lpLogBrush );`

LpLogBrush：指向 LOGBRUSH 结构的指针。

如果成功，返回非零值。

（4）CreatePatternBrush。

通过颜色模板创建画刷。语法格式如下。

```
BOOL CreatePatternBrush( CBitmap* pBitmap );
```

PBitmap：位图指针。

如果成功，返回非零值。

（5）CreateDIBPatternBrush。

通过位图创建画刷。语法格式如下。

```
BOOL CreateDIBPatternBrush( HGLOBAL hPackedDIB, UINT nUsage );
BOOL CreateDIBPatternBrush( const void* lpPackedDIB, UINT nUsage);
```

❑ hPackedDIB：指定一个全局内存对象，其中包含了一个压缩的独立于设备的位图。

❑ nUsage：指明 BITMAPINFO 数据结构的 bmiColors[]成员是否包含明确的 RGB 值或指向当前逻辑调色板的索引值，参数有以下取值。

   ● DIB_PAL_COLORS：颜色表由一个 16 位的索引数组组成。

   ● DIB_RGB_COLORS：颜色表中包含 RGB 颜色值。

   ● DIB_PAL_INDICES：该取值只在第二个函数中有效，未提供颜色表。

❑ lpPackedDIB：指向一个包含了 BITMAPINFO 结构的压缩的 DIB。

如果成功，返回非零值。

（6）CreateSysColorBrush。

通过颜色创建画刷。语法格式如下。

```
BOOL CreateSysColorBrush( int nIndex );
```

NIndex：画刷的阴影线风格，具体见表 4-6。

如果成功，返回非零值。

【例 4-2】 CBrush 类的应用。（实例位置：光盘\MR\源码\第 4 章\4-2）

本示例用两种不同的画刷生成两个矩形，运行结果如图 4-2 所示。

创建一个对话框程序，在 OnPaint 中加入如下代码。

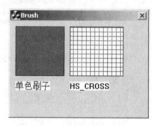

图 4-2　画刷程序运行界面

```
void CBrushDlg::OnPaint()
{
    if (IsIconic())
    {
        ……
    }
    else
    {
        CPaintDC dc(this);
        CBrush br,*oldbr;
        br.CreateSolidBrush(RGB(255,0,0));
        oldbr=dc.SelectObject(&br);
        dc.Rectangle(10,10,100,100);
        dc.SelectObject(oldbr);
        br.DeleteObject();
        dc.TextOut(10,110,"单色刷子");
        br.CreateHatchBrush(HS_CROSS,RGB(255,0,0));
```

```
        oldbr=dc.SelectObject(&br);
        dc.Rectangle(210,10,110,100);
        dc.SelectObject(oldbr);
        br.DeleteObject();
        dc.TextOut(110,110,"HS_CROSS");
        CDialog::OnPaint();
    }
}
```

4.1.3　位图 CBitmap

位图是常用的图像存储格式。它实际是一种位矩阵，每一个显示像素都对应于其中的一个或多个位。可以利用位图来表示图像，也可以利用它来创建画刷。在利用位图创建画刷时，必须用 SelectObject()将其选入设备环境后才可使用，结束时需调用 DeleteObject()将其删除。

与位图相关的方法见表 4-7。

表 4-7　位图 CBitmap 类的主要方法

方　　法	描　　述
LoadBitmap	从应用程序的可执行文件中加载指定文件名或 ID 的位图资源
LoadOEMBitmap	加载一个 Windows 预定义位图
LoadMappedBitmap	建立一个映射的位图
CreateBitmap	用指定的宽度、高度和位模式初始化依赖于设备的内存位图
CreateBitmapIndirect	用 lpBitmap 指向的结构中指定的宽度、高度和位模式初始化位图
CreateCompatibleBitmap	初始化一个与 pDC 指定的设备上下文兼容的位图
CreateDiscardableBitmap	用一个可丢弃、与指定设备兼容的位图初始化对象
SetBitmapBits	用 lpBits 指定的位置设置位图的值
GetBitmapBits	得到位图的位值
SetBitmapDimension	设置位图的高度和宽度并且返回前一个位图的维数
GetBitmapDimension	获取位图的宽度和高度

下面对这些方法进行详细介绍。

（1）LoadBitmap。

从应用程序的可执行文件中加载指定名称的位图资源或直接加载 ID 为 nIDResource 的位图资源。语法格式如下。

```
BOOL LoadBitmap( LPCTSTR lpszResourceName );
BOOL LoadBitmap( UINT nIDResource );
```

❑　lpszResourceName：位图的文件名。

❑　nIDResource：位图资源的 ID 值。

如果成功，返回非零值。

（2）LoadOEMBitmap。

加载一个 Windows 预定义的位图。语法格式如下。

```
BOOL LoadOEMBitmap( UINT nIDBitmap );
```

nIDBitmap：预定义 Windows 位图的 ID 号。

如果成功，返回非零值。

（3）LoadMappedBitmap。

加载一个位图并把它的颜色映射为当前系统颜色。语法格式如下。

```
BOOL LoadMappedBitmap( UINT nIDBitmap, UINT nFlags = 0, LPCOLORMAP lpColorMap = NULL,
int nMap Size = 0 );
```

LoadMappedBitmap方法中各参数的说明见表4-8。

如果成功，返回非零值。

表4-8　LoadMappedBitmap方法参数说明

参　　数	描　　述
nIDBitmap	位图资源的ID值
nFlags	位图的标记。可以是0或者CMB_MASKED
lpColorMap	指向COLORMAP结构的指针
nMapSize	由COLORMAP指向的颜色映射的数目

（4）CreateBitmap。

用指定的宽度、高度和位模式初始化依赖于设备的内存位图。语法格式如下。

```
BOOL CreateBitmap( int nWidth, int nHeight, UINT nPlanes, UINT nBitcount, const void* lpBits );
```

CreateBitmap方法中各参数的说明见表4-9。

如果成功，返回非零值。

表4-9　参数说明

参　　数	描　　述
nWidth	位图的宽度（以像素为单位）
nHeight	位图的高度（以像素为单位）
nPlanes	位图中的彩色位面数
nBitcount	位图中每个像素颜色的位数
lpBits	指向一个短整型数组，数组中记录了位图的初始位置

（5）CreateBitmapIndirect。

用lpBitmap指向的结构中指定的宽度、高度和位模式初始化位图。语法格式如下。

```
BOOL CreateBitmapIndirect( LPBITMAP lpBitmap );
```

lpBitmap：指向含有位图信息的BITMAP结构。

如果成功，返回非零值。

（6）CreateCompatibleBitmap。

初始化一个与指定的pDC设备上下文兼容的位图。位图与指定的设备上下文具有相同的颜色位面数或相同的像素位数。语法格式如下。

```
BOOL CreateCompatibleBitmap( CDC* pDC, int nWidth, int nHeight );
```

❑　pDC：设备上下文。

❑　nWidth：位图的宽度（以像素为单位）。

❑　nHeight：位图的高度（以像素为单位）。

如果成功，返回非零值。

（7）CreateDiscardableBitmap。

用一个可丢弃、与指定设备兼容的位图初始化对象。位图与指定的设备上下文具有相同的颜色位面数或相同的像素位数。语法格式如下。

```
BOOL CreateDiscardableBitmap( CDC* pDC, int nWidth, int nHeight );
```
❑　pDC：设备上下文。
❑　nWidth：位图的宽度（以像素为单位）。
❑　nHeight：位图的高度（以像素为单位）。
如果成功，返回非零值。
（8）SetBitmapBits。
用 lpBits 指定的位置设置位图的位值。语法格式如下。
```
DWORD SetBitmapBits( DWORD dwCount, const void* lpBits );
```
❑　dwCount：设置 lpBits 的字节数。
❑　lpBits：指向一个 BYTE 数组，记录要复制到 CBitmap 对象的位置。
如果成功，返回位图的位值。
（9）GetBitmapBits。
得到位图的位值。语法格式如下。
```
DWORD GetBitmapBits( DWORD dwCount, LPVOID lpBits ) const;
```
❑　dwCount：将要复制的字节数。
❑　lpBits：存储位图数据的 BYTE 数组。
返回位图中的实际字节数。
（10）SetBitmapDimension。
设置位图的高度和宽度并且返回前一个位图的维数。语法格式如下。
```
CSize SetBitmapDimension( int nWidth, int nHeight );
```
❑　nWidth：位图的宽度（以像素为单位）。
❑　nHeight：位图的高度（以像素为单位）。
返回前一个位图的维数。
（11）GetBitmapDimension。
获取位图的宽度和高度，以 0.1mm 为单位。语法格式如下。
```
CSize GetBitmapDimension( ) const;
```
【例 4-3】　CBitmap 类应用。（实例位置：光盘\MR\源码\第 4 章\4-3）
本示例主要将位图图片加载到对话框的背景上，程序运行结果如图 4-3 所示。

图 4-3　位图程序运行界面

创建一个对话框程序，在 OnPaint 中加入如下代码。
```
void CBitmapDlg::OnPaint()
{
    if (IsIconic())
    {
```

```
        ……
    }
    else
    {   CRect rc;
        GetWindowRect(&rc);
        CDC *pDC;
        CDC memdc;
        CBitmap *olddc;
        CBitmap bitmap;
        bitmap.LoadBitmap(IDB_BITMAP1);
        pDC=this->GetDC();
        memdc.CreateCompatibleDC(pDC);
        olddc=memdc.SelectObject(&bitmap);
        pDC->BitBlt(0,0,rc.Width(),rc.Height(),&memdc,0,0,SRCCOPY);
        if(olddc)
        {
            memdc.SelectObject(olddc);
        }
        CDialog::OnPaint();
    }
}
```

4.1.4 区域 CRgn

区域（CRgn）是由多边形、椭圆或两者组合形成的一种范围，可以利用它来进行填充、裁剪某个区域。

区域相关的方法见表 4-10。

表 4-10 区域 CRgn 类的主要方法

方　　法	描　　述
CreateRectRgn	用一个矩形区域来初始化 CRgn 对象
CreateRectRgnIndirect	用由一个 RECT 结构定义的矩形区域来初始化 CRgn 对象
CreateEllipticRgn	用一个椭圆形区域来初始化 CRgn 对象
CreateEllipticRgnIndirect	用由一个 RECT 结构定义的椭圆形区域来初始化 CRgn 对象
CreatePolygonRgn	用一个多边形区域来初始化 CRgn 对象
CreatePolyPolygonRgn	用一系列封闭的多边形区域来初始化 CRgn 对象
CreateRoundRectRgn	用一个圆角的矩形区域来初始化 CRgn 对象
CombineRgn	设置一个 CRgn 对象，使它等效于两个指定的 CRgn 对象的联合
CopyRgn	设置一个 CRgn 对象，使它为一个指定的 CRgn 对象的复制
CreateFromPath	从被选入指定设备环境的路径下创建一个区域
CreateFromData	根据指定的区域和变换数据创建一个区域
EqualRgn	检查两个 CRgn 对象，确定它们是否相等
GetRegionData	用描述指定区域的数据来填充指定的缓冲区
GetRgnBox	检取一个 CRgn 对象的限定矩形的坐标
OffsetRgn	用指定的偏移量移动一个 CRgn 对象
PtInRegion	确定一个指定的点是否在矩形内
RectInRegion	确定一个指定矩形的任何部分是否都在区域的边界内
SetRectRgn	将 CRgn 对象设置为指定的矩形区域

下面对这些方法进行详细介绍。

（1）CreateRectRgn。

用一个矩形区域来初始化 CRgn 对象。语法格式如下。

```
BOOL CreateRectRgn( int x1, int y1, int x2, int y2 );
```

CreateRectRgn 方法中各参数的说明见表 4-11。

如果成功，返回非零值。

表 4-11　CreateRectRgn 方法参数说明

参　　数	描　　述
x1	左上角 x 坐标
y1	左上角 y 坐标
x2	右下角 x 坐标
y2	右下角 y 坐标

（2）CreateRectRgnIndirect。

用由一个 RECT 结构定义的矩形区域来初始化 CRgn 对象。语法格式如下。

```
BOOL CreateRectRgnIndirect( LPCRECT lpRect );
```

LpRect：指向 RECT 结构和 CRect 对象。

如果成功，返回非零值。

（3）CreatePolygonRgn。

用一个多边形区域来初始化 CRgn 对象。语法格式如下。

```
BOOL CreatePolygonRgn( LPPOINT lpPoints, int nCount, int nMode );
```

❑　lpPoints：指向 POINT 结构数组或一个 CPiont 对象数组。

❑　nCount：指定 lpPoints 指向的 POINT 结构数组或 CPiont 对象数组的数目。

❑　nMode：区域的填充模式。

如果成功，返回非零值。

（4）CreateRoundRectRgn。

用一个圆角的矩形区域来初始化 CRgn 对象。语法格式如下。

```
BOOL CreateRoundRectRgn( int x1, int y1, int x2, int y2, int x3, int y3 );
```

CreateRoundRectRgn 方法中各参数的说明见表 4-12。

如果成功，返回非零值。

表 4-12　CreateRoundRectRgn 方法参数说明

参　　数	描　　述
x1	左上角 x 坐标
y1	左上角 y 坐标
x2	右下角 x 坐标
y2	右下角 y 坐标
x3	用来创建圆角的椭圆的宽度
y3	用来创建圆角的椭圆的高度

（5）CombineRgn。

设置一个 CRgn 对象，使它等效于两个指定的 CRgn 对象的联合。语法格式如下。

```
int CombineRgn( CRgn* pRgn1, CRgn* pRgn2, int nCombineMode );
```

❑　pRgn1：一个已经存在的区域。

❑ pRgn2：一个已经存在的区域。

❑ nCombineMode：组合两个源区域时要执行的操作，取值见表 4-13。

表 4-13　参数 nCombineMode 取值说明

取　　值	描　　述
RGN_AND	使用两个区域相互重叠的区域，即相交的部分
RGN_COPY	创建参数 pRgn1 标识的区域的一个拷贝
RGN_DIFF	创建一个区域，该区域是由区域 1（pRgn1 标识的区域）去除在区域 2（pRgn2 标识的区域）中的部分而形成的区域
RGN_OR	组合两个区域的所有部分
RGN_XOR	组合两个区域，去除相互重叠的区域

返回值：返回最后结果区域的类型，有以下取值。

- COMPLEXREGION：新区域具有相互重叠的边界。
- ERROR：未创建新区域。
- NULLREGION：新区域为空。
- SIMPLEREGION：新区域没有相互重叠的边界。

（6）CreateFromPath。

从被选入指定设备环境的路径下创建一个区域。语法格式如下。

```
BOOL CreateFromPath( CDC* pDC );
```

PDC：包含一条闭合路径的设备环境。

如果成功，返回非零值。

（7）CreateFromData。

根据指定的区域和变换数据创建一个区域。语法格式如下。

```
BOOL CreateFromData( const XFORM* lpXForm, int nCount, const RGNDATA* pRgnData );
```

❑ lpXForm：一个 XFORM 数据结构，该结构定义了要在区域中实现的变换。

❑ nCount：由 pRgnData 指向结构的字节数。

❑ pRgnData：一个 RGNDATA 数据结构，该数据结构包含了区域数据。

如果成功，返回非零值。

（8）GetRegionData。

用描述指定区域的数据来填充指定的缓冲区。语法格式如下。

```
Int GetRegionData( LPRGNDATA lpRgnData, int nCount ) const;
```

❑ lpRgnData：一个 RGNDATA 数据结构，该结构用来存储消息。

❑ nCount：指定 lpRgnData 缓冲的大小，以字节为单位。

返回值：返回最后结果区域的类型，有以下取值。

- COMPLEXREGION：新区域具有相互重叠的边界。
- ERROR：未创建新区域。
- NULLREGION：新区域为空。
- SIMPLEREGION：新区域没有相互重叠的边界。

（9）GetRgnBox。

检取一个 CRgn 对象的限定矩形的坐标。语法格式如下。

```
int GetRgnBox( LPRECT lpRect ) const;
```

lpRect：指向一个 RECT 结构或 CRect 对象。

返回最后结果区域的类型，有以下取值。

- COMPLEXREGION：新区域具有相互重叠的边界。
- ERROR：未创建新区域。
- NULLREGION：新区域为空。
- SIMPLEREGION：新区域没有相互重叠的边界。

（10）OffsetRgn。

用指定的偏移量移动一个 CRgn 对象。语法格式如下。

```
int OffsetRgn( int x, int y );
int OffsetRgn( POINT point );
```

- ❑　x：向左或向右移动的单位数。
- ❑　y：向上或向下移动的单位数。
- ❑　point：一个 POINT 结构或一个 CPoint 对象。

返回最后结果区域的类型，有以下取值。

- COMPLEXREGION：新区域具有相互重叠的边界。
- ERROR：未创建新区域。
- NULLREGION：新区域为空。
- SIMPLEREGION：新区域没有相互重叠的边界。

（11）PtInRegion。

确定一个指定的点是否在矩形内。语法格式如下。

```
BOOL PtInRegion( int x, int y ) const;
BOOL PtInRegion( POINT point ) const;
```

- ❑　x：测试点的 x 轴坐标。
- ❑　y：测试点的 y 轴坐标。
- ❑　point：一个 POINT 结构或一个 CPoint 对象。

如果成功，返回非零值。

（12）SetRectRgn。

将 CRgn 对象设置为指定的矩形区域。语法格式如下。

```
void SetRectRgn( int x1, int y1, int x2, int y2 );
void SetRectRgn( LPCRECT lpRect );
```

SetRectRgn 方法中各参数的说明见表 4-14。

表 4-14　SetRectRgn 方法参数说明

参　　数	描　　述
x1	指定矩形区域的左上角 x 坐标
y1	指定矩形区域的左上角 y 坐标
x2	指定矩形区域的右下角 x 坐标
y2	指定矩形区域的右下角 y 坐标
lpRect	一个指向 RECT 结构或一个 CRect 对象的指针

【例 4-4】　CRgn 类的应用。（实例位置：光盘\MR\源码\第 4 章\4-4）

本示例演示了一个正方形和一个圆合并，合并过程中去除了公共部分，并用红色填充两图形相交后余下的部分，运行结果如图 4-4 所示。

图 4-4　正方形和圆形相交去除公共部分

创建一个对话框程序，在 OnPaint 中加入如下代码。

```
void CRgnDlg::OnPaint()
{
    if (IsIconic())
    {
        ……
    }
    else
    {
    CPaintDC dc(this);
    CRgn rgn1,rgn2,rgn3;
    CBrush br;
    br.CreateSolidBrush(RGB(255,0,0));
    rgn1.CreateRectRgn(10,10,100,100);
    rgn2.CreateEllipticRgn(10,10,200,200);
    rgn2.CombineRgn(&rgn2,&rgn1,RGN_XOR );
    dc.FillRgn(&rgn2,&br);
    CDialog::OnPaint();
    }
}
```

4.1.5　字体 CFont

字体（Cfont）是一种具有某种风格和尺寸的所有字符的完整集合，它常常被当作资源存于磁盘中，其中有一些还依赖于某种设备。

CFont 类的主要方法见表 4-15。

表 4-15　字体主要方法

方　　法	描　　述
CreateFontIndirect	初始化一个由 LOGFONT 结构给出其特征的 CFont 对象
CreateFont	初始化用指定特性定义的 CFont 对象
CreatePointFontIndirect	与 CreateFontIndirect 相似，但字体高度用 0.1 点定义而不是逻辑单位
CreatePointFont	用指定高度和字体初始化一个 CFont 对象

下面对这些方法进行详细介绍。

（1）CreateFontIndirect。

初始化一个由 LOGFONT 结构给出其特征的 CFont 对象。语法格式如下。

```
BOOL CreateFontIndirect(const LOGFONT* lpLogFont );
```

LpLogFont：指向 LOGFONT 结构的指针。通过 LOGFONT 结构可以改变输出字体的显示角度，可以设置和获得字体的宽度和高度等。

如果成功，返回非零值。

LOGFONT 的结构定义如下。

```
typedef struct tagLOGFONT {
LONG lfHeight;                  //字体高度
LONG lfWidth;                   //字体宽度
LONG lfEscapement;              //偏离垂线与 x 轴的夹角
LONG lfOrientation;             //字符基线与 x 轴的夹角
LONG lfWeight;                  //字体的磅数
BYTE lfItalic;                  //是否斜体
BYTE lfUnderline;               //是否有下划线
BYTE lfStrikeOut;               //是否字符突出
BYTE lfCharSet;                 //字体的字符集
BYTE lfOutPrecision;            //字体输出的精度
BYTE lfClipPrecision;           //剪贴精度
BYTE lfQuality;                 //字体的输出质量
BYTE lfPitchAndFamily;          //字体的间距和家族
TCHAR lfFaceName[LF_FACESIZE];  //字体字样的名称
}LOGFONT;
```

（2）CreateFont。

初始化用指定特性定义的 **CFont** 对象。语法格式如下。

```
BOOL CreateFont( int nHeight, int nWidth, int nEscapement, int nOrientation, int nWeight,
BYTE bItalic, BYTE bUnderline, BYTE cStrikeOut, BYTE nCharSet, BYTE nOutPrecision, BYTE
nClipPrecision, BYTE nQuality, BYTE nPitchAndFamily, LPCTSTR lpszFacename );
```

CreateFont 方法中各参数的说明见表 4-16。

如果成功，返回非零值。

表 4-16　CreateFont 方法参数说明

参　　数	描　　述
nHeight	字体的高度（逻辑单位）
nWidth	字体的宽度（逻辑单位）
nEscapement	偏离垂线与 x 轴的夹角
nOrientation	字符基线与 x 轴的夹角
nWeight	字体的磅数
bItalic	是否斜体
bUnderline	是否带下划线
cStrikeOut	是否字符突出
nCharSet	字体的字符集
nOutPrecision	字体的输出精度
nClipPrecision	剪贴精度
nQuality	字体的输出质量
nPitchAndFamily	字体的间距和家族
lpszFacename	字体字样的名称

（3）CreatePointFontIndirect。

初始化一个由 LOGFONT 结构给出其特征的 **CFont** 对象，与 CreateFontIndirect 相似，但字体高度用 0.1 点定义。语法格式如下。

```
BOOL CreatePointFontIndirect( const LOGFONT* lpLogFont, CDC* pDC = NULL );
```

❑ lpLogFont：指向 LOGFONT 结构的指针。

❑ pDC：指向 CDC 对象。

如果成功，返回非零值。

（4）CreatePointFont。

用指定高度和字体初始化一个 CFont 对象。语法格式如下。

```
BOOL CreatePointFont( int nPointSize, LPCTSTR lpszFaceName, CDC* pDC = NULL );
```

❑ nPointSize：所需字体高度（用 0.1 点表示）。

❑ lpszFaceName：定义字体名称。

❑ pDC：指向 CDC 对象。

如果成功，返回非零值。

图 4-5　字体程序运行结果

【例 4-5】　CFont 类的应用。（实例位置：光盘\MR\源码\第 4 章\4-5）

本示例应用不同方法创建字体，并将字体显示出来。运行结果如图 4-5 所示。

创建一个对话框程序，在 OnPaint 中输入如下代码。

```
void CFontDlg::OnPaint()
{
    if (IsIconic())
    {
        ……
    }
    else
    {
        CPaintDC dc(this);
        CFont font,*oldfont;

        font.CreateFont(12,10,10,10,FW_NORMAL,FALSE,FALSE,0,
            ANSI_CHARSET,OUT_DEFAULT_PRECIS,
            CLIP_DEFAULT_PRECIS,
            DEFAULT_QUALITY,DEFAULT_PITCH|FF_SWISS,"");
        oldfont=dc.SelectObject(&font);
        dc.TextOut(10,10,"CreateFont 创建的字体");
        m_button1.SetFont(&font);        //设置按钮字体
        dc.SelectObject(oldfont);
        font.DeleteObject();
        font.CreatePointFont(90,"宋体");
        dc.SelectObject(&font);
        dc.TextOut(35,35,"CreatePointFont 创建的字体");
        dc.SelectObject(oldfont);
        font.DeleteObject();
        LOGFONT log;
        log.lfCharSet=134;
        log.lfHeight=-12;                //高 12 像素的字体
        log.lfWeight=1000;               //粗 50 像素的字体
        log.lfEscapement=-400;           //倾斜 40 度，向下倾斜用负值
        strcpy(log.lfFaceName,"宋体");
```

```
        font.CreateFontIndirect(&log);
        dc.SelectObject(&font);
        dc.TextOut(50,50,"LOGFONT 创建的倾斜加粗字体");
        dc.SelectObject(oldfont);
        font.DeleteObject();
        CDialog::OnPaint();
    }
}
```

4.1.6 设备环境 CDC

CDC 类是 Device Context（设备环境或直译为设备上下文）对象的基类，它提供了处理显示器或打印机等设备的方法，可以进行绘图操作，设置绘制对象的颜色、大小等属性，并可将绘制的图形输出到显示器或打印机上。CDC 类就像是一个画板，为 GDI 对象提供显示的空间。CDC 类的方法见表 4-17。

表 4-17 设备上下文 CDC 类的方法

方　　法	描　　述
CDC	构造函数，创建 CDC 类对象
CreateDC	创建一个设备上下文
CreateIC	创建一个信息上下文
CreateCompatibleDC	创建一个和指定设备上下文相兼容的内存设备上下文
DeleteDC	删除设备上下文
FormHandle	根据指定的设备上下文句柄，返回一个设备上下文指针
DeleteTempMap	删除临时设备上下文
Attach	将一个窗口设备上下文和一个 CDC 对象绑定
Detach	将一个窗口设备上下文和一个 CDC 对象分离
SetAttribDC	设置属性设备上下文 m_hAttribDC
ReleaseAttribDC	释放属性设备上下文 m_hAttribDC
SetOutputDC	设置输出设备上下文 m_hDC
ReleaseOutputDC	释放输出设备上下文 m_hDC
GetCurrentBitmap	返回指向当前选择的 CBitmap 对象指针
GetCurrentBrush	返回指向当前选择的 CBrush 对象指针
GetCurrentFont	返回指向当前选择的 CFont 对象指针
GetCurrentPalette	返回指向当前选择的 CPaltte 对象指针
GetCurrentPen	返回指向当前选择的 CPen 对象指针
GetWindow	返回显示设备上下文对应的窗口
GetSafeHdc	返回输出设备上下文 m_hDC
SaveDC	保存设备上下文当前状态
RestoreDC	恢复 SaveDC 保存的设备上下文之前的状态
ResetDC	更新 m_hAttribDC 设备上下文
GetDeviceCaps	获取显示设备的指定设备信息
IsPrinting	确定正在使用的设备上下文是否用于打印
GetBrushOrg	获取当前画刷的起点
SetBrushOrg	指定下一个画刷的起点

方　　法	描　　述
EnumObjects	枚举设备上下文中有效的笔和画刷
SelectObject	选择 GDI 对象
SelectStockObject	选择 Wiodows 提供的 GDI 对象
GetNearestColor	获取与指定设备逻辑颜色最接近的颜色
SeletePalette	选择调色板
RealizePalette	把当前逻辑调色板映射到系统调色板
UpdateColors	用当前系统调色板更新客户区
GetHalftoneBrush	获取半色调画刷
GetBkColor	获取当前背景色
SetBkColor	设置当前背景色
GetBkMode	获取背景模式
SetBkMode	设置背景模式
GetPolyFillMode	获取当前多边形填充模式
SetPolyFillMode	设置当前多边形填充模式
GetROP2	获取当前绘图模式
SetROP2	设置当前绘图模式
GetStretchBltMode	获取当前位图拉伸模式
SetStretchBltMode	设置当前位图拉伸模式
GetTextColor	获取当前文本颜色
SetTextColor	设置文本颜色
GetColorAdjustment	获取用于设备上下文的颜色调整值
SetColorAdjustment	设置颜色调整值
GetMapMode	获取当前映射模式
SetMapMode	设置当前映射模式
GetViewportOrg	获取视区起点坐标
SetViewportOrg	设置视区起点坐标
OffsetViewportOrg	偏移视区起点坐标
GetViewportExt	获取视区范围
SetViewportExt	设置视区范围
ScaleViewportExt	修改视区范围
GetWindowOrg	获取窗体起点坐标
SetWindowOrg	设置窗体起点坐标
OffsetWindowOrg	偏移窗体起点坐标
GetWindowExt	获取窗体范围
SetWindowExt	设置窗体范围
ScalWndowExt	修改窗体范围
DPtoHIMETRIC	设备单位转换为 HIMETRIC 单位
DPtoLP	设备单位转换逻辑单位
HIMETRICtoDP	HIMETRIC 单位转换设备单位
HIMETRICtoLP	HIMETRIC 单位转换逻辑单位
LPtoDP	逻辑单位转换设备单位
LPtoHIMETRIC	逻辑单位转换 HIMETRIC 单位

续表

方　法	描　述
FillRgn	用指定画刷填充指定区域
FrameRgn	在区域周围绘制边线
InvertRgn	反转区域中的颜色
PaintRgn	绘制区域
SetBoundsRect	设置指定设备上下文绑定的矩形信息
GetBoundsRect	返回指定设备上下文绑定的矩形信息
GetClipBox	返回剪切后矩形边界
SelectClipRgn	选择剪切后的区域
ExcludeClipRect	现有剪切区域减去指定矩形后的区域
ExcludeUpdateRgn	排除无效区域
IntersectClipRect	当前区域和矩形交集的剪切区域
OffsetClipRgn	偏移剪切区域
PtVisible	确定点是否在剪切区域
RectVisible	确定矩形是否完全在剪切区域内
GetCurrentPosition	获取笔的当前位置
MoveTo	移动当前位置
LineTo	从当前位置开始画线
Arc	画椭圆弧
ArcTo	画椭圆弧，不更新当前位置
AngleArc	画一条线段一条圆弧，当前位置移到圆弧终点
GetArcDirection	获取圆弧方向
SetArcDirection	设置圆弧方向
PolyDraw	画一组线段
PolyLine	画一组与指定点连接的线段
PolyPolyLine	画多组想连接的线段
PolyLineTo	画多条直线，把当前位置移到最后一条直线的终点
PolyBezier	画多条 Bezier 样条，不更新当前位置
PolyBezierTo	画多条 Bezier 样条，把当前位置移到最后一条 Bezier 样条的终点
FillRect	用指定的画刷填充矩形
FrameRect	在矩形周围绘制边界线
InvertRect	反转矩形内容
DrawIcon	绘制图标
DrawDragRect	拖曳矩形时擦除并重绘它
FillSolidRect	用实颜色填充矩形
Draw3DRect	绘制三维矩形
DrawEdge	绘制矩形边
DrawFrameControl	绘制帧控件
DrawState	显示图片并标明显示状态

续表

方　法	描　述
Chord	绘制椭圆弧
DrawFocusRect	绘制用于表示焦点风格的矩形
Ellipse	绘制椭圆
Pie	绘制饼形图
Polygon	绘制多边形，由线段连接的一个或多个顶点
PolyPolygon	创建使用当前多边形组成的多个多边形，多边形可以相互分开或叠加
PolyLine	绘制多边形，包含连接指定点的一组线段
Rectangle	绘制矩形
RoundRect	绘制圆角矩形
PatBlt	创建位特征
BitBlt	从指定设备上下文复制位图
StretchBlt	从指定设备上下文复制位图，大小可以改变
GetPixel	获取指定点像素的 RGB 值
SetPixel	设置指定点像素值
SetPixelV	设置指定点像素值，SetPixelV 比较快，它不返回实际绘制点的颜色值
FloodFill	用当前画刷填充区域
ExtFloodFill	用当前画刷填充区域，比较灵活
MaskBlt	使用给定屏蔽和光栅操作对源和目标位图进行颜色合并
PlgBlt	从源设备上下文中指定矩形内传递颜色数据到目标设备上下文中
TextOut	输出字符
ExtTextOut	在指定的区域内输出字符
TabbedTextOut	在指定位置输出字符串，制表符数组保存停止位置
DrawText	在指定的矩形内输出字符
GetTextExtent	在属性设备上下文中计算文本行的宽度和高度，确定维数
GetOutputTextExtent	在输出设备上下文中计算文本行的宽度和高度，确定维数
GetTabbedTextExent	在属性设备上下文中计算字符串的宽度和高度
GetOutputTabbedTextExtent	在输出设备上下文中计算字符串的宽度和高度
GrayString	绘制灰色文本
GetTextAlign	获取文本对齐方式
SetTextAlign	设置文本对齐方式
GetTextFace	将字符串复制到缓存，并显示空字符串
GetTextMetrics	从属性设备上下文中获取字体尺寸
GetOutputTextMetrics	从输出设备上下文中获取字体尺寸
SetTextJustification	在字符串中加入中断字符
GetTextJustification	获得字符串中中断字符的位置
GetTextCharacterExtra	获取字符串中空格的数量
SetTextCharacterExtra	设置字符串中空格的数量
GetFontData	从比例字体文件中获得字体的信息
GetKerningpairs	获取指定设备上下文当前选取的字体字符
GetOutlineTextMetrics	获取用于 TrueType 字体的信息
GetGlyphOutline	获取用于当前字体中外线曲线
GetCharABCWidths	从当前字体获取连续字符串的长度，包括字间距

续表

方　　法	描　　述
GetCharWidth	从当前字体获取连续字符串的长度，不包括字间距
GetOutputCharWidth	从输出设备上下文的字体中获取连续字符串的长度
SetMapperFlags	改变字体映射表从逻辑字体到物理字符映射时的算法
GetAspectRatioFilter	获取当前长宽比的过滤器设置
QueryAbort	对打印调用回滚函数，询问打印是否终止
Escape	允许应用程序不通过 GDI 直接访问特定设备
DrawEscape	允许应用程序访问特定视频显示器的绘图功能，不通过 GDI
StartDoc	开始一项新的打印作业
StartPage	开始打印新页
EdgePage	本页结束
SetAbortProc	设置回滚函数
AbortDoc	终止当前打印任务，擦除以前数据
EndDoc	结束由 StartDoc 启动的打印作业
ScrollDC	在水平和垂直位置设置滚动条
PlayMetaFile	显示指定元文件
AddMetaFileComment	从缓冲区把注释复制到指定元文件中
AbortPath	关闭路径
BeginPath	开始路径
CloseFigure	关闭路径中一个打开的图表
EndPath	关闭路径，并将路径选入设备环境中
FillPath	填充路径内部
FlattenPath	选取设备上下文中路径的曲线，把曲线变成一系列直线
GetMiterLimit	获取设备上下文的限制
GetPath	获取路径，是直线的端点和路径中曲线的控制点坐标
SelectClipPath	使用当前路径作为剪切区
SetMiterLimit	为设备场景中的斜接点的长度设限制值
StrokeAndFillPath	关闭路径中任何打开的图表，绘制出边线，填充内部
StrokePath	使用当前 PEN 绘制指定路径
WidenPath	如果在路径内单击则重定义路径

下面对其中的一些主要方法进行详细介绍。

（1）CreateDC。

该方法为一个特殊的设备创建一个设备环境（设备上下文）DC，给设备命名时建议使用冒号 ":" 结束。语法格式如下。

```
virtual BOOL CreateDC( LPCTSTR lpszDriverName, LPCTSTR lpszDeviceName, LPCTSTR lpszOutput, const void* lpInitData );
```

CreateDC 方法中各参数的说明见表 4-18。

如果成功，返回非零值。

表 4-18　CreateDC 方法参数说明

参　　数	描　　述
lpszDriverName	指向非 NULL 的字符串的指针，字符串为设备驱动程序的不带扩展名的文件名，也可以使用 CString 对象传递参数

参　　数	描　　述
LpszDeviceName	指向非 NULL 的字符串的指针，字符串为支持特定设备的文件名。如果模块不仅仅支持一个设备，也可以使用 CString 对象传递参数
lpszOutput	指向非 NULL 的字符串的指针，字符串是指定了物理输出介质的文件和设备名（文件或输出端口），也可以使用 CString 对象传递参数
lpInitData	指向 DEVMODE 结构的指针，该结构包含有指定设备驱动程序的初始数据，Windows 的 DocumentProperties 函数从该结构中获得指定设备的信息，如果设备驱动程序使用用户在控制面板中设定了默认值，lpInitData 参数一定要设置为 NULL

（2）CreateIC。

创建一个信息上下文，信息上下文的命名规范与 CreateDC 中的相同。语法格式如下。

```
virtual BOOL CreateIC( LPCTSTR lpszDriverName, LPCTSTR lpszDeviceName, LPCTSTR
lpszOutput, const void* lpInitData );
```

参数 lpszDriverName、lpszDeviceName、lpszOutput 和 lpInitData 请参照 CreateDC 中相应的参数描述。

如果成功，返回非零值。

（3）SelectObject。

选择 GDI 对象到设备环境中，不同的 GDI 对象有相应的 SelectObject 方法。语法格式如下。

```
CPen* SelectObject( CPen* pPen );
CBrush* SelectObject( CBrush* pBrush );
virtual CFont* SelectObject( CFont* pFont );
CBitmap* SelectObject( CBitmap* pBitmap );
int SelectObject( CRgn* pRgn );
```

SelectObject 方法中各参数的说明见表 4-19。

表 4-19　参数说明

参　　数	描　　述
pPen	要选择到设备环境中的 CPen 对象指针
pBrush	要选择到设备环境中的 CBrush 对象指针
pFont	要选择到设备环境中的 CFont 对象指针
pBitmap	要选择到设备环境中的 CBitmap 对象指针
pRgn	要选择到设备环境中的 CRgn 对象指针

返回值：第 1 种原型返回 CPen 对象指针；第 2 种原型返回 CBrush 对象指针；第 3 种原型返回 CFont 对象指针；第 4 种原型返回 CBitmap 对象指针；第 5 种原型返回的是 COMPLEXREGION、ERROR、NULLREGION 和 SIMPLEREGION 其中之一。

（4）SetROP2。

设置绘图模式，绘图模式指出画笔与被填充对象的颜色是怎样与显示表面的颜色相组合的。语法格式如下。

```
int SetROP2( int nDrawMode );
```

nDrawMode：绘制模式，有以下设置值。

返回上一次绘图模式。

- R2_BLACK：像素始终为黑色。
- R2_WHITE：像素始终为白色。
- R2_NOP：像素保持不变。
- R2_NOT：像素为屏幕颜色的反色。
- R2_COPYPEN：像素为笔的颜色。

- R2_NOTCOPYPEN：像素为笔颜色的反色。
- R2_MERGEPENNOT：像素为笔颜色或屏幕颜色反色的组合色。
- R2_MASKPENNOT：像素为笔颜色与屏幕颜色的组合色。
- R2_MERGENOTPEN：像素为笔颜色反色或屏幕颜色的组合色。
- R2_MASKNOTPEN：像素为笔颜色反色与屏幕颜色的组合色。
- R2_MERGEPEN：像素为笔颜色或屏幕颜色的组合色。
- R2_NOTMERGEPEN：R2_MERGEPEN 的反色。
- R2_MASKPEN：像素为笔颜色与屏幕颜色的组合色。
- R2_NOTMASKPEN：R2_MASKPEN 的反色。
- R2_XORPEN：像素为笔颜色异或屏幕颜色。
- R2_NOTXORPEN：R2_XORPEN 的反色。

（5）IntersectClipRect。

该方法主要通过当前区域和用 x1，y1，x2，y2 指定的矩形截取形成新的剪切区，GDI 剪切所有随后的输出，使其适合新的边界。宽度和高度分别不得超过 32 和 767。语法格式如下。

```
virtual int IntersectClipRect( int x1, int y1, int x2, int y2 );
virtual int IntersectClipRect( LPCRECT lpRect );
```

IntersectClipRect()方法中各参数的说明见表 4-20。

表 4-20　IntersectClipRect 方法参数说明

参　　数	描　　述
x1	指定矩形左上角的 x 逻辑坐标
y1	指定矩形左上角的 y 逻辑坐标
x2	指定矩形右下角的 x 逻辑坐标
y2	指定举行右下角的 y 逻辑坐标
lpRect	指定矩形，可以用 RECT 或 CRect 对象来传递参数

IntersectClipRect 方法的返回值如下所示。

- COMPLEXREGION：新剪切区有覆盖的边界。
- ERROR：设备环境无效。
- NULLREGION：新剪切区为空。
- SIMPLEREGION：新剪切区无覆盖边界。

（6）Arc。

该方法主要用来画一条椭圆弧。这个弧是椭圆的一段，弧的起点是从矩形的中心通过指定开始点的线与椭圆的相交点，弧的终点是从绑定矩形中心通过指定终点的线与椭圆的相交点，弧的方向是逆时针。语法格式如下。

```
BOOL Arc( int x1, int y1, int x2, int y2, int x3, int y3, int x4, int y4 );
BOOL Arc( LPCRECT lpRect, POINT ptStart, POINT ptEnd );
```

Arc 方法中各参数的说明见表 4-21。

如果成功，返回非零值。

表 4-21　Arc 方法参数说明

参　　数	描　　述
x1	指定绑定矩形左上角 x 坐标（逻辑单位）
y1	指定绑定矩形左上角 y 坐标（逻辑单位）

参　数	描　　述
x2	指定绑定矩形右下角 x 坐标（逻辑单位）
y2	指定绑定矩形右下角 y 坐标（逻辑单位）
x3	指定定义圆弧起点的点的 x 坐标（逻辑单位），这个点不一定在圆弧上
y3	指定定义圆弧起点的点的 y 坐标（逻辑单位），这个点不一定在圆弧上
x4	指定定义圆弧终点的点的 x 坐标（逻辑单位），这个点不一定在圆弧上
y4	指定定义圆弧终点的点的 y 坐标（逻辑单位），这个点不一定在圆弧上
lpRect	指定绑定矩形（逻辑单位），可以用 RECT 或 CRect 对象来传递参数
ptStart	指定圆弧起点的点的 x 和 y 坐标（逻辑单位），这个点不一定在圆弧上
ptEnd	指定圆弧终点的点的 x 和 y 坐标（逻辑单位），这个点不一定在圆弧上

（7）BitBlt。

从源设备上下文复制位图到当前设备上下文。语法格式如下。

```
BOOL BitBlt( int x, int y, int nWidth, int nHeight, CDC* pSrcDC, int xSrc, int ySrc,
DWORD dwRop );
```

BitBlt 方法中各参数的说明见表 4-22。

如果成功，返回非零值。

表 4-22　BitBlt 方法参数说明

参　数	描　　述
x	指定目标设备顶点的 x 轴坐标
y	指定目标设备顶点的 y 轴坐标
nWidth	指定目标设备的宽度
nHeight	指定目标设备的高度
pSrcDC	指向源设备的指针
xSrc	源设备顶点的 x 轴坐标
ySrc	源设备顶点的 y 轴坐标
dwRop	光栅操作，其设置值如下。 BLACKNESS：所有输出变黑 DSTINVERT：反转目标位图 MERGECOPY：使用 AND 操作符合并特征与源位图 MERGEPAINT：使用 OR 操作符合并特征与源位图 NOTSRCCOPY：复制反转源位图到目标位图 NOTSRCERASE：反转使用 OR 操作符合并源位图和目标位图 PATCOPY：复制特征到目标位图 PATINVERT：使用 XOR 操作符合并目标位图和特征 PATPAINT：使用 OR 操作符合并并反转源位图和特征 SRCAND：使用 AND 操作符合并目标像素和源位图 SRCCOPY：复制源位图和目标位图 SRCERASE：反转目标位图并且使用 AND 操作符合并这个结果和源位图 SRCINVERT：使用 XOR 操作符合并目标像素和源位图 SRCPAINT：使用 OR 操作符合并目标像素和源位图 WHITENESS：所有输出变白

4.1.7　调色板 CPalette

调色板为应用程序和颜色输出设备之间提供了一个接口。通过这个接口，应用程序可以拥有自己的颜色索引，提高程序的运行速率及颜色处理能力。调色板的主要方法见表 4-23。

表 4-23　调色板 Cpalette 主要方法

方　　法	描　　述
CPalette	构造一个 CPalette 对象
CreatePalette	创建一个调色板
CreateHalftonePalette	创建一个半色调色板
Fromhandle	从 HPALETTE 句柄得到 CPalette 对象指针
AnimatePalette	替换由 CPalette 对象标识的逻辑调色板中的项
GetNearstPaletteIndex	返回逻辑调色板中最匹配某个颜色值项的索引
ResizePalette	将 CPalette 对象所指定的逻辑调色板的大小改变为指定的项数
GetentryCount	获取一个调色板中的调色板项数目
GetPaletteEntries	获取一个逻辑调色板中一段范围内的调色板项
Operator HPALETTE	返回 HPALETTE 句柄
SetPaletteEntries	设置逻辑调色板中一段表项范围内 RGB 值和标志

下面对其中的主要方法进行介绍。

（1）Cpalette。

CPalette 是一个构造函数，通过这个函数创建 CPalette 对象，但需要通过 CreatePalette 方法来创建一个 Windows 调色板对象，并将这个对象连接到 CPalette 对象上。

（2）CreatePalette。

用来创建 Windows 调色板对象，需要 CPalette 类连接。语法格式如下。

```
BOOL CreatePalette( LPLOGPALETTE lpLogPalette );
```

LpLogPalette：指向 LOGPALETTE 结构的指针，LOGPALETTE 结构如下。

```
typedef struct tagLOGPALETTE {
    WORD        palVersion;            //调色板的版本
    WORD        palNumEntries;         //逻辑调色板数量
    PALETTEENTRY palPalEntry[1];       //逻辑调色板的结构数组
} LOGPALETTE;
```

如果成功，返回非零值。

（3）AnimatePalette。

该方法替换 LOGPALETTE 结构中 palPaletteEntry 成员为 PC_RESERVED 值的 CPalette 对象。语法格式如下。

```
void AnimatePalette( UINT nStartIndex, UINT nNumEntries, LPPALETTEENTRY
lpPaletteColors );
```

❑ nStartIndex：调色板中第一项索引值。

❑ nNumEntries：调色板中的项数。

❑ lpPaletteColors：表示 PALETTEENTRY 结构数组的第一个成员，此结构用于替换由 nStartIndex 和 nNumEntries 所标识的调色板项。

（4）CreateHalftonePalette。

用来创建半色调色板，当设备环境的拉伸方式被设置为 HALFTONE 时，应用程序创建半色调色板。语法格式如下。

```
BOOL CreateHalftonePalette( CDC* pDC );
```

PDC：设备上下文的指针。

如果成功，返回非零值。

（5）Fromhandle。

该方法可以从 Windows 调色板对象中得到 CPalette 对象，这个 CPalette 对象是临时的，如果有其他窗口消息发生，临时的调色板对象就会随其他临时图形对象一起被删除。语法格式如下。

```
static CPalette* PASCAL FromHandle( HPALETTE hPalette );
```

hPalette：表示 Windows 调色板对象。

返回 CPalette 对象指针。

（6）GetPaletteEntries。

从 PALETTEENTRY 结构数组中获取逻辑调色板的项数。语法格式如下。

```
UINT GetPaletteEntries( UINT nStartIndex, UINT nNumEntries, LPPALETTEENTRY
lpPaletteColors ) const;
```

- ❑ nStartIndex：指定在逻辑调色板中要获取的第一项。
- ❑ nNumEntries：指定在逻辑调色板中要获取的项数。
- ❑ lpPaletteColors：指向 LPPALETTEENTRY 结构的指针。

返回逻辑调色板项数。

（7）SetPaletteEntries。

设置逻辑调色板的项数。语法格式如下。

```
UINT SetPaletteEntries( UINT nStartIndex, UINT nNumEntries, LPPALETTEENTRY
lpPaletteColors );
```

- ❑ nStartIndex：指定在逻辑调色板中要设置的第一项。
- ❑ nNumEntries：指定在逻辑调色板中要设置的项数。
- ❑ lpPaletteColors：指向 LPPALETTEENTRY 结构的指针，该结构用来接受调色板项，应与 nNumEntries 值保持一致。

返回逻辑调色板项数。

（8）ResizePalette。

用来调整调色板的大小，如果是减小调色板，调色板中的项没有变化；如果是增加调色板，则增加的调色板项都被设为黑色，值为 0。语法格式如下。

```
BOOL ResizePalette( UINT nNumEntries );
```

NNumEntries：指定调色板的大小。

如果成功，返回非零值。

4.2 文 本 输 出

在开发应用程序时，用户经常需要在窗口中输出文本信息，一些应用软件还能够在图像背景上输出透明的文本，这是如何做到的呢？本节将介绍各种文本格式的输出。

4.2.1 在具体位置和区域中输出文本

在输出文本时，需要标识文本的输出位置。文本位置的标识可以有多种方法，其中最常用的方法是根据坐标或区域来输出文本。设备上下文 CDC 类中提供了 TextOut 方法用于在指定的坐标处输出文本。语法格式如下。

```
BOOL TextOut( int x, int y, const CString& str );
```

- ❑ x：文本位置的 x 轴坐标。

❑ y：文本位置的 y 轴坐标。

❑ str：输出的文本信息。

在 4.1.1 小节的实例中，我们就使用了 TextOut 函数在坐标（10,10）处输出了"同一个世界，同一个梦想"信息。

CDC 类还提供了一个 DrawText 方法用于在某一个区域内输出文本。

语法格式如下。

```
int DrawText( const CString& str, LPRECT lpRect, UINT nFormat );
```

❑ str：被输出的字符串。

❑ lpRect：一个区域对象，字符串将绘制在该区域中。

❑ nFormat：文本被格式化的方式，即文本在区域中的显示方式。其参数值可以是表 4-24 所示值的任意组合。

表 4-24　nFormat 参数值描述

值	描　　述
DT_BOTTOM	调整文本到矩形区域的底部，该值必须与 DT_SINGLELINE 值一起使用
DT_CALCRECT	根据将要显示的字符串重新设定显示的矩形区域。如果显示的是多行正文，该方法将使用参数 lpRect 所指定的矩形区域的宽度，高度应该是显示所有正文的高度。如果是一行正文，该方法不使用参数 lpRect 指定的宽度，此时宽度是显示所有正文的宽度，使用该参数将不显示正文，而是返回字符串的高度
DT_CENTER	在区域的水平位置居中显示文本
DT_EDITCONTROL	复制多行编辑空间的文本显示属性。例如，以编辑控件同样的方式计算字符的平均宽度，该属性值不显示文本
DT_END_ELLIPSIS	如果字符串不能完全显示在矩形区域中，则末尾的字符以省略号代替
DT_EXPANDTABS	扩展制表符，默认每个制表符占 8 个字符
DT_EXTERNALLEADING	行高度中包含字体的外部标头，通常外部标头不被包含在正文行的高度中
DT_INTERNAL	使用系统的字体来表示文本的度量
DT_LEFT	文本居左对齐
DT_MODIFYSTRING	修改指定的字符串来匹配显示文本，此标记必须与 DT_END_ELLIPSIS 或 DT_PATH_ELLIPSIS 同时使用
DT_NOCLIP	无裁剪绘制
DT_NOPREFIX	关闭前缀处理字符。前缀字符"&"通常被解释为字符的下划线，"&&"被解释为"&"，使用该标记将结束该种解释
DT_PATH_ELLIPSIS	如果文本不能被完全显示在矩形区域中，使用省略号替换字符串中间的字符。如果字符串中含有反斜扛，DT_PATH_ELLIPSIS 尽可能地保留最后一个反斜杠之后的正文
DT_RIGHT	文本居右对齐
DT_RTLREADING	当选中的字体是希伯来语或阿拉伯语时，从右向左读取文本
DT_SINGLELINE	文本被单行显示
DT_TABSTOP	设置制表位
DT_TOP	调整文本到矩形区域的顶部
DT_VCENTER	文本垂直方向居中
DT_WORDBREAK	当一行中的字符延伸到由 lpRect 指定的矩形的边框时，此行自动在字之间断开
DT_WORD_ELLIPSIS	截短不符合矩形的正文并添加省略号

下面举例介绍 DrawText 方法的使用，实例将在矩形区域的居中位置输出信息。

【**例 4-6**】 在矩形区域的居中位置输出信息。(实例位置:光盘\MR\源码\第 4 章\4-6)
步骤如下。

(1)创建一个单文档/视图应用程序,工程名称为 DrawText。

(2)在视图类的 OnDraw 方法中添加如下代码。

```
void CDrawTextView::OnDraw(CDC* pDC)
{
    CDrawTextDoc* pDoc = GetDocument();          //获取视图关联的文档对象
    ASSERT_VALID(pDoc);                           //验证文档对象
    CRect rc(100,20,300,200);                     //定义一个矩形区域
    CString str = "我爱北京,我爱奥运!";            //定义一个字符串
    CBrush brush(RGB(0,0,0,0));                    //定义一个黑色的画刷
    pDC->FrameRect(rc,&brush);                     //使用黑色的画刷绘制一个矩形边框
    //在矩形区域中绘制文本
    pDC->DrawText(str,rc,DT_CENTER|DT_SINGLELINE|DT_VCENTER);
    brush.DeleteObject();                         //释放画刷资源
}
```

 通过 DT_CENTER 和 DT_VCENTER 这两个标记即可将绘制的文本指定在矩形区域的正中间,但是在使用 DT_VCENTER 时,必须要使用 DT_SINGLELINE 标记。

(3)运行程序,结果如图 4-6 所示。

图 4-6　DrawText 方法应用

4.2.2　利用制表位控制文本输出

除了根据坐标或矩形区域输出文本外,CDC 类还提供了 TabbedTextOut 方法基于制表位控制文本输出。

语法格式如下。

```
CSize TabbedTextOut( int x, int y, const CString& str, int nTabPositions, LPINT
lpnTabStopPositions,
    int nTabOrigin );
```

❑　x:输出文本起点的 *x* 轴坐标。

❑　y:输出文本起点的 *y* 轴坐标。

❑　str:输出的文本字符串。

❑　nTabPositions:标识 lpnTabStopPositions 的元素数量。

❑　lpnTabStopPositions：制表位数组。

❑　nTabOrigin：x 轴从制表位开始扩展的位置，可以与 x 参数相同，也可以不同。

如果 nTabPositions 参数为 0，并且 lpnTabStopPositions 参数为 NULL，则制表符被扩展为平均字符宽度的 8 倍。

下面举例介绍 TabbedTextOut 方法的使用，实例将字符串中的制表符按照指定的宽度转换为空格输出。

【例 4-7】　将字符串中的制表符按照指定的宽度转换为空格输出。（实例位置：光盘\MR\源码\第 4 章\4-7）

步骤如下。

（1）创建一个单文档/视图结构应用程序，工程名称为 Tabout。

（2）在视图类的 OnDraw 方法中编写如下程序代码。

```
void CTaboutView::OnDraw(CDC* pDC)
{
    CTaboutDoc* pDoc = GetDocument();
    ASSERT_VALID(pDoc);
    int pts[4] = {100,150,300,400};
    pDC->TabbedTextOut(0,20,"\t2008\t北京奥运\t同一个世界\t同一个梦想",4,pts,0);
}
```

利用制表位输出文本可以轻松地设置文本对齐。

（3）运行程序，结果如图 4-7 所示。

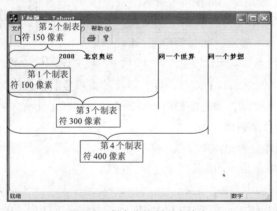

图 4-7　制表位控制文本输出

4.2.3　设置字体及文本颜色

在向窗口中输出文本时，通常需要设置文本的字体及文本的显示颜色。设置文本的颜色只要使用 CDC 类的 SetTextColor 方法即可。该方法需要使用一个 RGB 值表示文本的颜色，用户可以使用 Visual C++提供的 RGB 宏来根据红、绿、蓝颜色确定一个 RGB 颜色值，如"RGB(255,0,0)"将获得一个红色的 RGB 颜色值。对于设置文本的字体属性，其操作略微复杂一些。首先需要定义一个字体对象，即 CFont 类对象，然后通过该对象创建一个字体，接着使用 CDC 类的 SelectObject 方法选中新创建的字体，最后输出文本即可。

对于初学者来说，设置字体的难点在于字体的创建。在介绍创建字体之前，先来介绍一下有关 Windows 字体的相关知识。根据 Windows 对字体使用的技术不同，可以将字体分为 3 类——矢量字体（vector font）、光栅字体（raster font）和 TrueType 字体。这些字体的不同之处在于每个字符或符号的图像字符（gIyph）存储在单独的字体资源文件中。在光栅字体中，图像字符是一个位图，Windows 用来绘制每一个字符或符号。在矢量字体中，图像字符是一个端点的集合，描述一个线段，Windows 用来绘制每一个字符或符号。在 TrueType 字体中，图像字符是一个直线或曲线命令的集合，Windows 使用直线或曲线命令来为每一个字符或符号定义位图轮廓。TrueType 是一种与设备无关的字体，可以被任意放大或旋转，在任何尺寸上都可以达到较为满意的显示效果，尤其是在显示器和打印机上使用相同的字体时。

在程序中，通常使用 CFont 类的 CreateFont 方法或 CreatePointFont 方法来创建字体。
CreateFont 方法的语法格式如下。

```
BOOL CreateFont( int nHeight, int nWidth, int nEscapement, int nOrientation, int nWeight,
BYTE bItalic,
    BYTE bUnderline, BYTE cStrikeOut, BYTE nCharSet, BYTE nOutPrecision, BYTE
nClipPrecision,
    BYTE nQuality, BYTE nPitchAndFamily, LPCTSTR lpszFacename );
```

CreateFont 方法的参数较多，下面逐一介绍。

❑ nHeight：以逻辑单位标识字体字符的高度（这里的字符高度是指字符单元格的高度减去内部标头的值）。如果为正数，字体映射机制会根据指定的高度从系统字体列表中匹配一种最为接近的字体，此时的匹配方式是以字体的单元高度为参考。如果为负数，匹配方式是以字体的字符高度为参考依据。这里解释一下字符的单元高度和字符高度，在向屏幕中输出字符时，每个字符占据一个矩形区域，这个矩形区域被称为字符的单元格，字符在该单元格中被显示，如图 4-8 所示。

❑ nWidth：以逻辑单位表示字符的平均宽度。

❑ nEscapement：文本显示时的倾斜角度，以 x 轴为参考。参数值为实际旋转角度的 10 倍。

图 4-8　字符显示

❑ nOrientation：字符显示时的倾斜角度，以 x 轴为参考。参数值为实际旋转角度的 10 倍。

❑ nWeight：字体的重量，即粗细程度，范围在 0 ~ 1000。

❑ bItalic：字体是否是斜体。

❑ bUnderline：字体是否显示下划线。

❑ cStrikeOut：字体是否显示删除线。

❑ nCharSet：字体使用哪种字符集。

❑ nOutPrecision：字体映射机制如何根据提供的参数来选择合适的字体。

❑ nClipPrecision：字体的裁剪精度。

❑ nQuality：字体输出质量，即字体参数与实际输出字符效果的接近程度。

❑ nPitchAndFamily：可以设置两方面的内容，包括字符间距和字体属性。

❑ lpszFacename：字体名称，包括结尾的终止符不能超过 22 个字符。

对于初学者来说，CFont 类的 CreateFont 方法调用较为烦琐，为了简化字体的创建，CFont 类还提供了 CreatePointFont 方法来创建字体。

语法格式如下：

```
BOOL CreatePointFont( int nPointSize, LPCTSTR lpszFaceName, CDC* pDC = NULL );
```

❑ nPointSize：字体大小。

❏ lpszFaceName：字体名称。

❏ pDC：一个设备上下文的指针，以该设备上下文来转换 nPointSize 为字体的高度。如果为 NULL，将以屏幕的设备上下文作为转换的依据。

下面举例介绍如何输出指定的字体，并设置字体的输出颜色。

【例 4-8】　输出指定的字体，并设置字体的输出颜色。（实例位置：光盘\MR\源码\第 4 章\4-8）步骤如下。

（1）创建一个单文档/视图结构应用程序，工程名称为 SelFont。

（2）在视图类的 OnDraw 方法中编写如下程序代码。

```
void C SelFont View::OnDraw(CDC* pDC)
{
    CSelFont Doc* pDoc = GetDocument();            //获取文档对象
    ASSERT_VALID(pDoc);                            //验证文档对象
    CFont Font;                                    //定义一个字体对象
    //创建字体
    Font.CreateFont(12,12,2700,0,FW_NORMAL,0,0,0,DEFAULT_CHARSET,OUT_DEFAULT_PRECIS,
            CLIP_DEFAULT_PRECIS,DEFAULT_QUALITY,DEFAULT_PITCH|FF_ROMAN,"黑体");
    CFont *pOldFont = NULL;                         //定义一个字体指针
    pOldFont = pDC->SelectObject(&Font);            //选中创建的字体
    pDC->SetTextColor(RGB(255,0,0));               //设置输出文本颜色
    pDC->TextOut(100,50,"北京奥运");               //输出文本信息
    pDC->SelectObject(pOldFont);                   //恢复之前选中的字体
    Font.DeleteObject();                           //释放字体对象
    Font.CreatePointFont(120,"黑体",pDC);          //创建字体
    pOldFont = pDC->SelectObject(&Font);            //选中创建的字体
    pDC->TextOut(120,70, "同一个世界");            //输出文本
    pDC->TextOut(120,90, "同一个梦想");            //输出文本
    pDC->SelectObject(pOldFont);                   //恢复之前选中的字体
    Font.DeleteObject();                           //释放字体对象
}
```

（3）运行程序，结果如图 4-9 所示。

图 4-9　设置输出字体

4.3　图像显示

在设计应用程序界面时，经常需要绘制窗口的背景图片，以使界面更加美观。本节将介绍有关图像输出显示的相关知识。

4.3.1　在设备上下文中绘制图像

在设备上下文中绘制图像有多种方法。例如，在 4.3.4 节中通过创建一个位图画刷，利用其填充一个区域来实现图像的绘制。此外，还可以使用 CDC 类的位图函数来输出位图到设备上下文中，下面分别进行介绍。

（1）BitBlt。

该函数用于从源设备中复制位图到目标设备中。

语法格式如下。

```
BOOL BitBlt(int x, int y, int nWidth, int nHeight, CDC* pSrcDC, int xSrc, int ySrc,
DWORD dwRop );
```

- ❑ x：目标矩形区域的左上角 x 轴坐标点。
- ❑ y：目标矩形区域的左上角 y 轴坐标点。
- ❑ nWidth：在目标设备中绘制位图的宽度。
- ❑ nHeight：在目标设备中绘制位图的高度。
- ❑ pSrcDC：源设备上下文对象指针。
- ❑ xSrc：源设备上下文的起点 x 轴坐标，函数从该起点复制位图到目标设备。
- ❑ ySrc：源设备上下文的起点 y 轴坐标，函数从该起点复制位图到目标设备。
- ❑ dwRop：光栅操作代码。可选值见表 4-25。

表 4-25　光栅操作代码

值	描　　述
BLACKNESS	使用黑色填充目标区域
DSTINVERT	目标矩形区域颜色取反
MERGECOPY	使用与运算组合源设备矩形区域的颜色和目标设备的画刷
MERGEPAINT	使用或运算将反向的源矩形区域的颜色与目标矩形区域的颜色合并
NOTSRCCOPY	复制源设备区域的反色到目标设备中
NOTSRCERASE	使用或运算组合源设备区域与目标设备区域的颜色，然后对结果颜色取反
PATCOPY	复制源设备当前选中的画刷到目标设备
PATINVERT	使用异或运算组合目标设备选中的画刷与目标设备区域的颜色
PATPAINT	通过或运算组合目标区域当前选中的画刷和源设备区域反转的颜色
SRCAND	使用与运算组合源设备和目标设备区域的颜色
SRCCOPY	直接复制源设备区域到目标设备中
SRCERASE	使用与运算组合目标设备区域的反色与源设备区域的颜色
SRCINVERT	使用异或运算组合源设备区域颜色和目标设备区域颜色
SRCPAINT	使用或运算组合源设备区域颜色和目标设备区域颜色
WHITENESS	使用白色填充目标区域

（2）StretchBlt。

该函数复制源设备上下文的内容到目标设备上下文中。与 BitBlt 方法不同的是，StretchBlt 方法能够延伸或收缩位图以适应目标区域的大小。

语法格式如下。

```
BOOL StretchBlt( int x, int y, int nWidth, int nHeight, CDC* pSrcDC, int xSrc, int ySrc,
int nSrcWidth, int nSrcHeight, DWORD dwRop );
```

- □　x：目标矩形区域的左上角 x 轴坐标点。
- □　y：目标矩形区域的左上角 y 轴坐标点。
- □　nWidth：在目标设备中绘制位图的宽度。
- □　nHeight：在目标设备中绘制位图的高度。
- □　pSrcDC：源设备上下文对象指针。
- □　xSrc：源设备上下文的起点 x 轴坐标，函数从该起点复制位图到目标设备。
- □　ySrc：源设备上下文的起点 y 轴坐标，函数从该起点复制位图到目标设备。
- □　nSrcWidth：需要复制的位图宽度。
- □　nSrcHeight：需要复制的位图高度。
- □　dwRop：光栅操作代码。可选值见表 4-2。

下面通过一个实例介绍在设备上下文中绘制图像的各种方法。

【例 4-9】　在设备上下文中绘制图像。（实例位置：光盘\MR\源码\第 4 章\4-9）

步骤如下。

（1）创建一个单文档/视图结构的应用程序，工程名称为 OutputBmp。

（2）在视图类的 OnDraw 方法中编写如下程序代码。

```
void COutputBmpView::OnDraw(CDC* pDC)
{
    COutputBmpDoc* pDoc = GetDocument();                //获取文档对象
    ASSERT_VALID(pDoc);                                 //验证文档对象
    CDC memDC;                                          //定义一个设备上下文
    memDC.CreateCompatibleDC(pDC);                      //创建兼容的设备上下文
    CBitmap bmp;                                        //定义位图对象
    bmp.LoadBitmap(IDB_BKBITMAP);                       //加载位图
    memDC.SelectObject(&bmp);                           //选中位图对象
    pDC->BitBlt(30,20,180,180,&memDC,1,1,SRCCOPY);      //绘制位图
    CRect rc(30,20,210,200);                            //定义一个区域
    CBrush brush(RGB(0,0,0));                           //定义一个黑色的画刷
    pDC->FrameRect(rc,&brush);                          //绘制矩形边框
    rc.OffsetRect(220,0);                               //移动区域
    BITMAP BitInfo;                                     //定义位图结构
    bmp.GetBitmap(&BitInfo);                            //获取位图信息
    int x = BitInfo.bmWidth;                            //获取位图宽度
    int y = BitInfo.bmHeight;                           //获取位图高度
    //绘制位图
    pDC->StretchBlt(rc.left,rc.top,rc.Width(),rc.Height(),&memDC,0,0,x,y,SRCCOPY);
    pDC->FrameRect(rc,&brush);                          //绘制边框
    brush.DeleteObject();                               //释放画刷对象
    memDC.DeleteDC();                                   //释放设备上下文
    bmp.DeleteObject();                                 //释放位图对象
}
```

（3）运行程序，结果如图 4-10 所示。

说明
　　由于大多数的图像和需要显示此图像的控件大小都不相同，所以大多使用 StretchBlt 方法对图像进行缩放以达到图像的完整显示。

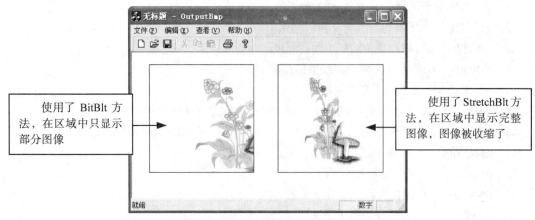

使用了 BitBlt 方法，在区域中只显示部分图像

使用了 StretchBlt 方法，在区域中显示完整图像，图像被收缩了

图 4-10　绘制图像

4.3.2　从磁盘中加载图像到窗口中

在开发程序时，通常需要从磁盘中动态加载一幅图像到窗口中。用户可以使用 LoadImage 函数来从磁盘加载图像文件。

语法格式如下。

```
HANDLE LoadImage( HINSTANCE hinst, LPCTSTR lpszName, UINT uType, int cxDesired, int
cyDesired,  UINT fuLoad );
```

❑　hinst：表示包含图像的实例句柄，可以为 NULL。

❑　lpszName：表示图像的资源名称，如果从磁盘中加载，该参数表示图像的名称，包含完整路径。

❑　uType：表示加载的图像类型。为 IMAGE_BITMAP 时，表示加载位图；为 IMAGE_ CURSOR 时，表示加载鼠标指针；为 IMAGE_ICON 时，表示加载图标。

❑　cxDesired：表示图标或鼠标指针的宽度，如果加载的是位图，则该参数必须为 0。

❑　cyDesired：表示图标或鼠标指针的高度，如果加载的是位图，则该参数必须为 0。

❑　fuLoad：表示加载类型，如果为 LR_LOADFROMFILE，表示从磁盘文件中加载位图。

返回值：函数返回加载的图像资源句柄。

下面通过一个实例介绍如何从磁盘中加载图像到窗口中。

【例 4-10】　从磁盘中加载图像到窗口中。（实例位置：光盘\MR\源码\第 4 章\4-10）

步骤如下。

（1）创建一个单文档/视图结构的应用程序，工程名称为 LoadBmp。

（2）在视图类中添加一个成员变量 m_hBmp。

（3）在视图类的构造函数中调用 LoadImage 方法从磁盘中加载文件，代码如下。

```
CLoadBmpView::CLoadBmpView()
{
//加载位图
    m_hBmp = LoadImage(NULL,"Demo.bmp",IMAGE_BITMAP,0,0,LR_LOADFROMFILE);
}
```

（4）在视图类的 OnDraw 方法中绘制位图，代码如下。

```
void CLoadBmpView::OnDraw(CDC* pDC)
{
    CLoadBmpDoc* pDoc = GetDocument();                //获取文档对象
    ASSERT_VALID(pDoc);                              //验证文档对象
```

```
CBitmap bmp;                                      //定义一个位图对象
bmp.Attach(m_hBmp);                               //将位图关联到位图句柄上
CDC memDC;                                        //定义一个设备上下文
memDC.CreateCompatibleDC(pDC);                    //创建兼容的设备上下文
memDC.SelectObject(&bmp);                         //选中位图对象
BITMAP BitInfo;                                   //定义位图结构
bmp.GetBitmap(&BitInfo);                          //获取位图信息
int x = BitInfo.bmWidth;                          //获取位图宽度
int y = BitInfo.bmHeight;                         //获取位图高度
pDC->BitBlt(0,0,x,y,&memDC,0,0,SRCCOPY);          //向窗口中绘制位图
bmp.Detach();                                     //分离位图句柄
memDC.DeleteDC();                                 //释放设备上下文对象
}
```

　　Attach 方法用于将位图对象关联到位图句柄上，Detach 方法是与 Attach 方法配对使用的，该方法用于将位图句柄从位图对象上分离。

（5）运行程序，结果如图 4-11 所示。

图 4-11　从磁盘中加载图像

4.4　综合实例——使控件具有不同的字体

本程序演示如何使对话框中的控件具有不同的字体。运行结果如图 4-12 所示。

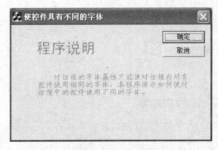

图 4-12　使控件具有不同的字体

（1）新建一个对话框程序，在对话框中加入两个静态文本控件，ID 分别为 IDC_STATIC1 和

IDC_STATIC2。

（2）在对话框类中定义一个字体变量。

```
CFont font;
```

（3）加入对话框的 OnCtlColor 消息响应函数。代码如下。

```
HBRUSH CFontDlg::OnCtlColor(CDC* pDC, CWnd* pWnd, UINT nCtlColor)
{
    HBRUSH hbr = CDialog::OnCtlColor(pDC, pWnd, nCtlColor);
    font.DeleteObject();
    if(pWnd->m_hWnd==this->GetDlgItem(IDC_STATIC1)->m_hWnd)
    {
        pDC->SetTextColor(RGB(255,0,255));
        font.CreatePointFont(200,"黑体");
    }
    else if(pWnd->m_hWnd==this->GetDlgItem(IDC_STATIC2)->m_hWnd)
    {   pDC->SetTextColor(RGB(0,255,0));
        font.CreatePointFont(100,"楷体_GB2312");
    }
    pDC->SelectObject(&font);
    return hbr;
}
```

知识点提炼

（1）GDI 是个抽象的概念，实际上 GDI 接口是微软公司提供的一组绘图函数，通常称之为 GDI 函数。

（2）画笔（CPen）用于在设备环境中绘制直线、曲线和多边形边框

（3）画刷（CBrush）用于填充诸如多边形、椭圆和路径等图形内部区域。

（4）设备环境（Device Contexts）是包含颜色、大小等属性的对象。GDI 函数需要参照设备环境的数据结构，将其映射到相应的物理设备上，并且提供正确的输入/输出指令。

（5）字体 CFont 用于创建 DC 类使用的字体。

（6）在设备上下文 CDC 类中提供了 TextOut 方法用于在指定的坐标处输出文本。

（7）BitBlt 函数用于从源设备中复制位图到目标设备中。

（8）StretchBlt 函数复制源设备上下文的内容到目标设备上下文中。与 BitBlt 方法不同的是，StretchBlt 方法能够延伸或收缩位图以适应目标区域的大小。

习　　题

4-1　图像的缩放应该用哪一函数实现？

4-2　说明使用 Rgn 对象合并两个区域的方法。

4-3　怎样从资源中加载位图，怎样从磁盘文件加载位图？

4-4　怎样获取位图的实际宽度和高度？

4-5　怎样实现位图的缩放？

实验：可变背景程序

实验目的

（1）掌握从磁盘加载位图的方法。

（2）掌握计算不同字体文本宽度和高度的方法。

（3）掌握 OnSize 方法的使用。

实验内容

创建一个可以通过菜单改变背景位图的对话框，菜单中含有几个预定义的背景，还可以自定义背景，并使窗口大小改变时位图始终能充满整个窗口。运行结果如图 4-13 所示。

4-13　可变背景程序

实验步骤

（1）新建一个对话框程序。

（2）在资源视图中建立菜单，菜单标题如图所示。再加入三个位图资源，ID 分别为 ID_BITMAP1、IDB_BITMAP2 和 IDB_BITMAP3。

（3）在对话框类中加入变量。

```
CBitmap bmp;
CFont f;
```

（4）第一个菜单项的程序如下，第二个、第三个与之类似。

```
void CBitMapDlg::OnMenu1()
{
    bmp.DeleteObject();
    bmp.LoadBitmap(IDB_BITMAP1);
    Invalidate();
```

```
}
```

（5）第四个菜单项"自定义"的程序为

```
void CBitMapDlg::OnMenuchangebk()
{
    bmp.DeleteObject();
    CFileDialog dlg(true,NULL,NULL,OFN_HIDEREADONLY | OFN_OVERWRITEPROMPT,
"*.bmp|*.bmp");
    if(dlg.DoModal()==IDOK)
    {   CString strpath=dlg.GetFileName();
        HANDLE m_hBmp;
        bmp.DeleteObject();
        m_hBmp = LoadImage(NULL,strpath,IMAGE_BITMAP,0,0,LR_LOADFROMFILE);
        bmp.Attach(m_hBmp);                              //将位图关联到位图句柄上
        Invalidate();
    }
}
```

（6）在 OnPaint 函数中加入如下代码

```
void CBitMapDlg::OnPaint()
{
    ……
    /*显示位图*/
    BITMAP bmpInfo;
    bmp.GetBitmap(&bmpInfo);
    int nWidth = bmpInfo.bmWidth;
    int nHeight = bmpInfo.bmHeight;
    CDC memDC,*pDC=this->GetDC();
    memDC.CreateCompatibleDC(pDC);
    memDC.SelectObject(&bmp);
    CRect rc;
    GetClientRect(rc);
    pDC->StretchBlt(0, 0, rc.Width(), rc.Height(), &memDC, 0, 0, nWidth, nHeight,
SRCCOPY);
    memDC.DeleteDC();
    bmp.DeleteObject();
    /*显示标题*/
    f.DeleteObject();
    f.CreatePointFont(500,"宋体");
    pDC->SetBkMode(TRANSPARENT);
    pDC->SelectObject(&f);
    CString title="XXX 管理系统";
    CSize size=pDC->GetTextExtent(title);
    CRect r;
    this->GetClientRect(&r);
    pDC->TextOut((r.Width()-size.cx)/2,(r.Height()-size.cy)/3,title);
}
```

（7）为了使窗口大小改变时能重绘窗口，要设置对话框的 Border 属性为 Resizing，并加入 OnSize 消息响应函数。

```
void CBitMapDlg::OnSize(UINT nType, int cx, int cy)
{
    CDialog::OnSize(nType, cx, cy);
    Invalidate();
}
```

第5章
多线程

本章要点

- 系统内核对象的概念
- 进程和线程的概念
- 创建多线程应用程序的方法
- 实现线程同步的方法

　　线程属于系统内核对象之一，它描述的是代码的执行路径。当一个应用程序开始运行时，系统将创建一个进程，同时创建一个主线程开始执行程序的代码。如果用户在程序中需要同时实现多个操作，如在执行一个费时操作时还能够时时响应界面操作，这就需要使用多线程来完成。本章将介绍多线程程序设计的相关知识。

5.1 线程概述

　　对于 Windows 编程的初学者来说，线程是一个抽象的概念，理解线程是比较困难的。本节将介绍与线程有关的基础知识，包括系统内核对象、进程和线程的概念及其关系以及线程的分类。

5.1.1 理解 Windows 内核对象

　　线程是系统内核对象之一。在介绍线程之前，先来了解一下系统的内核对象。内核对象是系统内核分配的一个内存块，该内存块描述的是一个数据结构，其成员负责维护对象的各种信息。内核对象的数据只能由系统内核来访问，应用程序无法在内存中找到这些数据结构并直接改变它们的内容。

　　常用的系统内核对象有事件对象、文件对象、作业对象、互斥对象、管道对象、进程对象和线程对象等。不同类型的内核对象，其数据结构各不相同，但是内核对象有一些共有的属性。

- 引用计算属性：内核对象具有使用计数属性。内核对象在进程中被创建，但不被进程所拥有，当创建一个内核对象时，内核对象的使用计数为 1，当其他进程访问该内核对象时，使用计数将递增 1。当内核对象的使用计数为 0 时，系统内核将自动撤销该对象。这就意味着，如果在一个进程中创建了一个内核对象，在其他进程中访问了该内核对象，当创建内核对象的进程结束时，内核对象未必会被释放，只有当内核对象的使用计数为 0 时才会被释放。

- 安全属性：内核对象还具有安全属性，由安全描述符来表示。安全描述符描述了谁创建了该内核对象，谁有权访问或可以使用内核对象，内核对象是否能够被继承等信息。

5.1.2　理解进程和线程

进程被认为是一个正在运行的程序的实例，它也属于系统内核对象。进程提供有地址空间，其中包含有可执行程序和动态链接库的代码和数据，此外还提供了线程堆栈和进程堆空间等动态分配的空间。

从上述描述中可以发现，进程主要由两部分构成，即系统内核用于管理进程的进程内核对象和进程地址空间。那么进程是如何实现应用程序的行为的呢？可以将进程简单理解为一个容器，它只提供空间，执行程序的代码是由线程来实现的。线程存在于进程中，它负责执行进程地址空间中的代码。当一个进程创建时，系统会自动为其创建一个线程，该线程被称为主线程。在主线程中用户可以通过代码创建其他线程，当进程中的主线程结束时，进程也就结束了。

5.2　线程的创建

在熟悉了线程的基本概念后，接下来了解线程的创建方法。在 Visual C++中，用户可以通过多种方式来创建线程，本节将逐一介绍。

5.2.1　使用 CreateThread 函数创建线程

为了能够创建线程，系统提供了 CreateThread API 函数。

语法格式如下。

```
HANDLE CreateThread(LPSECURITY_ATTRIBUTES lpsa, DWORD cbStack, LPTHREAD_START_ROUTINE
lpStartAddr, LPVOID lpvThreadParam, DWORD fdwCreate,LPDWORD lpIDThread);
```

表 5-1　CreateThread 函数的参数说明

参　　数	说　　明
lpsa	线程的安全属性，可以为 NULL
cbStack	线程栈的最大大小，该参数可以被忽略
lpStartAddr	线程函数，当线程运行时，将执行该函数
lpvThreadParam	向线程函数传递的参数
fdwCreate	线程创建的标记。为 CREATE_SUSPENDED，表示线程创建后被立即挂起，只有在其后调用 ResumeThread 函数时才开始执行线程；为 STACK_SIZE_PARAM_IS_A_RESERVATION，表示 cbStack 参数将不被忽略，使 cbStack 参数表示线程栈的最大大小
lpIDThread	一个整型指针，用于接收线程的 ID。线程 ID 在系统范围内唯一标识线程，有些系统函数需要使用线程 ID 作为参数。如果该参数为 NULL，表示线程 ID 不被返回

返回值：如果函数执行成功，返回线程句柄，否则返回 NULL。

　　lpStartAddr 参数中设置的线程函数原型为 "DWORD ThreadProc(LPVOID lpParameter);"。

下面通过一个实例介绍如何使用 CreateThread 函数设计多线程应用程序。

【例 5-1】　使用 CreateThread 函数设计多线程应用程序。（实例位置：光盘\MR\源码\第 5 章\5-1）

步骤如下。

（1）创建一个基于对话框的工程，工程名称为 MultiThread，设计对话框资源如图 5-1 所示。

（2）编写一个线程函数，实现简单的计数。代码如下。

```
DWORD__stdcall ThreadProc(LPVOID lpParameter)
{
    CMultiThreadDlg* pDlg = (CMultiThreadDlg*)lpParameter;      //获取对话框
    CString str;                                                //定义一个字符串
    for (int i=0; i<99999;i++)                                  //设计循环
    {
        str.Format("%d",i);                                     //格式化字符串
        pDlg->m_Edit.SetWindowText(str);                        //设计编辑框文本
        pDlg->m_Edit.Invalidate1();
    }
    return 0;
}
```

（3）处理"确定"按钮的单击事件，创建一个线程，并立即执行线程。代码如下。

```
void CMultiThreadDlg::OnOK()
{
    m_hThread = CreateThread(NULL,0,ThreadProc,this,0,NULL);    //创建线程
}
```

（4）运行程序，单击"确定"按钮，计数器开始计数，然后拖动窗口标题栏移动窗口，发现在计数过程中依然可以拖动窗口，结果如图 5-2 所示。如果不用多线程，循环语句执行时，拖动窗口事件将不予响应。

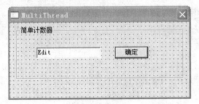

图 5-1　对话框资源设计窗口

图 5-2　多线程计数器

5.2.2　使用_beginthreadex 函数创建线程

除了可以使用 CreateThread API 函数创建线程外，用户还可以使用 C++语言提供的_beginthreadex 函数来创建线程。

语法格式如下。

```
uintptr_t _beginthreadex(void *security,unsigned stack_size,unsigned
( *start_address )( void * ),void *arglist,  unsigned initflag,unsigned *thrdaddr );
```

表 5-2　_beginthreadex 函数的参数说明

参　　数	说　　明
security	线程安全属性信息，如果为 NULL，表示线程句柄不被子进程继承
stack_size	线程的栈大小，可以为 0
start_address	线程函数，线程运行时将执行该函数
arglist	传递到线程函数中的参数
initflag	线程的初始化标记。为 0，表示线程立即执行线程函数；为 CREATE_SUSPENDED，表示线程暂时被挂起
thrdaddr	一个整型指针，用于返回线程 ID

返回值：如果函数执行成功，返回值为线程句柄。

要使用_beginthreadex 函数，需要在工程中引用 process.h 头文件。

下面通过一个实例介绍如何使用_beginthreadex 函数创建线程。

【例 5-2】 使用_beginthreadex 函数创建线程。（实例位置：光盘\MR\源码\第 5 章\5-2）

步骤如下。

（1）创建一个基于对话框的工程，工程名称为 MultyThread，设计对话框资源如图 5-3 所示。

（2）引用 process.h 头文件，目的是使用_beginthreadex 函数。代码如下。

```
#include <process.h>                                          //引用头文件
```

（3）设计线程函数，在线程函数中设计一个较大的循环。代码如下。

```
unsigned int__stdcall ThreadProc(LPVOID lpParameter)
{
    CMultyThreadDlg* pDlg = (CMultyThreadDlg*)lpParameter;   //获取对话框指针
    pDlg->m_Prog.SetRange32(0,999999);                       //设置进度条的范围
    for (int i=0; i<999999;i++)                              //设计循环
    {
        pDlg->m_Prog.SetPos(i);                             //设置进度条的位置
    }
    return 0;
}
```

（4）处理"确定"按钮的单击事件，调用_beginthreadex 函数创建一个线程。代码如下。

```
void CMultyThreadDlg::OnOK()
{
    //创建一个线程
    m_hThread = (HANDLE)_beginthreadex(NULL,0,ThreadProc,this,0,NULL);
}
```

（5）运行程序，单击"确定"按钮创建一个线程，执行循环，然后拖动窗口标题栏，发现在循环的过程中仍可以拖动窗口，结果如图 5-4 所示。

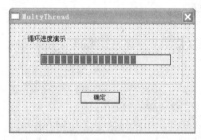

图 5-3 对话框资源设计窗口

图 5-4 多线程演示窗口

5.2.3 使用 AfxBeginThread 函数创建线程

在 MFC 应用程序中，用户还可以使用 AfxBeginThread 函数创建一个线程。

语法格式如下。

```
CWinThread* AfxBeginThread( AFX_THREADPROC pfnThreadProc, LPVOID pParam, int nPriority
 = THREAD_
PRIORITY_NORMAL, UINT nStackSize = 0, DWORD dwCreateFlags = 0,LPSECURITY_ATTRIBUTES
```

```
lpSecurityAttrs = NULL );
    CWinThread* AfxBeginThread( CRuntimeClass* pThreadClass, int nPriority = THREAD_
PRIORITY_NORMAL, UINT nStackSize = 0, DWORD dwCreateFlags = 0, LPSECURITY_ATTRIBUTES
lpSecurityAttrs = NULL );
```

表 5-3　AfxBeginThread 函数的参数说明

参　　　数	说　　　明
pfnThreadProc	线程函数指针。函数原型如下 UINT MyControllingFunction(LPVOID pThreadParam)
pParam	线程函数的参数
nPriority	线程的优先级
nStackSize	线程堆栈大小
dwCreateFlags	线程的创建标记
lpSecurityAttrs	线程的安全属性
pThreadClass	派生于 CWinThread 类的运行时类对象

返回值：新创建的线程对象指针。

下面通过一个实例介绍如何使用 AfxBeginThread 函数创建线程。

【例 5-3】　使用 AfxBeginThread 函数创建线程。（实例位置：光盘\MR\源码\第 5 章\5-3）

步骤如下。

（1）创建一个基于对话框的工程，工程名称为 OperateThread，设计对话框资源如图 5-5 所示。

（2）向对话框类中添加一个成员变量，代码如下。

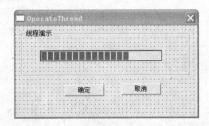

图 5-5　对话框资源设计窗口

```
CWinThread* m_pThread;                                    //添加一个 CWinThread 指针成员变量
```

（3）定义一个线程函数，用于执行循环。代码如下。

```
UINT ThreadFun( LPVOID pThreadParam )
{
    //将函数参数转换为对话框指针
    COperateThreadDlg* pDlg = (COperateThreadDlg*)pThreadParam;
    pDlg->m_Prog.SetRange32(0,999999);                    //设置进度条的范围
    for (int i=0; i<999999;i++)                           //设计一个较大的循环
    {
        pDlg->m_Prog.SetPos(i);                          //设置进度条的位置
    }
    return 0;
}
```

（4）处理"确定"按钮的单击事件，调用 AfxBeginThread 函数创建一个线程。代码如下。

```
void COperateThreadDlg::OnOK()
{
    m_pThread = AfxBeginThread(ThreadFun,this,0,0,0,NULL);    //创建一个线程
}
```

（5）处理"取消"按钮的单击事件，在对话框关闭时释放线程对象。代码如下。

```
void COperateThreadDlg::OnCancel()
{
    DWORD dwExit = 0;                                        //定义一个整型变量
```

```
        if (m_pThread!= NULL)                              //判断线程对象是否为空
        {
            GetExitCodeThread(m_pThread,&dwExit);           //获取线程退出代码
            if (dwExit ==STILL_ACTIVE)                      //判断线程是否运行
                TerminateThread(m_pThread,0);               //终止线程
            delete m_pThread;                               //释放线程对象
        }
        CDialog::OnCancel();
    }
```

　　GetExitCodeThread 函数用于根据线程对象获取线程的退出代码，如果退出代码为 STILL_ACTIVE，则表示线程仍在运行。

（6）运行程序，单击"确定"按钮创建并执行线程，在执行循环的同时可以拖动窗口，结果如图 5-6 所示。

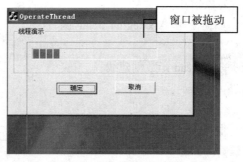

图 5-6　多线程演示程序

5.2.4　应用 MFC 类库创建线程

MFC 类库提供的 CWinThread 类封装了对线程的支持。该类提供了两种类型的线程，即工作者线程和用户界面线程。所谓工作者线程是指线程中没有消息循环，主要在后台进行计算或完成某些功能；用户界面线程是指线程具有消息循环，它能够处理从系统接收的消息。下面对 CWinThread 类的主要成员和方法进行介绍。

（1）m_bAutoDelete。

该成员确定在线程终止时，线程对象是否自动被释放。

（2）m_hThread。

该成员表示线程对象关联的线程句柄。

（3）m_nThreadID。

该成员用于记录线程 ID。

（4）m_pMainWnd。

该成员表示应用程序的主窗口。

（5）m_pActiveWnd。

如果线程是 OLE 服务器的一部分，该成员表示容器应用程序主窗口。

（6）CreateThread。

该方法用于创建一个线程。

语法格式如下。

```
BOOL CreateThread( DWORD dwCreateFlags = 0, UINT nStackSize = 0,LPSECURITY_ATTRIBUTES
lpSecurityAttrs = NULL );
```

❑ dwCreateFlags：线程的创建标识。如果为 CREATE_SUSPENDED，线程在创建后会立即挂起，直到调用 ResumeThread 方法才能开始执行线程函数；如果为 0，线程在创建后会立即执行。

❑ nStackSize：线程堆栈的大小。如果为 0，堆栈的大小将与主线程堆栈的大小相同。

❑ lpSecurityAttrs：线程的安全属性。

（7）GetMainWnd。

该方法用于获取应用程序的主窗口指针，如果是 OLE 服务器应用程序，该方法返回的是 m_pActiveWnd 成员，否则返回 m_pMainWnd 成员。

```
virtual CWnd * GetMainWnd();
```

（8）ResumeThread。

该方法用于重新唤醒线程。它将线程的挂起计数减 1，如果线程的挂起计数为 0，将开始执行线程。

```
DWORD ResumeThread();
```

返回值：如果函数执行成功，返回值是线程之前挂起的计数，否则返回 0xFFFFFFFF。返回值为 0，表示线程之前没有被挂起；返回值为 1，表示线程之前被挂起，但是线程计数会减 1，因此线程会马上执行；返回值大于 1，线程将继续挂起。

（9）SuspendThread。

该方法用于挂起线程。

```
DWORD SuspendThread( );
```

返回值：如果函数执行成功，返回值为线程之前的挂起计数，否则为 0xFFFFFFFF。

下面举例介绍如何使用 CWinThread 类创建多线程应用程序。

【例 5-4】　使用 CWinThread 类创建多线程应用程序。（实例位置：光盘\MR\源码\第 5 章\5-4）

步骤如下。

（1）创建一个基于对话框的工程，工程名称为 UserThread，设计对话框资源如图 5-7 所示。

（2）在工作区的类视图窗口中再创建一个对话框类，名称为 CEmployee，设计对话框资源如图 5-8 所示。

图 5-7　对话框资源窗口 1

图 5-8　对话框资源窗口 2

（3）在工作区的类视图窗口中创建一个 CUserThread 类，基类为 CWinThread。在该类的 InitInstance 方法中定义并显示一个对话框，代码如下。

```
BOOL CUserThread::InitInstance()
{
```

```
CEmployee EmployeeDlg;                              //定义一个对话框类
EmployeeDlg.DoModal();                              //以模态形式显示对话框
return TRUE;
}
```

（4）在主对话框中编写"用户界面线程"按钮的单击事件，利用 **AfxBeginThread** 函数创建一个用户界面线程。代码如下。

```
void CUserThreadDlg::OnUserthread()
{
    //创建一个用户界面线程
    m_pThread = AfxBeginThread(RUNTIME_CLASS(CUserThread),0,0,0,NULL);
}
```

　　　用户界面线程需要使用一个线程类的运行时对象作为参数，可以使用 RUNTIME_CLASS 来获得某一个类的运行时类信息。

（5）在对话框关闭时释放创建的线程对象，代码如下。

```
void CUserThreadDlg::OnCancel()
{
    DWORD dwExit = 0;                               //定义一个整型变量
    if (m_pThread != NULL)                          //判断线程对象是否为 NULL
    {
        GetExitCodeThread(m_pThread,&dwExit);       //获取线程退出代码
        if (dwExit ==STILL_ACTIVE)                  //判断线程是否退出
            TerminateThread(m_pThread,0);           //终止线程
        delete m_pThread;                           //释放线程对象
    }
    CDialog::OnCancel();
}
```

（6）运行程序，单击"用户界面线程"按钮将创建一个用户界面线程，并执行 CUserThread 类的 InitInstance 方法，创建一个对话框，结果如图 5-9 所示。

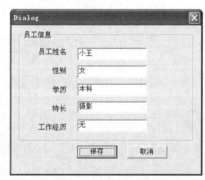

图 5-9　用户界面线程

5.3　线程的挂起、唤醒与终止

在线程创建并运行后，用户可以对线程执行挂起和终止操作。所谓挂起，是指暂停线程的执

行，用户可以通过其后的唤醒操作来恢复线程的执行。线程终止是指结束线程的执行。系统提供了 SuspendThread、ResumeThread、ExitThread 和 TerminateThread 等函数实现线程的挂起、唤醒和停止操作，下面逐一介绍。

（1）SuspendThread。

该函数用于挂起线程。

```
DWORD SuspendThread(HANDLE hThread);
```

hThread：表示线程句柄。

返回值：如果函数执行成功，返回值为之前挂起的线程次数；如果函数执行失败，返回值为0xFFFFFFFF。

（2）ResumeThread。

该函数用于减少线程挂起的次数，如果线程挂起的次数为 0，将唤醒线程。

```
DWORD ResumeThread(HANDLE hThread);
```

hThread：表示线程句柄。

返回值：如果函数执行成功，返回值为之前挂起的线程次数；如果函数执行失败，返回值为0xFFFFFFFF。

（3）ExitThread。

该函数用于结束当前的线程。

```
VOID ExitThread(DWORD dwExitCode);
```

dwExitCode：表示线程退出代码。

（4）TerminateThread。

该函数用于强制终止线程的执行。

```
BOOL TerminateThread(HANDLE hThread,DWORD dwExitCode);
```

❑ hThread：待终止的线程句柄。

❑ dwExitCode：线程退出代码。

下面以一个实例介绍如何创建、挂起、唤醒和终止线程。

【例 5-5】 创建、挂起、唤醒和终止线程。（实例位置：光盘\MR\源码\第 5 章\5-5）

步骤如下。

（1）创建一个基于对话框的工程，工程名称为 ThreadManage，设计对话框资源如图 5-10所示。

（2）编写一个线程函数，在线程函数中设计一个较大的循环，显示进度条的进度。代码如下。

```
DWORD __stdcall ThreadProc(LPVOID lpParameter)
{
    CThreadManageDlg* pDlg = (CThreadManageDlg*)lpParameter;    //获取对话框指针
    pDlg->m_Prog.SetRange32(0,99999);                            //设置进度条的范围
    for (int i=0; i<99999;i++)                                   //设计循环
    {
        pDlg->m_Prog.SetPos(i);                                 //设置进度条的位置
    }
    return 0;
}
```

（3）处理"创建线程"按钮的单击事件，创建一个新的线程，并且开始执行线程函数。代码如下。

```
void CThreadManageDlg::OnBtCreate()
```

```
    {
        m_hThread = CreateThread(NULL,0,ThreadProc,this,0,NULL);          //创建线程
    }
```

（4）处理"挂起线程"按钮的单击事件，挂起当前执行的线程。代码如下。

```
void CThreadManageDlg::OnBtsuspend()
{
    SuspendThread(m_hThread);                                              //挂起线程的执行
}
```

（5）处理"唤醒线程"按钮的单击事件，唤醒挂起的线程。代码如下。

```
void CThreadManageDlg::OnBtresume()
{
    ResumeThread(m_hThread);                                               //唤醒线程
}
```

注意

如果线程被挂起多次，则需要进行相同次数的唤醒操作，才能够唤醒线程。

（6）处理"终止线程"按钮的单击事件，终止线程的执行。代码如下。

```
void CThreadManageDlg::OnBtterminate()
{
    TerminateThread(m_hThread,0);                                          //终止线程
}
```

（7）运行程序，结果如图 5-11 所示。

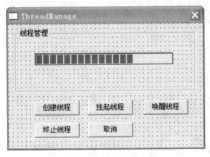

图 5-10　对话框资源窗口

图 5-11　线程管理

5.4 线 程 同 步

在多线程应用程序中，由于每个线程都可以访问进程中的资源，这样有可能导致危险。例如，线程 A 正在使用一个对象，而线程 B 对这个对象进行了修改，导致线程 A 的执行结果不可预料。本节将介绍通过线程同步来解决出现的资源访问冲突问题。

5.4.1　多线程潜在的危险

在多线程应用程序中最容易出现的问题就是资源访问冲突，本节通过一个简单实例来演示多线程资源访问冲突的情况。例中创建了两个线程，按照计数递增的顺序输出计数。

【例5-6】 多线程资源访问冲突。（实例位置：光盘\MR\源码\第 5 章\5-6）

步骤如下。

（1）创建一个控制台应用程序，工程名称为 ResConflict。

（2）引用 windows.h 头文件，使用系统函数。

（3）定义两个线程函数，输出一个全局计数。代码如下。

```
int number = 1;                                        //定义一个全局变量
unsigned long __stdcall ThreadProc1(void* lpParameter)
{
    while (number < 100)                               //定义一个循环
    {
        printf("线程 1 当前计数：%d\n",number);        //输出计数
        number ++;                                     //使计数加 1
        Sleep(100);                                    //延时 100ms
    }
    return 0;
}
unsigned long __stdcall ThreadProc2(void* lpParameter)
{
    while (number < 100)                               //定义一个循环
    {
        printf("线程 2 当前计数:%d\n",number);         //输出计数
        number ++;                                     //使计数加 1
        Sleep(100);                                    //延时 100ms
    }
    return 0;
}
```

（4）在主函数中创建线程，并执行线程函数。代码如下。

```
int main(int argc, char* argv[])
{
    //创建一个线程
    HANDLE hThread1 = CreateThread(NULL,0,ThreadProc1,NULL,0,NULL);
    //创建一个线程
HANDLE hThread2 = CreateThread(NULL,0,ThreadProc2,NULL,0,NULL);
    CloseHandle(hThread1);                             //关闭线程句柄
    CloseHandle(hThread2);                             //关闭线程句柄
    while (true)                                       //定义一个循环，防止程序退出
    {
        ;
    }
    return 0;
}
```

 本实例为了查看线程的运行结果，设置了 while (true)循环，但是在开发程序时切记不可这样写，否则将陷入死循环。

（5）运行程序，结果如图 5-12 所示。

从图 5-12 中可以发现，有时线程 1 或线程 2 重复输出计数，并且有时输出的计数并不连续。

这就是多线程程序潜在的危险。后面几节将介绍通过线程同步来解决上述问题。

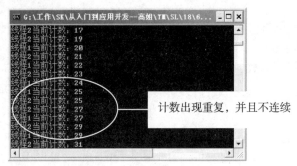

图 5-12　资源访问冲突

5.4.2　使用事件对象实现线程同步

事件对象属于系统内核对象之一，在进行线程同步时，经常使用事件对象来实现。事件对象可以分为两类，即人工重置事件对象和自动重置事件对象。对于人工重置事件对象，可以同时有多个线程等待到事件对象，成为可调度线程。对于自动重置事件对象，等待该事件对象的多个线程只能有一个线程成为可调度线程。此外，如果事件对象为自动重置事件对象，当某个线程等待到事件对象后，系统会自动将事件对象设置为未通知状态。

为了使用事件对象，系统提供了一组与事件对象有关的函数，下面逐一进行介绍。

（1）CreateEvent。

该函数用于创建一个事件对象。

```
HANDLE CreateEvent( LPSECURITY_ATTRIBUTES lpEventAttributes, BOOL bManualReset,
BOQL bInitialState, LPCTSTR lpName );
```

❑　lpEventAttributes：事件对象的安全属性。

❑　bManualReset：事件对象的类型。为 TRUE，表示创建人工重置事件对象；为 FALSE，表示创建自动重置事件对象。

❑　bInitialState：事件对象初始的通知状态。为 TRUE，表示通知状态；为 FALSE，表示未通知状态。

❑　lpName：事件对象的名称。

（2）SetEvent。

该函数用于将事件设置为通知状态。

```
BOOL SetEvent( HANDLE hEvent );
```

hEvent：表示事件对象句柄。

（3）ResetEvent。

该函数用于将事件设置为未通知状态。

```
BOOL ResetEvent(HANDLE hEvent );
```

hEvent：表示事件对象句柄。

在设计线程同步时，通常需要使用 WaitForSingleObject 函数来等待内核对象的状态。

```
DWORD WaitForSingleObject(HANDLE hHandle,DWORD dwMilliseconds );
```

❑　hHandle：等待对象的句柄。

❑　dwMilliseconds：等待的时间，单位为毫秒。

如果 dwMilliseconds 参数设置的等待时间超过了该参数表示的时间，函数将会返回。如果将该参数设置为 INFINITE，则函数会一直等待，直到 hHandle 参数表示的对象处于通知状态。

下面重新改写 5.4.1 小节的例 5-6，使用事件对象实现线程同步来解决资源访问冲突。

【例 5-7】 使用事件对象实现线程同步来解决资源访问冲突。（实例位置：光盘\MR\源码\第 5 章\5-7）

步骤如下。

（1）创建一个控制台应用程序，工程名称为 ThreadSynch。

（2）引用 windows.h 头文件，使用系统函数。

（3）定义两个线程函数，输出一个全局计数。代码如下。

```
int number = 1;                                   //定义一个全局变量
HANDLE hEvent;                                    //定义事件句柄
unsigned long __stdcall ThreadProc1(void* lpParameter)   //线程函数
{
    while (number < 100)                          //设计一个循环
    {
        WaitForSingleObject(hEvent,INFINITE);     //等待事件对象为有信号状态
        printf("线程 1 当前计数: %d\n",number);    //输出计数
        number ++;                                //计数加 1
        Sleep(100);                               //延时 100ms
        SetEvent(hEvent);                         //设置事件为有信号状态
    }
    return 0;
}
unsigned long __stdcall ThreadProc2(void* lpParameter)   //线程函数
{
    while (number < 100)                          //设计一个循环
    {
        WaitForSingleObject(hEvent,INFINITE);     //等待事件对象为有信号状态
        printf("线程 2 当前计数: %d\n",number);    //输出计数
        number ++;                                //计数加 1
        Sleep(100);                               //延时 100ms
        SetEvent(hEvent);                         //设置事件为有信号状态
    }
    return 0;
}
```

（4）在主函数中创建线程，并执行线程函数。代码如下。

```
int main(int argc, char* argv[])
{
    //创建一个线程
    HANDLE hThread1 = CreateThread(NULL,0,ThreadProc1,NULL,0,NULL);
    //创建一个线程
HANDLE hThread2 = CreateThread(NULL,0,ThreadProc2,NULL,0,NULL);
    hEvent = CreateEvent(NULL,FALSE,TRUE,"event");     //创建一个事件对象
    CloseHandle(hThread1);                             //关闭线程句柄
    CloseHandle(hThread2);                             //关闭线程句柄
```

```
        while (true)                                    //设计一个循环，防止退出
        {
            ;
        }
        return 0;
    }
```

（5）运行程序，结果如图 5-13 所示。

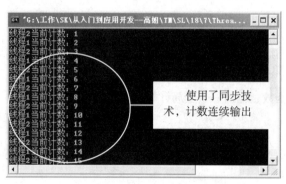

图 5-13　事件对象实现线程同步

5.4.3　使用信号量对象实现线程同步

信号量对象也属于系统内核对象之一，包含有使用计数。当使用计数为 0 时，信号量对象处于无信号状态；当使用计数大于 0 时，信号量对象处于有信号状态。系统同样提供了一组操作信号量的函数，下面分别进行介绍。

（1）CreateSemaphore。

该函数用于创建一个信号量对象。

```
HANDLE CreateSemaphore(LPSECURITY_ATTRIBUTES lpSemaphoreAttributes, LONG lInitialCount,
LONG lMaximumCount, LPCTSTR lpName );
```

❑　lpSemaphoreAttributes：信号量的安全属性，可以为 NULL。

❑　lInitialCount：信号量的初始计数。

❑　lMaximumCount：信号量的最大计数。

❑　lpName：信号量的名称。

（2）ReleaseSemaphore。

该函数用于递增信号量的使用计数。

```
BOOL ReleaseSemaphore(HANDLE hSemaphore,LONG lReleaseCount,LPLONG lpPreviousCount);
```

❑　hSemaphore：信号量对象句柄。

❑　lReleaseCount：信号量的递增数量。

❑　lpPreviousCount：用于返回之前的信号量的使用计数。

下面使用信号量对象实现线程同步来修改 5.4.1 小节的例 5-6。

【例 5-8】　使用信号量对象实现线程同步。（实例位置：光盘\MR\源码\第 5 章\5-8）

步骤如下。

（1）创建一个控制台应用程序，工程名称为 ThreadSynch。

（2）引用 windows.h 头文件，使用系统函数。

（3）定义两个线程函数，输出一个全局计数。代码如下。

```
int number = 1;                                          //定义一个全局变量
HANDLE hDemaphore;                                       //定义一个信号量句柄
unsigned long _stdcall ThreadProc1(void* lpParameter)    //定义线程函数
{
    long count;                                          //定义一个整型变量
    while (number < 100)                                 //设计一个循环
    {
        WaitForSingleObject(hDemaphore,INFINITE);        //等待信号量为有信号状态
        printf("线程 1 当前计数: %d\n",number);            //输出计数
        number ++;                                       //使计数加 1
        Sleep(100);                                      //延时 100ms
        ReleaseSemaphore(hDemaphore,1,&count);           //使信号量有信号
    }
    return 0;
}
unsigned long __stdcall ThreadProc2(void* lpParameter)   //定义线程函数
{
    long count;                                          //定义一个整型变量
    while (number < 100)                                 //设计一个循环
    {
        WaitForSingleObject(hDemaphore,INFINITE);        //等待信号量为有信号状态
        printf("线程 2 当前计数: %d\n",number);            //输出计数
        number ++;                                       //使计数加 1
        Sleep(100);                                      //延时 100ms
        ReleaseSemaphore(hDemaphore,1,&count);           //使信号量有信号
    }
    return 0;
}
```

说明　　在上述代码中，线程函数部分使用了 Sleep 函数进行延时操作，这主要是为了演示数字的输出效果。

（4）在主函数中创建线程，并执行线程函数。代码如下。

```
int main(int argc, char* argv[])
{
    //创建一个线程
    HANDLE hThread1 = CreateThread(NULL,0,ThreadProc1,NULL,0,NULL);
    //创建一个线程
    HANDLE hThread2 = CreateThread(NULL,0,ThreadProc2,NULL,0,NULL);
    hDemaphore = CreateSemaphore(NULL,1,100,"sem");      //创建信号量对象
    CloseHandle(hThread1);                               //关闭线程句柄
    CloseHandle(hThread2);                               //关闭线程句柄
    while (true)                                         //设计循环，防止系统退出
    {
        ;
    }
    return 0;
}
```

5.4.4 使用临界区对象实现线程同步

临界区又称为关键代码段，指的是一小段代码，在代码执行前，它需要独占某些资源。在程序中通常将多个线程同时访问某个资源的代码作为临界区。为了使用临界区，系统提供了一组操作临界区对象的函数，下面分别进行介绍。

（1）InitializeCriticalSection。

该函数用于初始化临界区对象。

```
void InitializeCriticalSection(LPCRITICAL_SECTION lpCriticalSection);
```

lpCriticalSection：表示一个临界区对象指针。在使用临界区对象时，首先需要定义一个临界区对象，然后使用该函数进行初始化。

（2）EnterCriticalSection。

该函数用于等待临界区对象的所有权。

```
void EnterCriticalSection(LPCRITICAL_SECTION lpCriticalSection);
```

lpCriticalSection：表示一个临界区对象指针。

（3）LeaveCriticalSection。

该函数用于释放临界区对象的所有权。

```
void LeaveCriticalSection(LPCRITICAL_SECTION lpCriticalSection );
```

lpCriticalSection：表示一个临界区对象指针。

（4）DeleteCriticalSection。

该函数用于释放为临界区对象分配的相关资源，使临界区对象不再可用。

```
void DeleteCriticalSection(LPCRITICAL_SECTION lpCriticalSection);
```

lpCriticalSection：表示一个临界区对象指针。

> 要使用这些函数，需要引用 windows.h 头文件。

下面使用临界区对象实现线程同步来修改 5.4.1 小节的例 5-6。

【例 5-9】 使用临界区对象实现线程同步。（实例位置：光盘\MR\源码\第 5 章\5-9）

步骤如下。

（1）创建一个控制台应用程序，工程名称为 ThreadSynch。

（2）引用 windows.h 头文件，使用系统函数。

（3）定义两个线程函数，输出一个全局计数。代码如下。

```
int number = 1;                                      //定义一个全局变量
CRITICAL_SECTION Critical;                           //定义临界区句柄
unsigned long __stdcall ThreadProc1(void* lpParameter)  //定义线程函数
{
    long count;                                      //定义整型变量
    while (number < 100)                             //设计一个循环
    {
        EnterCriticalSection(&Critical);             //获取临界区对象的所有权
        printf("线程1当前计数：%d\n",number);        //输出计数
        number ++;                                   //使计数加1
        Sleep(100);                                  //延时100ms
```

```
                LeaveCriticalSection(&Critical);          //释放临界区对象的所有权
        }
        return 0;
}
unsigned long __stdcall ThreadProc2(void* lpParameter)    //定义线程函数
{
        long count;                                       //定义整型变量
        while (number < 100)                              //设计一个循环
        {
                EnterCriticalSection(&Critical);          //获取临界区对象的所有权
                printf("线程 2 当前计数：%d\n",number);    //输出计数
                number ++;                                //使计数加 1
                Sleep(100);                               //延时 100ms
                LeaveCriticalSection(&Critical);          //释放临界区对象的所有权
        }
        return 0;
}
```

（4）在主函数中创建线程，并执行线程函数。代码如下。

```
int main(int argc, char* argv[])
{
        //初始化临界区对象
        InitializeCriticalSection(&Critical);
        //创建线程
        HANDLE hThread2 = CreateThread(NULL,0,ThreadProc2,NULL,0,NULL);
        //创建线程
HANDLE hThread1 = CreateThread(NULL,0,ThreadProc1,NULL,0,NULL);
        CloseHandle(hThread1);                            //关闭线程句柄
        CloseHandle(hThread2);                            //关闭线程句柄
        while (true)
        {
                ;
        }
        return 0;
}
```

5.4.5　使用互斥对象实现线程同步

互斥对象属于系统内核对象，它能够使线程拥有对某个资源的绝对访问权。互斥对象主要包含使用数量、线程 ID 和递归计数器等信息。其中，线程 ID 表示当前拥有互斥对象的线程，递归计数器表示线程拥有互斥对象的次数。互斥对象的使用方式如下。

当互斥对象的线程 ID 为 0 时，表示互斥对象不被任何线程所拥有，此时系统会发出该互斥对象的通知信号，等待互斥对象的某个线程将会拥有该互斥对象，同时互斥对象的线程 ID 为拥有该互斥对象的线程 ID。当互斥对象的线程 ID 不为 0 时，表示当前有线程拥有该互斥对象，系统不会发出互斥对象的通知信号，其他等待互斥对象的线程继续等待，直到拥有互斥对象的线程释放互斥对象的所有权。下面介绍与互斥对象有关的系统函数。

（1）CreateMutex。

该函数用于创建一个互斥对象。

```
HANDLE CreateMutex( LPSECURITY_ATTRIBUTES lpMutexAttributes,BOOL bInitialOwner,
```

```
LPCTSTR lpName);
```

❑ lpMutexAttributes：互斥对象的安全属性，可以为 NULL。

❑ bInitialOwner：互斥对象的初始状态。如果为 TRUE，互斥对象的线程 ID 为当前调用线程的 ID，互斥对象的递归计数器为 1，当前创建互斥对象的线程拥有互斥对象的所有权；为 FALSE，互斥对象的线程 ID 为 0，互斥对象的递归计数器为 0，系统会发出该互斥对象的通知信号。

❑ lpName：互斥对象的名称。如果为 NULL，将创建一个匿名的互斥对象。

返回值：如果函数执行成功，返回值是互斥对象的句柄，否则返回值为 NULL。

（2）ReleaseMutex。

该函数用于释放互斥对象的所有权。

```
BOOL ReleaseMutex(HANDLE hMutex);
```

hMutex：表示互斥对象句柄。

下面使用互斥对象实现线程同步来修改 5.4.1 小节的例 5-6。

【例 5-10】 使用互斥对象实现线程同步。（实例位置：光盘\MR\源码\第 5 章\5-10）

步骤如下。

（1）创建一个控制台应用程序，工程名称为 ThreadSynch。

（2）引用 windows.h 头文件，使用系统函数。

（3）定义两个线程函数，输出一个全局计数。代码如下。

```
int number = 1;                                          //定义全局变量
HANDLE hMutex;                                           //定义互斥对象句柄
unsigned long __stdcall ThreadProc1(void* lpParameter)   //定义线程函数
{
    long count;                                          //定义整型变量
    while (number < 100)
    {
        WaitForSingleObject(hMutex,INFINITE);            //等待互斥对象的所有权
        printf("线程 1 当前计数: %d\n",number);          //输出计数
        number ++;                                       //使计数加 1
        Sleep(100);                                      //延时 100ms
        ReleaseMutex(hMutex);                            //释放互斥对象的所有权
    }
    return 0;
}
unsigned long __stdcall ThreadProc2(void* lpParameter)   //定义线程函数
{
    long count;                                          //定义整型变量
    while (number < 100)                                 //设计一个循环
    {
        WaitForSingleObject(hMutex,INFINITE);            //等待互斥对象的所有权
        printf("线程 2 当前计数: %d\n",number);          //输出计数
        number ++;                                       //使计数加 1
        Sleep(100);                                      //延时 100ms
        ReleaseMutex(hMutex);                            //释放互斥对象的所有权
    }
    return 0;
}
```

（4）在主函数中创建线程，并执行线程函数。代码如下。

```
int main(int argc, char* argv[])
{
    //创建线程
    HANDLE hThread2 = CreateThread(NULL,0,ThreadProc2,NULL,0,NULL);
    //创建线程
HANDLE hThread1 = CreateThread(NULL,0,ThreadProc1,NULL,0,NULL);
    hMutex = CreateMutex(NULL,false,"mutex");          //创建互斥对象
    CloseHandle(hThread1);                             //关闭线程句柄
    CloseHandle(hThread2);                             //关闭线程句柄
    while (true)
    {
        ;
    }
    return 0;
}
```

说明　　使用 5.4.2 小节~5.4.5 小节介绍的方法都可以实现线程同步，读者可以根据需要进行选择使用。

5.5　综合实例——多任务列表

本节将设计一个多线程应用程序，其中每一个线程维护一个单独的任务，用户可以对每一个任务进行管理，例如暂停、继续和终止任务。为了简化程序的规模，每个任务实现的功能只是简单地输出计数，但是这并不影响也不会降低在多线程中维护每一个任务的难度，用户只要将输出计数的代码修改为其他功能，就可以实现其他任务的并行处理和维护。

（1）创建一个基于对话框的工程，工程名称为 MultiTask。

（2）向对话框中添加列表视图和按钮控件。对话框资源设计如图 5-14 所示。

（3）向对话框中添加成员变量，各成员变量的含义见注释。

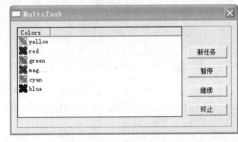

图 5-14　对话框资源设计

```
CPtrList      m_HandleList;      //存储运行中的任务信息，即 CThreadParam 结构信息
HANDLE        m_hEvent;          //事件句柄，用于线程同步，防止线程函数结束的同时删除列表中的任务
BOOL          m_bExitProcess;    //进程退出通知
```

（4）定义一个类 CThreadParam，用于表示线程参数。

```
class CThreadParam                  //定义线程参数
{
public:
    HANDLE        hHandle;          //线程句柄
    CMultiTaskDlg*pDlg;             //主窗口指针
    int           nPos;             //对应任务列表中的位置
```

```
        BOOL bStop;                          //线程是否停止
        CThreadParam()
        {
            bStop = FALSE;
        }
    };
```

（5）在对话框初始化时设置列表视图扩展风格，向列表视图中添加列，创建一个事件对象，设置为有信号状态。

```
    BOOL CMultiTaskDlg::OnInitDialog()
    {
        //代码省略
        //设置列表风格
        m_TaskList.SetExtendedStyle(LVS_EX_FULLROWSELECT|LVS_EX_GRIDLINES);
        m_TaskList.InsertColumn(0, "任务名称", LVCFMT_LEFT, 100);      //添加列
        m_TaskList.InsertColumn(1, "当前进度", LVCFMT_LEFT, 100);
        m_TaskList.InsertColumn(2, "当前状态", LVCFMT_LEFT, 100);
        m_hEvent = CreateEvent(NULL, FALSE, TRUE, "Event");  //创建事件对象，初始化为有信号
        return TRUE;
    }
```

（6）向对话框中添加FindItemPos方法，根据线程句柄获取当前任务在列表视图控件中的位置。

```
    void CMultiTaskDlg::FindItemPos(HANDLE hHandle, int &nPos, POSITION &pos, BOOL
    &bTerminate)
    {
        pos = m_HandleList.GetHeadPosition();              //获取头节点位置
        while(pos != NULL)                                 //遍历节点
        {
            //获取节点元素数据
            CThreadParam* pParam = (CThreadParam*)m_HandleList.GetAt(pos);
            if (pParam != NULL)
            {
                if (pParam->hHandle == hHandle)            //判断句柄是否相同
                {
                    nPos = pParam->nPos;                   //返回任务在列表视图中的位置
                    bTerminate = pParam->bStop;            //返回任务是否停止信息
                    return;
                }
            }
            m_HandleList.GetNext(pos);                      //获取下一个节点
        }
        nPos = -1;
    }
```

（7）向对话框类中添加UpdateHandleList方法，该方法在删除列表视图中的项目时更新m_HandleList链表中元素的nPos成员，nPos成员描述了线程执行的任务对应列表视图中项目的位置。当终止一个线程时，会删除该线程对应的列表视图中的项目，然后需要更新m_HandleList链表中元素的nPos成员。这是因为列表视图中的项目减少了，那么在该项目之后的项目位置会依次减1，为了使列表视图中的项目位置与m_HandleList链表中元素的nPos成员对应，也需要修改m_HandleList链表中元素的nPos成员。

```
    void CMultiTaskDlg::UpdateHandleList(int nPos)          //在删除项目后更新HandleList列表
```

```
{
    POSITION pos = m_HandleList.GetHeadPosition();    //获取头节点位置
    while(pos != NULL)                                //遍历节点
    {
        CThreadParam *pParam = (CThreadParam*)m_HandleList.GetAt(pos);//获取节点数据
        if (pParam != NULL)
        {
            if (pParam->nPos > nPos)            //只有对应删除的项目位置之后的任务才需要调整
            {
                pParam->nPos--;
            }
        }
        m_HandleList.GetNext(pos);               //获取下一个节点位置
    }
}
```

UpdateHandleList 方法是非常关键的。因为在其后的线程函数中会根据当前线程对应的 CThreadParam 结构的 nPos 成员访问列表视图中对应的任务。如果某一个任务终止了，在删除列表视图中对应的项目后，还需要调用 UpdateHandleList 方法更新 m_HandleList 链表。

（8）定义线程函数，实现计数功能。当线程函数结束或提前终止时会删除列表视图中对应的项目，并释放 m_HandleList 链表中对象的节点数据。

```
DWORD __stdcall TaskProc(LPVOID lpParameter)              //线程函数
{
    CThreadParam Param;                                  //定义线程参数
    memcpy(&Param, (CThreadParam *)lpParameter, sizeof(CThreadParam));
    char szCounter[10] = {0};
    int nPos = 0;
    POSITION pos;
    BOOL bTerminate = FALSE;
    for(int i=0; i<500; i++)                             //利用循环输出计数
    {
        memset(szCounter, 0, 10);
        itoa(i, szCounter, 10);
        //获取当前位置对应列表视图中的项目位置
        Param.pDlg->FindItemPos(Param.hHandle, nPos, pos, bTerminate);
        if (nPos != -1)
        {
            //在列表视图中设置计数
            Param.pDlg->m_TaskList.SetItemText(nPos, 1, szCounter);
        }
        if (bTerminate)                                 //如果线程被提前终止
        {
            goto label;
        }
        Sleep(100);                                     //延时，演示任务进行中
    }
label:                                                  //线程结束后删除列表中的任务
    //线程同步，不允许多个线程同时执行该操作
WaitForSingleObject(Param.pDlg->m_hEvent, INFINITE);
    //根据线程句柄查找项目
    Param.pDlg->FindItemPos(Param.hHandle, nPos, pos, bTerminate);
```

```
    if (nPos != -1)
    {
        Param.pDlg->m_TaskList.DeleteItem(nPos);                    //删除列表视图中的项目
        //获取 m_HandleList.链表中对应的节点数据
        CThreadParam *pItem = (CThreadParam*) Param.pDlg->m_HandleList.GetAt(pos);
        Param.pDlg->m_HandleList.RemoveAt(pos);                     //将节点移除
        if (pItem != NULL)
        {
            delete pItem;                                          //释放节点数据
        }
        Param.pDlg->UpdateHandleList(nPos);                        //更新任务列表中对应的项目位置
    }
    SetEvent(Param.pDlg->m_hEvent);                                //将事件设置为有信号状态
    if (Param.pDlg->m_TaskList.GetItemCount() < 1)                 //当前是最后一个任务
    {
        if (Param.pDlg->m_bExitProcess)                            //进程退出通知
        {
            exit(0);                                               //退出进程
        }
    }
    return 0;
}
```

在线程函数 TaskProc 中注意标签 label 部分的代码，该部分代码需要删除列表视图中的项目，并且更新 m_HandleList 链表。这些操作是不允许多个线程同时进行的，因此使用了线程同步技术。这是因为假如当前线程 A 执行"Param.pDlg->FindItemPos(Param.hHandle, nPos, pos, bTerminate);"语句后，另一个线程 B 执行了"Param.pDlg->m_TaskList.DeleteItem(nPos);"语句删除了列表视图中的项目，那么线程 A 使用的 nPos 数据是非法的，因为它与线程 A 对应的列表视图中的项目位置已发生了改变，由线程 B 删除了一个列表视图中的项目所致。

多线程的程序设计比较复杂，因为有些情况在测试时很难发现，例如上述假设的情况不出现，不使用线程同步，程序也许会很好地运行，但是这为程序埋下了一颗定时炸弹。因此，在设计多线程应用程序时一定要考虑周全。

（9）处理"新任务"按钮的单击事件，创建一个新的线程，开始一个任务。

```
void CMultiTaskDlg::OnNewTask()                                   //创建新任务
{
    CThreadParam* pParam = new CThreadParam;                       //定义一个线程参数
    pParam->pDlg = this;                                           //关联对话框
    int nCount = m_TaskList.GetItemCount();
    int nPos = m_TaskList.InsertItem(nCount, "任务", 0);           //向列表视图中添加项目
    CString szText;
    szText.Format("任务%d", nPos);
    m_TaskList.SetItemText(nPos, 0, szText);
    m_TaskList.SetItemText(nPos, 2, "进行中...");                  //设置项目文本
    pParam->nPos = nPos;
    pParam->hHandle = CreateThread(NULL, 0, TaskProc, pParam, 0, NULL);//创建线程
    m_HandleList.AddHead(pParam);                                  //将线程参数添加到链表中
}
```

（10）处理"暂停"按钮的单击事件，暂停执行用户选中的任务。

```
void CMultiTaskDlg::OnPauseTask()                                    //暂停任务
{
    int nSel = m_TaskList.GetSelectionMark();                        //获取用户选中的选项
    if (nSel != -1)
    {
        CString szState = m_TaskList.GetItemText(nSel, 2);
        if (szState == "暂停")                                       //如果之前没有处于暂停
        {
            return;
        }
        POSITION pos = m_HandleList.GetHeadPosition();               //获取链表头节点
        while(pos != NULL)                                           //遍历链表
        {
            //获取节点数据
            CThreadParam *pParam = (CThreadParam*)m_HandleList.GetAt(pos);
            if (pParam != NULL)
            {
                if (pParam->nPos == nSel)                            //查找对应的节点
                {
                    SuspendThread(pParam->hHandle);                  //挂起线程
                    m_TaskList.SetItemText(nSel, 2, "暂停");//设置任务状态
                    return;
                }
            }
            m_HandleList.GetNext(pos);                               //遍历下一个节点
        }
    }
}
```

（11）处理"继续"按钮的单击事件，继续之前暂停的任务。

```
void CMultiTaskDlg::OnContinueTask()                                 //继续任务
{
    int nSel = m_TaskList.GetSelectionMark();
    if (nSel != -1)
    {
        CString szState = m_TaskList.GetItemText(nSel, 2);
        if (szState == "暂停")                                       //如果之前没有处于暂停
        {
            POSITION pos = m_HandleList.GetHeadPosition();           //获取链表头节点
            while(pos != NULL)                                       //遍历链表
            {
                //获取节点数据
                CThreadParam *pParam = (CThreadParam*)m_HandleList.GetAt(pos);
                if (pParam != NULL)
                {
                    if (pParam->nPos == nSel)                        //查找对应的节点
                    {
                        ResumeThread(pParam->hHandle);               //唤醒线程
                        m_TaskList.SetItemText(nSel, 2, "进行中...");
                        return;
                    }
                }
```

```
                m_HandleList.GetNext(pos);                          //查找下一节点
            }
        }
    }
}
```

（12）处理"终止"按钮的单击事件，终止运行的某一个任务。

```
void CMultiTaskDlg::OnTerminateTask()                              //终止任务
{
    int nSel = m_TaskList.GetSelectionMark();                      //获取当前任务
    if (nSel != -1)
    {
        POSITION pos = m_HandleList.GetHeadPosition();             //获取链表头节点
        while(pos != NULL)                                         //遍历链表
        {
            //获取节点数据
            CThreadParam *pParam = (CThreadParam*)m_HandleList.GetAt(pos);
            if (pParam != NULL)
            {
                if (pParam->nPos == nSel)                          //查找节点
                {
                    if (!pParam->bStop)
                    {
                        pParam->bStop= TRUE;                       //设置线程结束标记
                    }
                    return;
                }
            }
            m_HandleList.GetNext(pos);                             //查找下一个节点
        }
    }
}
```

（13）向对话框中添加 ContinuAllTask 方法，继续所有处于暂停状态的任务。在对话框关闭时，为了退出所有线程，首先需要恢复暂停的任务。

```
void CMultiTaskDlg::ContinuAllTask()                               //继续所有暂停的任务
{
    POSITION pos = m_HandleList.GetHeadPosition();                 //获取链表头节点
    while(pos != NULL)
    {
        //获取节点数据
        CThreadParam *pParam = (CThreadParam*)m_HandleList.GetAt(pos);
        if (pParam != NULL)
        {
            if (!pParam->bStop)
            {
                ResumeThread(pParam->hHandle);                     //唤醒线程
            }
        }
        m_HandleList.GetNext(pos);                                 //访问下一个节点
    }
}
```

（14）向对话框中添加 OnCancel 方法，该方法是基类 CDialog 中的虚方法，在对话框关闭时执行。在关闭对话框时，如果当前有任务没有结束，先结束任务，然后再退出进程。

```
void CMultiTaskDlg::OnCancel()
{
    //如果之前有任务执行，先终止所有任务
    POSITION pos = m_HandleList.GetHeadPosition();
    if (pos == NULL)                              //如果没有任务执行，则直接关闭对话框
    {
        CDialog::OnCancel();
        return;
    }
    ContinuAllTask();                             //恢复所有任务
    m_bExitProcess = TRUE;                        //设置进程退出标记
    while(pos != NULL)                            //遍历链表
    {
        //获取节点数据
        CThreadParam *pParam = (CThreadParam*)m_HandleList.GetAt(pos);
        if (pParam != NULL)
        {
            if (!pParam->bStop)                   //如果线程没有终止
            {
                pParam->bStop = TRUE;             //设置线程终止标记
            }
        }
        m_HandleList.GetNext(pos);                //查找下一个节点
    }
}
```

（15）运行程序，效果如图 5-15 所示。

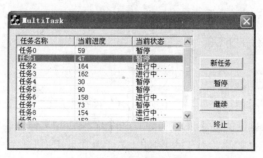

图 5-15　多任务管理

知识点提炼

（1）内核对象是系统内核分配的一个内存块，该内存块描述的是一个数据结构，其成员负责维护对象的各种信息。内核对象的数据只能由系统内核来访问，应用程序无法在内存中找到这些数据结构并直接改变它们的内容。

（2）进程被认为是一个正在运行的程序的实例。它也属于系统内核对象。进程提供有地址空间，其中包含有可执行程序和动态链接库的代码和数据，此外还提供了线程堆栈和进程堆空间等

动态分配的空间。

（3）进程主要由两部分构成，即系统内核用于管理进程的进程内核对象和进程地址空间。

（4）线程存在于进程中，它负责执行进程地址空间中的代码。当一个进程创建时，系统会自动为其创建一个线程，该线程被称为主线程。在主线程中，用户可以通过代码创建其他线程，当进程中的主线程结束时，进程也就结束了。

（5）使用 CreateThread，_beginthreadex，AfxBeginThread 函数和 CWinThread 类可创建线程。

（6）使用事件、信号量、临界区和互斥对象可实现线程同步。

习　　题

5-1　线程的挂起、唤醒和终止是怎样实现的？

5-2　多线程潜在的主要危险是什么？

5-3　怎样使用事件对象实现线程同步？

5-4　怎样使用信号量对象实现线程同步？

5-5　说明创建、挂起、唤醒和终止线程的方法。

实验：使用多线程实现临时文件清理

实验目的

（1）理解多线程的应用。

（2）掌握递归查找文件的方法。

实验内容

Windows 操作系统使用很长时间后，在磁盘中会存在大量的临时文件。这些临时文件由于数量较多，会占用很大的磁盘空间。本实验将设计一个清理临时文件的程序。在清理临时文件时，首先需要查找磁盘中的临时文件。由于查找临时文件通常采用递归的方式，并且需要占用很长时间，因此为了在查找过程中允许用户进行其他界面操作，我们利用多线程实现文件查找。

实验步骤

（1）创建一个基于对话框的工程，工程名称为 ClearTmpFile。

（2）向对话框中添加静态文本、按钮、组合框和列表框等控件。对话框资源设计如图 5-16 所示。

（3）在对话框类 CClearTmpFileDlg 的头文件中引用 afxtempl.h 头文件，目的是需要使用 CList 集合类来存储用于选择的临时文件类型。

```
#include "afxtempl.h"
```

（4）在对话框类 CClearTmpFileDlg 中添加共有数据成员，各成员功能见注释部分。

```
CList<char*, char*> m_FilterList;                //记录需要查找的临时文件扩展名
BOOL m_bThreadExit;                              //线程是否退出
```

```
BOOL m_bFinding;                              //是否查找进行中
HANDLE   m_hThread;                           //查找文件的线程句柄
CString  m_szCurDisk;                         //查找的磁盘
HANDLE   m_hEvent;                            //事件对象，在对话框关闭时将提前结束查找
```

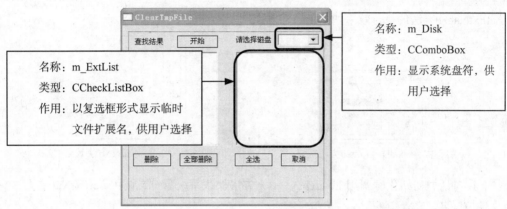

图 5-16　对话框资源设计

（5.）向对话框类中添加 LoadDiskLetter 方法加载系统盘符，该方法在对话框初始化时调用，
向组合框中添加系统盘符。

```
BOOL CClearTmpFileDlg::LoadDiskLetter()                //加载系统盘符
{
    DWORD dwLen = GetLogicalDriveStrings(0, NULL);     //获取系统盘符字符串的长度
    if (dwLen > 0)
    {
        char *pNameList = new char[dwLen+1];           //分配一个字符缓冲区
        memset(pNameList, 0, dwLen+1);
        //获取系统盘符，将其存储在 pNameList 中，格式为"C:\ D:\ E:\ F:\ ..."
        GetLogicalDriveStrings(dwLen, pNameList);
        char *pItem = pNameList;
        //各盘符之间有一个空格，需要分解字符串，获取每一个盘符
        while (*pItem != '\0')
        {
            m_Disk.AddString(pItem);                   //向组合框中添加盘符
            pItem += strlen(pItem) + 1;//执行下一个盘符，加1是为了过滤掉各盘符间的空格
        }
        delete [] pNameList;                           //释放字符缓冲区
        return TRUE;                                   //操作成功，返回 TRUE
    }
    return FALSE;
}
```

LoadDiskLetter 方法的执行效果如图 5-17 所示。

（6）向对话框类中添加 SetExtName 方法，为用户提供一些预选的临时文件扩展名。该方法
在对话框初始化时调用。

```
void CClearTmpFileDlg::SetExtName()                    //设置查找的扩展名
{
    m_ExtList.AddString("*.tmp");                      //向列表框中添加选项
    m_ExtList.AddString("*.??~");
```

```
        m_ExtList.AddString("*.ftg");
        m_ExtList.AddString("*.gid");
        m_ExtList.AddString("*._mp");
        m_ExtList.AddString("*.syd");
    }
```

SetExtName 方法的执行效果如图 15-18 所示。

图 5-17　LoadDiskLetter 方法效果　　　　　　图 5-18　SetExtName 方法效果

（7）在对话框初始化时调用 LoadDiskLetter 方法加载系统盘符，调用 SetExtName 方法提供临时文件扩展名。

```
BOOL CClearTmpFileDlg::OnInitDialog()
{
    //代码省略
    if (LoadDiskLetter())                                   //加载系统盘符
    {
        m_Disk.SetCurSel(0);
    }
    else
    {
        MessageBox("加载系统盘符失败!", "提示");
    }
    SetExtName();                                            //加载临时文件扩展名
    m_FindList.SendMessage(LB_SETHORIZONTALEXTENT, 1000, 0); //显示水平滚动条
    return TRUE;
}
```

（8）向对话框类中添加 IsTmpFile 方法，判断某一个文件是否是临时文件。在查找临时文件时，需要遍历磁盘中的所有文件，根据文件的扩展名判断它是否是临时文件，如果是，则将其添加到查找的结果列表中。

```
BOOL CClearTmpFileDlg::IsTmpFile(char *pszFileName)
{
    //遍历 m_FilterList 集合中的元素，每一个元素记录了用户选择的一个临时文件类型
    for (POSITION pos = m_FilterList.GetHeadPosition(); pos != NULL;)
    {
        char *szFilter = m_FilterList.GetNext(pos); //获取临时文件
        int nChar = '.';
        char* pszDes = strchr(szFilter, nChar);     //过滤掉 "." 之前的 "*" 符号
        pszDes += 1;                                 //过滤掉 "."，使得 pszDes 指向扩展名
        //获取参数 pszFileName 的扩展名
        char* pszExt = strchr(pszFileName, nChar); //过滤掉 "." 之前的 "*" 符号
        if (pszExt == NULL)                          //如果 pszFileName 没有扩展名
        {
            pszExt = pszFileName;
```

```
        }
        else
        {
            pszExt += 1;                            //过滤掉"."，使得 pszExt 指向扩展名
        }
        //根据扩展名判断 pszFileName 是否是临时文件
        if(stricmp(pszExt, pszDes) == 0)            //扩展名相等
        {
            return TRUE;
        }
    }
    return FALSE;
}
```

（9）处理"全选"按钮的单击事件，将 m_ExtList 中显示的选项全部选中。

```
void CClearTmpFileDlg::OnAllSel()
{
    int nItemCount = m_ExtList.GetCount();              //获取项目数量
    for(int i=0; i<nItemCount; i++)                     //遍历项目
    {
        if(m_ExtList.GetCheck(i) != BST_CHECKED)        //项目被选中
        {
            m_ExtList.SetCheck(i, BST_CHECKED);         //选中项目
        }
    }
}
```

单击"全选"按钮执行效果，如图 5-19 所示。

（10）处理"取消"按钮的单击事件，将 m_ExtList 中显示的选项全部设置为非选中状态。

```
void CClearTmpFileDlg::OnCancelSel()
{
    int nItemCount = m_ExtList.GetCount();              //获取项目数量
    for(int i=0; i<nItemCount; i++)                     //遍历项目
    {
        if(m_ExtList.GetCheck(i) == BST_CHECKED)        //项目被选中
        {
            m_ExtList.SetCheck(i, BST_UNCHECKED);       //将项目设置为非选中项目
        }
    }
}
```

"取消"按钮执行效果如图 5-20 所示。

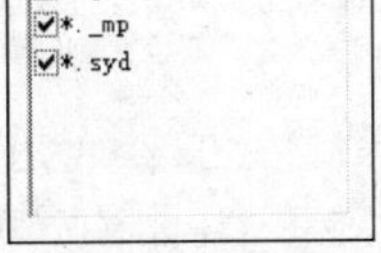

图 5-19　"全选"按钮执行效果 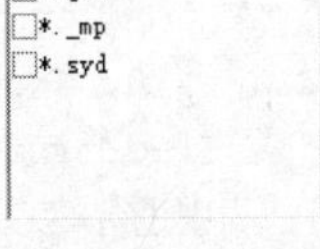　　　　　图 5-20　"取消"按钮执行效果

（11）处理"删除"按钮的单击事件，删除用于在查找结果列表中选中的临时文件。

```
void CClearTmpFileDlg::OnDeleteFile()                   //删除选中的文件
```

```
    {
        int nCurSel = m_FindList.GetCurSel();                   //获取选中的选项
        if (nCurSel != -1)
        {
            CString szFileName;
            m_FindList.GetText(nCurSel, szFileName);            //获取文件名称
            m_FindList.DeleteString(nCurSel);                   //在列表中删除项目
            DeleteFile(szFileName);                             //删除临时文件
        }
    }
```

（12）处理"全部删除"按钮的单击事件，删除查找列表中的所有项目，并删除对应的临时文件，但是正在被使用的临时文件禁止删除。

```
void CClearTmpFileDlg::OnDeleteAll()                            //删除所有文件
{
    int nCount = m_FindList.GetCount();                         //获取项目数量
    for(int i=0; i<nCount; i++)                                 //遍历每一个项目
    {
        CString szFileName;
        m_FindList.GetText(i, szFileName);                     //获取文件名
        BOOL bDeleted = DeleteFile(szFileName);                //删除文件
        if (bDeleted)                                          //删除成功
        {
            m_FindList.DeleteString(i);            //如果文件删除成功,则删除列表中对应的项目
            nCount--;
            i--;
        }
    }
}
```

（13）向对话框类中添加ResearchFile方法，判断指定的目录，将临时文件显示在查找结果列表中。

```
void CClearTmpFileDlg::ResearchFile(char *pszPath)   //遍历磁盘目录，查找临时文件
{
    char szTmp[MAX_PATH] = {0};                                //定义一个临时字符数组
    strcpy(szTmp, pszPath);
    if (szTmp[strlen(szTmp)-1] != '\\')                        //将目录以"\\*.*"形式结尾
    {
        strcat(szTmp, "\\*.*");                               //连接字符串
    }
    else
    {
        strcat(szTmp, "*.*");                                 //连接字符串
    }
    WIN32_FIND_DATA findData;                                  //定义一个文件查找数据结构
    memset(&findData, 0, sizeof(WIN32_FIND_DATA));
    HANDLE hFind = FindFirstFile(szTmp, &findData); //开始查找文件
    //由于查找是在线程中进行的，这里判断用户是否退出线程，如果是，则提前结束线程函数
    if (m_bThreadExit)
    {
        FindClose(hFind);                                     //关闭查找句柄
        SetEvent(m_hEvent);                                   //设置事件为有信号
```

```
            return;
    }
    if (hFind != INVALID_HANDLE_VALUE)                    //文件查找成功
    {
        while (FindNextFile(hFind, &findData) == TRUE)    //查找下一个文件
        {
        //由于查找是在线程中进行的，这里判断用户是否退出线程，如果是，则提前结束线程函数
            if (m_bThreadExit)
            {
                FindClose(hFind);                         //关闭查找句柄
                SetEvent(m_hEvent);                       //设置事件为有信号
                return;
            }
            //如果文件不是一个目录
            if (!(findData.dwFileAttributes & FILE_ATTRIBUTE_DIRECTORY))
            {
                char szFileName[MAX_PATH] = {0};      //定义字符数组，存储完整的文件名
                strcpy(szFileName, pszPath);          //获取完整文件名
                if (szFileName[strlen(szFileName)-1] != '\\')
                {
                    strcat(szFileName, "\\");
                }
                strcat(szFileName, findData.cFileName);
                if (IsTmpFile(szFileName))                //判断 szFileName 是否是临时文件
                {
                    m_FindList.AddString(szFileName);//将临时文件名添加到列表中
                }
            }
            else                                      //如果文件是一个目录，则递归遍历该目录
            {
                if ((strcmp(findData.cFileName, "...") != 0)&&
                    (strcmp(findData.cFileName, "..") != 0)&&
                    (strcmp(findData.cFileName, ".") != 0))
                {
                    char szFileName[MAX_PATH] = {0};
                    strcpy(szFileName, pszPath);          //获取完整文件名
                    if (szFileName[strlen(szFileName)-1] != '\\')
                    {
                        strcat(szFileName, "\\");
                    }
                    strcat(szFileName, findData.cFileName);
                    //在线程中进行时，判断用户是否退出线程，如果是，则提前结束线程函数
                    if (m_bThreadExit)
                    {
                        FindClose(hFind);                 //关闭查找句柄
                        SetEvent(m_hEvent);               //设置事件为有信号
                        return;
                    }
                    ResearchFile(szFileName);             //递归调用
                }
            }
        }
    }
    FindClose(hFind);                                     //关闭文件查找句柄
}
```

在 ResearchFile 方法中没有使用 MFC 提供的 CFileFind 来遍历文件，使用 CFileFind 能够简化文件的遍历，但是 CFileFind 需要使用 CString 类型，在 Visual C++ 6.0 下，CString 类型并不完美，它存在一些 Bug，尤其是在线程函数中，如果频繁地使用 CString 类型，会导致内存泄露。由于 ResearchFile 方法是在线程函数中调用的，因此该函数中没有出现 CString 类型，也没有使用 CFileFind 类遍历文件。

（14）向对话框类中添加 FreeFilterList 方法，释放 m_FilterList 集合中的元素。在开始新的查找或对话框关闭时将调用该方法清空 m_FilterList 集合。

```cpp
void CClearTmpFileDlg::FreeFilterList()
{
    //遍历 m_FilterList 集合中的元素
    for (POSITION pos = m_FilterList.GetHeadPosition(); pos != NULL;)
    {
        char *szFilter = m_FilterList.GetNext(pos);      //获取临时文件
        delete [] szFilter;                              //释放元素
    }
    m_FilterList.RemoveAll();                            //移除所有元素
}
```

（15）向对话框类中添加 GetTmpExtName 方法，该方法首先调用 FreeFilterList 方法清空 m_Filter List 集合中的元素，然后将用户选中的临时文件类型添加到 m_FilterList 集合中。该方法会在开始查找操作时调用。

```cpp
BOOL CClearTmpFileDlg::GetTmpExtName()
{
    FreeFilterList();                                   //移除所有内容
    BOOL  bHasChecked = FALSE;                          //是否有项目被选中
    int nItemCount = m_ExtList.GetCount();
    for(int i=0; i<nItemCount; i++)                     //遍历项目
    {
        if(m_ExtList.GetCheck(i) == BST_CHECKED)        //项目被选中
        {
            bHasChecked = TRUE;
            char *szText = new char[20];
            memset(szText, 0, 20);
            m_ExtList.GetText(i, szText);               //获取列表中临时文件扩展名
            m_FilterList.AddTail(szText);              //向列表尾添加数据
        }
    }
    return bHasChecked;
}
```

（16）定义一个线程函数，在线程创建时执行查找临时文件。

```cpp
DWORD __stdcall FindTmpFile(LPVOID lpParameter)
{
    CClearTmpFileDlg* pDlg = (CClearTmpFileDlg*) lpParameter;//获取线程参数
    WaitForSingleObject(pDlg->m_hEvent, INFINITE);         //等待事件有信号
    pDlg->ResearchFile(pDlg->m_szCurDisk.GetBuffer(0));     //根据当前盘符列举磁盘目录
    pDlg->m_FindResult.SetWindowText("查找结束!");
    pDlg->m_bFinding = FALSE;
    pDlg->m_hThread = NULL;
```

```
    SetEvent(pDlg->m_hEvent);                          //线程结束时恢复事件为有信号状态
    return 0;
}
```

（17）处理"开始"按钮的单击事件，创建一个新的线程来执行查找临时文件任务。

```
void CClearTmpFileDlg::OnFindfile()                    //查找临时文件
{
    //如果查找操作没有结束，则不允许开始新的文件查找
    if (!m_bFinding && GetTmpExtName())                //获取文件扩展名
    {
        m_bThreadExit = FALSE;
        m_bFinding = TRUE;
        m_Disk.GetWindowText(m_szCurDisk);             //获取当前盘符
        if (m_hEvent != NULL)
        {
            CloseHandle(m_hEvent);                     //关闭事件对象
            m_hEvent = NULL;
        }
        m_FindList.ResetContent();                     //清空查找结果列表
        m_hEvent = CreateEvent(NULL, FALSE, TRUE, "Event");  //创建事件对象
        //创建一个线程，开始执行线程函数
        m_hThread = CreateThread(NULL, 0, FindTmpFile, this, 0, NULL);
        m_FindResult.SetWindowText("查找进行中...");
    }
}
```

（18）向对话框中添加 OnCancel 方法，该方法在对话框关闭时执行，用于结束线程，释放 m_FilterList 集合中的元素。

```
void CClearTmpFileDlg::OnCancel()
{
    if (m_hThread)
    {
        m_bThreadExit = TRUE;                          //设置线程退出标记
        WaitForSingleObject(m_hEvent, INFINITE);       //等待线程退出
        CloseHandle(m_hEvent);                         //关闭事件对象
        m_hEvent = NULL;
    }
    FreeFilterList();                                  //移除所有内容
    CDialog::OnCancel();                               //关闭对话框
}
```

（19）运行程序，效果如图 5-21 所示。

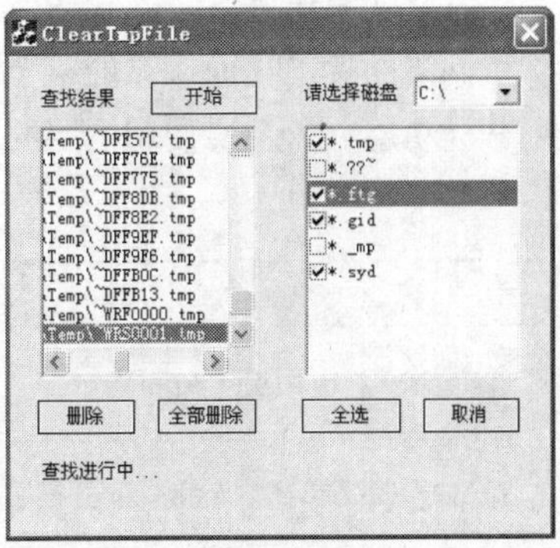

图 5-21　清理临时文件

第6章
套接字编程

本章要点

- 网络的基本结构
- TCP/IP 协议
- 套接字的概念
- 使用套接字函数进行网络程序开发的方法
- 使用 MFC 类库进行网络程序开发的方法

随着社会的进步和网络技术的不断发展，上网的人越来越多，据不完全统计，我国的网民已达 2.21 亿，可见人们越来越依赖于互联网来获取信息，这极大地刺激了网站、网络应用程序的开发。本章将介绍有关 Visual C++开发网络应用程序的相关知识。

6.1　计算机网络基础

计算机网络是计算机和通信技术相结合的产物，它代表了计算机发展的重要方向。了解计算机的网络结构有助于用户开发网络应用程序，本节将介绍有关计算机网络的基础知识和一些基本概念。

6.1.1　OSI 参考模型

开发式系统互联（Open System Interconnection，OSI）是国际标准化组织（ISO）为了实现计算机网络的标准化而颁布的参考模型。OSI 参考模型采用分层的划分原则，将网络中的数据传输划分为 7 层，每一层使用下层的服务，并向上层提供服务。OSI 参考模型的结构见表 6-1。

表 6-1　OSI 参考模型

层　　次	名　　称	功　能　描　述
第 7 层	应用层（Application）	负责网络中应用程序与网络操作系统之间的联系。例如，建立和结束使用者之间的连接，管理建立相互连接使用的应用资源
第 6 层	表示层（Presentation）	用于确定数据交换的格式，能够解决应用程序之间在数据格式上的差异，并负责设备之间所需要的字符集和数据的转换
第 5 层	会话层（Session）	是用户应用程序与网络层的接口，能够建立与其他设备的连接，即会话，并且能够对会话进行有效的管理

续表

层　　次	名　　称	功　能　描　述
第 4 层	传输层（Transport）	提供会话层和网络层之间的传输服务，该服务从会话层获得数据，必要时对数据进行分割，然后传输层将数据传递到网络层，并确保数据能正确无误地传送到网络层
第 3 层	网络层（Network）	能够将传输的数据封包通过路由选择、分段组合等控制，将信息从源设备传送到目标设备
第 2 层	数据链路层（Data Link）	主要是修正传输过程中的错误信号，能够提供可靠的通过物理介质传输数据的方法
第 1 层	物理层（Physical）	利用传输介质为数据链路层提供物理连接，规范了网络硬件的特性、规格和传输速度

说明

　　OSI 参考模型的建立，不仅创建了通信设备之间的物理通道，还规划了各层之间的功能，为标准化组合和生产厂家定制协议提供了基本原则，有助于用户了解复杂的协议（如 TCP/IP、X.25 协议等）。用户可以将这些协议与 OSI 参考模型对比，从而了解这些协议的工作原理。

6.1.2　IP 地址

　　为了使网络上的计算机能够彼此识别对方，每台计算机都需要一个 IP 地址来标识自己。IP 地址由 IP 协议规定，由 32 位的二进制数表示。最新的 IPv6 协议将 IP 地址升为 128 位，这使得 IP 地址更加广泛，能够很好地解决目前 IP 地址紧缺的问题。但是 IPv6 协议距离实际应用还有一段距离，目前多数操作系统和应用软件都是以 32 位的 IP 地址为基准。

　　32 位的 IP 地址主要分为两部分，即前缀和后缀。前缀表示计算机所属的物理网络，后缀确定该网络上的唯一一台计算机。在互联网上，每一个物理网络都有一个唯一的网络号。根据网络号的不同，可以将 IP 地址分为 5 类，即 A 类、B 类、C 类、D 类和 E 类。其中，A 类、B 类和 C 类属于基本类，D 类用于多播发送，E 类属于保留。各类 IP 地址的范围见表 6-2。

表 6-2　各类 IP 地址范围

类　　型	范　　围
A 类	0.0.0.0～127.255.255.255
B 类	128.0.0.0～191.255.255.255
C 类	192.0.0.0～223.255.255.255
D 类	224.0.0.0～239.255.255.255
E 类	240.0.0.0～247.255.255.255

在上述 IP 地址中，有几个 IP 地址是特殊的，有其单独的用途。

- ❑ 网络地址：在 IP 地址中，主机地址为 0 的表示网络地址，如 128.111.0.0。
- ❑ 广播地址：在网络号后跟所有位全是 1 的 IP 地址，表示广播地址。
- ❑ 回送地址：127.0.0.1 表示回送地址，用于测试。

6.1.3　地址解析

地址解析是指将计算机的协议地址解析为物理地址，即 MAC 地址，又称为媒体设备地址。

通常，在网络上由地址解析协议 ARP 来实现地址解析。下面以本地网络上的两台计算机通信为例介绍 ARP 协议解析地址的过程。

假设主机 A 和主机 B 处于同一个物理网络上，主机 A 的 IP 为 192.168.1.21，主机 B 的 IP 为 192.168.1.23，当主机 A 与主机 B 进行通信时，主机 B 的 IP 地址 192.168.1.23 将按如下步骤被解析为物理地址。

（1）主机 A 从本地 ARP 缓存中查找 IP 为 192.168.1.23 对应的物理地址。用户可以在命令窗口中输入"arp-a"命令查看 ARP 缓存，如图 6-1 所示。

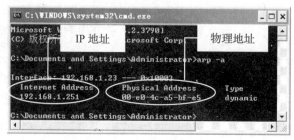

图 6-1　本地 ARP 缓存

（2）如果主机 A 在 ARP 缓存中没有发现 192.168.1.23 映射的物理地址，将发送 ARP 请求帧到本地网络上的所有主机，在 ARP 请求帧中包含了主机 A 的物理地址和 IP 地址。

（3）本地网络上的其他主机接收到 ARP 请求帧后，检查是否与自己的 IP 地址匹配，如果不匹配，则丢弃 ARP 请求帧。如果主机 B 发现与自己的 IP 地址匹配，则将主机 A 的物理地址和 IP 地址添加到自己的 ARP 缓存中，然后主机 B 将自己的物理地址和 IP 地址发送到主机 A，当主机 A 接收到主机 B 发来的信息，将以这些信息更新 ARP 缓存。

（4）当主机 B 的物理地址确定后，主机 A 即可与主机 B 通信。

6.1.4　域名系统

虽然使用 IP 地址可以标识网络中的计算机，但是 IP 地址容易混淆，并且不容易记忆，人们更倾向于使用主机名来标识 IP 地址。由于在 Internet 上存在许多计算机，为了防止主机名相同，Internet 管理机构采取了在主机名后加上后缀名的方法标识一台主机，其后缀名被称为域名。例如，www. mingrisoft.com，主机名为 www，域名为 mingrisoft.com。com 为一级域名，表示商业组织；mingrisoft 为二级域名，表示本地名。为了能够利用域名进行不同主机间的通信，需要将域名解析为 IP 地址，称之为域名解析。域名解析是通过域名服务器来完成的。假如主机 A 的本地域名服务器是 dns.local. com，根域名服务器是 dns.mr.com；所要访问的主机 B 的域名为 www.mingribook.com，域名服务器为 dns.mrbook.com。当主机 A 通过域名 www.mingribook.com 访问主机 B 时，将发送解析域名 www.mingribook.com 的报文；本地域名服务器收到请求后，查询本地缓存，假设没有该记录，则本地域名服务器 dns.local.com 将向根域名服务器 dns.mr.com 发出请求解析域名 www. mingribook.com；根域名服务器 dns.mr.com 收到请求后查询本地记录，如果发现"mingribook.com NS dns.mrbook.com"信息，将给出 dns.mrbook.com 的 IP 地址，并将结果返回给主机 A 的本地域名服务器 dns.local.com，当本地域名服务器 dns.local.com 收到信息后，会向主机 B 的域名服务器 dns.mrbook.com 发送解析域名 www.mingribook.com 的报文；当域名服务器 dns.mrbook.com 收到请求后，开始查询本地的记录，发现"www.mingribook.com A 211.119.X.X"（其中，"211.119.X.X"表示域名 www.mingribook.com 的 IP 地址）。类似的信息，则将结果返回给主机 A 的本地域名服务器 dns.local.com。

6.1.5 TCP/IP 协议

TCP/IP（Transmission Control Protocal/Internet Protocal，传输控制协议/网际协议）协议是互联网上最流行的协议，它能够实现互联网上不同类型操作系统的计算机相互通信。对于网络开发人员来说，必须了解 TCP/IP 协议的结构。TCP/IP 协议将网络分为 4 层，分别对应于 OSI 参考模型的 7 层结构。TCP/IP 协议与 OSI 参考模型的对应关系见表 6-3。

表 6-3　TCP/IP 协议结构层次

TCP/IP 协议	OSI 参考模型
应用层（包括 Telnet、FTP、SNTP 协议）	会话层、表示层和应用层
传输层（包括 TCP、UDP 协议）	传输层
网络层（包括 ICMP、IP、ARP 等协议）	网络层
数据链路层	物理层和数据链路层

从表 6-3 中可以发现，TCP/IP 协议不是单个协议，而是一个协议簇，它包含有多种协议，其中主要的协议有网际协议（IP）和传输控制协议（TCP）等。下面介绍 TCP/IP 主要协议的结构。

1. TCP 协议

传输控制协议 TCP 是一种提供可靠数据传输的通信协议，它是 TCP/IP 体系结构中传输层上的协议。在发送数据时，应用层的数据传输到传输层，加上 TCP 的首部，数据就构成了报文。报文是网络层 IP 的数据，如果再加上 IP 首部，就构成了 IP 数据报。TCP 协议 C 语言数据描述如下。

```
typedef struct HeadTCP {
        WORD    SourcePort;             //16 位源端口号
        WORD    DePort;                 //16 位目的端口
        DWORD   SequenceNo;             //32 位序号
        DWORD   ConfirmNo;              //32 位确认序号
        BYTE    HeadLen;//与 Flag 为一个组成部分，首部长度，占 4 位，保留 6 位，6 位标识，共 16 位
        BYTE    Flag;
        WORD    WndSize;                //16 位窗口大小
        WORD    CheckSum;               //16 位校验和
        WORD    UrgPtr;                 //16 位紧急指针
} HEADTCP;
```

2. IP 协议

IP 协议又称为网际协议。它工作在网络层，主要提供无链接数据报传输。IP 协议不保证数据报的发送，但最大限度地发送数据。IP 协议 C 语言数据描述如下。

```
typedef struct HeadIP {
        unsigned char  headerlen:4;     //首部长度，占 4 位
        unsigned char  version:4;       //版本，占 4 位
        unsigned char  servertype;      //服务类型，占 8 位，即 1 字节
        unsigned short totallen;        //总长度，占 16 位
        unsigned short id;          //与 idoff 构成标识，共占 16 位，前 3 位是标识，后 13 位是片偏移
        unsigned short idoff;
        unsigned char  ttl;             //生存时间，占 8 位
        unsigned char  proto;           //协议，占 8 位
        unsigned short checksum;        //首部检验和，占 16 位
```

```
        unsigned int   sourceIP;              //源 IP 地址，占 32 位
        unsigned int   destIP;                //目的 IP 地址，占 32 位
}HEADIP;
```

说明 在 IP 数据包结构中，第 1 个成员和第 2 个成员各占 4 位，也就是半字节。我们知道为对象分配空间最小单位是 1 字节，为了描述 IP 数据包中的成员，在定义数据包结构时使用了位域，具体指定每一个成员占用的位数。

3. ICMP 协议

ICMP 协议又称为网际控制报文协议，负责网络上设备状态的发送和报文检查，可以将某个设备的故障信息发送到其他设备上。ICMP 协议 C 语言数据描述如下。

```
typedef struct HeadICMP {
        BYTE Type;                            //8 位类型
        BYTE Code;                            //8 位代码
        WORD ChkSum;                          //16 位校验和
} HEADICMP;
```

4. UDP 协议

用户数据报协议 UDP 是一个面向无链接的协议，采用该协议，两个应用程序不需要先建立链接，它为应用程序提供一次性的数据传输服务。UDP 协议不提供差错恢复，不能提供数据重传，因此该协议传输数据安全性略差。UDP 协议 C 语言数据描述如下。

```
typedef struct HeadUDP {
        WORD SourcePort;                      //16 位源端口号
        WORD DePort;                          //16 位目的端口
        WORD Len;                             //16 为 UDP 长度
        WORD ChkSum;                          //16 位 UDP 校验和
} HEADUDP;
```

6.1.6 端口

在网络上，计算机是通过 IP 地址来彼此标识自己的，但是当涉及两台计算机具体通信时，还会出现一个问题——如果主机 A 中的应用程序 A1 想与主机 B 中的应用程序 B1 通信，如何知道主机 A 中是 A1 应用程序与主机 B 中的应用程序通信，而不是主机 A 中的其他应用程序与主机 B 中的应用程序通信呢？反之，当主机 B 接收到数据时，又如何知道数据是发往应用程序 B1 的呢？因为在主机 B 中可以同时运行多个应用程序。

为了解决上述问题，TCP/IP 协议提出了端口的概念，用于标识通信的应用程序。当应用程序（严格说应该是进程）与某个端口绑定后，系统会将收到的该端口的数据送往该应用程序。端口是用一个 16 位的无符号整数值来表示的，范围为 0～65535。低于 256 的端口被作为系统的保留端口，用于系统进程的通信；不在这一范围的端口号被称为自由端口，可以由进程自由使用。

6.2 套接字基础

套接字是网络通信的基石，是网络通信的基本构件，最初是由加利福尼亚大学 Berkeley 学院为 UNIX 开发的网络通信编程接口。为了在 Windows 操作系统上使用套接字，20 世纪 90 年代初微软和第三方厂商共同制定了一套标准，即 Windows Socket 规范，简称 WinSock。本节将介绍有

关 Windows 套接字的相关知识。

6.2.1　套接字概述

所谓套接字，实际上是一个指向传输提供者的句柄。在 WinSock 中，就是通过操作该句柄来实现网络通信和管理的。根据性质和作用的不同，套接字可以分为 3 种，分别为原始套接字、流式套接字和数据包套接字。原始套接字是在 WinSock 2 规范中提出的，它能够使程序开发人员对底层的网络传输机制进行控制，在原始套接字下接收的数据中包含有 IP 头；流式套接字提供了双向、有序、可靠的数据传输服务，该类型套接字在通信前，需要双方建立连接，大家熟悉的 TCP 协议采用的就是流式套接字；与流式套接字对应的是数据包套接字，数据包套接字提供双向的数据流，但是它不能保证数据传输的可靠性、有序性和无重复性，UDP 协议采用的就是数据包套接字。

6.2.2　网络字节顺序

不同的计算机结构有时使用不同的字节顺序存储数据。例如，基于 Intel 的计算机存储数据的顺序与 Macintosh（Motorola）计算机相反。通常，用户不必为在网络上发送和接收的数据的字节顺序转换担心，但在有些情况下必须转换字节顺序。例如，程序中将指定的整数设置为套接字的端口号，在绑定端口号之前，必须将端口号从主机顺序转换为网络顺序，有关转换的函数将在 6.3 节中介绍。

6.2.3　套接字 I/O 模式

套接字的 I/O（Input/Output）模式有两种，分别为阻塞模式和非阻塞模式。阻塞模式下，在 I/O 操作完成之前，套接字函数会一直等待下去，函数调用后不会立即返回。默认情况下，套接字为阻塞模式。而在非阻塞模式下，套接字函数在调用后会立刻返回。程序中可以使用 ioctlsocket 函数来设置套接字的 I/O 模式，有关该函数的介绍参见 6.3 节。

6.2.4　套接字通信过程

套接字程序包含通信的两端。这两端可称为服务器端和客户机端。两端各建立一个套接字对象。

面向连接的通信方法中，通信前，首先由服务器端套接字启动监听（listen），然后由客户机端套接字发出连接请求（Connect），服务器端触发 Accept 事件，接受连接请求，并在服务器端再建立一个客户套接字对象，用于接收客户机端发送的数据。这样，两个实体间要实现通信，至少需要三个套接字对象。

以 QQ 聊天软件为例，要实现多点间的通信，需要有一个服务器，多个客户机端，服务器中有一个监听套接字，每个客户机端各有一个客户套接字，当一个客户机端向服务器发送连接请求后，服务器端接受连接请求（Accept），并在服务器端再建立一个客户套接字对象，用于和客户机端实现通信。这样有 n 个客户机端，服务器就要建立 n 个客户套接字。所以 n 个实体间要实现通信，服务器端与客户机端至少需要 $2n+1$ 个套接字对象。

服务器与客户机间的通信过程是服务器中的客户套接字与客户机端套接字间的通信。它们中的其中之一发送数据（Send），这时另一端触发 receive 事件，在该事件中就可以接收数据了。

多客户机中的两个客户机要实现通信，如第 i 个客户机要将数据发送给第 j 个客户机，过程是第 i 个客户机将数据发送给服务器，服务器中的第 i 个客户套接字接收该数据，然后找到服务器中的第 j 个客户套接字，通过它将数据发送给第 j 个客户机，这样第 j 个客户机就可以接收到由第 i 个客户机发送的数据了。

面向非连接的通信，通信前不需要客户发送连接请求，服务器接受请求的过程，总是认为通信双方处于工作状态。用 sendto、receivefrom 实现数据收发。

6.3 套接字函数

为了使用套接字进行网络程序开发，Windows 操作系统提供了一组套接字函数，用户可以使用这些函数开发出功能强大的网络应用程序。本节将介绍有关套接字函数的相关知识。

6.3.1 套接字函数介绍

Windows 系统提供的套接字函数通常封装在 ws2_32.dll 动态链接库中，其头文件 winsock2.h 提供了套接字函数的原型，库文件 ws2_32.lib 提供了 ws2_32.dll 动态链接库的输出节。在使用套接字函数前，用户需要引用 winsock2.h 头文件，并链接 ws2_32.lib 库文件。举例如下。

```
#include "winsock2.h"                              //引用头文件
#pragma comment (lib,"ws2_32.lib")                 //链接库文件
```

此外，在使用套接字函数前还需要初始化套接字，可以使用 WSAStartup 函数来实现。举例如下。

```
WSADATA wsd;                                        //定义 WSADATA 对象
WSAStartup(MAKEWORD(2,2),&wsd);                     //初始化套接字
```

下面介绍网络程序开发中经常使用的套接字函数。

（1）WSAStartup。

该函数用于初始化 ws2_32.dll 动态链接库。在使用套接字函数之前，一定要初始化 ws2_32.dll 动态链接库。

语法格式如下。

```
int WSAStartup ( WORD wVersionRequested,LPWSADATA lpWSAData );
```

❑ wVersionRequested：调用者使用的 Windows Socket 的版本，高字节记录修订版本，低字节记录主版本。例如，如果 Windows Socket 的版本为 2.1，则高字节记录 1，低字节记录 2。

❑ lpWSAData：一个 WSADATA 结构指针，该结构详细记录了 Windows 套接字的相关信息。其定义如下。

```
typedef struct WSAData {
    WORD            wVersion;
    WORD            wHighVersion;
    char            szDescription[WSADESCRIPTION_LEN+1];
    char            szSystemStatus[WSASYS_STATUS_LEN+1];
    unsigned short  iMaxSockets;
    unsigned short  iMaxUdpDg;
    char FAR *      lpVendorInfo;
} WSADATA, FAR * LPWSADATA;
```

● wVersion：调用者使用的 ws2_32.dll 动态链接库的版本号。

● wHighVersion：ws2_32.dll 支持的最高版本，通常与 wVersion 相同。

● szDescription：套接字的描述信息，通常没有实际意义。

● szSystemStatus：系统的配置或状态信息，通常没有实际意义。

● iMaxSockets：最多可以打开多少个套接字。

- iMaxUdpDg：数据报的最大长度。在套接字版本 2 或以后的版本中，该成员将被忽略。
- lpVendorInfo：套接字的厂商信息。在套接字版本 2 或以后的版本中，该成员将被忽略。

在套接字版本 2 或以后的版本中，iMaxSockets 成员将被忽略。

（2）socket。

该函数用于创建一个套接字。

语法格式如下。

```
SOCKET socket ( int af,int type, int protocol );
```

- af：一个地址家族，通常为 AF_INET。
- type：套接字类型，如果为 SOCK_STREAM，表示创建面向链接的流式套接字；为 SOCK_DGRAM，表示创建面向无链接的数据报套接字；为 SOCK_RAW，表示创建原始套节字。对于这些值，用户可以在 winsock2.h 头文件中找到。
- potocol：表示套接口所用的协议，如果用户不指定，可以设置为 0。

返回值：创建的套接字句柄。

（3）bind。

该函数用于将套接字绑定到指定的端口和地址上。

语法格式如下。

```
int bind (SOCKET s,const struct sockaddr FAR* name,int namelen );
```

- s：套接字标识。
- name：一个 sockaddr 结构指针，该结构中包含了要结合的地址和端口号。
- namelen：确定 name 缓冲区的长度。

返回值：如果函数执行成功，返回值为 0，否则为 SOCKET_ERROR。

（4）listen。

该函数用于将套接字设置为监听模式。

语法格式如下。

```
int listen ( SOCKET s, int backlog);
```

- s：套接字标识。
- backlog：等待连接的最大队列长度。例如，如果 backlog 被设置为 2，此时有 3 个客户端同时发出连接请求，那么前两个客户端连接会放置在等待队列中，第 3 个客户端会得到错误信息。

对于流式套接字，必须处于监听模式才能接收客户端套接字的连接。

（5）accept。

该函数用于接受客户端的连接。对于流式套接字，必须处于监听状态，才能接受客户端的连接。

语法格式如下。

```
SOCKET accept ( SOCKET s, struct sockaddr FAR* addr, int FAR* addrlen );
```

- s：一个套接字，应处于监听状态。
- addr：一个 sockaddr_in 结构指针，包含一组客户端的端口号、IP 地址等信息。
- addrlen：用于接收参数 addr 的长度。

返回值：一个新的套接字，它对应于已经接受的客户端连接，对于该客户端的所有后续操作，都应使用这个新的套接字。

（6）closesocket。

该函数用于关闭套接字。

语法格式如下。

```
int closesocket (SOCKET s);
```

s：标识一个套接字。如果参数 s 设置有 SO_DONTLINGER 选项，则调用该函数后会立即返回，但此时如果有数据尚未传送完毕，会继续传递数据，然后才关闭套接字。

（7）connect。

该函数用于发送一个连接请求。

语法格式如下。

```
int connect (SOCKET s,const struct sockaddr FAR* name,int namelen );
```

❑ s：一个套接字。

❑ name：套接字 s 想要连接的主机地址和端口号。

❑ namelen：name 缓冲区的长度。

返回值：如果函数执行成功，返回值为 0；否则为 SOCKET_ERROR，用户可以通过 WSAGETLASTERROR 得到其错误描述。

（8）htons。

该函数将一个 16 位的无符号短整型数据由主机排列方式转换为网络排列方式。

语法格式如下。

```
u_short htons (u_short hostshort );
```

hostshort：一个主机排列方式的无符号短整型数据。

返回值：16 位的网络排列方式数据。

（9）htonl。

该函数将一个无符号长整型数据由主机排列方式转换为网络排列方式。

语法格式如下。

```
u_long htonl ( u_long hostlong);
```

hostlong：一个主机排列方式的无符号长整型数据。

返回值：32 位的网络排列方式数据。

（10）inet_addr。

该函数将一个由字符串表示的地址转换为 32 位的无符号长整型数据。

语法格式如下。

```
unsigned long inet_addr (const char FAR * cp);
```

cp：一个 IP 地址的字符串。

返回值：32 位无符号长整数。

（11）recv。

该函数用于从面向连接的套接字中接收数据。

语法格式如下。

```
int recv (SOCKET s,char FAR* buf,int len,int flags);
```

❑ s：一个套接字。

❑ buf：接收数据的缓冲区。

- len：buf 的长度。
- flags：函数的调用方式。如果为 MSG_PEEK，表示查看传来的数据，在序列前端的数据会被复制一份到返回缓冲区中，但是这个数据不会从序列中移走；为 MSG_OOB，表示用来处理 Out-Of-Band 数据，也就是带外数据。

（12）send。

该函数用于在面向连接方式的套接字间发送数据。

语法格式如下。

```
int send (SOCKET s,const char FAR * buf, int len,int flags);
```

- s：一个套接字。
- buf：存放要发送数据的缓冲区。
- len：缓冲区长度。
- flags：函数的调用方式。

（13）select。

该函数用来检查一个或多个套接字是否处于可读、可写或错误状态。

语法格式如下。

```
int select (int nfds,fd_set FAR * readfds,fd_set FAR * writefds,fd_set FAR * exceptfds,
const struct timeval FAR * timeout);
```

- nfds：无实际意义，只是为了和 UNIX 下的套接字兼容。
- readfds：一组被检查可读的套接字。
- writefds：一组被检查可写的套接字。
- exceptfds：被检查有错误的套接字。
- timeout：函数的等待时间。

（14）WSACleanup。

该函数用于释放为 ws2_32.dll 动态链接库初始化时分配的资源。

语法格式如下。

```
int  WSACleanup (void);
```

（15）WSAAsyncSelect。

该函数用于将网络中发生的事件关联到窗口的某个消息中。

语法格式如下。

```
int WSAAsyncSelect (SOCKET s, HWND hWnd,unsigned int wMsg,long lEvent);
```

- s：套接字。
- hWnd：接收消息的窗口句柄。
- wMsg：窗口接收来自套接字中的消息。
- lEvent：网络中发生的事件。

（16）ioctlsocket。

该函数用于设置套接字的 I/O 模式。

语法格式如下。

```
int ioctlsocket(SOCKET s,long cmd,u_long FAR* argp);
```

- s：待更改 I/O 模式的套接字。
- cmd：对套接字的操作命令。
- argp：命令参数。

cmd 参数如果为 FIONBIO，当 argp 为 0 时表示禁止非阻塞模式，当 argp 为非零时表示设置非阻塞模式；如果为 FIONREAD，表示从套接字中可以读取的数据量；为 SIOCATMARK，表示是否所有的带外数据都已被读入，这个命令仅适用于流式套接字，并且该套接字已被设置为可以在线接收带外数据（SO_OOBINLINE）。

6.3.2　基于套接字函数的网络聊天系统

在介绍了套接字函数后，本节利用套接字函数设计一个网络聊天系统。网络聊天系统分为两部分，即客户端和服务器端。客户端用于发送和显示数据，服务器端则用于转发客户端的数据。下面分别介绍客户端和服务器端的设计过程。

1. 客户端程序设计

【例 6-1】　使用套接字函数设计网络聊天室系统客户端。（实例位置：光盘\MR\源码\第 6 章\6-1）步骤如下。

（1）创建一个基于对话框的工程，工程名称为 Client，设计对话框资源如图 6-2 所示。

图 6-2　对话框资源设计窗口

（2）在对话框类的头文件中引用 winsock2.h 头文件，并导入 ws2_32.lib 库文件。代码如下。

```
#include "winsock2.h"                              //引用头文件
#pragma comment (lib,"ws2_32.lib")                 //链接库文件
```

（3）在应用程序的 InitInstance 方法中初始化套接字，代码如下。

```
WSADATA wsd;                                       //定义 WSADATA 对象
WSAStartup(MAKEWORD(2,2),&wsd);                    //初始化套接字
```

（4）改写应用程序的 ExitInstance 虚方法，在应用程序结束时释放套接字资源。代码如下。

```
int CClientApp::ExitInstance()
{
    WSACleanup();                                  //释放套接字资源
    return CWinApp::ExitInstance();
}
```

（5）在对话框类中添加如下成员变量。

```
SOCKET    m_SockClient;                                //定义一个套接字
UINT      m_Port;                                      //定义端口
CString            m_IP;                               //定义 IP
```

（6）在对话框初始化时创建套接字，代码如下。

```
m_SockClient = socket(AF_INET,SOCK_STREAM,0);          //创建套接字
```

在本实例中，创建的是面向链接的流式套接字。

（7）向对话框中添加 ReceiveInfo 方法，用于接收服务器端发来的数据。代码如下。

```
void CClientDlg::ReceiveInfo()
{
    char buffer[1024];                                 //定义一个数据缓冲区
    int num = recv(m_SockClient,buffer,1024,0);        //接收数据
    buffer[num] = 0;                                   //定义结束标记
    m_MsgList.AddString(buffer);                       //读取数据到列表中
}
```

（8）在对话框的消息映射部分添加 ON_MESSAGE 消息映射宏，将自定义的消息与 ReceiveInfo 方法关联。代码如下。

```
ON_MESSAGE(CM_RECEIVE,ReceiveInfo)                     //添加消息映射宏
```

（9）处理"登录"按钮的单击事件，开始登录服务器。代码如下。

```
void CClientDlg::OnLogin()
{
    sockaddr_in serveraddr;                            //服务器端地址
    CString strport;                                   //定义一个字符串,记录端口
    m_ServerPort.GetWindowText(strport);               //获取端口字符串
    m_ServerIP.GetWindowText(m_IP);                    //获取 IP
    if (strport.IsEmpty() || m_IP.IsEmpty())           //判断端口和 IP 是否为空
    {
        MessageBox("请设置服务器 IP 和端口号");          //弹出提示对话框
        return;
    }
    m_Port = atoi(strport);                            //将端口字符串转换为整数
    serveraddr.sin_family = AF_INET;                   //设置服务器地址家族
    serveraddr.sin_port = htons(m_Port);               //设置服务器端口号
    serveraddr.sin_addr.S_un.S_addr = inet_addr(m_IP); //设置服务器 IP
    //开始连接服务器
    if (connect(m_SockClient,(sockaddr*)&serveraddr,sizeof(serveraddr))!=0)
    {
        MessageBox("连接失败");                         //弹出提示对话框
        return;
    }
    else
        MessageBox("连接成功");                         //弹出提示对话框
    WSAAsyncSelect(m_SockClient,m_hWnd,1000,FD_READ);  //设置异步模型
    CString strname,info ;                             //定义字符串变量
    m_NickName.GetWindowText(strname);                 //获取昵称
    info.Format("%s------>%s",strname,"进入聊天室");    //设置发送的信息
    send(m_SockClient,info.GetBuffer(0),info.GetLength(),0); //向服务器发送数据
}
```

说明

如果在程序中两次调用 WSAAsyncSelect 函数，则第一次调用 WSAAsyncSelect 函数设置的网络事件将被取消。

（10）处理"发送"按钮的单击事件，向服务器发送数据，再由服务器转发数据。代码如下。

```
void CClientDlg::OnSend()
{
    CString strData,name,info ;                              //定义字符串变量
    m_NickName.GetWindowText(name);                          //获取昵称
    m_SendData.GetWindowText(strData);                       //获取发送的数据
    if (!name.IsEmpty() && !strData.IsEmpty())              //判断字符串是否为空
    {
        info.Format("%s 说: %s",name,strData);               //格式化发送的数据
        send(m_SockClient,info.GetBuffer(0),info.GetLength(),0); //开始发送数据
        m_MsgList.AddString(info);                           //向列表框中添加数据
        m_SendData.SetWindowText("");                        //清空编辑框文本
    }
}
```

（11）运行程序，结果如图 6-3、图 6-4 所示。

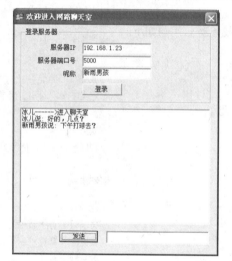

图 6-3　客户端窗口 1

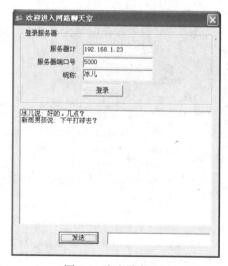

图 6-4　客户端窗口 2

2. 服务器端程序设计

【例 6-2】　使用套接字函数设计网络聊天室系统服务器。（实例位置：光盘\MR\源码\第 6 章\6-2）
步骤如下。

（1）创建一个基于对话框的工程，工程名称为 Server，设计对话框资源如图 6-5 所示。

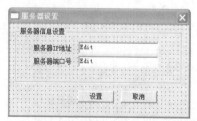

图 6-5　对话框资源设计窗口

（2）在对话框类的头文件中引用 winsock2.h 头文件，并导入 ws2_32.lib 库文件。代码如下。

```
#include "winsock2.h"                              //引用头文件
#pragma comment (lib,"ws2_32.lib")                 //链接库文件
```

（3）在应用程序的 InitInstance 方法中初始化套接字，代码如下。

```
WSADATA wsd;                                       //定义 WSADATA 对象
WSAStartup(MAKEWORD(2,2),&wsd);                    //初始化套接字
```

（4）改写应用程序的 ExitInstance 虚方法，在应用程序结束时释放套接字资源。代码如下。

```
int CServerApp::ExitInstance()
{
    WSACleanup();                                  //释放套接字资源
    return CWinApp::ExitInstance();
}
```

（5）向对话框类中添加如下成员变量。

```
SOCKET m_SockServer,m_SockClient;                  //定义套接字
SOCKET m_Clients[MAXNUM];                          //客户端套接字
int    m_ConnectNum;                               //当前连接的客户数量
CString m_IP;                                      //定义 IP
UINT m_Port;                                       //定义端口
```

（6）在对话框初始化时创建套接字，代码如下。

```
m_SockServer = socket(AF_INET,SOCK_STREAM,0);      //创建套接字
//将网络中的事件关联到窗口的消息函数中
WSAAsyncSelect(m_SockServer,m_hWnd,WM_USER+1,FD_WRITE|FD_READ|FD_ACCEPT);
m_ConnectNum = 0;                                  //初始化客户端连接数量
for (int i = 0; i< MAXNUM;i++)                     //初始化客户端套接字
    m_Clients[i]= 0;
```

> "WM_USER+1" 设置的是来自套接字的消息。

（7）向对话框中添加 TranslateData 方法，接受客户端的连接，并转发客户端发来的数据。代码如下。

```
void CServerDlg::TranslateData()
{
    sockaddr_in serveraddr;                        //定义一个网络地址
    char buffer[1024];                             //定义一个缓冲区
    int len =sizeof(serveraddr);                   //获取网络地址大小
    int curlink = -1;                              //定义整型变量
    int num = -1;                                  //定义整型变量
    for (int i = 0; i < MAXNUM; i++)               //遍历客户端套接字
    {
        num= recv(m_Clients[i],buffer,1024,0);     //获取客户端接收的数据
        if (num != -1)                             //判断哪个客户端向服务器发送数据
        {
            curlink = i;                           //记录客户端索引
            break;                                 //终止循环
        }
    }
    buffer[num]= 0;                                //设置数据结束标记
```

241

```
        if (num == -1)                                    //接受客户端的连接
        {
            if (m_ConnectNum < MAXNUM)                    //判断当前客户端连接数量是否大于上限
            {
                //接受客户端的连接
                m_Clients[m_ConnectNum] = accept(m_SockServer,(struct sockaddr*)
                    &serveraddr,&len);
                m_ConnectNum++;                           //将连接数量加1
            }
            return;
        }
        for (int j = 0; j < m_ConnectNum; j++)            //将接收的数据发送给客户端
            if (j != curlink)                             //不向发送方本身发送数据
                send(m_Clients[j],buffer,num,0);
}
```

（8）在对话框的消息映射部分添加 ON_MESSAGE 消息映射宏，将消息与 TranslateData 方法关联。代码如下。

```
ON_MESSAGE(WM_USER+1,TranslateData)
```

（9）处理"设置"按钮的单击事件，绑定套接字到指定的地址上，使套接字处于监听模式。代码如下。

```
void CServerDlg::OnSetting()
{
    m_ServerIP.GetWindowText(m_IP);
    CString strPort;
    m_ServerPort.GetWindowText(strPort);
    if (m_IP.IsEmpty() || strPort.IsEmpty())
    {
        MessageBox("请设置服务器 IP 和端口号","提示");
        return;
    }
    m_Port = atoi(strPort);
    sockaddr_in serveraddr;
    serveraddr.sin_family = AF_INET;
    serveraddr.sin_addr.S_un.S_addr = inet_addr(m_IP);
    serveraddr.sin_port = htons(m_Port);
    if (bind(m_SockServer,(sockaddr*)&serveraddr,sizeof(serveraddr)))
    {
        MessageBox("绑定地址失败.");
        return;
    }
    listen(m_SockServer,20);
}
```

（10）运行程序，结果如图 6-6 所示。

图 6-6 "服务器设置"窗口

6.4　MFC 套接字编程

为了降低网络程序开发的难度，MFC 对套接字函数进行了封装，提供了 CAsyncSocket 类和 CSocket 类用于网络程序开发。本节将介绍 CAsyncSocket 类和 CSocket 类的相关知识。

6.4.1　CAsyncSocket 类

CAsyncSocket 类对套接字函数进行了简单封装，提供了基于事件的 I/O 异步模型，使用户可以方便地处理接收和发送等事件。但是，用户需要自己处理网络的字节顺序和不同字符集间的转换等问题。下面介绍 CAsyncSocket 类的主要方法和事件。

（1）Create。

该方法用于创建一个 Windows 套接字，并将其附加到 CAsyncSocket 类对象上。

语法格式如下。

```
BOOL Create(UINT nSocketPort = 0,int nSocketType = SOCK_STREAM,long lEvent = FD_READ |
FD_WRITE | FD_OOB | FD_ACCEPT | FD_CONNECT | FD_CLOSE, LPCTSTR lpszSocketAddress = NULL)
```

- ❑ nSocketPort：套接字端口，如果为 0，系统将自动选择一个端口。
- ❑ nSocketType：套接字的类型。如果为 SOCK_STREAM，表示流式套接字；为 SOCK_DGRAM，表示数据包套接字。
- ❑ lEvent：套接字能够处理的网络事件，其值可以是表 6-4 所列的任意值的组合。
- ❑ lpszSocketAddress：套接字的 IP 地址。

表 6-4　套接字网络事件

值	描　　述
FD_READ	当套接字中有数据需要读取时触发事件
FD_WRITE	当向套接字写入数据时触发事件
FD_OOB	当接收到外带数据时触发事件
FD_ACCEPT	当接受连接请求时触发事件
FD_CONNECT	当连接完成时触发事件
FD_CLOSE	当套接字关闭时触发事件

（2）GetLastError。

该方法用于获取最后一次操作失败的状态信息。

语法格式如下。

```
static int GetLastError();
```

　　　在进行网络操作时，如果某一项操作失败，想要了解其错误原因，可以调用 GetLastError 方法来获取错误代码。

（3）GetPeerName。

该方法用于获取套接字连接的 IP 地址信息。

语法格式如下。

```
BOOL GetPeerName( CString& rPeerAddress, UINT& rPeerPort );
BOOL GetPeerName( SOCKADDR* lpSockAddr, int* lpSockAddrLen );
```

❑ rPeerAddress：用于接收函数返回的 IP 地址。

❑ rPeerPort：用于记录端口号。

❑ lpSockAddr：一个 sockaddr 结构指针，用于记录套接字名称。

❑ lpSockAddrLen：用于确定 lpSockAddr 的大小。

（4）Accept。

该方法用于接受客户端的连接。

语法格式如下。

```
virtual BOOL Accept( CAsyncSocket& rConnectedSocket, SOCKADDR* lpSockAddr = NULL, int*
lpSockAddrLen = NULL );
```

❑ rConnectedSocket：对应当前连接的套接字引用。

❑ lpSockAddr：一个 sockaddr 结构指针，用于记录套接字地址。

❑ lpSockAddrLen：用于确定 lpSockAddr 的大小。

（5）Bind。

该方法用于将 IP 地址和端口号绑定到套接字上。

语法格式如下。

```
BOOL Bind( UINT nSocketPort, LPCTSTR lpszSocketAddress = NULL );
BOOL Bind ( const SOCKADDR* lpSockAddr, int nSockAddrLen );
```

❑ nSocketPort：套接字端口。

❑ lpszSocketAddress：IP 地址。

❑ lpSockAddr：一个 sockaddr 结构指针，该结构记录了套接字的地址信息。

❑ nSockAddrLen：用于确定 lpSockAddr 的大小。

（6）Connect。

该方法用于发送一个连接请求。

语法格式如下。

```
BOOL Connect( LPCTSTR lpszHostAddress, UINT nHostPort );
BOOL Connect( const SOCKADDR* lpSockAddr, int nSockAddrLen );
```

❑ lpszHostAddress：主机的 IP 地址或网址。

❑ nHostPort：主机的端口。

❑ lpSockAddr：一个 sockaddr 结构指针，该结构标识套接字地址信息。

❑ nSockAddrLen：用于确定 lpSockAddr 的大小。

（7）Close。

该方法用于关闭套接字。

语法格式如下。

```
virtual void Close();
```

（8）Listen。

该方法用于将套接字置于监听模式。

语法格式如下。

```
BOOL Listen( int nConnectionBacklog = 5 );
```

nConnectionBacklog：表示等待连接的最大队列长度。

（9）Receive。

该方法用于在流式套接字中接收数据。

语法格式如下。

```
virtual int Receive( void* lpBuf, int nBufLen, int nFlags = 0 );
```

❑ lpBuf：接收数据的缓冲区。

❑ nBufLen：确定缓冲区的长度。

❑ nFlags：确定函数的调用模式。

　　　nFlags 参数如果为 MSG_PEEK，表示用来查看传来的数据，在序列前端的数据会被复制一份到返回缓冲区中，但是该数据不会从序列中移走；为 MSG_OOB，表示处理带外数据。

（10）ReceiveFrom。

该方法用于从数据包套接字中接收数据。

语法格式如下。

```
int ReceiveFrom( void* lpBuf, int nBufLen, CString& rSocketAddress, UINT& rSocketPort,
int nFlags = 0 );
int ReceiveFrom( void* lpBuf, int nBufLen, SOCKADDR* lpSockAddr, int* lpSockAddrLen,
int nFlags = 0 );
```

❑ lpBuf：接收数据的缓冲区。

❑ nBufLen：缓冲区的大小。

❑ rSocketAddress：用于接收数据报的目的地（IP 地址）。

❑ rSocketPort：用于记录端口号。

❑ lpSockAddr：一个 sockaddr 结构指针，用于记录套接字地址信息。

❑ lpSockAddrLen：用于确定 lpSockAddr 的大小。

❑ nFlags：确定函数的调用模式。为 MSG_PEEK，表示用来查看传来的数据，在序列前端的数据会被复制一份到返回缓冲区中，但是该数据不会从序列中移走；为 MSG_OOB，表示处理带外数据。

（11）Send。

该方法用于向流式套接字中发送数据。

语法格式如下。

```
virtual int Send( const void* lpBuf, int nBufLen, int nFlags = 0 );
```

❑ lpBuf：要发送数据的缓冲区。

❑ nBufLen：用于确定缓冲区的大小。

❑ nFlags：函数调用方法。

（12）SendTo。

该方法用于在流式套接字或数据包套接字上发送数据。

语法格式如下。

```
int SendTo( const void* lpBuf, int nBufLen, UINT nHostPort, LPCTSTR lpszHostAddress=NULL,
int nFlags = 0 );
int SendTo( const void* lpBuf, int nBufLen, const SOCKADDR* lpSockAddr, int nSockAddrLen,
int nFlags = 0 );
```

❑ lpBuf：要发送数据的缓冲区。

❑ nBufLen：缓冲区大小。

❑ nHostPort：主机端口号。

❑ lpszHostAddress：主机地址。

❑ lpSockAddr：一个 sockaddr 结构指针，用于确定主机套接字地址信息。

❑ lpSockAddrLen：用于确定 lpSockAddr 的大小。

❑ nFlags：函数调用方式。

（13）ShutDown。

该方法用于在套接字上断开数据的发送或接收。

语法格式如下。

```
BOOL ShutDown( int nHow = sends );
```

nHow：用于确定 ShutDown 函数的行为，0 表示不允许接收，1 表示不允许发送，2 表示不允许接收和发送。

（14）OnAccept。

当套接字接受连接请求时触发该事件。

语法格式如下。

```
virtual void OnAccept( int nErrorCode );
```

nErrorCode：表示错误代码。

（15）OnClose。

当套接字关闭时触发该事件。

语法格式如下。

```
virtual void OnClose( int nErrorCode );
```

nErrorCode：表示错误代码。

（16）OnConnect。

当套接字连接后触发该事件。

语法格式如下。

```
virtual void OnConnect( int nErrorCode);
```

nErrorCode：表示错误代码。

（17）OnReceive。

当套接字上有数据被接收时触发该事件。

语法格式如下。

```
virtual void OnReceive( int nErrorCode );
```

nErrorCode：表示错误代码。

（18）OnSend。

当套接字发送数据时触发该事件。

语法格式如下。

```
virtual void OnSend( int nErrorCode);
```

nErrorCode：表示错误代码。

6.4.2　CSocket 类

CSocket 类派生于 CAsyncSocket 类，该类对套接字函数进行了更高层次的封装，并提供了同步技术，用户可以独立使用 CSocket 类进行套接字网络程序开发。下面介绍 CSocket 类的主要方法。

（1）Create。

该方法用于创建一个套接字，将其附加到 CSocket 类对象上。

语法格式如下。

```
BOOL Create(UINT nSocketPort=0,int nSocketType=SOCK_STREAM, LPCTSTR lpszSocketAddress= NULL );
```

- ❑ nSocketPort：套接字端口号，如果为 0，MFC 将自动选择一个端口。
- ❑ nSocketType：套接字的类型。如果为 SOCK_STREAM，表示流式套接字；为 SOCK_DGRAM，表示数据包套接字。
- ❑ lpszSocketAddress：套接字 IP 地址。

（2）Attach。

该方法用于将一个套接字句柄附加到 CSocket 类对象上。

语法格式如下。

```
BOOL Attach( SOCKET hSocket );
```

hSocket：表示套接字句柄。

（3）FromHandle。

该方法根据套接字句柄获得 CSocket 对象指针。

语法格式如下。

```
static CSocket* PASCAL FromHandle( SOCKET hSocket );
```

hSocket：表示套接字句柄。

返回值：CSocket 对象指针。

（4）IsBlocking。

该方法用于判断套接字是否处于阻塞模式。

语法格式如下。

```
BOOL IsBlocking();
```

返回值：如果返回值为 0，表示处于非阻塞状态；非零，表示处于阻塞状态。

（5）CancelBlockingCall。

该方法用于取消套接字的阻塞模式。

语法格式如下。

```
void CancelBlockingCall();
```

6.4.3　基于 TCP 协议的网络聊天室系统

在介绍完 MFC 提供的 CAsyncSocket 类和 CSocket 类后，下面利用 CSocket 类设计一个网络聊天室系统。系统分为客户端和服务器端两个模块，下面分别介绍其实现过程。

1. 客户端模块实现过程

【例 6-3】 使用 CSocket 类设计网络聊天室系统客户端。（实例位置：光盘\MR\源码\第 6 章\6-3）

步骤如下。

（1）创建一个基于对话框的工程，工程名称为 Client，设计对话框资源如图 6-7 所示。

（2）在应用程序的 InitInstance 方法中初始化套接字，代码如下。

```
WSADATA wsd;                      //定义 WSADATA 对象
WSAStartup(MAKEWORD(2,2),&wsd);//初始化套接字
```

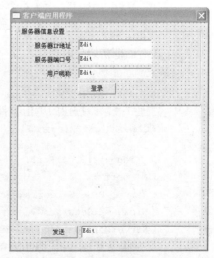

图 6-7　客户端对话框资源设计窗口

（3）从 CSocket 类派生一个子类 CClientSocket，在该类中添加 m_pDialog 成员。代码如下。

```
CClientDlg *m_pDialog;                          //添加成员变量
```

在 CClientSocket 类的头文件中要引用 CClientDlg 类的头文件 ClientDlg.h。

（4）在 CClientSocket 中添加 SetDialog 方法，用于设置成员变量。代码如下。

```
void CClientSocket::SetDialog(CClientDlg *pDialog)
{
    m_pDialog = pDialog;                        //设置成员变量
}
```

（5）改写 CClientSocket 类的 OnReceive 方法，在套接字有数据接收时调用该方法。代码如下。

```
void CClientSocket::OnReceive(int nErrorCode)
{
    CSocket::OnReceive(nErrorCode);
    if (m_pDialog != NULL)                      //判断成员变量是否为空
        m_pDialog->ReceiveText();               //调用对话框类的 ReceiveText 方法接收数据
}
```

m_pDialog 是主窗口类的对象指针，ReceiveText 是用于接收数据的方法。

（6）在对话框类中添加如下成员变量。

```
CClientSocket m_SockClient;                     //定义套接字成员变量
CString m_Name;                                 //定义一个字符串变量
```

（7）向对话框类中添加 ReceiveText 方法接收数据，代码如下。

```
void CClientDlg::ReceiveText()
{
    char buffer[BUFFERSIZE];                    //定义接收数据的缓冲区
    int len = m_SockClient.Receive(buffer,BUFFERSIZE);  //开始接收数据
    if (len != -1)                              //判断是否接收到数据
    {
        buffer[len] = '\0';                     //设置结束标记
        m_List.AddString(buffer);               //向列表中添加接收到的信息
    }
}
```

（8）在对话框初始化时创建套接字，代码如下。

```
m_SockClient.Create();                          //创建套接字
m_SockClient.SetDialog(this);                   //设置套接字的成员变量
```

（9）处理"登录"按钮的单击事件，开始登录服务器。代码如下。

```
void CClientDlg::OnLogin()
{
    CString strIP,strPort;                       //定义两个字符串变量
    UINT port ;                                  //定义一个整型端口变量
    m_ServerIP.GetWindowText(strIP);             //获取服务器 IP
    m_NickName.GetWindowText(m_Name);            //获取用户昵称
    m_ServerPort.GetWindowText(strPort);         //获取端口
    //判断服务器 IP、端口号和用户昵称是否为空
    if (strIP.IsEmpty() || strPort.IsEmpty() || m_Name.IsEmpty())
```

```
    {
        MessageBox("请设置服务器信息","提示");          //显示提示对话框
        return;
    }
    port = atoi(strPort);                           //将端口字符串转换为整数
    if (m_SockClient.Connect(strIP,port))           //开始连接服务器
    {
        MessageBox("连接服务器成功!","提示");         //弹出提示信息
        CString str;                                //定义字符串变量
        str.Format("%s----->%s",m_Name,"进入聊天室"); //设置输出信息
        //向服务器发送数据,再由服务器转发
        m_SockClient.Send(str.GetBuffer(0),str.GetLength());
    }
    else
    {
        MessageBox("连接服务器失败!","提示");         //显示提示对话框
    }
}
```

如果连接服务器成功,则向服务器端发送信息,通知客户端用户进入聊天室。

（10）处理"发送"按钮的单击事件,向服务器发送数据,再由服务器转发这些数据。代码如下。

```
void CClientDlg::OnSendText()
{
    CString strText,strInfo;                        //定义两个字符串变量
    m_Text.GetWindowText(strText);                  //获取发送的内容
    if (!strText.IsEmpty() && !m_Name.IsEmpty())    //判断发送信息和昵称是否为空
    {
        strInfo.Format("%s 说: %s",m_Name,strText); //设置发送的文本
        //开始发送数据
        int len =
        m_SockClient.Send(strInfo.GetBuffer(strInfo.GetLength()),strInfo.GetLength());
    }
}
```

（11）运行程序,结果如图 6-8、图 6-9 所示。

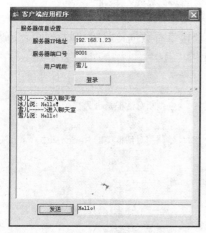

图 6-8　客户端窗口 1

图 6-9　客户端窗口 2

2. 服务器端模块实现过程

【例6-4】 使用 CSocket 类设计网络聊天室系统服务器端。（实例位置：光盘\MR\源码\第6章\6-4）

图6-10 服务器端对话框资源设计窗口

步骤如下。

（1）创建一个基于对话框的应用程序，工程名称为 Server，设置对话框资源如图6-10所示。

（2）在应用程序的 InitInstance 方法中初始化套接字，代码如下。

```
WSADATA wsd;                                    //定义 WSADATA 对象
AfxSocketInit(&wsd);                           //初始化套接字
```

（3）从 CSocket 类派生一个子类 CServerSocket，在该类中定义成员变量 m_pDlg。代码如下。

```
CServerDlg* m_pDlg;
```

（4）向 CServerSocket 类中添加 SetDialog 函数，为 m_pDlg 成员变量赋值。代码如下。

```
void CServerSocket::SetDialog(CServerDlg* pDialog)
{
    m_pDlg = pDialog;                          //为成员变量赋值
}
```

（5）改写 CServerSocket 类的 OnAccept 虚方法，在套接字中有连接请求时接受其连接。代码如下。

```
void CServerSocket::OnAccept(int nErrorCode)
{
    CSocket::OnAccept(nErrorCode);
    if (m_pDlg)                                //判断 m_pDlg 是否为空
        m_pDlg->AcceptConnect();              //调用主对话框的 AcceptConnect 方法
}
```

（6）从 CSocket 类再次派生一个新类 CClientSocket，在该类中定义成员变量 m_pDlg。代码如下。

```
CServerDlg* m_pDlg;
```

（7）向 CClientSocket 类中添加 SetDialog 函数，为 m_pDlg 成员变量赋值。代码如下。

```
void CClientSocket::SetDialog(CServerDlg* pDialog)
{
    m_pDlg = pDialog;                          //为成员变量赋值
}
```

（8）改写 CClientSocket 类的 OnReceive 方法，在套接字有数据接收时接收数据。代码如下。

```
void CClientSocket::OnReceive(int nErrorCode)
{
    CSocket::OnReceive(nErrorCode);
    if(m_pDlg)                                 //判断对话框是否为空
    {
        m_pDlg->ReceiveData(*this);           //调用对话框类的 ReceiveData 方法
    }
}
```

（9）在对话框类中添加如下成员变量。

```
CPtrList m_socketlist;                         //定义套接字列表容器
CServerSocket m_ServerSock;                    //定义套接字
```

说明　　　　m_socketlist 变量用于装载连接服务器端的客户端套接字。

（10）向对话框类中添加 AcceptConnect 方法，接受客户端的连接。代码如下。

```
void CServerDlg::AcceptConnect()
{
    CClientSocket* psocket = new CClientSocket();          //创建一个套接字
    psocket->SetDialog(this);                              //设置套接字的成员变量
    if (m_ServerSock.Accept(*psocket))                     //接受套接字连接
        m_socketlist.AddTail(psocket);                     //将套接字添加到列表容器中
    else
        delete psocket;                                    //连接失败，释放套接字
}
```

（11）向对话框类中添加 ReceiveData 方法，用于接收套接字数据。代码如下。

```
void CServerDlg::ReceiveData(CSocket &socket)
{
    char bufferdata[BUFFERSIZE];                           //定义数据缓冲区
    int len = socket.Receive(bufferdata,BUFFERSIZE);      //开始接收数据
    if (len != -1)                                         //判断是否接收到数据
    {
        bufferdata[len] = 0;                               //设置数据结束标记
        POSITION pos = m_socketlist.GetHeadPosition();     //获取容器列表的首位置
        while (pos != NULL)                                //遍历容器列表
        {
            //获取容器列表中的指定套接字
            CClientSocket* socket = (CClientSocket*)m_socketlist.GetNext(pos);
            if (socket != NULL)                            //判断套接字是否为空
                socket->Send(bufferdata,len);              //向套接字发送数据
        }
    }
}
```

（12）处理"设置"按钮的单击事件，创建并开始监听套接字。代码如下。

```
void CServerDlg::OnConfig()
{
    m_ServerSock.SetDialog(this);                          //设置套接字成员变量
    CString strPort,strIP;                                 //定义两个字符串变量
    m_ServerPort.GetWindowText(strPort);                   //获取端口字符串
    m_ServerIP.GetWindowText(strIP);                       //获取服务器 IP
    if (!strPort.IsEmpty() && !strIP.IsEmpty())            //判断端口和 IP 是否为空
    {
        UINT port = atoi(strPort);                         //将端口转换为整数值
        m_ServerSock.Create(port,SOCK_STREAM,strIP);       //创建套接字
        BOOL ret = m_ServerSock.Listen();                  //将套接字置于监听模式
        if (ret)
            MessageBox("设置成功!","提示");                //弹出提示对话框
    }
}
```

（13）运行程序，结果如图 6-11 所示。

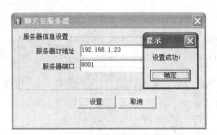

图 6-11　服务器窗口

6.5　综合实例——实用聊天软件

6.5.1　界面设计

例 6-1 和例 6-2 用 API 函数实现多客户端之间的通信，这种通信只能是一个客户将数据发给所有其他客户，不能实现选择用户发送数据的功能。例 6-3 和例 6-4 则是用 Socket 类实现的相同的功能。

下面我们要实现多客户端之间的两两通信。这就要求服务器要能区分出不同的客户端，这里用 ID 来进行区分。对于客户端，我们把登录窗口、好友列表，聊天窗口分开，类似于腾讯 QQ 软件。服务器窗口可以显示在线用户列表。为简化起见，程序没有注册窗口，注册用户用固定列表。图 6-12、图 6-13、图 6-14、图 6-15 和图 6-16 显示了程序的执行界面。

图 6-12　服务器窗口

图 6-13　客户登录窗口

图 6-14　客户主窗口（选择好友）

图 6-15　1111 的聊天窗口

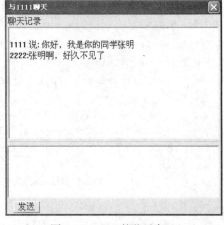

图 6-16　2222 的聊天窗口

6.5.2　服务器端程序设计

服务器端程序要定义如下几个类，服务器套接字 CserverSocket，用于监听客户连接请求。客户套接字 CclientSocket，用于与客户端建立通信连接。应用程序主窗口 CserverDlg。

在客户套接字 CclientSocket 中定义成员变量 m_id，将套接字与客户 ID 绑定。

```
CString m_id;
```

在服务器套接字 CserverSocket 中定义为主窗口成员变量，以方便访问。

```
CServerSocket m_ServerSock;
```

在服务器主窗口中定义链表，记录所有登录客户信息，链表节点即以上 CclientSocket 类型。

```
CPtrList m_socketlist;
```

在服务器套接字和客户套接字中分别定义主窗口的指针变量，以方便访问主窗口。

```
CServerDlg* m_pDlg;
```

在主窗口的 OnInitDialog 中创建服务器套接字对象，并启动服务器监听程序。

```
BOOL CServerDlg::OnInitDialog()
{
……
    m_ServerSock.SetDialog(this);
    char chName[MAX_PATH] = {0};
    gethostname(chName,MAX_PATH);
    hostent *phost =gethostbyname(chName);
    CString strIP=inet_ntoa(*(in_addr*)phost->h_addr_list[0]);
    GetDlgItem(IDC_STATIC1)->SetWindowText("服务器 IP: "+strIP);
    m_ServerSock.Create(300,SOCK_STREAM,strIP);
    OnStart();// "启动" 按钮的响应事件
    return TRUE;
}
```

服务器 "启动" 按钮的响应事件

```
void CServerDlg::OnStart()
{
    BOOL ret = m_ServerSock.Listen();
    if (ret)
        SetWindowText("聊天室服务器（已启动）");
    else
        SetWindowText("聊天室服务器（有故障）");
    GetDlgItem(IDC_CONFIG)->EnableWindow(false);
    GetDlgItem(IDC_QUIT)->EnableWindow(true);
}
```

服务器 "停止" 按钮的响应事件

```
void CServerDlg::OnStop()
{
    POSITION pos = m_socketlist.GetHeadPosition();
    while (pos != NULL)
    {
        CClientSocket *socket=(CClientSocket*)m_socketlist.GetNext(pos);
        if (socket != NULL)
            delete socket;
        delete socket;
    }
```

```
    m_list.ResetContent();
    m_socketlist.RemoveAll();
    GetDlgItem(IDC_CONFIG)->EnableWindow(true);
    GetDlgItem(IDC_QUIT)->EnableWindow(false);
    SetWindowText("聊天室服务器（已停止）");
}
```

服务器"退出"按钮的响应事件

```
void CServerDlg::OnCancel()
{   OnStop();
    CDialog::OnCancel();
}
```

服务器中用于服务器端套接字的 OnAccept 事件

```
void CServerSocket::OnAccept(int nErrorCode)
{
    CSocket::OnAccept(nErrorCode);
    if (m_pDlg)
        m_pDlg->AcceptConnect();//执行主窗口的AcceptConnect()方法
}
```

服务器主窗口的 AcceptConnect()方法

```
void CServerDlg::AcceptConnect()
{
    CClientSocket *psocket = new CClientSocket();
    psocket->SetDialog(this);
    if (m_ServerSock.Accept(*psocket))
        m_socketlist.AddTail(psocket);
    else
        delete psocket; }
```

服务器中用于客户端套接字的 OnReceive 事件

```
void CClientSocket::OnReceive(int nErrorCode)
{
    CSocket::OnReceive(nErrorCode);
    if(m_pDlg)
    {
        m_pDlg->ReceiveData(*this); //执行主窗口的 ReceiveData 方法
    }
}
```

服务器主窗口的 ReceiveData 方法

```
void CServerDlg::ReceiveData(CSocket &socket)
{
    char bufferdata[BUFFERSIZE];
    CString buf;
    int len = socket.Receive(bufferdata,BUFFERSIZE);
    buf=bufferdata;
    if(buf.Left(5)=="登录:")
    {
        CClientSocket *psocket=(CClientSocket*)m_socketlist.GetTail();
        m_list.AddString(buf.Mid(5));
        psocket->m_id=buf.Mid(5);
        POSITION pos = m_socketlist.GetHeadPosition();
        CString result="";
        while (pos != NULL)
```

```
        {
            psocket=(CClientSocket*)m_socketlist.GetNext(pos);
            result.Format("登录回复:%s 登录",buf.Mid(5));
            psocket->Send(result,strlen(result)+1);
        }
    }
    else if(buf.Left(5)=="聊天:")
    {   //聊天:1111:2222:aa
        buf=buf.Mid(5);
        CString sid=buf.Left(buf.Find(':'));
        buf=buf.Mid(buf.Find(":")+1);
        CString id=buf.Left(buf.Find(':'));
        buf=buf.Mid(buf.Find(':')+1);
        POSITION pos = m_socketlist.GetHeadPosition();
        CString result="";
        while (pos != NULL)
        {
            CClientSocket *psocket=(CClientSocket*)m_socketlist.GetNext(pos);
            if(id==psocket->m_id)
            {
                result.Format("聊天信息:%s 说: %s",sid,buf);
                psocket->Send(result,strlen(result)+1);
                break;
            }
        }
    }
    else if(buf.Left(5)=="退出:")
    {
        CString id=buf.Mid(5);
        POSITION pos = m_socketlist.GetHeadPosition(),oldpos;
        while (pos != NULL)
        {
            oldpos=pos;          //记录原位置,以便在删除时使用
            CClientSocket *psocket=(CClientSocket*)m_socketlist.GetNext(pos);
            if(psocket->m_id==id)
            {
                m_socketlist.RemoveAt(oldpos);
                m_list.DeleteString(m_list.FindString(0,psocket->m_id));
                break;
            }
        }
    }
}
```

6.5.3 客户端程序设计

客户端要定义如下类:客户端套接字 CClientSocket ,主窗口 CMain,登录窗口 Clogin,聊天窗口 CChartDlg。

在客户端主窗口中定义套接字对象。其他窗口中引用主窗口中的套接字指针。

```
    CClientSocket m_ClientSock;
```

客户端应用程序类的启动项设置。

```
BOOL CClientApp::InitInstance()
{
```

```
......
        WSADATA wsd;                                          //定义 WSADATA 对象
        WSAStartup(MAKEWORD(2,2),&wsd);                       //初始化套接字
        CMain dlg;
        dlg.m_ClientSock.SetDialog(&dlg);
        CLogin log;
        dlg.login=&log;
        log.pmain=&dlg;
        log.m_pClientSock =&dlg.m_ClientSock;
        if(log.DoModal()!=IDOK)
            return false;
        m_pMainWnd = &dlg;
        int nResponse = dlg.DoModal();
        if (nResponse == IDOK)
        {
            // TODO: Place code here to handle when the dialog is
            //  dismissed with OK
        }
        else if (nResponse == IDCANCEL)
        {
            // TODO: Place code here to handle when the dialog is
            //  dismissed with Cancel
        }
        return FALSE;
    }
```

在登录窗口中双击用户列表项即选中用户 ID，程序如下。

```
void CLogin::OnDblclkList1()
{
    if (m_pClientSock->Connect(strip,300))
    {
        CString str;
        m_list.GetText(m_list.GetCurSel(),str);
        pmain->m_id =str;
        str="登录:"+str;
        OnOK();
        m_pClientSock->Send(str.GetBuffer(0),str.GetLength()+1);
    }
    else
        MessageBox("连接服务器失败!","提示");
}
```

在主窗口中双击好友列表即选中好友 ID，程序如下。

```
void CMain::OnDblclkList1()
{
    CString strid;
    m_friendlist.GetText(m_friendlist.GetCurSel(),strid);
    if(m_pchartdlg==NULL){
    m_pchartdlg=new CChartDlg;
    m_pchartdlg->Create(IDD_CHART);
    m_pchartdlg->ShowWindow(SW_SHOW);
    }
    else
        MessageBox("只能打开一个聊天窗口！","提示");
}
```

聊天窗口中"发送"按钮的程序。

25

```
void CChartDlg::OnSend()
{
  CMain*main=(CMain*)this->GetParent();
  CString data,senddata;
  m_data.GetWindowText(data);
  senddata="聊天:"+main->m_id+":"+m_friend+":"+data;
  main->m_ClientSock.Send(senddata,senddata.GetLength()+1);
  m_data.SetWindowText("");

  CString record;
  m_record.GetWindowText(record);
  record=record+"\n"+main->m_id+" 说: "+data;
  m_record.SetWindowText(record);
}
```

客户端套接字的 OnReceive 事件。

```
void CClientSocket::OnReceive(int nErrorCode)
{
    CSocket::OnReceive(nErrorCode);
    if (m_pDialog != NULL)
        m_pDialog->OnReceive(); //执行主窗口的 OnReceive 方法
}
```

主窗口的 OnReceive 方法。

```
void CMain::OnReceive()
{
    char buf[200];
    m_ClientSock.Receive(buf,200);
    CString str=buf,data;
    if(str.Left(9)=="登录回复:")
    {
        if(m_pchartdlg!=NULL&&m_pchartdlg->visible==true)
        {
            m_pchartdlg->m_record.GetWindowText(data);
            data=data+"\n"+str.Mid(9);
            m_pchartdlg->m_record.SetWindowText(data);
        }
    }
    else if(str.Left(9)=="聊天信息:")
    {
        if(m_pchartdlg!=NULL&&m_pchartdlg->visible==true)
        {
            m_pchartdlg->m_record.GetWindowText(data);
            data=data+"\n"+str.Mid(9);
            m_pchartdlg->m_record.SetWindowText(data);
        }
    }
}
```

知识点提炼

（1）开发式系统互联（Open System Interconnection，OSI）是国际标准化组织（ISO）为了实现计算机网络的标准化而颁布的参考模型。OSI 参考模型采用分层的划分原则，将网络中的数据传输划分为 7 层，每一层使用下层的服务，并向上层提供服务。

（2）为了使网络上的计算机能够彼此识别对方，每台计算机都需要一个 IP 地址来标识自己。IP 地址由 IP 协议规定，由 32 位的二进制数表示。

（3）TCP/IP（Transmission Control Protocal/Internet Protocal，传输控制协议/网际协议）协议是互联网上最流行的协议，它能够实现互联网上不同类型操作系统的计算机相互通信。

（4）传输控制协议 TCP 是一种提供可靠数据传输的通信协议，它是 TCP/IP 体系结构中传输层上的协议。在发送数据时，应用层的数据传输到传输层，加上 TCP 的首部，数据就构成了报文。报文是网络层 IP 的数据。

（5）IP 协议又称为网际协议。它工作在网络层，主要提供无链接数据报传输。IP 协议不保证数据报的发送，但最大限度地发送数据。

（6）所谓套接字，实际上是一个指向传输提供者的句柄。在 WinSock 中，就是通过操作该句柄来实现网络通信和管理的。

（7）编写套接字程序可以有 API 方式和 MFC 方式两种，MFC 方式更简单方便，MFC 中封装套接字的类是 CAsyncSocket 和 CSocket。

习 题

6-1　简述面向连接的套接字通信建立的过程。

6-2　在多客户端程序中，说明服务器是怎样区分不同的客户的。

6-3　网络字节顺序的含义是什么，用哪些函数可以实现网络字节顺序转换？

6-4　怎样获取本机主机名和 IP 地址？

6-5　在使用 API 函数编写套接字程序时，怎样绑定套接字事件？

实验：设计文件发送应用程序

实验目的

（1）理解套接字编程。

（2）掌握大数据发送时的分包和粘包的处理方法。

实验内容

在网络应用程序中，文件的传输是一项很重要的功能，它可以利用网络将文件传输给千里之外的用户。相对于传输文本数据，文件的传输要复杂得多。因为网络中传输的数据量通常会比较大，这就会造成数据的分包和粘包现象。并且，出于用户的需求考虑，在文件发送的过程中，用户还可能取消发送或接收文件，这极大地增加了设计网络应用程序的难度。

实验步骤

在设计文件发送时，最核心的问题是解决数据包的分包和粘包现象。通常，在局域网中，套接字默认的数据包大小为 8192 字节，如果发送的数据小于 8192 字节，由于默认情况下套接字采用 Nagle 算法，会延时等待多个数据包达到 8192 字节时，以一个大的数据包的形式发送出去。这样做可以提高系统性能和传输速度，但是却造成了数据包的粘包现象，接收端需要一一解析出每一个小数据包。而在 Internet 环境中，数据包的大小远没有 8192 字节那么大。假如数据包的大小为 100 字节，如果应用程序定义的数据包为 360 字节，那么在发送一个数据包时，套接字将采取分包的形式，将用户定义的数据包分为 4 个小的数据包，分 4 次发送给对方，其中第 4 次数据包的大小为 60 字节。这就造成了数据包的分包现象。

在需要发送大容量数据时，用户需要解决数据包的粘包和分包问题。可以将粘包和分包的处理放置在接收端来完成。发送端只负责按用户定义的数据包结构不停地发送数据，在接收端接收到数据时判断数据包是否完整或者存在多个数据包粘在一起的情况，针对不同的情况，解析出数据包中的文件数据，将其存储到磁盘中。由于篇幅关系，这里不分析数据包粘包和分包处理的代码，在介绍客户端程序的设计过程时，通过注释，大家可以非常清楚地了解算法的流程。

下面介绍发送端也就是服务器端应用程序的设计过程。

1. 文件发送服务器端

（1）创建一个基于对话框的工程，工程名称为 SendFileServer。

（2）向对话框中添加群组框、静态文本、编辑框、进度条和按钮控件，如图 6-17 所示。

图 6-17　发送端窗口设计

（3）在应用程序初始化时初始化套接字库。

```
WSADATA wsd;
AfxSocketInit(&wsd);                                    //初始化套接字库
```

（4）定义 3 个枚举类型，分别表示数据包的类型、命令消息类型和应答信息。

```
//定义数据包类型，文本和文件
enum DataPackage {DP_TEXT, DP_FILE};
//数据发送命令，开始发送，发送过程中，结束发送，接受文件发送，拒绝接收文件，取消文件发送或接收
enum SendCmd {SC_BEGIN, SC_SENDING, SC_END, SC_ACCEPT, SC_DENY, SC_CANCEL};
//对方对发送文件的回答，接收、拒绝和取消（发送过程中）
enum RequestType {RT_ACCEPT, RT_DENY, RT_CANCEL, RT_UNKNOWN};
```

（5）定义文件发送时使用的数据包结构。

```
//定义数据包结构，在文件开始发送时，数据缓冲区中前 128 字节用于存储文件名，其后是文件数据，
//而在文件发送过程中，数据缓冲区中均是文件数据
class  CDataPackage
{
public:
    DataPackage   m_Type;                               //数据包类型
    SendCmd       m_Cmd;                                //文件发送命令
```

```
DWORD          m_dwSize;                              //数据包结构大小
DWORD          m_dwFileSize;                          //整个文件大小
DWORD          m_dwData;                              //m_Data 的大小
BYTE       m_Data[];                                  //数据缓冲区
};
```

（6）定义一个套接字类 CServerSock，基类为 CSocket。在该类的头文件中引用 Afxsock.h 头文件，并前导声明 CSendFileServerDlg 类。

```
#include "Afxsock.h"
class CSendFileServerDlg;
```

（7）在 CServerSock 类中定义一个成员变量，用于关联主对话框。

```
CSendFileServerDlg *m_pDlg;
```

（8）向 CServerSock 类中添加 SetDialog 方法，为成员变量 m_pDlg 赋值。

```
void CServerSock::SetDialog(CSendFileServerDlg *pDlg)
{
    m_pDlg = pDlg;
}
```

（9）向 CServerSock 类中添加 PumpMessages 方法，目的是防止调用基类 CSocket 中的 PumpMessages 方法。

```
BOOL CServerSock::PumpMessages(UINT uStopFlag)
{
    return TRUE;
}
```

（10）改写 CServerSock 类中的 OnAccept 虚方法，在有客户端连接时调用自定义方法接受客户端的连接。

```
void CServerSock::OnAccept(int nErrorCode)
{
    m_pDlg->AcceptConnect();
    CSocket::OnAccept(nErrorCode);
}
```

（11）改写 CServerSock 类的 OnReceive 虚方法，在套接字中有数据接收时调用自定义的方法接收数据。

```
void CServerSock::OnReceive(int nErrorCode)
{
    m_pDlg->OnReceive();
    CSocket::OnReceive(nErrorCode);
}
```

（12）向对话框类 CSendFileServerDlg 中添加如下成员变量。

```
CServerSock   m_ServerSock;                           //本地服务器套接字
CServerSock   m_ClientSock;                           //客户端套接字
BOOL      m_bSending;                                 //文件发送进行中
HANDLE      m_hSendThread;                            //发送文件的线程句柄
RequestType   m_RequestType;                          //应答类型
CString       m_szFileName;                           //发送的文件名称
```

（13）在对话框类 CSendFileServerDlg 的构造函数中初始化成员变量。

```
CSendFileServerDlg::CSendFileServerDlg(CWnd* pParent /*=NULL*/)
    : CDialog(CSendFileServerDlg::IDD, pParent)
{
```

```
    m_hIcon = AfxGetApp()->LoadIcon(IDR_MAINFRAME);
    m_bSending = FALSE;
    m_hSendThread = NULL;
    m_RequestType = RT_UNKNOWN;
}
```

（14）向对话框类 CSendFileServerDlg 中添加 AcceptConnect 方法，用于接受客户端连接。

```
void CSendFileServerDlg::AcceptConnect()
{
    m_ClientSock.ShutDown();                           //关闭发送和接收缓冲区
    m_ClientSock.Close();                              //关闭套接字
    m_ServerSock.Accept(m_ClientSock);                 //接受客户端连接
}
```

（15）向对话框类 CSendFileServerDlg 方法中添加 OnReceive 方法，当客户端向服务器发送应答信息时调用该方法读取应答信息，便于程序根据应答信息进行相关操作。

```
void CSendFileServerDlg::OnReceive()
{
    //接收对方发来的应答信息
    int nPackageSize = sizeof(CDataPackage);
    BYTE* pBuffer = new BYTE[nPackageSize];
    int nRecvNum = m_ClientSock.Receive(pBuffer, nPackageSize);
    if (nRecvNum >= nPackageSize)
    {
        CDataPackage* pPackage = (CDataPackage*)pBuffer;
        if (pPackage->m_Cmd == SC_CANCEL)              //对方取消文件接收
        {
            m_RequestType = RT_CANCEL;
        }
        else if (pPackage->m_Cmd == SC_DENY)           //对方拒绝接收文件
        {
            m_RequestType = RT_DENY;
        }
        else if (pPackage->m_Cmd == SC_ACCEPT)         //对方同意接收文件
        {
            m_RequestType = RT_ACCEPT;
        }
    }
    delete [] pBuffer;                                 //释放缓冲区
}
```

（16）定义一个线程函数，用于实现文件的发送任务。在服务器端，当用户发送一个文件时，将开启一个线程来执行发送任务，这样在文件发送过程中不影响用户界面操作。但是，在一个发送任务没有结束时，不允许发送其他文件。

```
DWORD __stdcall SendFileProc(LPVOID lpParameter)      //定义线程函数，实现文件的发送
{
    CSendFileServerDlg* pDlg = (CSendFileServerDlg*) lpParameter;
    //分包发送文件
    //获取文件长度
    CFile file;
    file.Open(pDlg->m_szFileName, CFile::modeRead);
    DWORD dwLen = file.GetLength() + 128;              //128 表示文件名所占用的空间
```

```
int nPerSendSize = 1024*6;                                     //定义每次发送数据的大小
//计算需要分多少个数据包发送文件
int nPackageCount = dwLen / nPerSendSize;
int nMod = dwLen % nPerSendSize;
//发送第一个数据包，让对方确认是否接收文件
//确定第一个数据包的大小
int nFirstPackSize = 0;
if (nPackageCount > 0)
{
    nFirstPackSize = nPerSendSize;
}
else
{
    nFirstPackSize = nMod;
}
int nPackageSize = sizeof(CDataPackage);                       //获取数据包结构大小
//在堆中分配空间
HGLOBAL hGlobal = GlobalAlloc(GHND, nFirstPackSize + nPackageSize);
BYTE* pBuffer = (BYTE*)GlobalLock(hGlobal);
CDataPackage* pPackage = (CDataPackage*) pBuffer;
pPackage->m_Type = DP_FILE;                                    //设置数据包类型
pPackage->m_Cmd = SC_BEGIN;                                    //设置发送命令，开始发送
pPackage->m_dwFileSize = dwLen;                                //设置文件的总大小
pPackage->m_dwSize = nPackageSize;                            //设置数据包大小
pPackage->m_dwData = nFirstPackSize;
BYTE* pTmp = pBuffer + nPackageSize;
memset(pTmp, 0, 128);
CString szName = file.GetFileName();
memcpy(pTmp, szName.GetBuffer(0), szName.GetLength());        //设置文件名
szName.ReleaseBuffer();
pTmp = pTmp + 128;
//复制文件数据
file.ReadHuge(pTmp, nFirstPackSize - 128);
pDlg->m_ClientSock.Send(pBuffer, nFirstPackSize + nPackageSize);  //发送数据包
GlobalUnlock(hGlobal);
GlobalFree(hGlobal);                                           //释放堆空间
pDlg->m_Progress.SetRange32(0, dwLen);                        //设置进度条显示范围
pDlg->m_Progress.SetPos(nFirstPackSize - 128);               //设置进度条进度
//判断文件发送是否完成
if (nFirstPackSize >= dwLen)                                   //一个数据包就完成了文件的发送
{
    file.Close();                                             //文件关闭
    pDlg->m_Progress.SetPos(0);                              //初始化进度条位置
    pDlg->m_bSending = FALSE;
    return 0;
}
pDlg->m_RequestType = RT_UNKNOWN;
while (true) //等待对方应答发送任务或取消发送任务，在发送第一个数据包后，对方会回应信息
{
    if (pDlg->m_RequestType != RT_UNKNOWN)
        break;
```

```
    }
    if (pDlg->m_RequestType == RT_DENY)                 //对方拒绝接收文件
    {
        pDlg->m_Progress.SetPos(0);
        file.Close();                                   //关闭文件对象
        pDlg->m_bSending = FALSE;
        return 0;                                       //线程结束
    }
    else if (pDlg->m_RequestType == RT_CANCEL)          //对方取消接收文件
    {
        pDlg->m_Progress.SetPos(0);
        file.Close();                                   //关闭文件对象
        pDlg->m_bSending = FALSE;
        return 0;                                       //线程结束
    }
    else if (pDlg->m_RequestType == RT_ACCEPT)          //对方同意发送文件
    {
        for(int i=1; i<nPackageCount; i++)              //分包继续发送文件
        {
            //在发送过程中判断对方是否取消发送
            if (pDlg->m_RequestType == RT_CANCEL)
            {
                pDlg->m_Progress.SetPos(0);
                file.Close();                           //关闭文件对象
                pDlg->m_bSending = FALSE;
                return 0;                               //结束线程
            }
            hGlobal = GlobalAlloc(GHND, nPerSendSize + nPackageSize);
            BYTE* pBuffer = (BYTE*)GlobalLock(hGlobal);
            CDataPackage* pPackage = (CDataPackage*) pBuffer;
            pPackage->m_Type = DP_FILE;
            if (nMod == 0 && i == nPackageCount-1)
                pPackage->m_Cmd = SC_END;               //判断发送是否结束
            else
                pPackage->m_Cmd = SC_SENDING;           //发送进行中
            pPackage->m_dwFileSize = dwLen;
            pPackage->m_dwSize = nPackageSize;          //设置数据包大小
            pPackage->m_dwData = nPerSendSize;          //设置文件数据大小
            //设置文件名
            BYTE* pTmp = pBuffer + nPackageSize;
            file.ReadHuge(pTmp, nPerSendSize);          //复制文件数据
            //发送数据包
            pDlg->m_ClientSock.Send(pBuffer, nPerSendSize + nPackageSize);
            int nPos = pDlg->m_Progress.GetPos();
            nPos += nPerSendSize;
            pDlg->m_Progress.SetPos(nPos);              //在进度条中显示发送进度
            GlobalUnlock(hGlobal);
            GlobalFree(hGlobal);
        }
        if (nPackageCount > 0 && nMod != 0)             //防止文件太小导致重新发送文件
```

```
            {
                //发送最后一次数据包
                hGlobal = GlobalAlloc(GHND, nMod + nPackageSize);
                BYTE* pBuffer = (BYTE*)GlobalLock(hGlobal);
                CDataPackage* pPackage = (CDataPackage*) pBuffer;
                pPackage->m_Type = DP_FILE;                //文件数据
                pPackage->m_Cmd = SC_END;                  //发送结束标记
                pPackage->m_dwFileSize = dwLen;            //设置文件长度
                pPackage->m_dwSize = nPackageSize;         //设置数据包大小
                pPackage->m_dwData = nMod;                 //设置文件数据大小
                //设置文件名
                BYTE* pTmp = pBuffer + nPackageSize;
                //复制文件数据
                file.ReadHuge(pTmp, nMod);
                //发送数据包
                pDlg->m_ClientSock.Send(pBuffer, nMod + nPackageSize);
                GlobalUnlock(hGlobal);
                GlobalFree(hGlobal);                       //释放堆缓冲区
            }
        }
        pDlg->m_Progress.SetPos(0);
        file.Close();                                      //关闭文件
        return 0;
    }
```

（17）处理"…"按钮的单击事件，显示文件打开对话框供用户选择待发送的文件，将文件名显示在编辑框中。

```
    void CSendFileServerDlg::OnChooseFile()                //选择发送文件
    {
        CFileDialog flDlg(TRUE, "", "", OFN_HIDEREADONLY | OFN_OVERWRITEPROMPT,
                          "所有文件|*.*||");
        if (flDlg.DoModal()==IDOK)
        {
            CString szFileName = flDlg.GetPathName();       //获取文件名称
            m_FileName.SetWindowText(szFileName);           //在编辑框中显示文件名
        }
    }
```

（18）处理"发送文件"按钮的单击事件，创建一个线程实现文件的发送任务。

```
    void CSendFileServerDlg::OnSendFile()
    {
        if (m_bSending)                                     //判断之前是否有文件发送
        {
            MessageBox("文件发送进行中!");
            return;
        }
        CString szFileName;
        m_FileName.GetWindowText(szFileName);
        if (!szFileName.IsEmpty())
        {
            CFileFind flFind;
            BOOL bRet = flFind.FindFile(szFileName);         //判断文件是否存在
```

```
        if (bRet)
        {
            m_szFileName = szFileName;
            //创建一个线程实现发送文件
            m_hSendThread = CreateThread(NULL, 0, SendFileProc, this, 0, 0);
        }
        else
        {
            MessageBox("文件不存在!");
        }
    }
}
```

（19）处理"取消发送"按钮的单击事件，取消正在发送的文件，向客户端发送取消命令。

```
void CSendFileServerDlg::OnCancelSend()
{
    if (m_bSending)
    {
        //结束发送任务
        CDataPackage Package;                               //定义一个数据包
        Package.m_Type = DP_FILE;                           //设置数据包类型
        Package.m_Cmd = SC_CANCEL;                          //设置发送命令
        Package.m_dwFileSize = 0;
        Package.m_dwSize = sizeof(CDataPackage);
        Package.m_dwData = 0;
        m_ClientSock.Send(&Package, sizeof(CDataPackage));  //发送数据包
        m_bSending = FALSE;
    }
}
```

（20）运行程序，效果如图 6-18 所示。

至此，文件发送服务器端的应用程序即设计完成。下面继续介绍文件发送客户端应用程序的设计过程。

2. 文件发送客户端

（1）创建一个基于对话框的工程，工程名称为 CSendFileClientDlg。

（2）向对话框中添加群组框、静态文本、编辑框、按钮和进度条控件，效果如图 6-19 所示。

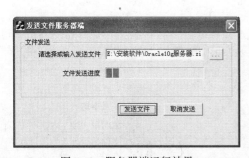

图 6-18　服务器端运行效果

图 6-19　文件发送客户端窗口设计

（3）在应用程序初始化时初始化套接字。

```
WSADATA wsd;
AfxSocketInit(&wsd);                                        //初始化套接字
```

（4）定义 3 个枚举类型，分别表示数据包的类型、命令消息类型和应答信息。

```
//定义数据包类型，文本和文件
enum DataPackage {DP_TEXT, DP_FILE};
//数据发送命令，开始发送，发送过程中，结束发送，接受文件发送，拒绝接收文件，取消文件发送或接收
enum SendCmd {SC_BEGIN, SC_SENDING, SC_END, SC_ACCEPT, SC_DENY, SC_CANCEL};
//对方对发送文件的回答，接收，拒绝和取消（发送过程中）
enum RequestType {RT_ACCEPT, RT_DENY, RT_CANCEL, RT_UNKNOWN};
```

（5）定义文件发送时使用的数据包结构。

```
//定义数据包结构，在文件开始发送时，数据缓冲区中前128字节用于存储文件名，其后是文件数据，
//而在文件发送过程中，数据缓冲区中均是文件数据
class CDataPackage
{
public:
    DataPackage   m_Type;                              //数据包类型
    SendCmd       m_Cmd;                               //文件发送命令
    DWORD         m_dwSize;                            //数据包结构大小
    DWORD         m_dwFileSize;                        //整个文件大小
    DWORD         m_dwData;                            //m_Data 的大小
    BYTE      m_Data[];                                //数据缓冲区
};
```

（6）定义一个套接字类 CClientSock，基类为 CSocket。在该类头文件中应用 Afxsock.h 头文件，并前导声明 CSendFileClientDlg 类。

```
#include "Afxsock.h"
class CSendFileClientDlg;
```

（7）在 CClientSock 类中定义一个成员变量，用于与对话框关联。

```
CSendFileClientDlg  *m_pDlg;
```

（8）向 CClientSock 类中添加 SetDialog 方法，用于为成员变量 m_pDlg 赋值。

```
void CClientSock::SetDialog(CSendFileClientDlg *pDlg)
{
    m_pDlg = pDlg;
}
```

（9）改写 CClientSock 类的 OnReceive 虚方法，在套接字有数据接收时调用自定义方法接收数据。

```
void CClientSock::OnReceive(int nErrorCode)
{
    m_pDlg->OnReceive(*this);
    CSocket::OnReceive(nErrorCode);
}
```

（10）向对话框类 CSendFileClientDlg 中添加如下成员变量。

```
CClientSock  m_ClientSock;                            //定义本地套接字
HGLOBAL  m_hGlobal;                                   //全局堆句柄
BOOL     m_bSending;                                  //文件是否处于发送过程中
```

（11）在对话框类 CSendFileClientDlg 的构造函数中初始化成员变量。

```
CSendFileClientDlg::CSendFileClientDlg(CWnd* pParent /*=NULL*/)
    : CDialog(CSendFileClientDlg::IDD, pParent)
{
    m_hIcon = AfxGetApp()->LoadIcon(IDR_MAINFRAME);
```

```
    m_bSending = FALSE;
    m_hGlobal = NULL;
}
```

（12）处理"连接"按钮的单击事件，建立与服务器端的连接。

```
void CSendFileClientDlg::OnConnect()
{
    CString szServerIP, szPort;
    m_ServerIP.GetWindowText(szServerIP);                    //获取服务器 IP
    m_ServerPort.GetWindowText(szPort);                      //获取端口号
    int nPort = atoi(szPort.GetBuffer(0));
    szPort.ReleaseBuffer(0);
    if (!m_bSending)                                         //当前没有进行文件传输
    {
        m_ClientSock.ShutDown();                             //关闭发送和接收缓冲区
        m_ClientSock.Close();                                //关闭套接字
        m_ClientSock.Create();                               //创建套接字
        BOOL bRet = m_ClientSock.Connect(szServerIP, nPort); //连接服务器
        if (bRet)
        {
            MessageBox(."连接成功!", "提示");
        }
        else
        {
            MessageBox("连接失败!", "提示");
        }
    }
}
```

（13）向对话框类 CSendFileClientDlg 中添加 RecvFile 方法，处理接收的数据包，将其存储在磁盘文件中。

```
void CSendFileClientDlg::RecvFile(CDataPackage *pPackage)         //接收文件
{
    if (pPackage != NULL)
    {
        if (pPackage->m_Type == DP_FILE)                         //只处理文件数据
        {
            static CFile file;
            if (pPackage->m_Cmd == SC_BEGIN)                     //开始发送
            {
                //读取文件名
                char szFileName[128] = {0};
                memcpy(szFileName, pPackage->m_Data, 128);
                CFileDialog flDlg(FALSE, "", szFileName);
                if (flDlg.DoModal()==IDOK)
                {
                    if (m_bSending)              //当前文件发送没有结束，又发送一个文件
                    {
                        file.Close();
                    }

                    m_RecvProgress.SetPos(0);
                    DWORD dwFileSize = pPackage->m_dwFileSize;  //确定整个文件大小
```

```
                              //设置进度条的表示范围
                              m_RecvProgress.SetRange32(0, dwFileSize);

                              CString szFile = flDlg.GetPathName();
                              file.Open(szFile, CFile::modeCreate|CFile::modeReadWrite);
                              //计算数据包中文件数据的大小
                              int nFileLen = pPackage->m_dwData - 128;
                              //文件比较小，只发送一次数据包就完成了文件发送
                              if (nFileLen >= dwFileSize)
                              {
                                  m_bSending = FALSE;                    //设置结束标记
                                  file.Close();
                                  m_RecvProgress.SetPos(0);
                                  m_CancelRecv.EnableWindow(FALSE);
                                  return;
                              }
                              //读取数据包中的文件数据
                              BYTE* pTmp = pPackage->m_Data;
                              pTmp += 128;                     //略过文件名数据，定位到文件数据
                              file.WriteHuge(pTmp, nFileLen);
                              m_RecvProgress.SetPos(nFileLen);
                              CDataPackage package;                      //发送接收标记
                              package.m_Type = DP_FILE;                  //设置数据包类型
                              package.m_Cmd = SC_ACCEPT;                 //设置命令类型
                              package.m_dwSize = sizeof(CDataPackage);   //设置数据包大小
                              package.m_dwData = 0;
                              package.m_dwFileSize = 0;
                              //发送数据包
                              m_ClientSock.Send(&package, sizeof(CDataPackage));
                              m_bSending = TRUE;
                              m_CancelRecv.EnableWindow();               //激活取消接收按钮
                          }
                          else                                           //取消文件发送
                          {
                              CDataPackage package;                      //定义数据包对象
                              package.m_Type = DP_FILE;                  //设置数据包类型
                              package.m_Cmd = SC_DENY;                   //设置发送命令
                              package.m_dwSize = sizeof(CDataPackage);
                              package.m_dwData = 0;
                              package.m_dwFileSize = 0;
                              //发送数据包
                              m_ClientSock.Send(&package, sizeof(CDataPackage));
                              m_CancelRecv.EnableWindow();               //激活取消接收按钮
                          }
                      }
                      else if (pPackage->m_Cmd == SC_SENDING)          //文件发送中
                      {
                          file.WriteHuge(pPackage->m_Data, pPackage->m_dwData);
                          int nPos = m_RecvProgress.GetPos();
                          nPos += pPackage->m_dwData;
```

```
                m_RecvProgress.SetPos(nPos);
            }
            else if (pPackage->m_Cmd == SC_END)                    //文件发送结束
            {
                file.WriteHuge(pPackage->m_Data, pPackage->m_dwData);
                m_bSending = FALSE;                                //设置结束标记
                m_CancelRecv.EnableWindow(FALSE);
                file.Close();
                m_RecvProgress.SetPos(0);
            }
            else if (pPackage->m_Cmd == SC_CANCEL)                 //对方取消了文件发送
            {
                m_bSending = FALSE;                                //设置结束标记
                file.Close();
                m_CancelRecv.EnableWindow(FALSE);
                m_RecvProgress.SetPos(0);
                MessageBox("对方取消了文件发送!");
            }
        }
    }
}
```

（14）向对话框类 CSendFileClientDlg 中添加 OnReceive 方法，当套接字中有数据接收时调用该方法接收数据。OnReceive 方法是整个文件发送应用程序的核心，它实现了数据包的分包和粘包处理，能够根据实际接收的数据包情况正确地解析和读取其中包含的文件数据。

```
void CSendFileClientDlg::OnReceive(CSocket &socket)
{
    static int nMaxLen = 1024*100;
    HGLOBAL hGlobal = GlobalAlloc(GHND, nMaxLen);
    BYTE* pBuffer = (BYTE*)GlobalLock(hGlobal);
    int nFact = m_ClientSock.Receive(pBuffer, nMaxLen);
    static BOOL bCompleted = TRUE;                          //数据包是否完整

    static BOOL bFirstRec = TRUE;                           //首次接收数据
    int nPackage = sizeof(CDataPackage);                    //计算数据包大小
rec:
    if(bFirstRec)       //首次接收数据，认为数据包中一定包含完整的数据包结构信息，数据不一定完整
    {
        CDataPackage* pPackage = (CDataPackage*)pBuffer;
        if (nFact - nPackage == pPackage->m_dwData)         //正好是一个数据包的大小
        {
            bCompleted = TRUE;
            RecvFile(pPackage);
            bFirstRec = TRUE;
        }
        else            //数据包不完整，可能大于一个数据包也可能小于一个数据包
        {
            bCompleted = FALSE;
            //数据包中没有包含完整的数据，产生了分包
            if (nFact - nPackage < pPackage->m_dwData)
            {
```

```
            if (m_hGlobal != NULL)                    //在 m_hGlobal 中存储数据
            {
                GlobalFree(m_hGlobal);
            }
            m_hGlobal = GlobalAlloc(GHND, nFact);
            BYTE* pData = (BYTE*)GlobalLock(m_hGlobal);
            memcpy(pData, pBuffer, nFact);        //复制部分数据
            GlobalUnlock(m_hGlobal);
            bFirstRec = FALSE;
        }
        else                                          //数据包中包含不止一个数据包，产生了粘包
        {
            RecvFile(pPackage);                    //先接收一个数据包数据
            //计算剩余的数据
            int nLeaving = nFact - nPackage - pPackage->m_dwData;
            BYTE* pTmp = pBuffer + nPackage + pPackage->m_dwData;
            while (nLeaving > 0)
            {
                bCompleted = FALSE;
                if (nLeaving > nPackage)          //数据包含有完整的数据包结构
                {
                    CDataPackage* pPackage = (CDataPackage*) pTmp;
                    //数据中包含一个或一个以上的数据包
                    if (nLeaving >= pPackage->m_dwData + nPackage)
                    {
                        RecvFile(pPackage);
                        nLeaving -= pPackage->m_dwData + nPackage;
                        if (nLeaving == 0)
                            bFirstRec = TRUE;
                        pTmp += pPackage->m_dwData + nPackage;
                    }
                    else                          //数据中包含的一个数据包，数据不完整
                    {
                        if (m_hGlobal != NULL)//在 m_hGlobal 中存储数据
                        {
                            GlobalFree(m_hGlobal);
                        }
                        m_hGlobal = GlobalAlloc(GHND, nLeaving);
                        BYTE* pData = (BYTE*)GlobalLock(m_hGlobal);
                        memcpy(pData, pTmp, nLeaving);
                        GlobalUnlock(m_hGlobal);
                        nLeaving = 0;
                        bCompleted = FALSE;
                        bFirstRec = FALSE;
                        GlobalUnlock(m_hGlobal);
                        break;
                    }
                }
                else                              //数据包含有不完整的数据包结构
                {
                    if (m_hGlobal != NULL)        //在 m_hGlobal 中存储数据
                    {
```

```
                              GlobalFree(m_hGlobal);
                     }
                     m_hGlobal = GlobalAlloc(GHND, nLeaving);
                     BYTE* pData = (BYTE*)GlobalLock(m_hGlobal);
                     memcpy(pData, pTmp, nLeaving);
                     nLeaving = 0;
                     bCompleted = FALSE;
                     GlobalUnlock(m_hGlobal);
                     break;
                 }

             }
         }
     }
}
else                                    //bFirstRec==FALSE 不是首次接收数据
{
    if (bCompleted)                     //之前接收的数据包是完整的
    {
        bFirstRec = TRUE;
        goto rec;
    }
    if (bCompleted == FALSE)            //之前的数据包产生了分包或粘包，继续接收数据
    {
        DWORD dwSize = GlobalSize(m_hGlobal); //获取之前接收的数据大小
        BYTE* pGlobal = (BYTE*)GlobalLock(m_hGlobal);
        BYTE* pBuf = new BYTE[dwSize];
        memcpy(pBuf, pGlobal, dwSize);        //将数据复制到 pBuf 中
        GlobalUnlock(m_hGlobal);
        GlobalFree(m_hGlobal);
        m_hGlobal = NULL;
        if (dwSize < nPackage)          //如果数据包结构不完整，先接收数据包的结构
        {
            //将当前的数据添加到堆中仍不能描述完整的数据包结构
            if(dwSize + nFact < nPackage)
            {
                m_hGlobal = GlobalAlloc(GHND, dwSize + nFact);
                BYTE* pData = (BYTE*)GlobalLock(m_hGlobal);
                memcpy(pData, pBuf, dwSize);
                pData += dwSize;
                memcpy(pData, pBuffer, nFact);
                delete [] pBuf;
                bFirstRec = FALSE;
                bCompleted = FALSE;
                return;
            }
            else                        //将当前的数据添加到堆中能够描述完整的数据包结构
            {
                //先填充数据包结构
                int nNeedPackage = nPackage - dwSize;
                BYTE* pPack = new BYTE[nPackage];
                memcpy(pPack, pBuf, dwSize);
```

```
BYTE* pTmp = pPack;
pTmp += dwSize;
memcpy(pTmp, pBuffer, nNeedPackage);
CDataPackage* pPackage = (CDataPackage*)pPack;
//获取数据的长度
int nDataLen = pPackage->m_dwData;
delete [] pPack;
//接收数据包数据
//pBuffer中包含的数据不是一个完整的数据包数据
if (nFact - nNeedPackage < nDataLen)
{
    m_hGlobal = GlobalAlloc(GHND, dwSize + nFact);
    BYTE* pData = (BYTE*)GlobalLock(m_hGlobal);
    memcpy(pData, pBuf, dwSize);
    pTmp = pData;
    pTmp += dwSize;
    memcpy(pTmp, pBuffer, nFact);
    GlobalUnlock(m_hGlobal);
    bCompleted = FALSE;
}
else //pBuffer中包含了完整的数据包数据, 并且可能包含多个数据包
{
    //先构建一个完整的数据包进行处理
    m_hGlobal = GlobalAlloc(GHND, nPackage + nDataLen);
    BYTE* pData = (BYTE*)GlobalLock(m_hGlobal);
    memcpy(pData, pBuf, dwSize);
    pTmp = pData;
    pTmp += dwSize;
    memcpy(pTmp, pBuffer, nDataLen);
    pPackage = (CDataPackage*)pData;
    RecvFile(pPackage);
    GlobalUnlock(m_hGlobal);
    GlobalFree(m_hGlobal);
    m_hGlobal = NULL;
    bCompleted = TRUE;
    //接收其他数据包数据
    //计算剩余数据的大小
    int nLeaving = nFact - nNeedPackage - nDataLen;
    //定位到pBuffer中的余下数据部分
    pTmp = pBuffer + nNeedPackage + nDataLen;
    if (nLeaving == 0)
    {
        bCompleted = TRUE;
        bFirstRec = TRUE;
    }
    while (nLeaving > 0)
    {
        bCompleted = FALSE;
        if (nLeaving > nPackage)    //数据包含有完整的数据包结构
        {
            CDataPackage* pPackage = (CDataPackage*) pTmp;
            //数据中包含一个或一个以上的数据包
            if (nLeaving >= pPackage->m_dwData + nPackage)
```

```
                    {
                        //进行数据包处理
                        RecvFile(pPackage);

                        nLeaving -= pPackage->m_dwData + nPackage;
                        if (nLeaving == 0)
                        {
                            bCompleted = TRUE;
                            bFirstRec = TRUE;
                        }
                        pTmp += pPackage->m_dwData + nPackage;
                    }
                    else              //数据中包含的一个数据包，数据不完整
                    {
                        //在 m_hGlobal 中存储数据
                        if (m_hGlobal != NULL)
                        {
                            GlobalFree(m_hGlobal);
                            m_hGlobal = NULL;
                        }
                        m_hGlobal = GlobalAlloc(GHND, nLeaving);
                        void* pData = GlobalLock(m_hGlobal);
                        memcpy(pData, pTmp, nLeaving);
                        GlobalUnlock(m_hGlobal);
                        nLeaving = 0;
                        bCompleted = FALSE;
                        GlobalUnlock(m_hGlobal);
                        break;
                    }
                }
                else      //数据包含有不完整的数据包结构
                {
                    if (m_hGlobal != NULL)
                    {
                        GlobalFree(m_hGlobal);
                        m_hGlobal = NULL;
                    }
                    m_hGlobal = GlobalAlloc(GHND, nLeaving);
                    void* pData = GlobalLock(m_hGlobal);
                    memcpy(pData, pTmp, nLeaving);
                    nLeaving = 0;
                    bCompleted = FALSE;
                    GlobalUnlock(m_hGlobal);
                    break;
                }
            }
        }
    }
}
else                //(dwSize >= nPackage) 数据包结构完整，接收数据
{
    //读取数据包的大小，包含数据包结构大小和数据大小
    CDataPackage* pPackage = (CDataPackage*)pBuf;
    int nPackageSize = pPackage->m_dwData + sizeof(CDataPackage);
```

```
//之前接收的数据与现在接收的数据能够构成至少一个完整的数据包
if (dwSize + nFact >= nPackageSize)
{
    //先组合一个完整的数据包进行处理
    m_hGlobal = GlobalAlloc(GHND, nPackageSize);
    BYTE* pData = (BYTE*)GlobalLock(m_hGlobal);
    memcpy(pData, pBuf, dwSize);
    BYTE* pTmp = pData;
    pTmp += dwSize;
    int nNeed = nPackageSize - dwSize;
    memcpy(pTmp, pBuffer, nNeed);
    pPackage = (CDataPackage*)pData;
    RecvFile(pPackage);                   //进行数据包处理
    if (m_hGlobal != NULL)                //在 m_hGlobal 中存储数据
    {
        GlobalFree(m_hGlobal);
        m_hGlobal = NULL;
    }
    bCompleted = TRUE;
    int nLeaving = nFact - nNeed;         //计算剩余的数据
    pTmp = pBuffer + nNeed;
    while (nLeaving > 0)
    {
        bCompleted = FALSE;
        if (nLeaving > nPackage)          //数据包含有完整的数据包结构
        {
            CDataPackage* pPackage = (CDataPackage*) pTmp;
            //数据中包含一个或一个以上的数据包
            if (nLeaving >= pPackage->m_dwData + nPackage)
            {
                RecvFile(pPackage);

                nLeaving -= pPackage->m_dwData + nPackage;
                if (nLeaving == 0)
                {
                    bCompleted = TRUE;
                }
                pTmp += pPackage->m_dwData + nPackage;
            }
            else //数据中包含的一个数据包数据不完整
            {
                //在 m_hGlobal 中存储数据
                if (m_hGlobal != NULL)
                {
                    GlobalFree(m_hGlobal);
                    m_hGlobal = NULL;
                }
                m_hGlobal = GlobalAlloc(GHND, nLeaving);
                void* pData = GlobalLock(m_hGlobal);
                memcpy(pData, pTmp, nLeaving);
                GlobalUnlock(m_hGlobal);
                nLeaving = 0;
                bCompleted = FALSE;
                GlobalUnlock(m_hGlobal);
                break;
```

```
                }
            }
            else                              //数据包含有不完整的数据包结构
            {
                if (m_hGlobal != NULL)        //在 m_hGlobal 中存储数据
                {
                    GlobalFree(m_hGlobal);
                    m_hGlobal = NULL;
                }
                m_hGlobal = GlobalAlloc(GHND, nLeaving);
                void* pData = GlobalLock(m_hGlobal);
                memcpy(pData, pTmp, nLeaving);
                nLeaving = 0;
                bCompleted = FALSE;
                GlobalUnlock(m_hGlobal);
                break;
            }
        }
    }
    else  //之前接收的数据与现在接收的数据不能构成一个完整的数据包，还需要继续接收数据
    {
        if (m_hGlobal != NULL)                //在 m_hGlobal 中存储数据
        {
            GlobalFree(m_hGlobal);
        }
        m_hGlobal = GlobalAlloc(GHND, dwSize + nFact);
        BYTE* pData = (BYTE*)GlobalLock(m_hGlobal);
        memcpy(pData, pBuf, dwSize);
        BYTE* pTmp = pData;
        pTmp += dwSize;
        memcpy(pTmp, pBuffer, nFact);
        bCompleted = FALSE;
        GlobalUnlock(m_hGlobal);
    }
}
delete [] pBuf;
        }
    }
    GlobalUnlock(hGlobal);
    GlobalFree(hGlobal);
}
```

（15）运行程序，效果如图 6-20 所示。

图 6-20　文件发送客户端运行窗口

第7章
数据库操作技术

本章要点

- 数据库软件基本操作
- 基本 SQL 语句
- 在 Visual C++中应用 ADO 技术的方法
- ADO 对象的概念
- 使用 ADO 对象操作数据库的方法
- 使用 ADO 控件操作数据库的方法

数据库操作是开发管理类软件时必须要面对的问题，Visual C++中提供了处理数据库的功能。在操作数据库时，ADO 技术有着广泛的应用。本章将介绍 ADO 相关知识，其中详细讲解了 ADO 对象中常用的 4 种对象，以便读者初步了解 ADO 对象，为日后开发数据库系统打下良好的基础。在讲解过程中，为了便于读者理解结合了 ADO 对象应用，对于没有数据库基础的读者，可以通过第一节——数据库基础知识来了解数据库的基本概念和数据库的基本操作。

7.1　数据库基础知识

"数据库"从字面上看，就是存放数据的仓库。从本质上讲，数据库是指数据和数据对象的集合。这种集合可以长期存储，具有确定的数据存储结构，同时能以安全和可靠的方法进行数据的检索和存储。

数据库的发展经历了层次数据库、网状数据库、关系数据库的发展过程 。现在广泛流行的数据库软件都是关系数据库，例如 Oracle、SQLServer、DB2、Ingres、Sybase 和 Informix 等。以二维表的形式来保存数据的数据库叫关系数据库。关系数据库的数据对象是指表（tabel）、视图（view）、存储过程（stored procedure）和触发器（trigger）等。

关系模型由关系数据结构、关系操作和关系完整性约束 3 部分组成。

1. 关系数据结构

关系模型的数据结构非常单一。在关系模型中，现实世界的实体以及实体间的各种联系均用关系来表示。关系型数据库以行和列的形式存储数据，以便于用户理解。这一系列的行和列被称为表，一组表组成了数据库。

2. 关系操作

关系模型给出了关系操作的能力，但不对关系数据库语言给出具体的语法要求。关系模型中常用的关系操作包括选择（Select）、投影（Project）、连接（Join）、除（Divide）、并（Union）、交（Intersection）、差（Difference）等查询（Query）操作和插入（Insert）、删除（Delete）、修改（Update）操作两大部分。查询的表达能力是其中最主要的部分。

3. 关系完整性约束

关系模型允许定义 3 类完整性约束，即实体完整性、参照完整性和用户定义的完整性。其中实体完整性和参照完整性是关系模型必须满足的完整性约束条件，应该由关系系统自动支持。用户定义的完整性是应用领域需要遵循的约束条件，体现了具体领域中的语义约束。

7.1.1 常用数据库软件的基本操作

Microsoft Access 和 Microsoft SQLServer2000 是两个最常用的数据库软件。本节将介绍这两个软件的基本操作。

1. Access

Microsoft Access 是一个非常容易掌握的数据库管理系统。利用它可以创建、修改和维护数据库和数据库中的数据，并且可以利用向导来完成对数据库的一系列操作。

（1）创建数据库。

在 Access 数据库中要想创建一个新的数据库，可以按照下面的操作步骤进行。

❑ 启动 Access 数据库，在弹出的"新建数据库"对话框中选择"空数据库"，然后单击【确定】按钮，如图 7-1 所示。

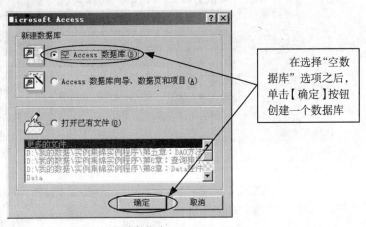

图 7-1　新建数据库

❑ 在上图中单击【确定】按钮之后，将弹出保存数据库的对话框，在该对话框中输入所创建的数据库名称，并且选择好数据库的保存路径，然后单击【创建】按钮，保存所创建的数据库，如图 7-2 所示。

创建完空数据库后，可以单击数据库窗口的"关闭"按钮或者使用文件菜单的"关闭"命令关闭数据库。关闭后，可以通过文件菜单再打开该数据库，如图 7-3 所示。

（2）设计表。

数据库创建完成之后，紧接着就应该在数据库中创建表了，下面就以在 Data 数据库中创建员工信息表（Table_ygxx）为例来讲解一下在 Access 数据库中创建数据表的过程。

❑ 打开数据库窗口，并切换到"表"选项卡，如图 7-4 所示。

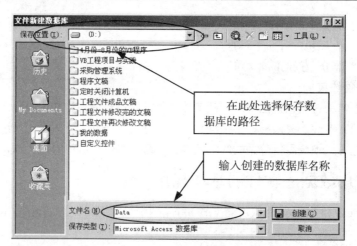

图 7-2　选择数据库的创建路径

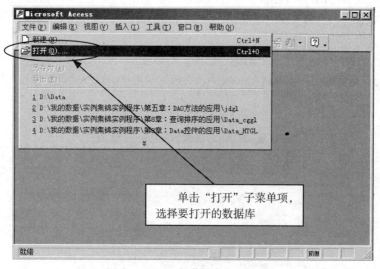

图 7-3　通过文件菜单来打开数据库

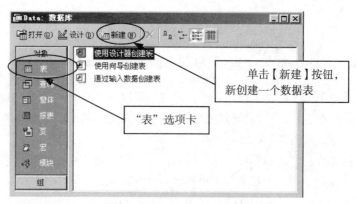

图 7-4　切换到"表"选项卡中创建表

❑ 在图 7-4 所示的窗口中单击【新建】按钮，打开"新建表"窗口，选择"设计视图"命令，然后单击【确定】按钮，如图 7-5 所示。

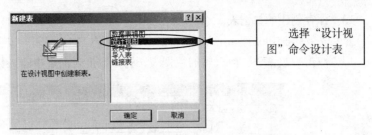

图 7-5 选择"设计视图"选项设计表

☐ 为数据表添加字段。

在图 7-6 所示的设计视图窗口中的"字段名称"栏中输入"员工编号";"数据类型"栏中的下拉列表框中选择"数字"作为字段类型;"说明"栏中输入对该字段的说明字符串(也可以省略不写)。然后在窗体下面设计字段的其他属性。例如,将"字段大小"设为 50,"必填字段"选择"否"等。

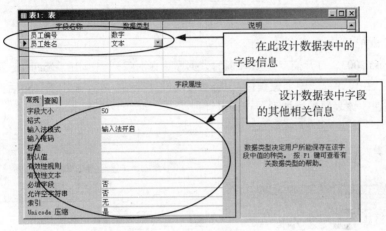

图 7-6 设计表中的字段

☐ 重复上一步骤,直到设计完所有的字段为止。

☐ 定义主关键字。

在字段"员工编号"上单击右键,在快捷菜单上选择"主键"。Access 将把 "员工编号"字段定义为表的主关键字,并在该字段旁边加上一个"钥匙"标记,表示该字段已经为主关键字,如图 7-7 所示。

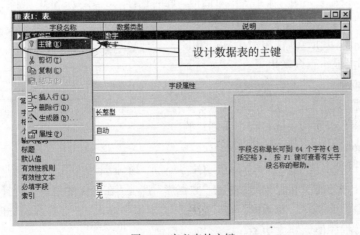

图 7-7 定义表的主键

❑ 保存创建的数据表。

定义完数据表中的字段信息之后，单击数据表窗口的"关闭"按钮，保存所创建的数据表信息。

❑ 双击"数据表"窗口中的数据表，打开数据表向表中输入数据，如图 7-8 所示。

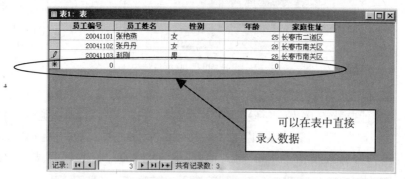

图 7-8　在设计表的视图中输入数据

（3）执行 SQL 语句。

启动 Access 2003，打开需要建立查询的数据库，在对象列中单击"查询"选项，如图 7-9 所示，双击运行"在设计视图中创建查询"，启动查询设计视图。在"显示表"对话框中选择表，单击"添加"按钮，该表便被添加到了查询设计视图中，如图 7-10 所示。

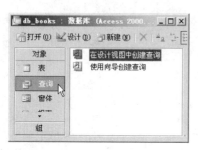

图 7-9　选择"查询"

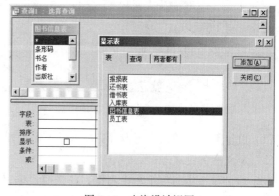

图 7-10　查询设计视图

单击"关闭"按钮，关闭"显示表"对话框，此时选择"视图"/"SQL 视图"，将打开图 7-11 所示的窗口，在此可以查看或编辑 SQL 语句。

查看或编辑完 SQL 语句后，单击工具栏中的"运行"按钮，即可显示查询结果集。

2．SQL Server

（1）创建数据库。

下面介绍创建数据库和表的过程。要创建的数据库为 db_manpowerinfo，表为 tb_employee。

图 7-11　SQL 视图

❑ 选择"开始"/"程序"/Microsoft SQL Server/"企业管理器"，打开企业管理器。

❑ 依次展开服务器组和服务器，右击"数据库"选项，在弹出的菜单中选择"新建数据库"，打开"数据库属性"对话框，在"名称"文本框中输入 db_manpowerinfo，单击"确定"按钮，数据库便创建成功了。

（2）设计表。

❑ 依次展开"数据库"和 db_manpowerinfo，右击"表"选项，在弹出的快捷菜单中选择"新建表"，打开表设计器，如图 7-12 所示。

❑ 在"列名"列中的第一个单元格中输入字段名称"number"，单击"数据类型"列中的第一个单元格，再单击出现的下拉按钮，在下拉列表框中选择数据类型 varchar，"长度"为 50。因为 number 不允许为空，所以将"允许空"选项去掉。

❑ 设置字段属性，以下是一些常用到的字段属性。

- 说明：用来输入一些描述性文字，为了将来数据库的可读性和可维护性，如果是英文字段，一定在此说明。如字段 number，其说明为"对每个员工的编码"。
- 默认值：每当在表中为字段插入带空值的行时，将显示该字段的默认值，下拉列表框中包含在数据库中定义的所有全局默认值，如果需要，可以在此选择。
- 精度：显示字段值的最大数字位数。
- 小数位数：显示字段值小数点右边出现的最大数字位数。
- 标识：显示 SQL Server 是否将该字段用作标识字段。
- 标识种子：显示标识字段的种子值。该选项只适用于其"标识"选项设置为"是"的字段。
- 标识递增量：显示标识字段递增值。该选项只适用于其"标识"选项设置为"是"的字段。

❑ 依次添加 name、sex、card、birth、age、nation 等字段，如图 7-13 所示。

图 7-12　表设计器

图 7-13　添加字段

❑ 一般一个数据表都有一个主键，在 tb_employee 数据表中，其主键是 number。右键单击 number 字段，在弹出的菜单中选择"设置主键"命令。

注意　如果要将多个字段设置为主键，可先按住〈Ctrl〉键，然后选中要设置主键的字段，再按照步骤（5）设置主键。

❑ 保存表。单击工具栏上的"保存"按钮，打开"选择名称"对话框，输入表名 tb_employee，单击"确定"按钮。

注意　表名必须遵守 SQL Server 2000 的命名规则，最好能够准确地表达表的内容。另外，表名不要用 sys 开头，以免与系统表混淆。

（3）执行 SQL 语句。

启动企业管理器，并从数据库中选择一个数据表，单击鼠标右键，选择"打开表"/"查询"命令，或者在工具栏中单击"显示/隐藏 SQL 窗格"按钮，如图 7-14 所示，在"SQL 窗格"中可以编写 SQL 语句，在"结果窗格"中将显示结果集。

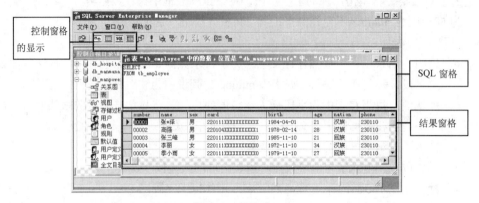

图 7-14　查询窗口

（4）分离数据库。

分离数据库是将数据库从服务器中分离出去，但并没有删除数据库，数据库文件依然存在，需要使用数据库时，可以通过附加的方式将数据库附加到服务器中。在 SQL Server 2000 中分离数据库非常简单，方法如下。

打开企业管理器，展开"数据库"结点，选中欲分离的数据库，操作过程如图 7-15 所示。分离数据库的界面如图 7-16 所示。

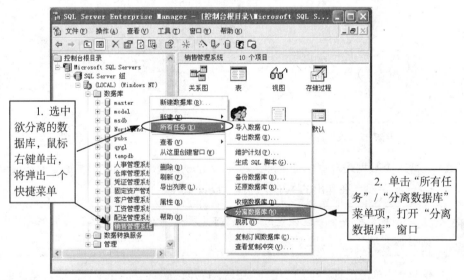

图 7-15　分离数据库过程

（5）附加数据库。

通过附加方式可以向服务器中添加数据库，前提是需要存在数据库文件和数据库日志文件。下面以附加上一小节中分离的数据库为例介绍如何附加数据库。

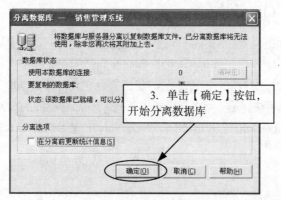

图 7-16 分离数据库结果界面

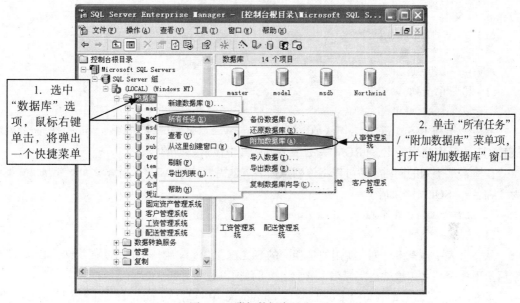

图 7-17 附加数据库过程

打开企业管理器，鼠标右键单击"数据库"选项，将弹出一个快捷菜单，操作过程如图 7-17 所示，结果如图 7-18 所示。

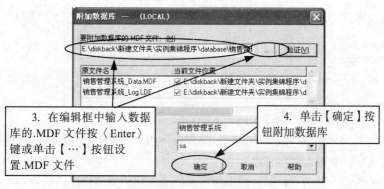

图 7-18 附加数据库结果

7.1.2 基本 SQL 语句

SQL 是结构化查询语言（Structured Query Language）的缩写。它是一种组织、管理和检索存储在数据库中数据的工具，是一种可以与数据库交互的结构化查询语言。

SQL 是一种子语言，而不是一种完全的编程语言，它只告诉数据库管理系统要做什么，至于怎样做则由数据库管理系统完成。大多数数据库管理系统都对标准的 SQL 进行了扩展，使其允许对 SQL 进行编程。例如 Oracle 使用 PL/SQL，SQL Server 使用 Transact-SQL，而 Access 等小型数据库则使用 JET-SQL。

1. 查询数据

查询语句格式如下。

```
Select 字段名列表
From 表名列表
Where 条件
Order by 排序依据
Group by 分组依据
Having  分组筛选条件
```

❑ 检索单个列。

```
SELECT name FROM tb_employee
```

上述语句利用 SELECT 语句从员工表 tb_employee 中检索一个名称列 name，所需的列名在 SELECT 关键字之后给出，FROM 关键字指出从其中检索数据的表名。

在检索某个列的同时，还可以将该列重命名，这需要使用 AS 关键字。例如，将 name 重命名为"姓名"，SQL 语句如下。

```
SELECT name AS 姓名 FROM tb_employee
```

❑ 检索多个列。

从一个表中检索多个列，使用的是相同的 SELECT 语句。唯一不同的是必须在 SELECT 关键字后给出多个列名（也就是字段名），列名之间必须以逗号分隔。

下面使用 SELECT 语句检索员工表 tb_employee 中的编号（number）、姓名（name）和性别（sex），语句如下。

```
SELECT number, name, sex FROM tb_employee
```

❑ 检索所有列。

前面介绍了检索一个或多个列，下面介绍使用 SELECT 语句检索所有的列。用 SELECT 语句检索所有的列可以不必给出所有字段并用逗号隔开，而是使用一个星号（*）通配符即可。例如下面的语句。

```
SELECT * FROM tb_employee
```

上述语句，给定一个通配符（*），则返回表中所有列。列的顺序一般是表中各列出现的物理顺序。

❑ 按单个列排序。

要想让检索出来的数据按一定顺序排列，就需要使用 ORDER BY 子句。ORDER BY 子句取一个或多个列的名字，对输出进行排序。

检索员工表中编号、姓名、性别，按编号（number）字段升序排序，语句如下。

```
SELECT number,name,sex FROM tb_employee ORDER BY number
```

❏　按多个列排序。

在实际编程中，经常需要多个字段进行排序。例如，显示员工信息并按年龄排序。如果有几个相同年龄的员工，再按编号排序，这样做是非常有用的。

按多个列排序，应指定排序的列名，并在列名之间用逗号分开。

下面的代码检索员工编号、姓名、性别和年龄，并按编号（number）和年龄（sex）排序，首先按年龄（sex）排序，然后再按编号（number）排序。

```
SELECT number, name, sex, age FROM tb_employee ORDER BY age, number
```

❏　指定排序方向。

排序方向分为升序和降序。ORDER BY 子句后面加 ASC 关键字为升序排序，该排序方式是默认的。如果 ORDER BY 子句后面什么也不加（如前面举的例子），就是升序排序。ORDER BY 子句后面加 DESC 关键字为降序排序。

检索员工编号、姓名、性别和年龄，并按年龄（age）降序排序，语句如下。

```
SELECT number, name, sex, age FROM tb_employee ORDER BY age DESC
```

如果需要使用多种排序，例如，按年龄（age）降序排序，然后再按编号（number）排序，语句如下。

```
SELECT number, name, sex, age FROM tb_employee ORDER BY age DESC, name
```

❏　使用 WHERE 子句指定条件。

数据表中一般都包含大量的数据，如果用户仅需要其中的一部分数据，应使用 WHERE 子句。WHERE 子句在表名（FROM 子句）之后给出。

查询年龄等于 28 的员工，SQL 语句如下。

```
SELECT number, name, age FROM tb_employee WHERE age = 28
```

❏　WHERE 子句比较运算符。

SQL 支持所有的比较运算符，具体见表 7-1。

表 7-1　WHERE 子句运算符

运　算　符	说　　明	运　算　符	说　　明
=	等于	<=	小于等于
>	大于	!>	不大于
<	小于	!<	不小于
>=	大于等于	<>或!=	不等于

下面通过几个例子介绍比较运算符的用法。

查询"年龄"不等于 28 的员工。

```
SELECT number, name, age FROM tb_employee WHERE age <> 28
```

查询"年龄"小于 28 的员工。

```
SELECT number, name, age FROM tb_employee WHERE age < 28
```

查询"年龄"小于 28 并大于 21 的员工。

```
SELECT number, name, age FROM tb_employee WHERE age < 28 AND age > 21
```

查询"年龄"不小于 28 的所有员工。

```
SELECT * FROM tb_employee WHERE age !< 28
```

换一种写法，查询"年龄"不小于 28 的所有员工，输出相同的结果集。

```
SELECT * FROM tb_employee WHERE age >= 28
```

> 查询字符型数据时，要查询的值应使用单引号。例如，查询姓名等于"张泽"的人，SQL 语句如下。
>
> SELECT number, name, age FROM tb_employee WHERE name = '张泽'。

❑ 检索指定范围的值。

要检索两个给定的值之间的数据，可以使用范围条件进行检索。通常使用 BETWEEN…AND 和 NOT…BETWEEN…AND 来指定范围条件。

使用 BETWEEN…AND 查询条件时，指定的第一个值必须小于第二个值。因为 BETWEEN…AND 实质是查询条件"大于等于第一个值，并且小于等于第二个值"的简写形式，即 BETWEEN…AND 要包括两端的值，等价于比较运算符（>=…<=）。

查询"年龄"在 28～34 之间的员工，SQL 语句如下。

```
SELECT number, name, age FROM tb_employee WHERE age BETWEEN 28 AND 34
```

而 NOT…BETWEEN…AND 语句返回某个数据值在两个指定值的范围以外的，但并不包括两个指定的值。

例如，查询"年龄"不在 28～34 的员工，SQL 语句如下。

```
SELECT number, name, age FROM tb_employee WHERE age NOT BETWEEN 28 AND 34
```

❑ 模式条件查询。

模式条件查询是用来返回符合某种匹配格式的所有记录，通常使用 Like 或 NOT Like 关键字来指定模式查询条件。Like 查询条件需要使用通配符在字符串内查找指定的模式，下面先了解一下常用的通配符，见表 7-2。

表 7-2　Like 关键字中的通配符及其含义

通　配　符	说　　明
%	由零个或更多字符组成的任意字符串
_	任意单个字符
[]	用于指定范围，例如[A～F]，表示 A～F 范围内的任何单个字符

● 百分号（%）通配符。

在 SQL 查询时，百分号（%）通配符经常会被用到。%表示任何字符出现任意次数。

查询姓"张"的员工，SQL 语句如下。

```
SELECT number, name FROM tb_employee WHERE name LIKE '张%'
```

也可以在搜索内容的两端加上%，例如查询姓名中包含"强"的员工，SQL 语句如下。

```
SELECT number, name FROM tb_employee WHERE name LIKE '%强%'
```

> 如果数据库是 Access，需要使用星号（*），而不是百分号（%）。

● 下划线（_）通配符。

下划线（_）通配符的用途与百分号（%）通配符一样，但下划线只匹配单个字符而不是多个字符。

查询姓名中第二个字为 "强" 的员工，SQL 语句如下。

```
SELECT number, name FROM tb_employee WHERE name LIKE '_强'
```

注意

如果数据库是 Access，需要使用问号（？），而不是下划线（_）。

● 方括号（[ ]）通配符。

在模式查询中可以使用方括号（[ ]）通配符来查询一定范围内的数据。方括号（[ ]）通配符用于表示一定范围内的任意单个字符，它包括两端数据。

查询电话号码以 "110" 结尾并且开头数字位于 1～5 之间的员工信息，SQL 语句如下。

```
SELECT * FROM tb_employee WHERE phone LIKE '[1-5]30110'
```

❑ 组合条件查询（AND、OR 和 NOT）。

如果想把前面讲过的几个单一条件组合成一个复合条件，这就需要使用逻辑运算符 AND、OR 和 NOT，才能完成复合条件查询。使用逻辑运算符时，遵循的指导原则如下。

● 使用 AND 返回满足所有条件的行。

● 使用 OR 返回满足任一条件的行。

● 使用 NOT 返回不满足表达式的行。

就像数据运算符乘和除一样，它们之间是具有优先级顺序的，NOT 优先级最高，AND 次之，OR 的优先级最低。

下面通过两个例子介绍 OR 和 AND 的使用。

用 OR 查询员工中姓 "张" 或者姓 "李" 的员工信息，语句如下。

```
SELECT * FROM tb_employee WHERE name LIKE '张%' OR name LIKE '李%'
```

用 AND 查询员工中姓 "张" 并且 "民族" 是 "汉族" 的员工信息，语句如下。

```
SELECT * FROM tb_employee WHERE name LIKE '张%' AND nation = '汉族'
```

❑ 汇总数据。

SQL 提供一组聚合函数，它们能够对整个数据集合进行计算，将一组原始数据转换为有用的信息，以便用户使用。例如求成绩表中的总成绩、学生表中的平均年龄等。

SQL 的聚合函数见表 7-3。

表 7-3 聚合函数

聚 合 函 数	支持的数据类型	功 能 描 述
Sum()	数字	对指定列中的所有非空值求和
Avg()	数字	对指定列中的所有非空值求平均值
Min()	数字、字符、日期	返回指定列中的最小数字、最小的字符串和最早的日期时间
Max()	数字、字符、日期	返回指定列中的最大数字、最大的字符串和最近的日期时间
Count()	任意基于行的数据类型	统计结果集中全部记录行的数量。最多可达 2147483647 行

下面通过几个例子介绍 SQL 聚合函数的应用。

使用 AVG 函数求员工平均年龄，语句如下。

```
SELECT sex, AVG(age) AS 平均年龄 FROM tb_employee GROUP BY sex
```

使用 Count 函数统计员工人数，语句如下。

```
SELECT COUNT(number) AS 员工人数 FROM tb_employee
```

使用 Max 函数统计最大年龄，语句如下。

```
SELECT MAX(age) AS 最大年龄 FROM tb_employee
```

使用 SUM 函数统计工资发放总额，语句如下。

```
SELECT SUM(RealityPay) AS 工资发放总额 FROM tb_pay
```

❑ 分组统计。

在 SQL 语句中，可以使用 GROUP BY 语句来实现按字段值相等的记录值进行的分组统计，语法格式如下。

```
SELECT filedlist FROM table WHERE criteria[GROUP BY groupfieldlist]
```

- fieldlist：同任何字段名的别名、SQL 聚集函数、选择谓词（ALL、DISTINCT、GROUP BY 语句、DISTINCTROW 或 TOP）或其他 SELECT 语句选项一起被获取。
- Table：从其中获取数据表的名称。
- Criteria：选择标准。如果语句包含 WHERE 子句，则 Microsoft Jet 数据库引擎在对记录应用 WHERE 条件后会将这些值分组。
- Groupfieldlist：用以记录分组的字段名，最多为 10 个字段。Groupfieldlist 中的字段名的顺序决定组层次，由分组的最高层次至最低层次。

分组统计员工中的男女人数，SQL 语句如下。

```
SELECT sex, COUNT(number) AS 人数 FROM tb_employee GROUP BY sex
```

GROUP BY 关键字一般用于同时查询多个字段并对字段进行算术运算的 SQL 命令中。

❑ 子查询。

子查询是 SELECT 语句内的另外一条 SELECT 语句，而且常常被称为内查询或是内 SELECT 语句。SELECT、INSERT、UPDATE 或 DELETE 中允许是一个表达式的地方都可以包含子查询，子查询甚至可以包含在另外一个子查询中。

- 带有 IN 运算符的子查询

在带有 IN 运算符的子查询中，子查询的结果是一个结果集。父查询通过 IN 运算符将父查询中的一个表达式与子查询结果集中的每一个值进行比较，如果表达式的值与子查询结果集中的任何一个值相等，父查询中的"表达式 IN（子查询）"条件表达式返回 TRUE，否则返回 FALSE。NOT IN 运算符与 IN 运算符结果相反。

在员工信息和工资信息两个表中，查询已发工资的员工信息，SQL 语句如下。

```
SELECT * FROM tb_employee WHERE number IN(SELECT EmployeeNumber FROM tb_pay)
```

- 带有比较运算符的子查询

在带有比较运算符的子查询中，子查询的结果是一个单值。父查询通过比较运算符将父查询中的一个表达式与子查询结果（单值）进行比较，如果表达式的值与子查询结果做比较运算的结果为 TRUE，父查询中的"表达式比较运算符（子查询）"条件表达式返回 TRUE，否则返回 FALSE。

常用的比较运算符有：>、>=、<、<=、=、<>、!=、!>、!<

列出实发工资大于 1800 的员工的基本信息，SQL 语句如下。

```
SELECT * FROM tb_employee WHERE number IN(SELECT EmployeeNumber FROM tb_pay WHERE
RealityPay > 1800)
```

2. 插入数据

❑ 插入完整的行。

插入完整行或部分行，应在 INSERT 语句中使用 VALUES 关键字，语法格式如下。

```
INSERT INTO table_name[(column[,column2]…)]
VALUES(CONSTANT[,CONSTANT2]…)
```

向员工表 tb_employee 中添加一行新记录，并给每列都赋予一个新值，SQL 语句如下。

```
INSERT INTO tb_employee VALUES ('00030', '小李', '女', '220111XXXXXXXXXXXX',
'1980-02-01', '28', '汉族', '96784')
```

必须使用与数据库表中字段名称相同的顺序输入数据值（即 number、name、sex、card、birth、age、nation、phone），数据值之间用逗号分开。VALUES 数据要用括号括起来，而且 SQL 要求对字符和日期数据用单引号封闭

❑ 插入部分列。

给部分列添加数据时，需要对这些列进行指定，那些不放入数据的列必须为默认值或定义为空，以防止出现错误。

只为员工表 tb_employee 中的编号"number"和姓名"name"两列添加数据，SQL 语句如下。

```
INSERT INTO tb_employee (number, name) VALUES ('00031', '小王')
```

INSERT 语句对列名称顺序没有要求，只要给出的数据值与该顺序匹配即可。

❑ 插入检索出的数据。

使用 SELECT 语句将数据添加到某一行的部分列而不是所有列，就像使用 VALUES 子句一样。在 INSERT 子句中可以简单地指定要添加数据的列。

如果在员工表中有员工编号等于"00031"的员工，而在工资表中却没有该员工，那么可以使用下面的语句将员工表中的员工编号等于"00031"的员工插入到工资表中，SQL 语句如下。

```
INSERT INTO tb_pay(EmployeeNumber, ID) SELECT number FROM tb_employee WHERE (number =
'00031')
```

运行上述语句，将产生一个错误。原因是工资表 tb_pay 中的 ID 不允许空值，而且没有默认值。这种情况下，可以将 01 作为 ID 的一个哑值（dummy value），并用它作为一个常量，语句如下。

```
INSERT INTO tb_pay(EmployeeNumber,ID) SELECT number,01 FROM tb_employee WHERE (number =
'00031')
```

如果在列上使用了唯一索引或使用 UNIQUE 或 PRIMARY KEY 约束，就不能使用上述方法。

❑ 将一个表中的数据复制到另一个表。

可以在 INSERT 语句中使用 SELECT 语句来获取一个或多个表中的值，在 INSERT 语句中使用 SELECT 语句的简单语法如下。

```
INSERT INTO table_name[(insert_column)_list]
SELECT column_list
```

```
FROM table_list
WHERE search_conditions
```

在 INSERT 语句中的 SELECT 语句允许用户将数据从一个表的所有列或部分列移至另一个表中。如果要在一组列中插入数据，就可以在另一个时间使用 UPDATE 添加该值至其他的列。

如果需要从一个表将行插入到另一个表中，这两个表必须具有匹配的结构。也就是说，对应的列必须为同一个数据类型或系统可以在它们的数据类型上自动转换。

如果两个表中所有列的顺序与结构一致，那么就不必在表中指定列名。

将日消费信息表中的日结信息放到月消费信息表中，SQL 语句如下。

```
insert into 月消费信息表 select 箱号,所在大厅,项目编号,名称,单位,单价,数量,简称,消费状态,隐藏
状态,登记时间,折扣,金额小计,消费单据号 from 日消费信息表 order by 消费单据号
```

或者用下述语句。

```
insert into 月消费信息表 select * from 日消费信息表
```

如果这两表中的列在顺序上与数据库中表的结构不一致，则可以使用 INSERT 或 SELECT 子句对列重新排序使它们匹配。

如果不匹配，系统就不能进行插入操作或不能正确地进行插入操作，它会将数据放置在错误的列中。

3. 修改数据

UPDATE 语句可以改变表中单一行、成组行和所有行中的值。下面是简化了的 UPDATE 语法。

```
UPDATE table_name
set column_name=expression
[WHERE search_conditions]
```

❑ 指定表：UPDATE 子句。

UPDATE 关键字后面跟有表名或视图名，一次只可以改变一个表或一个视图中的数据。

如果 UPDATE 语句违背了完整性约束（例如，添加的某个值具有错误的数据类型），则系统就不能进行更新并显示一个错误信息。

❑ 指定列：SET 子句。

SET 子句用于指定列和改变值。

计算工资表 tb_pay 中的实发工资，实发工资等于应发工资减去应扣工资，语句如下。

```
UPDATE tb_pay SET RealityPay = MustPay - DelPay
```

❑ 指定行：WHERE 子句。

UPDATE 语句中的 WHERE 子句指定要修改的行（类似于 SELECT 语句中的 WHERE 子句）。

将工资表 tb_pay 中的基本工资在 1500 元的员工涨 200 元，SQL 语句如下。

```
Update tb_pay set BasePay = BasePay +200 where BasePay =1500
```

4. 删除数据

删除单行或多行数据可使用 DELETE 语句，语法格式如下。

```
DELETE FROM table_name WHERE search_conditions
```

删除员工表 tb_empolyee 中的所有数据，SQL 语句如下。

```
DELETE FROM tb_employee
```

利用 WHERE 子句可以指定要删除哪一行。例如，要删除员工表 tb_empolyee 中的"年龄"小于 23 的数据，SQL 语句如下。

```
DELETE FROM tb_employee WHERE age < 23
```

7.2　ADO 编程基础

ADO（ActiveX Data Objects）是当前流行的数据库访问技术。要使用 ADO 进行编程，首先要对 ADO 有所了解，本节将对 ADO 进行简单的介绍。

7.2.1　ADO 概述

ADO 是 Microsoft 数据库应用程序开发的新接口，是建立在 OLE DB 底层技术之上的高层数据库访问技术。OLE DB 是数据库底层接口，为各种数据源提供了高性能的访问；而 ADO 则封装了 OLE DB 所提供的接口，使用户能够编写应用程序以通过 OLE DB 提供访问和操作数据库服务器中的数据。ADO 的优点在于使用简便、速度快、内存支出少和磁盘遗迹小，同时还具有远程数据服务功能，可以在一次往返过程中实现将数据从服务器移动到客户端程序，然后在客户端对数据进行处理并将更新结果返回到服务器。此外，ADO 还提供了多语言支持，除了面向 Visual C++外，还提供了面向其他各种开发工具的应用。

7.2.2　在 Visual C++中应用 ADO 技术

在 Visual C++中使用 ADO 操作数据库有两种方法，一种是使用 ActiveX 控件，另一种是使用 ADO 对象。

1．ActiveX 控件

使用 ActiveX 控件操作数据库相对简单，使用 ActiveX 控件绑定数据源即可对数据库进行操作。

2．ADO 对象

使用 ADO 对象操作数据库虽然比使用 ActiveX 控件复杂一些，但是使用 ADO 对象具有更大的灵活性，只要将 ADO 对象封装到类中就可以很好地简化对数据库的操作。

7.3　ADO 对象

ADO 中包含了 7 个对象，分别是 ADO 连接对象（Connection）、ADO 记录集对象（Recordset）、ADO 命令对象（Command）、ADO 参数对象（Parameter）、ADO 域对象（Field）、ADO 错误对象（Error）和 ADO 属性对象（Property）。本节将对主要的 4 个对象进行介绍。

7.3.1　ADO 连接对象

ADO 连接对象（Connection）用于连接数据源，并处理一些命令和事务。在使用 ADO 访问数据库之前，必须先创建一个 ADO 连接对象，然后才能通过该对象打开到数据库的连接。

1．ADO 连接对象操作

使用 ADO 连接对象的集合、方法和属性可执行下列操作。

❑ 在打开到数据库的连接之前，需要使用 ConnectionString、ConnectionTimeout 和 Mode 属性配置连接。

❑ 使用 CursorLocation 属性指定支持批更新的"客户端游标提供者"的位置。

- ❑ 使用 DefaultDatabase 属性设置连接的默认数据库。
- ❑ 使用 IsolationLevel 属性设置在连接上打开的事务的隔离级别。
- ❑ 使用 Provider 属性指定 OLE DB 提供者。
- ❑ 使用 Open 方法建立到数据源的物理连接，使用 Close 方法中断连接。
- ❑ 使用 Execute 方法执行对连接的命令，并且可以使用 CommandTimeout 属性对执行的命令进行配置。
- ❑ 使用 BeginTrans、CommitTrans 和 RollbackTrans 方法以及 Attributes 属性管理打开的连接上的事务（如果提供者支持则包括嵌套的事务）。
- ❑ 使用 Errors 集合检查数据源返回的错误。
- ❑ 通过 Version 属性读取所使用的 ADO 执行版本。
- ❑ 使用 OpenSchema 方法获取数据库概要信息。

2. ADO 连接对象属性

ADO 连接对象的属性介绍如下。

- ❑ Attributes：读/写，其值可以为以下值中的任意一个或多个。
  - ● AdXactCommitRetaining：执行保留的事务提交。
  - ● AdXactAbortRetaining：执行保留的事务终止。
- ❑ CommandTimeout：该属性允许由于网络拥塞或服务器负载过重产生的延迟而取消 Execute 方法调用。指示在终止尝试和产生错误之前执行命令期间需等待的时间。
- ❑ ConnectionString：该属性包含用来建立到数据源的连接的信息。通过传递包含一系列由分号分隔的 argument = value 语句的详细连接字符串可指定数据源。ADO 支持以下 7 个 argument 语句。
  - ● Provider：指定连接所需的提供者名称。
  - ● Data Source：指定连接所需的数据源名称。
  - ● User ID：指定打开连接所需的用户名。
  - ● Password：指定打开连接所需的密码。
  - ● File Name：指定提供者描述文件名。
  - ● Remote Provider：指定打开客户端连接所需的提供者名称。
  - ● Remote Server：指定打开客户端连接所需的服务器名称。
- ❑ ConnectionTimeout：由于网络拥塞或服务器负载过重导致的延迟使得必须放弃连接尝试时，使用该属性，指示在终止尝试和产生错误前建立连接期间所等待的时间。
- ❑ CursorLocation：该属性允许在可用于提供者的各种游标库中进行选择，或返回游标引擎的位置。可选值如下。
  - ● adUseClient：使用客户端游标引擎。
  - ● adUseServer：使用数据提供者游标引擎。
- ❑ DefaultDatabase：设置或返回指定 Connection 对象上默认数据库的名称。
- ❑ IsolationLevel：该属性允许读/写，表示 Connection 对象的隔离级别。直到下次调用 BeginTrans 方法时，该设置才可以生效。可选值如下。
  - ● adXactUnspecified：使用不同于指定的级别，级别不确定。
  - ● adXactChaos：不能覆盖更高级别事务中未提交的更改。
  - ● adXactBrowse：可以浏览其他事务中未提交的更改。

- adXactCursorStability：可以浏览其他事务中已提交的更改。
- adXactRepeatableRead：重新查询可以获得新的记录集。
- adXactIsolated：事务管理与其他事务分隔。

❑ Mode：可设置或返回当前连接上提供者正在使用的访问权限。Mode 属性在关闭 Connection 对象时方可设置。可选值如下。

- adModeUnknown：未知的权限。
- adModeRead：只读权限。
- adModeWrite：只写权限。
- adModeReadWrite：读写权限。
- adModeShareDenyRead：只读共享权限。
- adModeShareDenyWrite：只写共享权限。
- adModeShareExclusive：独占权限。
- adModeShareDenyNone：无权限。

❑ Provider：设置或返回连接提供者的名称。
❑ State：指定对象的当前状态。该属性是只读的，可选值如下。

- adStateClosed：默认，指示对象是关闭的。
- adStateOpen：指示对象是打开的。

❑ Version：ADO 版本号。

3. ADO 连接对象方法

ADO 连接对象的方法介绍如下。

❑ BeginTrans：开始一个新事务。
❑ CommitTrans：保存所有更改并结束当前事务，也可以启动新事务。
❑ RollbackTrans：取消当前事务中所做的任何更改并结束事务，也可以启动新事务。
❑ Cancel：取消执行挂起的异步 Execute 或 Open 方法的调用。
❑ Close：关闭打开的对象及任何相关对象。
❑ Execute：执行指定的查询、SQL 语句、存储过程或特定提供者的文本等内容。
❑ Open：打开到数据源的连接。
❑ OpenSchema：从提供者获取数据库纲要信息。

下面对 ADO 连接对象的常用方法进行详细介绍。

（1）Open 方法。

语法格式如下。

```
HRESULT Open(_bstr_t ConnectionString,_bstr_t UserID,_bstr_t Password,long Options);
```

Open 方法中的参数说明见表 7-4。

表 7-4　Open 方法中的参数说明

参　　数	描　　述
ConnectionString	指定连接信息的字符串
UserID	指定建立连接所需的用户名
Password	指定建立连接所需的密码
Options	打开选项，分为 adConnectUnspecified（同步）和 adAsyncConnect（异步）

（2）Execute 方法。

语法格式如下。

```
_RecordSetPtr Execute(_bstr_t CommandText,VARIANT *RecordsAffected,long Options);
```

❏ CommandText：指定要执行的命令文本。

❏ RecordsAffected：返回受影响的记录数。

❏ Options：指定命令类型。

　　　如果 Execute 方法执行的 SQL 语句要求有记录集返回，如执行 Select 查询语句，Execute 方法则返回一个 ADO 记录集对象。

（3）Close 方法。

语法格式如下。

```
HRESULT Close();
```

7.3.2　ADO 记录集对象

ADO 记录集对象（Recordset）可操作来自数据源的数据，通过 Recordset 对象可对几乎所有的数据进行操作。所有的 Recordset 对象均使用记录（行）和字段（列）进行构造。

1. ADO 记录集对象操作

使用 ADO 记录集对象的集合、方法和属性可执行下列操作。

❏ 使用 CursorType 属性或 Open 方法指定游标类型。

❏ 使用 Open 方法打开记录集，使用 Close 方法关闭记录集。

❏ 使用 AddNew、Update 和 Delete 方法编辑记录。

2. ADO 记录集对象属性

ADO 记录集对象的属性介绍如下。

❏ AbsolutePage：识别当前记录所在的页码，可以为 1 至所含页码的长整型值，或以下值。

 • adPosUnknown：记录集为空。

 • adPosBof：当前记录集指针在 BOF。

 • adPosEof：当前记录集指针在 EOF。

❏ AbsolutePosition：根据其在 Recordset 中的序号位置移动记录，或确定当前记录的序号位置。

❏ ActiveConnection：确定在其上将执行指定命令的对象或打开指定记录集的连接对象。

❏ BOF：表示当前记录位置位于记录集对象的第一个记录之前。

❏ EOF：表示当前记录位置位于记录集对象的最后一个记录之后。

❏ Bookmark：保存当前记录的位置并随时返回到该记录。

❏ CacheSize：控制提供者在缓存中所保存的记录数目，并可控制一次恢复到本地内存的记录数。

❏ CursorLocation：允许在各种游标库中进行选择。可选值如下。

 • adUseClient：使用客户端游标。

 • adUseServer：使用提供者游标。

❏ CursorType：指定打开记录集对象时应该使用的游标类型。可选值如下。

 • adOpenUnspecified：指出一个光标类型的不确定值，利用这个光标类型可以查询 OLE DB 允许什么样的光标存取。

- adOpenForwardOnly：仅向前游标，除仅允许在记录中向前滚动外，其行为类似于动态游标。这样，当需要在记录集中单程移动时即可提高性能。
- adOpenKeyset：键集游标。其行为类似于动态游标，不同的只是禁止查看其他用户添加的记录，并禁止访问其他用户删除的记录，其他用户所做的数据更改将依然可见。它始终支持书签，因此允许记录集中各种类型的移动。
- adOpenDynamic：动态游标，用于查看其他用户所做的添加、更改和删除，并用于不依赖书签的记录集中各种类型的移动。如果提供者支持，可使用书签。
- adOpenStatic：静态游标，提供记录集合的静态副本以查找数据或生成报告。它始终支持书签，因此允许记录集中各种类型的移动。其他用户所做的添加、更改或删除将不可见。这是打开客户端（ADOR）记录集对象时唯一允许使用的游标类型。

❑ EditMode：确定当前记录的编辑状态。可选值如下。
- adEditNone：无编辑操作。
- adEditInProgress：已经被编辑，还未保存。
- adEditAdd：已经调用 AddNew 方法，新记录还未保存到数据库中。

❑ Filter：选择性地屏蔽记录集对象中的记录，已筛选的记录集将成为当前游标。可选值如下。
- adFilterNone：移除当前过滤器，恢复记录视图。
- adFilterPendingRecords：允许查看已更改但还未发送到服务器的记录。
- adFilterAffectedRecords：允许查看受 CancelBatch 、Delete、Resync 和 UpdateBatch 方法调用影响的记录。
- adFilterFetchedRecords：允许查看当前缓冲区中的记录。

❑ LockType：指定打开时提供者应该使用的锁定类型。可选值如下。
- adLockUnspecified：未指定。
- adLockReadOnly：只读记录集。
- adLockPessimistic：数据在更新时锁定其他所有动作，这是最安全的锁定机制。
- adLockOptimistic：只有在实际的更新命令中锁定记录，锁定状态维持时间最短，因此使用得最频繁。
- adLockBatchOptimistic：在数据库执行批量操作时使用，是一种非常不安全的记录锁定方式，但是在应用程序需要处理许多记录时经常使用。

❑ MarshalOptions：要被调度返回服务器的记录。可选值如下。
- adMarshalAll：所有行的记录都可以返回给服务器。
- adMarshalModifiedOnly：只有编辑过的行可以返回给服务器。

❑ MaxRecords：对提供者从数据源返回的记录数加以限制。
❑ PageCount：确定记录集对象中数据的页数。
❑ PageSize：确定组成逻辑数据页的记录数。
❑ RecordCount：确定记录集对象中记录的数目。
❑ Sort：指定一个或多个以 Recordset 关键字（ASCENDING 或 DSCENDING）排序的字段名，并指定按升序还是降序对字段进行排序。
❑ Source：记录集对象中数据的来源（命令对象、SQL 语句、表的名称或存储过程）。
❑ State：确定指定对象的当前状态。该属性是只读的。
❑ Status：有关批更新或其他大量操作的当前记录的状态。

3. ADO 记录集对象方法

ADO 记录集对象的方法介绍如下。

- AddNew：可创建和初始化新记录。
- Cancel：取消执行挂起的异步 Execute 或 Open 方法的调用。
- CancelBatch：可取消批更新模式下记录集中所有挂起的更新。
- CancelUpdate：可取消对当前记录所作的任何更改或放弃新添加的记录。
- Clone：从现有的记录集对象创建记录集对象的副本。可选择指定该副本为只读。
- Delete：可标记记录集对象中的当前记录或一组记录以便删除。
- Move：移动记录集对象中当前记录的位置。
- MoveFirst：移动到记录集的第一条记录。
- MoveLast：移动到记录集的最后一个记录。
- MoveNext：将当前记录位置向前移动一个记录（向记录集的底部）。
- MovePrevious：将当前记录位置向后移动一个记录（向记录集的顶部）。
- NextRecordset：清除当前记录集对象并通过提前命令序列返回下一个记录集。
- Open：可打开代表基本表、查询结果或者以前保存的记录集中记录的游标。
- Requery：通过重新执行对象所基于的查询来更新记录集对象中的数据。
- Resync：从当前行数据库刷新当前记录集对象中的数据。
- Save：将记录集保存（持久）在文件中。
- Supports：确定记录集对象所支持的功能类型。
- Update：保存对记录集对象的当前记录所做的所有更改。
- UpdateBatch：将所有挂起的批更新写入磁盘。

下面对 ADO 记录集对象的常用方法进行详细介绍。

（1）Open 方法。

语法格式如下。

```
HRESULT Open(const _variant_t & Source,const  _variant_t  &  ActiveConnection,enum
CursorTypeEnum CursorType,enum LockTypeEnum LockType,long Options);
```

Open 方法中的参数说明见表 7-5。

表 7-5　Open 方法中的参数说明

参　　数	描　　述
Source	指定记录集的数据源
ActiveConnection	指定记录集对象使用的连接
CursorType	指定使用的游标类型
LockType	指定锁定类型
Options	指定数据源语句的类型

（2）AddNew 方法。

语法格式如下。

```
HRESULT AddNew(const _variant_t &FieldList = vtMissing,const _variant_t &values =
vtMissing);
```

- FieldList：指定字段列表数组。
- values：指定字段值数组。

（3）Update 方法。

语法格式如下。

```
HRESULT Update (const _variant_t &Fields = vtMissing,const _variant_t &values =
vtMissing);
```

❑ Fields：指定字段数组。

❑ values：指定字段值数组。

注意　Update 方法不仅在修改记录集记录时使用，也可在向记录集中添加记录时使用。

（4）Delete 方法。

语法格式如下。

```
HRESULT Delete(enum AffectEnum AffectRecords);
```

AffectRecords：AffectEnum 枚举类型值，指定受影响的记录数。

7.3.3　ADO 命令对象

ADO 命令对象（Command）用于执行传递给数据源的命令。

1. ADO 命令对象操作

使用 ADO 命令对象的集合、方法和属性可执行下列操作。

❑ 使用 CommandText 属性定义命令的可执行文本。

❑ 通过参数对象和 Parameters 集合定义参数化查询或存储过程参数。

❑ 可使用 Execute 方法执行命令并在适当的时候返回 Recordset 对象。

❑ 执行前应使用 CommandType 属性指定命令类型以优化性能。

❑ 使用 Prepared 属性决定提供者是否在执行前保存编译好的命令版本。

❑ 使用 CommandTimeout 属性设置提供者等待命令执行的秒数。

❑ 通过设置 ActiveConnection 属性使打开的连接与命令对象关联。

❑ 设置 Name 属性将命令标识为与连接对象关联的方法。

❑ 将命令对象传送给记录集的 Source 属性以便获取数据。

2. ADO 命令对象属性

ADO 命令对象的属性介绍如下。

❑ ActiveConnection：可确定在其上将执行指定命令对象或打开指定记录的连接对象。

❑ CommandText：包含要发送给提供者的命令的文本。

❑ CommandTimeout：在终止尝试和产生错误之前执行命令期间需等待的时间。

❑ CommandType：命令对象的类型。可选值如下。

● adCmdText：文本命令。

● adCmdTable：数据表名。

● adCmdStoredProc：存储过程。

● adCmdUnknown：未知的。

❑ Prepared：可使提供者在首次执行命令对象前保存 CommandText 属性中指定的已编译的查询版本。

❑ State：可以确定指定对象的当前状态。该属性是只读的，返回值如下。

- adStateClosed：默认，指示对象是关闭的。
- adStateOpen：指示对象是打开的。

3. ADO 命令对象方法

ADO 命令对象的方法介绍如下。

- ❑ Cancel：取消执行挂起的异步 Execute 或 Open 方法的调用。
- ❑ CreateParameter：可用指定的名称、类型、方向、大小和值创建新的参数对象。
- ❑ Execute：执行在 CommandText 属性中指定的查询、SQL 语句或存储过程。

下面对 ADO 命令对象的常用方法进行详细介绍。

（1）CreateParameter 方法。

语法格式如下。

```
ParameterPtr CreateParameter(_bstr_t Name,enum DataTypeEnum Type,enum ParameterDirectionEnum
Direction,long Size,const variant &Value);
```

CreateParameter 方法中的参数说明见表 7-6。

表 7-6　CreateParameter 方法中的参数说明

参　　数	描　　述
Name	指定参数对象的名称
Type	指定数据类型
Direction	指定参数的传递方向
Size	指定参数值的最大长度
Value	参数对象的值

（2）Execute 方法。

语法格式如下。

```
_RecordsetPtr Execute(VARIANT* RecordsAffected,VARIANT* Parameters,long Options);
```

- ❑ RecordsAffected：返回受影响的记录数。
- ❑ Parameters：指定使用的具体参数。
- ❑ Options：指定命令类型。

7.3.4　ADO 参数对象

ADO 参数对象（Parameter）代表参数或基于参数化的命令对象的参数信息。需要进行的操作在这些命令中只定义一次，但可以使用参数改变命令的细节。

1. ADO 参数对象操作

使用 ADO 参数对象的集合、方法和属性可执行下列操作。

- ❑ 使用 Name 属性可设置或返回参数名称。
- ❑ 使用 Value 属性可设置或返回参数值。
- ❑ 使用 Attributes、Direction、Precision、NumericScale、Size 以及 Type 属性可设置或返回参数特性。
- ❑ 使用 AppendChunk 方法可将长整型二进制或字符数据传递给参数。

2. ADO 参数对象属性

ADO 参数对象的属性介绍如下。

- ❑ Attributes：读/写。可选值如下。
  - AdParamSigned：默认值。指示该参数接受带符号的值。
  - AdParamNullable：指示该参数接受 NULL 值。
  - AdParamLong：指示该参数接受长二进制数据。
- ❑ Direction：参数的传递方向。可选值如下。
  - adParamUnknown：指示参数方向为未知。
  - adParamInput：默认值。指示为输入参数。
  - adParamOutput：指示为输出参数。
  - adParamInputOutput：指示为输入和输出参数。
  - adParamReturnValue：指示为返回值。
- ❑ Name：对象的名称。
- ❑ NumericScale：可确定用于表明数字型参数或字段对象的值的小数位数。
- ❑ Precision：可确定表示数字参数或字段对象值的最大位数。
- ❑ Size：参数对象的最大值（按字节或字符）。
- ❑ Type：指示参数对象、字段对象或属性对象的操作类型或数据类型，对参数对象是读/写，对其他所有对象 Type 属性是只读。
- ❑ Value：可以设置或返回来自 Field 对象的数据、Parameter 对象的参数值或者 Property 对象的属性设置。

3. ADO 参数对象方法

AppendChunk 方法：可将长二进制或字符数据填写到对象中。

语法格式如下。

```
HRESULT AppendChunk(const variant & Data);
```

Data：表示长二进制或字符数据。

在使用操作数据库时，主要使用的是连接对象和记录集对象。

7.4　ADO 数据库操作技术

ADO 数据库操作技术可使程序员更容易控制对数据库的访问和操作，本节将对 ADO 相关的数据库操作技术进行介绍。

7.4.1　导入 ADO 动态链接库

在使用 ADO 技术时，需要导入一个 ADO 动态链接库 msado15.dll，该动态库位于系统盘下的"Program Files\Common Files\System\ado\"目录下。例如，系统盘为 C 盘，则该文件位于"C:\ Program Files\Common Files\System\ado\"目录。在 Visual C++中，需要使用预处理命令"#import"将动态库导入到系统中。通常情况下，在"StdAfx.h"头文件中导入文件。下面详细介绍如何将 msado15.dll 导入到系统中，具体步骤如下。

（1）在工作区窗口中选择 FileView 视图，如图 7-19 所示。

（2）展开 Header Files 节点，找到 StdAfx.h 子节点，双击该节点打开 "StdAfx.h" 头文件，如图 7-20 所示。

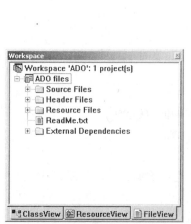

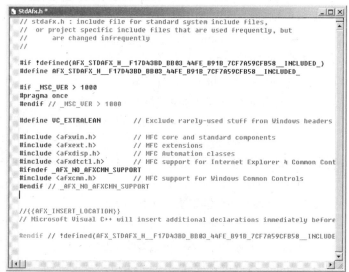

图 7-19　FileView 视图　　　　　　　　图 7-20　StdAfx.h 头文件

（3）在 stdafx.h 文件中添加如下代码将 msado15.dll 动态链接库导入到程序中。

```
#import "C:\Program Files\Common Files\System\ado\msado15.dll" no_namespace \
 rename("EOF","adoEOF") rename("BOF","adoBOF")
```

在上面的代码中，通过预编译指令#import 来告诉编译器将 msado15.dll 动态链接库导入到程序中，no_namespace 则指示 ADO 对象不使用命名空间，第 2 行代码表示将 ADO 中的 EOF 改为adoEOF，将 BOF 改为 adoBOF，以避免与其他库中的 EOF 和 BOF 相冲突。

　　　　　　　　在编译时可能会出现如下警告，对此微软公司在 MSDN 中作了说明，并建议程序员
注意　　　不要理会这个警告（msado15.tlh(405) : warning C4146: unary minus operator applied to
　　　　　　　　unsigned type, result still unsigned）。

7.4.2　使用 ADO 智能指针

在使用 ADO 对象开发应用程序时，有一些 ADO 的支持类可以使 ADO 对象在使用起来变得更方便。_com_ptr_t 类就是其中一个，在 msado15.tlh 中基于_com_ptr_t 类定义了几种智能指针，包括连接对象指针（_ConnectionPtr）、命令对象指针（_RecordsetPtr）、记录集对象指针（_CommandPtr）。通过这些指针可以很容易地创建和删除 ADO 对象。

首先，声明一个智能指针，代码如下。

```
_ConnectionPtr m_pConnection;
```

然后，通过 CreateInstance 函数创建对象实例，代码如下。

```
m_pConnection.CreateInstance("ADODB.Connection");          //第 1 种方法
m_pConnection.CreateInstance(__uuidof(Connection));        //第 2 种方法
```

上面的两种方法都可以创建对象实例，使用时选择一种即可。

在调用 CreateInstance 函数时，使用的不是指针调用形式 "—>"，因为 m_pConnection 虽然是指针类型，但是 CreateInstance 函数却不是指针所指向的对象的方法，而是智能指针本身的函数，所以在调用时使用的是 "." 的形式。

7.4.3　初始化 COM 环境

由于 ADO 库是一个 COM 动态库，所以在应用程序调用 ADO 之前，必须初始化 COM 环境。在 MFC 的应用程序里，通常使用 CoInitialize 函数初始化 COM 环境。

语法格式如下。

```
HRESULT CoInitialize( LPVOID pvReserved );
```

pvReserved：保留变量，必须是 NULL。

在程序类的 InitInstance 函数中初始化 COM 环境，代码如下。

```
::CoInitialize(NULL);          //初始化 COM 环境
```

在程序最后还要释放 COM 环境，代码如下。

```
::CoUninitialize();            //释放 COM 环境
```

7.4.4　连接数据库

使用 ADO 连接数据库是通过 Connection 对象的 Open 方法实现的。

语法格式如下。

```
Connection.open Connectionstring,userID,password,openoptions
```

Open 方法各参数的说明见表 7-7。

表 7-7　Open 方法参数说明

参　　数	描　　述
ConnectionString	（可选）字符串，包含连接信息。参照 ConnectionString 属性可获得有效设置的详细信息
UserID	（可选）字符串，包含建立连接时所使用的用户名称
Password	（可选）字符串，包含建立连接时所用密码
openoptions	（可选）ConnectoptionEnum 值。如果设置为 adConnectoAsync，则异步打开连接。当连接可用时将产生 ConnectComplete 事件

ConnectionString 属性可获得有效设置的详细信息。ConnectionString 属性如下。

- Provider=：指定用来连接的提供者名称。
- File Name=：指定包含预先设置连接信息的特定提供者的文件名称（例如，持久数据源对象）。
- Remote Provider=：指定打开客户端连接时使用的提供者名称。（仅限于 Remote Data Service）。
- Remote Server=：指定打开客户端连接时使用的服务器的路径名称。（仅限于 Remote Data Service）。

在开发数据库应用程序时，可以根据需要选择数据库类型，所以连接字符串会随着数据库类型的不同而改变，这就使设置连接字符串变得更加困难。为了解决这个问题，可以向程序中导入一个 ADO Data 控件，通过设置 ADO Data 控件的连接属性来获得连接字符串。

【例 7-1】 连接一个 Access 数据库。(实例位置：光盘\MR\源码\第 7 章\7-1)

(1)创建一个基于对话框应用程序。

(2)向对话框中添加一个命令按钮，并将其标题设置为"测试连接"，按钮控件的属性设置如图 7-21 所示。

(3)在 stdafx.h 文件中添加代码将 msado15.dll 动态链接库导入到程序中。

(4)在主窗口头文件中声明一个连接智能指针。代码如下。

```
_ConnectionPtr m_pConnection;                    //添加一个指向 Connection 对象的指针
```

(5)为主窗口类添加成员函数。在工作区中鼠标右击 CADODlg 节点，在弹出的快捷菜单中选择 Add Member Function 命令，打开 "添加成员函数"窗口，如图 7-22 所示。

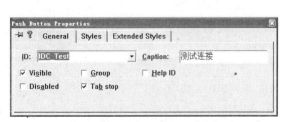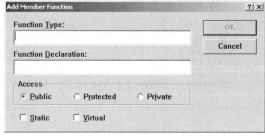

图 7-21 按钮控件属性窗口　　　　　　图 7-22 添加成员函数窗口

(6)在函数类型 Function Type 文本框中输入函数的返回值类型 void，在函数声明 Function Declaration 文本框中输入函数的声明 OnInitADOConn ()，单击 OK 按钮即可添加成员函数。

(7)在工作区中用鼠标双击 CADODlg 节点下的 OnInitADOConn 节点，在 OnInitADOConn 函数实现中添加连接数据库的代码。

```
void CADODlg::OnInitADOConn()
{
    try
    {
        m_pConnection.CreateInstance("ADODB.Connection");        //创建连接对象实例
        CString strConnect="DRIVER={Microsoft Access Driver (*.mdb)};\
            uid=;pwd=;DBQ=shujuku.mdb;";                         //设置连接字符串
        m_pConnection->Open((_bstr_t)strConnect,"","",adModeUnknown);   //使用 Open 方
法连接数据库
    }
    catch(_com_error e)
    {
        AfxMessageBox(e.Description());
    }
}
```

代码中"DRIVER={Microsoft Access Driver (*.mdb)};uid=;pwd=;DBQ=shujuku.mdb;" 是连接字符串，DRIVER={驱动器}；uid=用户名；pwd=密码；DBQ=数据库名。因为连接数据库时经常会发生意想不到的错误，所以用 try、catch 语句进行错误捕捉。

(8)重复步骤(5)～(7)的操作，添加 ExitConnect 函数，用来关闭记录集和连接。代码如下。

```
void CADODlg::ExitConnect()
{
    m_pConnection->Close();
}
```

（9）用类向导为前面的 IDC_Test 按钮添加消息响应函数 OnTest，初始化数据库连接。代码如下。

```
void CADODlg::OnTest()
{
    OnInitADOConn();
}
```

（10）用类向导为主对话框类添加 **WM_DESTROY** 添加消息响应函数 **OnDestroy**，在销毁窗口时断开连接。代码如下。

```
void CADODlg::OnDestroy()
{
    CDialog::OnDestroy();
    ExitConnect();

}
```

7.4.5　获取连接数据库字符串的简单方法

在利用 ADO 技术连接数据库时，通常连接数据库的字符串比较长，用户记忆起来比较困难。这里介绍一种获取连接数据库字符串的简单方法。

（1）创建一个 udl 文件，例如"ConnectDatabase.udl"。

（2）鼠标双击打开该文件，将打开"数据链接属性"窗口，如图 7-23 所示。

（3）选择一个 OLE DB 提供程序，单击"下一步"按钮进入"连接"选项卡页面，如图 7-24 所示。

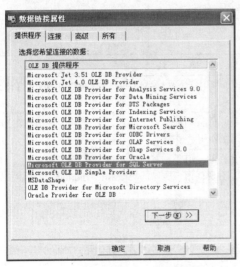
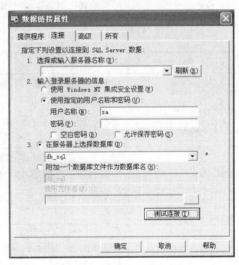

图 7-23　数据链接属性窗口　　　　　　　图 7-24　"连接"选项卡页面

（4）在"连接"选项卡页面输入连接数据库的信息，单击"确定"按钮完成设置。

（5）使用记事本打开"ConnectDatabase.udl"文件，发现其中记录了连接数据库的字符串信息，如图 7-25 所示。

图 7-25　记事本窗口

7.4.6　打开记录集

Recordset 对象表示的是来自基本表或命令执行结果的记录全集。它需要通过某种方式连接数据库才可能得到各个字段的值，可以使用 Recordset 对象的 Open 成员函数打开记录集。

语法格式如下。

```
HRESULT Open(const _variant_t & Source,
        const _variant_t & ActiveConnection,
        enum CursorTypeEnum CursorType,
        enum LockTypeEnum LockType,
        long Options)
```

Open 成员函数语法中各参数的说明见表 7-8。

表 7-8　Open 成员函数的参数

参　　数	描　　述
Source	源参数是一个含有源串的变量，通常是一个 SQL 串
ActiveConnection	已经打开的连接
CursorType	光标类型，可选值见表 7-9
LockType	锁定类型，可选值见表 7-10
Options	一个选项，可以影响 ADO 如何解释源语句

表 7-9　光标类型

光　标　类　型	描　　述
adOpenUnspecified	指出一个光标类型的不确定值，利用这个光标类型，可以查询 OLEDB 允许什么样的光标存取
adOpenForwardOnly	指出使用该连接所形成的光标只允许向前存取，而且，在建立了一个连接之后，其他用户所做的更改看不见，主要用于报表
adOpenKeyset	键盘光标指出所有移动都是允许的，但是，其他用户添加的新记录在建立连接之后对程序来说都是看不见的，对现存记录所做的更改和已删除的记录在建立连接之后都是可见的
adOpenDynamic	动态光标使其他用户所做的添加、更改和删除都看得见。而且，在整个记录集中的所有的移动类型都是允许的
adOpenStatic	静态光标激活所有的移动类型，但在建立连接之后，其他用户所做的任何更改都是看不见的

表 7-10　锁定类型

锁　定　类　型	描　　述
AdLockUnspecified	未指定
adLockReadOnly	只读记录集
adLockPessimistic	数据在更新时锁定其他所有动作，这是最安全的锁定机制
adLockOptimistic	只有在实际的更新命令中锁定记录，锁定状态维持时间最短，因此，使用的最频繁
adLockBatchOptimistic	在数据库执行批量操作时使用，是一个非常不安全的记录锁定形式，但是在应用程序需要处理许多记录时经常使用

打开记录集的代码如下。

```
try
{
    m_pConnection.CreateInstance("ADODB.Connection");              //创建连接对象实例
    CString strConnect="DRIVER={Microsoft Access Driver (*.mdb)};\
        uid=;pwd=;DBQ=shujuku.mdb;";                               //设置连接字符串
    //使用 Open 方法连接数据库
    m_pConnection->Open((_bstr_t)strConnect,"","",adModeUnknown);
    m_pRecordset.CreateInstance(__uuidof(Recordset));              //创建记录集对象
    m_pRecordset->Open("select * from employees",m_pConnection.GetInterfacePtr(),
        adOpenDynamic,adLockOptimistic,adCmdText);                 //取得表中的记录
}
catch(_com_error e)
{
    e.Description();                                               //显示错误信息
}
```

7.4.7 对数据库对象的简单封装

为了简化程序的操作，在使用 ADO 对象时可以将其封装到类中。这样做的好处是在程序的不同模块中操作数据库时，只要引用封装类的头文件，即可使用封装过的 ADO 对象。

在此封装了一个 ADOConn 类，该类的主要功能是完成数据库的打开和关闭，以及记录集的打开与关闭操作。ADOConn 类的头文件如下。

```
class ADOConn
{
public:
    //添加一个指向 Connection 对象的指针
    _ConnectionPtr m_pConnection;
    //添加一个指向 Recordset 对象的指针
    _RecordsetPtr m_pRecordset;

public:
    ADOConn();
    virtual ~ADOConn();

    //初始化--连接数据库
    void OnInitADOConn();
    //执行查询
    _RecordsetPtr& GetRecordSet(_bstr_t bstrSQL);
    //执行 SQL 语句
    BOOL ExecuteSQL(_bstr_t bstrSQL);
    //断开数据库连接
    void ExitConnect();
};
```

接下来介绍各个成员函数是如何实现的。

（1）首先介绍 ADO 类中用于连接数据库的成员函数 OnInitADOConn，在该函数中调用 ADO 连接对象的 Open 方法连接数据库。代码如下。

```
void ADOConn::OnInitADOConn()
{
    //初始化 OLE/COM 库环境
```

```
        ::CoInitialize(NULL);
        try
        {
            //创建 connection 对象
          m_pConnection.CreateInstance("ADODB.Connection");
            //设置连接字符串
            _bstr_t    strConnect="Provider=SQLOLEDB.1;Integrated    Security=SSPI;Persist
Security Info=False;Initial Catalog=vcjsdq;Data Source=.";
            //SERVER 和 UID,PWD 的设置根据实际情况来进行
            m_pConnection->Open(strConnect,"","",adModeUnknown);
        }
        //捕捉异常
        catch(_com_error e)
        {
            //显示错误信息
            AfxMessageBox(e.Description());
        }
    }
```

（2）GetRecordset 成员函数用来打开记录集，在该函数中调用 ADO 记录集对象的 Open 方法打开记录集。代码如下。

```
    _RecordsetPtr& ADOConn::GetRecordSet(_bstr_t bstrSQL)
    {
        try
        {
            //连接数据库，如果 connection 对象为空，则重新连接数据库
            if(m_pConnection==NULL)
                OnInitADOConn();
            //创建记录集对象
            m_pRecordset.CreateInstance(__uuidof(Recordset));
            //取得表中的记录
          m_pRecordset->Open(bstrSQL,m_pConnection.GetInterfacePtr(),
                adOpenDynamic,adLockOptimistic,adCmdText);
        }
        catch(_com_error e)
        {
            e.Description();
        }
        //返回记录集
        return m_pRecordset;
    }
```

（3）CloseRecordset 成员函数用来关闭记录集，代码如下。

```
    void ADOConn::CloseRecordset()
    {
        if(m_pRecordset->GetState() == adStateOpen)          //判断当前的记录集状态
            m_pRecordset->Close();                            //关闭记录集
    }
```

（4）ExitConn 成员函数用来关闭数据库连接，代码如下。

```
    void ADOConn::ExitConnect()
    {
        //关闭记录集和连接
```

```
    if(m_pRecordset!=NULL)
        m_pRecordset->Close();
    m_pConnection->Close();

}
```

（5）ExecuteSQL 成员函数用来执行不返回记录集的 SQL 语句，如 insert、Update 和 Delete，代码如下。

```
BOOL ADOConn::ExecuteSQL(_bstr_t bstrSQL)
{
    _variant_t RecordsAffected;
    try
    {
        //是否已连接数据库
        if(m_pConnection==NULL)
            OnInitADOConn();
        //connection 对象的 Execute 方法(_bstr_t CommandText,
        //VARIANT * RecordsAffected,long Options)
            //其中 CommandText 是命令字符串,通常是 SQL 命令
            //参数 RecordsAffected 是操作完成后所影响的行数
            //参数 Options 表示 CommandText 的类型,adCmdText-文本命令,adCmdTable-表名
            //adCmdStoredProc-存储过程,adCmdUnknown-未知
        m_pConnection->Execute(bstrSQL,NULL,adCmdText);
            return true;
    }
    catch(_com_error e)
    {
        e.Description();
        return false;
    }
}
```

7.4.8 遍历记录集

要从记录集中读出数据，就需要在记录集上移动光标，使要访问的行成为当前行。在 ADO 中提供了几种遍历记录集的方法。

1. 移动记录集指针

移动记录集指针的方法分别是 MoveFirst、MoveLast、MovePevious 和 MoveNext 等。各方法的功能见表 7-11。

表 7-11 功能描述

方　法	功　能
MoveFirst	移动到记录集的第 1 条记录
MoveLast	移动到记录集的最后一条记录
MoveNext	移动到记录集当前记录的下一条记录
MovePevious	移动到记录集当前记录的上一条记录

当使用以上方法时，可以用记录集的 EOF 属性来判断是否达到记录集末尾，当达到记录集最后一条记录时，EOF 为 TRUE。同样，当达到记录集第 1 条记录时，BOF 为 TRUE。

遍历记录集的代码如下。

```
while(m_pRecordset->adoEOF==0)
{
    ……
    m_pRecordset->MoveNext();
}
```

上述代码中，在判断时使用的是 adoEOF，不是 EOF，因为在#import 中已经将 ADO 的 EOF 更名为 adoEOF，以避免与定义了 EOF 的其他库冲突。

【例 7-2】 使用移动记录集指针的方法遍历记录集。（实例位置：光盘\MR\源码\第 7 章\7-2）

（1）创建一个基于对话框的应用程序。

（2）向对话框资源中添加一个列表视图控件。列表视图控件对应的变量是 m_grid。对列表视图控件进行设置，如图 7-26 所示。

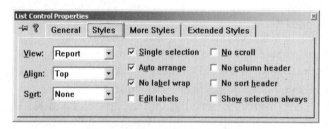

图 7-26　列表视图控件属性窗口

（3）添加数据库连接类 ADOConn，在 OnInitDialog 函数中遍历记录集，通过列表视图控件进行显示，程序代码如下。

```
BOOL CADORecordsetDlg::OnInitDialog()
{
    CDialog::OnInitDialog();
    ……
    m_grid.SetExtendedStyle(LVS_EX_FLATSB
        |LVS_EX_FULLROWSELECT
        |LVS_EX_HEADERDRAGDROP
        |LVS_EX_ONECLICKACTIVATE
        |LVS_EX_GRIDLINES);                          //为 List Control 控件设置风格
    m_grid.InsertColumn(0,"编号",LVCFMT_LEFT,100,0);  //为 List Control 控件设置表头
    m_grid.InsertColumn(1,"姓名",LVCFMT_LEFT,100,1);
    m_grid.InsertColumn(2,"性别",LVCFMT_LEFT,100,2);
    ADOConn m_AdoConn;
    m_AdoConn.OnInitADOConn();                        //打开数据库连接
    CString sql;
    sql.Format("select* from employees order by 编号 desc");
    _RecordsetPtr m_pRecordset;
    m_pRecordset = m_AdoConn.GetRecordSet((_bstr_t)sql);//打开记录集
    while(m_AdoConn.m_pRecordset->adoEOF==0)          //遍历记录集
    {
        m_grid.InsertItem(0,"");
        //将记录集字段中的记录添加到 List Control 控件中
        m_grid.SetItemText(0,0,(char*)(_bstr_t)m_pRecordset->GetCollect("编号"));
        m_grid.SetItemText(0,1,(char*)(_bstr_t)m_pRecordset->GetCollect("姓名"));
```

```
    m_grid.SetItemText(0,2,(char*)(_bstr_t)m_pRecordset->GetCollect("性别"));
    m_pRecordset->MoveNext();                    //使记录集指针指向下一条记录
}
m_AdoConn.ExitConnect();                        //断开数据库连接
return TRUE;
}
```

（4）运行程序，数据库记录显示在表格中，如图 7-27 所示。

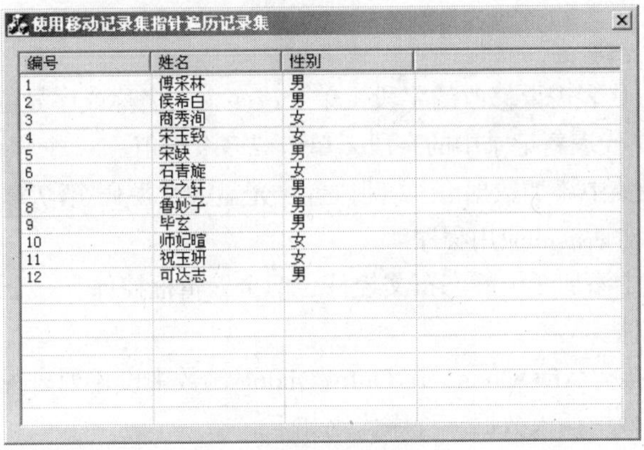

图 7-27　遍历记录集

2. Move 方法

除了移动记录集指针的方法外，还可以使用 Move 方法遍历记录集。

语法格式如下。

```
HRESULT Move(long NumRecords,const_variant_t & Start = vtMissing)
```

❑　NumRecords：表示当前记录集指针移动的记录数。值为正时，指针向前移动；值为负时，
　　指针向后移动。

❑　Start：指明移动的起始位置，默认从当前行移动。

7.4.9　获取记录集记录数

用户在使用 Recordset 对象的 RecordCount 属性获取记录集的数量时，有时会发现该属性的值
为-1，而记录集中是有数据的。为了使 RecordCount 属性能够真正地描述记录数，需要设置
Recordset 对象的 CursorLocation 属性为 aduserClient，在打开记录集时以 adOpenKeyset 或
adOpenStatic 方式进行（Open 方法的第 3 个参数），这样，RecordCount 属性便可用了。

7.4.10　向记录集中添加数据

打开记录集以后，就可以向记录集中添加记录了。添加记录的步骤如下。

（1）调用 Recordset 对象的 AddNew 方法添加一个新的空记录。

语法格式如下。

```
Recordset.AddNew FieldList,Values
```

❑　FieldList：可选，新记录中字段的单个、一组字段或序列位置。

❑　Values：可选，新记录中字段的单个或一组值。如果 Fields 是数组，那么 Values 也必须
　　是有相同成员数的数组，否则将发生错误。字段名称的次序必须与每个数组中的字段值
　　的次序相匹配。

（2）调用 PutCollect 方法向新记录中的字段赋值。

语法格式如下。

```
void PutCollect(const _variant_t &Index,const _variant_t &pvar)
```

❑ Index：字段名。

❑ pvar：字段值。

（3）调用 Recordset 对象的 Update 方法更新数据库中的记录。

语法格式如下。

```
recordset.update Fields,values
```

❑ Fields：可选，代表需要修改的字段（单个或多个）名称或序号位置。

❑ Values：可选，代表新记录中的字段（单个或多个）值。

【例 7-3】 向记录集中添加数据。（实例位置：光盘\MR\源码\第 7 章\7-3）

（1）创建一个基于对话框的应用程序。

（2）向对话框资源中添加 3 个静态正文控件、两个编辑框控件、一个组合框控件、一个按钮控件和一个列表视图控件。

（3）添加数据库连接类 ADOConn，在 OnInitDialog 函数中设置列表视图控件的风格，并向组合框控件和列表视图控件中插入数据。程序代码如下。

```
BOOL CAddNewRecordsetDlg::OnInitDialog()
{
    CDialog::OnInitDialog();
    ……
    m_grid.SetExtendedStyle(LVS_EX_FLATSB
        |LVS_EX_FULLROWSELECT
        |LVS_EX_HEADERDRAGDROP
        |LVS_EX_ONECLICKACTIVATE
        |LVS_EX_GRIDLINES);                          //设置列表视图控件扩展风格
    m_grid.InsertColumn(0,"编号",LVCFMT_LEFT,100,0);  //向列表中添加列
    m_grid.InsertColumn(1,"姓名",LVCFMT_LEFT,100,1);
    m_grid.InsertColumn(2,"性别",LVCFMT_LEFT,100,2);
    AddToGrid();
    m_combo.InsertString(0,"男");                     //向组合框中添加数据
    m_combo.InsertString(1,"女");
    m_combo.SetCurSel(0);                            //选中组合框中第一个选项
    return TRUE;
}
```

（4）添加 AddToGrid 函数，功能是遍历记录集，向列表视图控件赋值，程序代码如下。

```
void CAddNewRecordsetDlg::AddToGrid()
{
    ADOConn m_AdoConn;
    m_AdoConn.OnInitADOConn();                       //连接数据库
    CString sql;
    sql.Format("select* from employees order by 编号 desc");//设置 SQL 语句
    _RecordsetPtr m_pRecordset;
    m_pRecordset = m_AdoConn.GetRecordSet((_bstr_t)sql);  //打开记录集
    while(m_AdoConn.m_pRecordset->adoEOF==0)          //遍历记录集
    {
        m_grid.InsertItem(0,"");
```

```
        m_grid.SetItemText(0,0,(char*)(_bstr_t)m_pRecordset->GetCollect("编号"));
        m_grid.SetItemText(0,1,(char*)(_bstr_t)m_pRecordset->GetCollect("姓名"));
        m_grid.SetItemText(0,2,(char*)(_bstr_t)m_pRecordset->GetCollect("性别"));
        m_pRecordset->MoveNext();                          //移动到下一个记录集
    }
    m_AdoConn.ExitConnect();                               //断开连接
}
```

（5）为"添加"按钮添加消息响应函数，使其具有向记录集添加记录的功能。代码如下。

```
void CAddNewRecordsetDlg::OnOK()
{
    UpdateData(true);
    if(m_id.IsEmpty())
    {
        MessageBox("编号不能为空! ");
        return;
    }
    if(m_name.IsEmpty())
    {
        MessageBox("姓名不能为空! ");
        return;
    }
    ADOConn m_AdoConn;
    m_AdoConn.OnInitADOConn();                             //打开数据库连接
    _bstr_t sql;
    sql = "select*from employees";                        //设置 SQL 语句
    _RecordsetPtr m_pRecordset;
    m_pRecordset=m_AdoConn.GetRecordSet(sql);             //打开记录集
    CString sex;
    m_combo.GetLBText(m_combo.GetCurSel(),sex);
    try
    {
        m_pRecordset->AddNew();                           //添加新行
        m_pRecordset->PutCollect("编号",(_bstr_t)m_id);    //设置字段值
        m_pRecordset->PutCollect("姓名",(_bstr_t)m_name);
        m_pRecordset->PutCollect("性别",(_bstr_t)sex);
        m_pRecordset->Update();                           //保存记录集
        m_AdoConn.ExitConnect();                          //断开数据库连接
    }
    catch(...)
    {
        MessageBox("操作失败");
        return;
    }
    MessageBox("保存成功.");
    m_grid.DeleteAllItems();                              //删除 List Conctrl 控件中的数据
    AddToGrid();                                          //重新遍历记录集
}
```

（6）运行程序，在各文本框中输入要添加的信息，然后单击"添加"按钮，即可将添加的内容显示在表格中，如图 7-28 所示。

图 7-28　向记录集中添加数据

7.4.11　修改现有记录

打开记录集以后，就可以在记录集中修改记录了。修改记录的步骤如下。

（1）调用 Recordset 对象的 Move 方法选择要修改的记录。

（2）调用 PutCollect 方法向当前记录中的字段赋新值。

（3）调用 Recordset 对象的 Update 方法更新数据库中的记录。

【例 7-4】　编写修改记录集数据程序。（实例位置：光盘\MR\源码\第 7 章\7-4）

步骤如下。

（1）创建一个基于对话框的应用程序。

（2）向对话框资源中添加 4 个静态正文控件、3 个编辑框控件、1 个组合框控件、1 个列表视图控件和一个按钮控件。

（3）处理"保存"按钮的单击事件，修改选择的记录信息。代码如下。

```
void CUpdateRecordsetDlg::OnOK()
{
    UpdateData(true);
    if(m_name.IsEmpty())
    {
        MessageBox("姓名不能为空! ");
        return;
    }
    ADOConn m_AdoConn;
    m_AdoConn.OnInitADOConn();                          //连接数据库
    _bstr_t sql;
    sql = "select*from employees";                      //设置 SQL 语句
    _RecordsetPtr m_pRecordset;
    m_pRecordset=m_AdoConn.GetRecordSet(sql);           //获取记录集
    CString sex;
    m_combo.GetLBText(m_combo.GetCurSel(), sex);
    try
    {
        m_pRecordset->Move((long)pos,vtMissing);        //移动记录集
        m_pRecordset->PutCollect("编号",(_bstr_t)m_id); //设置字段值
```

```
    m_pRecordset->PutCollect("姓名",(_bstr_t)m_name);
    m_pRecordset->PutCollect("性别",(_bstr_t)sex);
    m_pRecordset->Update();                          //保存对记录集的修改
    m_AdoConn.ExitConnect();                         //断开数据库连接
}
catch(...)
{
    MessageBox("操作失败");
    return;
}
MessageBox("保存成功.");
m_grid.DeleteAllItems();                             //删除列表所有数据
AddToGrid();
}
```

（4）运行程序，在列表中选择要修改的记录，在"编号"文本框中输入 15，在"姓名"文本框中输入"白清儿"，在下拉列表中选择"女"，单击"保存"按钮即可将编号为 11 的记录修改为上面输入的信息，如图 7-29 所示。

图 7-29　修改记录集数据

7.4.12　删除记录集中指定记录

从记录集中删除记录可以使用 Delete 方法。

语法格式如下。

```
HRESULT Delete(enum AffectedEnum AffectRecords)
```

AffectRecords：枚举型变量，用于指定删除的方式。

【例 7-5】　使用 Delete 方法删除记录集数据。（实例位置：光盘\MR\源码\第 7 章\7-5）

步骤如下。

（1）创建一个基于对话框的应用程序。

（2）向对话框资源中添加一个静态正文控件、一个列表视图控件和一个按钮控件。

（3）处理列表视图控件的单击事件，获得列表中被选中的记录信息。代码如下。

```
void CDeleteRecordsetDlg::OnClickList1(NMHDR* pNMHDR, LRESULT* pResult)
{
    UpdateData(true);
```

```
    CString id;
    pos=m_grid.GetSelectionMark();
    *pResult = 0;
}
```

（4）处理"删除"按钮的单击事件，将选中的记录删除。代码如下。

```
void CDeleteRecordsetDlg::OnOK()
{
    UpdateData(true);
    ADOConn m_AdoConn;
    m_AdoConn.OnInitADOConn();                          //打开数据库连接
    _bstr_t sql;
    sql = "select*from employees";                      //设置 SQL 语句
    _RecordsetPtr m_pRecordset;
    m_pRecordset=m_AdoConn.GetRecordSet(sql);           //打开记录集
    CString m_id;
    try
    {
        m_pRecordset->Move(pos,vtMissing);             //移动记录集
        m_pRecordset->Delete(adAffectCurrent);         //删除记录
        m_pRecordset->Update();                         //保存对记录集的修改
        m_AdoConn.ExitConnect();                        //断开数据库连接
    }
    catch(...)
    {
        MessageBox("操作失败");
        return;
    }
    MessageBox("删除成功.");
    m_grid.DeleteAllItems();                            //删除列表所有数据
    AddToGrid();
}
```

（5）运行程序，在下拉列表中选择要删除的记录的编号，单击"删除"按钮即可将选择的编号所在的记录删除，如图 7-30 所示。

图 7-30　删除记录集数据

7.4.13　使用 SQL 语句操作数据库

使用 Recordset 对象的方法操作数据表相对来说比较麻烦。实际上，使用连接对象的 Execute 方法执行 SQL 命令更方便。Execute 方法的语法格式如下。

```
_RecordsetPtr Execute(_bstr_t CommandText,VARIANT * RecordsAffected,long Options)
```

❑ CommandText：命令字符串，通常是 SQL 命令。

❑ RecordsAffected：操作后所影响的行数。

❑ Options：CommandText 中内容的类型，其值见表 7-12。

表 7-12　Options 值

选　　项	描　　述
adCmdText	表明 CommandText 的类型是文本
adCmdTable	表明 CommandText 的类型是表名
adCmdStoredProc	表明 CommandText 的类型是存储过程
adCmdUnknown	表明 CommandText 的类型未知

【例 7-6】　使用 Execute 方法操作数据表。（实例位置：光盘\MR\源码\第 7 章\7-6）

步骤如下。

（1）创建一个基于对话框的应用程序。

（2）向对话框中添加一个列表视图控件、4 个静态文本控件、4 个编辑框控件和 4 个按钮控件。

（3）连接数据库，并向列表视图控件中插入数据。

（4）为"添加"按钮处理单击事件，使用 Insert Into 语句向数据表中添加数据。代码如下。

```
void CExecuteDlg::OnButadd()
{
    UpdateData(TRUE);
    if(m_ID.IsEmpty() || m_Name.IsEmpty() || m_Dep.IsEmpty() || m_Lab.IsEmpty())
    {
        MessageBox("基础信息不能为空！");
        return;
    }
    OnInitADOConn();                                            //打开记录集连接
    CString sql;
    sql.Format("insert into employees (员工编号,员工姓名,所属部门,基本工资) \
        values (%d,'%s','%s','%s')",atoi(m_ID),m_Name,m_Dep,m_Lab);//设置 SQL 语句
    m_pConnection->Execute((_bstr_t)sql,NULL,adCmdText);        //执行 SQL 语句
    m_pConnection->Close();                                     //关闭连接
    m_Grid.DeleteAllItems();                                    //删除列表所有内容
    AddToGrid();
}
```

（5）在主窗口的头文件中声明一个 int 型变量 ID，用来保存用户单击的记录在数据表中的员工编号。为列表视图控件的 **NM_CLICK** 消息添加消息处理函数，在用户单击列表控件中的记录时，将该记录显示在对应的编辑框中。代码如下。

```
void CExecuteDlg::OnClickList1(NMHDR* pNMHDR, LRESULT* pResult)
{
    int pos = m_Grid.GetSelectionMark();                        //获取列表当前行
```

```
    m_ID = m_Grid.GetItemText(pos,0);                          //获取单元格数据
    m_Name = m_Grid.GetItemText(pos,1);
    m_Dep = m_Grid.GetItemText(pos,2);
    m_Lab = m_Grid.GetItemText(pos,3);
    ID = atoi(m_ID);
    UpdateData(FALSE);
    *pResult = 0;
}
```

（6）为"修改"按钮处理单击事件，使用Update语句修改用户选择的记录。代码如下。

```
void CExecuteDlg::OnButmod()
{
    UpdateData(TRUE);
    if(m_ID.IsEmpty() || m_Name.IsEmpty() || m_Dep.IsEmpty() || m_Lab.IsEmpty())
    {
        MessageBox("基础信息不能为空！");
        return;
    }
    OnInitADOConn();                                           //初始化数据库连接
    CString sql;
     //设置SQL语句
    sql.Format("update employees set 员工编号=%d,员工姓名='%s',所属部门='%s', \
        基本工资='%s' where 员工编号=%d ",atoi(m_ID),m_Name,m_Dep,m_Lab,ID);
    m_pConnection->Execute((_bstr_t)sql,NULL,adCmdText);       //执行SQL语句
    m_pConnection->Close();                                    //关闭数据库连接
    m_Grid.DeleteAllItems();
    AddToGrid();
}
```

（7）为"删除"按钮处理单击事件，使用Delete语句删除选中的记录。代码如下。

```
void CExecuteDlg::OnButdel()
{
    UpdateData(TRUE);
    if(m_ID.IsEmpty() || m_Name.IsEmpty() || m_Dep.IsEmpty() || m_Lab.IsEmpty())
    {
        MessageBox("基础信息不能为空！");
        return;
    }
     //连接数据库
    OnInitADOConn();
    CString sql;
     //设置SQL语句
    sql.Format("delete * from employees where 
        员工编号=%d ",ID);
     //执行SQL语句
    m_pConnection->Execute((_bstr_t)sql,NULL,adCmdText);
    //关闭数据库连接
     m_pConnection->Close();
    m_Grid.DeleteAllItems();
    AddToGrid();
}
```

（8）程序运行如图7-31所示。

图 7-31　使用 Execute 方法操作数据表

7.4.14　向数据库中添加位图

在一些系统中，图片数据的存取是必不可少的，如员工的照片等。在 SQL Server 数据库中，对于小于 8000 字节的图像数据可以用二进制型（binary、varbinary）来表示。但通常要保存的一些图片都会大于 8000 字节。SQL Server 提供了一种机制，能存储每行大到 2G 的二进制对象（BLOB），这类对象可包括 image、text 和 ntext 三种数据类型。image 数据类型存储的是二进制数据，最大长度是 $2^{31}-1$ (2,147,483,647)。下面设计一个实例，利用 image 数据类型将位图数据写入数据库中。

【例 7-7】　向数据库中添加位图。（实例位置：光盘\MR\源码\第 7 章\7-7）

步骤如下。

（1）创建一个基于对话框的应用程序，在对话框资源中单击鼠标右键，执行弹出快捷菜单的 "Properties" 命令，打开 "Dialog Properties" 对话框。在 "Dialog Properties" 对话框中选择 General 选项卡，更改其 "Caption" 文本框内容为 "将图片文件添加到数据库中"。

（2）从 Controls 面板上向 Dialog 资源中添加 3 个 Picture 控件、2 个 Edit 控件、1 个 Combo 控件和 3 个 Button 控件。

（3）处理 "浏览" 按钮的单击事件，利用文件打开对话框加载位图。

```
void CInputpictureDlg::OnButliulan()
{
    CFileDialog m_dialog (true,"bmp",NULL,OFN_HIDEREADONLY | OFN_OVERWRITEPROMPT
        ,"位图文件(*.bmp)|*.bmp",this);                    //定义文件打开对话框
    if (m_dialog.DoModal()==IDOK)
    {
        strText = m_dialog.GetPathName();                 //取得图片的完整路径
        //加载位图
        m_hBitmap=(HBITMAP)::LoadImage(AfxGetInstanceHandle(),strText,
            IMAGE_BITMAP,0,0,LR_LOADFROMFILE|LR_DEFAULTCOLOR|LR_DEFAULTSIZE);
        if (m_hBitmap != NULL)
        {
            m_picture.SetBitmap(m_hBitmap);               //使用控件显示图片
        }
    }
}
```

（4）处理"保存"按钮的单击事件，将位图保存在数据库中。

```
void CInputpictureDlg::OnOK()
{
    try
    {
        CString id,name;
        m_id.GetWindowText(id);
        if(id.IsEmpty())
        {
            MessageBox("编号不能为空.","提示");
            return;
        }
        m_name.GetWindowText(name);
        if(name.IsEmpty())
        {
            MessageBox("姓名不能为空.","提示");
            return;
        }
        char *m_pBuffer;
        CFile file;                                  //定义文件对象
        if(!file.Open(strText,CFile::modeRead))      //以只读方式打开文件
        {
            MessageBox("无法打开 BMP 文件");
            return;
        }
        DWORD m_filelen;                             //用于保存文件长度
        //读取文件长度
        m_filelen = file.GetLength();
        m_pBuffer = new char[m_filelen + 1];         //根据文件长度分配数组空间
        if(file.ReadHuge(m_pBuffer,m_filelen)!=m_filelen)//读取 BMP 文件到 m_pBuffer
        {
            MessageBox("读取 BMP 文件时出现错误");
            return;
        }
        ADOConn m_AdoConn;
        m_AdoConn.OnInitADOConn();                   //连接数据库
        _bstr_t sql;
        sql = "select*from picture";
        _RecordsetPtr m_pRecordset;
        m_pRecordset=m_AdoConn.GetRecordSet(sql);    //打开记录集
        m_pRecordset->AddNew();                      //添加新行
        VARIANT varblob;
        SAFEARRAY *psa;
        SAFEARRAYBOUND rgsabound[1];                 //定义安全数组边界
        rgsabound[0].lLbound = 0;
        rgsabound[0].cElements = m_filelen;          //定义数组元素数量
        psa = SafeArrayCreate(VT_UI1,1,rgsabound);   //创建数组
        for(long i=0;i<(long)m_filelen;i++)      //将 m_pBuffer 中的图像数据写入数组 psa
        {
            SafeArrayPutElement(psa,&i,m_pBuffer++);
        }
```

```
        varblob.vt = VT_ARRAY|VT_UI1;
        varblob.parray = psa;
        m_pRecordset->GetFields()->GetItem("id")->Value = (_bstr_t)id;
        m_pRecordset->GetFields()->GetItem("name")->Value = (_bstr_t)name;
        //调用 AppendChunk()函数将图像数据写入 Photo 字段
        m_pRecordset->GetFields()->GetItem("photo")->AppendChunk(varblob);
        m_pRecordset->Update();                         //更新数据库
        m_AdoConn.ExitConnect();                        //断开数据库连接
    }
    catch(...)
    {
        MessageBox("操作失败");
        return;
    }
    MessageBox("操作成功.");
    m_combo.ResetContent();
    AddToCombo();
    OnButcancel();
}
```

（5）处理组合框选项改变时的事件，显示数据库中对应的位图图像。

```
void CInputpictureDlg::OnSelchangeCombo1()
{
    UpdateData(true);
    CString id;
    m_combo.GetLBText(m_combo.GetCurSel(),id);
    ADOConn m_AdoConn;
    m_AdoConn.OnInitADOConn();                          //连接数据库
    _bstr_t sql;
    sql = "select*from picture where id='"+id+"' ";
    _RecordsetPtr m_pRecordset;
    m_pRecordset=m_AdoConn.GetRecordSet(sql);
    //读取图像字段的实际大小
    long lDataSize = m_pRecordset->GetFields()->GetItem("Photo")->ActualSize;
    char *m_pBuffer;                                    //定义缓冲变量
    if(lDataSize > 0)
    {
        //从图像字段中读取数据到 varBLOB 中
        _variant_t varBLOB;
        varBLOB =
        m_pRecordset->GetFields()->GetItem("Photo")->GetChunk(lDataSize);
        if(varBLOB.vt == (VT_ARRAY | VT_UI1))
        {
            if(m_pBuffer = new char[lDataSize+1])       //分配必要的存储空间
            {
                char *pBuf = NULL;
                SafeArrayAccessData(varBLOB.parray,(void **)&pBuf);
                memcpy(m_pBuffer,pBuf,lDataSize);       //复制数据到缓冲区 m_pBuffer
                SafeArrayUnaccessData (varBLOB.parray);
                //将数据转换为 HBITMAP 格式
                LPSTR hDIB;
                LPVOID lpDIBBits;
                //用于保存 BMP 文件头信息，包括类型、大小、位移量等
```

```
                BITMAPFILEHEADER bmfHeader;
                DWORD bmfHeaderLen;                          //保存文件头的长度
                bmfHeaderLen = sizeof(bmfHeader);            //读取文件头的长度
                //将 m_pBuffer 中文件头复制到 bmfHeader 中
                strncpy((LPSTR)&bmfHeader, (LPSTR)m_pBuffer, bmfHeaderLen);
                if (bmfHeader.bfType != (*(WORD*)"BM"))      //如果文件类型不对，则返回
                {
                    MessageBox("BMP 文件格式不准确");
                    return;
                }
                hDIB = m_pBuffer + bmfHeaderLen;             //将指针移至文件头后面
                //读取 BMP 文件的图像数据，包括坐标及颜色格式等信息到 BITMAPINFOHEADER 对象
                BITMAPINFOHEADER &bmiHeader = *(LPBITMAPINFOHEADER)hDIB;
                //读取 BMP 文件的图像数据，包括坐标及颜色格式等信息到 BITMAPINFO 对象
                BITMAPINFO &bmInfo = *(LPBITMAPINFO)hDIB ;
                //根据 bfOffBits 属性将指针移至文件头后
                lpDIBBits = (m_pBuffer) + ((BITMAPFILEHEADER *)m_pBuffer)-> bfOffBits;
                CClientDC dc(this);//生成一个与当前窗口相关的 CClientDC，用于管理输出设置
                //生成 DIBitmap 数据
                m_hBitmap = CreateDIBitmap(dc.m_hDC,&bmiHeader,CBM_INIT,
                    lpDIBBits,&bmInfo,DIB_RGB_COLORS);
            }
        }
    }
    m_photo.SetBitmap(m_hBitmap);                            //显示位图
}
```

（6）运行程序，效果如图 7-32 所示。

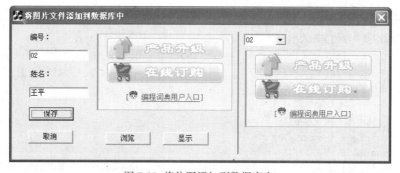

图 7-32 将位图添加到数据库中

7.5 常用 ADO 控件

7.5.1 添加 ADO 控件

Visual C++提供了使用数据库控件访问数据库的简单方法，ADO Data 控件、DataGrid 控件和 DataCombo 控件是常用的数据库控件。

（1）首先在"Project"菜单下选择 Add To Project/Components and Controls...选项，如图 7-33
所示。

图 7-33　"Project"菜单

（2）系统弹出"Components and Controls Gallery"对话框，如图 7-34 所示。

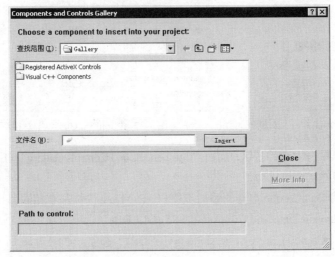

图 7-34　"Components and Controls Gallery"对话框

（3）双击"Registered ActiveX Controls"文件夹，如图 7-35 所示。

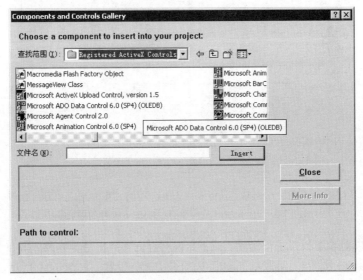

图 7-35　"Registered ActiveX Controls"文件夹

（4）双击"Microsoft ADO Data Control6.0(SP4) (OLEDB)"选项，弹出"Microsoft Visual C++"对话框，如图 7-36 所示。

（5）单击"确定"按钮，弹出"Confirm Classes"对话框，如图 7-37 所示。

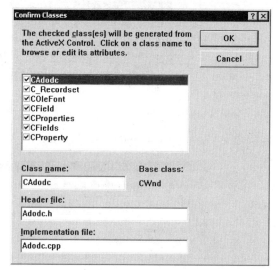

图 7-36 "Microsoft Visual C++"对话框

图 7-37 "Confirm Classes"对话框

（6）取默认值，单击"OK"按钮，返回"Components and Controls Gallery"对话框，单击"Close"按钮，ADO Data 控件就添加成功了。

DataGrid 控件和 DataCombo 控件的添加步骤和 ADO Data 控件基本相同，只是在添加 DataGrid 控件时，选择"Microsoft DataGrid Control6.0(SP5)(OLEDB)"选项，在添加 DataCombo 控件时，选择"Microsoft DataCombo Control，version6.0(OLEDB)"选项。如图 7-38 所示。

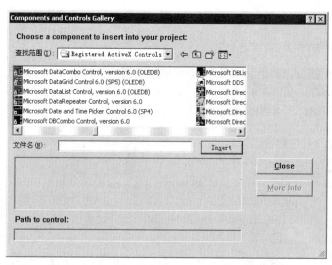

图 7-38 DataGrid 控件和 DataCombo 控件的添加

一般来说可以对表中数据进行修改，而不允许对查询中数据进行修改，要在 DataGrid 控件中实现不允许修改数据的功能，可以在"All"选项卡中进行设置，如图 7-39 所示。

其中"AllowAddNew"是添加，"AllowArrows"是字段名，"AllowDelete"是删除，"AllowUpdate"

是修改，可以根据需要自行设置。

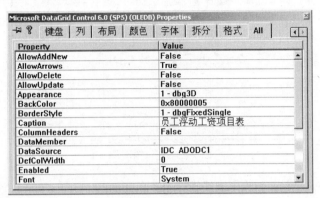

图 7-39 "All" 选项卡

7.5.2 ADO 控件举例

【例 7-8】 使用控件实现数据的增加、删除和修改，（实例位置：光盘\MR\源码\第 7 章\7-8）

（1）新建一个对话框程序。

（2）在对话框中加入一个 ADO 控件 IDC_ADODC1。

打开 ADO 控件的属性窗口，如图 7-40 所示，在"通用"选项卡中选"使用连接字符串"单
选项，单击"生成"按钮，进入数据链接属性窗口，如图 7-41 所示。

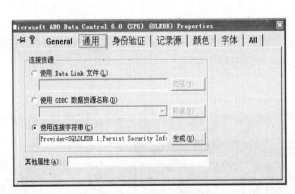

图 7-40　ADO 属性设置窗口

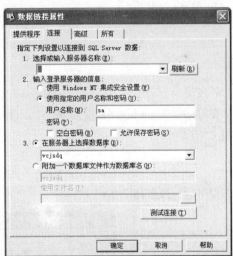

图 7-41　数据库连接窗口

如图 7-41 所示服务器是默认实例，可以输入圆点"."，输入用户名、密码，选择数据库，单
击"测试连接"按钮，出现"测试成功"对话框，单击"确定"按钮，回到图 7-40 所示的窗口，
此时生成连接字符串，注意，这个连接字符串就是使用代码连接数据库时的连接字符串，可以用
这种方法复制使用该字符串。在图 7-40 所示的窗口中选择"记录源"选项卡，如图 7-42 所示，
选择命令类型为表"2-adCmdTable"，表名选 tushubiao，这样就完成了 ADO 控件设置，也就完成
了从数据库表中取数据的过程。

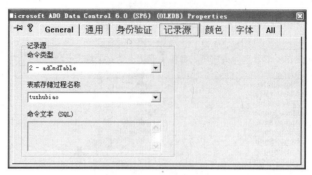

图 7-42　记录源设置

（3）把取出的数据显示在数据库表格控件中。

在对话框中加入一个 DataGrid 控件 IDC_DATAGRID1，打开属性窗口，如图 7-43 所示，在"通用"选项卡中选中"允许添加"，"允许删除"和"允许更新"复选项，打开 All 选项卡，如图 7-44 所示，设置 DataSource 属性为 IDC_ADODC1，即前面加入的 ADO 控件。

图 7-43　表格控件的"通用"窗口

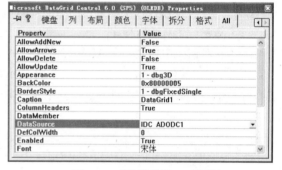

图 7-44　表格控件的 All 选项卡

通过类向导为 IDC_DATAGRID1 关联变量 m_grid。

在对话框的 OnInitDialog 事件中加入如下代码，用以改为应用程序标题和数据库表格控件的标题。

```
m_grid.SetWindowText("图书信息表");
this->SetWindowText("控件连接数据库");
```

程序运行效果如图 7-45 所示。

图 7-45　程序运行效果

程序中不用添加任何操作数据库的语句，就可以实现对表的增加、删除和修改了。

❑　在表格中光标选中单元格，可以直接修改数据。

❑　在最后插入行（带*的行）可以直接插入数据。

❑　选中一行，按 Delete 键，可以删除数据。

使用 DataGrid 控件，更适用于显示数据，而不太适合修改数据。像现在这个例子只有一个孤立的表的情况，在实际使用中基本没有。多数情况下，对于表中数据的修改，还要结合代码才能实现。

7.6　综合实例——对数据库进行增删改查操作

本节中使用 ADO 对象对数据库中的数据进行添加、修改和删除等操作。首先创建一个 ADO 类，通过 ADO 类连接数据库，并打开记录集。

使用 ADO 对象添加、修改、删除数据，程序设计步骤如下。

（1）创建一个基于对话框的应用程序，将对话框的 Caption 属性修改为"使用 ADO 对象添加、修改、删除数据"。

（2）向对话框中添加一个列表视图控件、3 个静态文本控件、3 个编辑框控件和 4 个按钮控件，并为控件关联变量。

（3）创建一个 ADO 类，请参照 7.4.1 节封装 ADO 对象。

（4）在 StdAfx.h 中导入 ADO 动态链接库，代码如下。

```
#import "C:\Program Files\Common Files\System\ado\msado15.dll" no_namespace\
rename("EOF","adoEOF")rename("BOF","adoBOF")          //导入 ADO 动态链接库
```

（5）在对话框的 OnInitDialog 函数设置列表视图控件的扩展风格以及列标题，代码如下。

```
    m_Grid.SetExtendedStyle(LVS_EX_FLATSB         //扁平风格显示滚动条
        |LVS_EX_FULLROWSELECT                     //允许整行选中
        |LVS_EX_HEADERDRAGDROP                    //允许整列拖动
        |LVS_EX_ONECLICKACTIVATE                  //单击选中项
        |LVS_EX_GRIDLINES);                       //画出网格线
    //设置列标题及列宽度
    m_Grid.InsertColumn(0,"编号",LVCFMT_LEFT,110,0);
    m_Grid.InsertColumn(1,"姓名",LVCFMT_LEFT,110,1);
    m_Grid.InsertColumn(2,"学历",LVCFMT_LEFT,110,2);
    AddToGrid();                                  //向列表中插入数据
```

（6）添加 AddToGrid 函数，用来向列表视图控件中插入数据，代码如下。

```
void CUseAdoDlg::AddToGrid()
{
    ADO m_Ado;                                    //声明 ADO 类对象
    m_Ado.OnInitADOConn();                        //连接数据库
    CString SQL = "select * from employees order by 编号 desc";//设置查询字符串
    m_Ado.m_pRecordset = m_Ado.OpenRecordset(SQL);//打开记录集
    while(!m_Ado.m_pRecordset->adoEOF)            //记录集不为空时循环
    {
        m_Grid.InsertItem(0,"");                  //向列表视图控件中插入行
        //向列表视图控件中插入列
```

```
        m_Grid.SetItemText(0,0,(char*)(_bstr_t)m_Ado.m_pRecordset->GetCollect("编号"));
        m_Grid.SetItemText(0,1,(char*)(_bstr_t)m_Ado.m_pRecordset->GetCollect("姓名"));
        m_Grid.SetItemText(0,2,(char*)(_bstr_t)m_Ado.m_pRecordset->GetCollect("学历"));
        m_Ado.m_pRecordset->MoveNext();                    //将记录集指针移动到下一条记录
    }
    m_Ado.CloseRecordset();                                //关闭记录集
    m_Ado.CloseConn();                                     //断开数据库连接
}
```

（7）处理"添加"按钮的单击事件，将编辑框中的文本添加到数据库中，代码如下。

```
void CUseAdoDlg::OnButadd()
{
    UpdateData(TRUE);
    if(m_ID.IsEmpty() || m_Name.IsEmpty() || m_Culture.IsEmpty())//数据不能为空
    {
        MessageBox("基础信息不能为空！");                   //为空时弹出提示信息
        return;
    }
    ADO m_Ado;                                             //声明 ADO 类对象
    m_Ado.OnInitADOConn();                                 //连接数据库
    CString sql = "select * from employees";               //设置查询字符串
    m_Ado.m_pRecordset = m_Ado.OpenRecordset(sql);         //打开记录集
    try
    {
        m_Ado.m_pRecordset->AddNew();                      //添加新行
        //向数据库中插入数据
        m_Ado.m_pRecordset->PutCollect("编号",(_bstr_t)m_ID);
        m_Ado.m_pRecordset->PutCollect("姓名",(_bstr_t)m_Name);
        m_Ado.m_pRecordset->PutCollect("学历",(_bstr_t)m_Culture);
        m_Ado.m_pRecordset->Update();                      //更新数据表记录
        m_Ado.CloseRecordset();                            //关闭记录集
        m_Ado.CloseConn();                                 //断开数据库连接
    }
    catch(…)                                               //捕捉可能出现的错误
    {
        MessageBox("操作失败");                             //弹出错误提示
        return;
    }
    MessageBox("添加成功");                                 //提示操作成功
    m_Grid.DeleteAllItems();                               //删除列表控件
    AddToGrid();                                           //向列表中插入数据
}
```

（8）处理列表视图控件的单击事件，在列表项被选中时，将列表项中的数据显示到编辑框中，代码如下。

```
void CUseAdoDlg::OnClickList1(NMHDR* pNMHDR, LRESULT* pResult)
{
    int pos      = m_Grid.GetSelectionMark();              //获得当前选中列表项索引
    //获得列表项数据
    m_ID         = m_Grid.GetItemText(pos,0);
```

```
    m_Name    = m_Grid.GetItemText(pos,1);
    m_Culture    = m_Grid.GetItemText(pos,2);
    UpdateData(FALSE);                              //更新控件显示
    *pResult = 0;
}
```
（9）处理"修改"的单击事件，根据编辑框中的数据修改数据库中的数据，代码如下。
```
void CUseAdoDlg::OnButmod()
{
    UpdateData(TRUE);
    if(m_ID.IsEmpty() || m_Name.IsEmpty() || m_Culture.IsEmpty())//数据不能为空
    {
        MessageBox("基础信息不能为空! ");             //为空时弹出提示信息
        return;
    }
    int pos   = m_Grid.GetSelectionMark();          //获得当前选中列表项索引
    ADO m_Ado;                                      //声明 ADO 类对象
    m_Ado.OnInitADOConn();                          //连接数据库
    CString sql = "select * from employees";        //设置查询字符串
    m_Ado.m_pRecordset = m_Ado.OpenRecordset(sql);  //打开记录集
    try
    {
        m_Ado.m_pRecordset->Move((long)pos,vtMissing);   //将记录集指针移动到选中的记录
        //设置选中记录的文本
        m_Ado.m_pRecordset->PutCollect("编号",(_bstr_t)m_ID);
        m_Ado.m_pRecordset->PutCollect("姓名",(_bstr_t)m_Name);
        m_Ado.m_pRecordset->PutCollect("学历",(_bstr_t)m_Culture);
        m_Ado.m_pRecordset->Update();               //更新记录集
        m_Ado.CloseRecordset();                     //关闭记录集
        m_Ado.CloseConn();                          //断开数据库连接
    }
    catch(...)                                      //捕捉可能出现的错误
    {
        MessageBox("操作失败");                      //弹出错误提示
        return;
    }
    MessageBox("添加成功");                          //提示操作成功
    m_Grid.DeleteAllItems();                        //删除列表控件
    AddToGrid();                                    //向列表中插入数据
}
```
（10）处理"删除"按钮的单击事件，删除列表框中被选中的列表项，代码如下。
```
void CUseAdoDlg::OnButdel()
{
    int pos   = m_Grid.GetSelectionMark();          //获得当前选中列表项索引
    ADO m_Ado;                                      //声明 ADO 类对象
    m_Ado.OnInitADOConn();                          //连接数据库
    CString sql = "select * from employees";        //设置查询字符串
    m_Ado.m_pRecordset = m_Ado.OpenRecordset(sql);  //打开记录集
    try
    {
        m_Ado.m_pRecordset->Move(pos,vtMissing);    //将记录集指针移动到选中的记录
        m_Ado.m_pRecordset->Delete(adAffectCurrent); //删除选中的记录
```

```
        m_Ado.m_pRecordset->Update();              //更新记录集
        m_Ado.CloseRecordset();                    //关闭记录集
        m_Ado.CloseConn();                         //断开数据库连接
    }
    catch(…)                                        //捕捉可能出现的错误
    {
        MessageBox("操作失败");                      //弹出错误提示
        return;
    }
    MessageBox("删除成功");                          //提示操作成功
    OnButclear();                                  //清空编辑框中数据
    m_Grid.DeleteAllItems();                       //删除列表控件
    AddToGrid();                                    //向列表中插入数据
}
```

实例的运行结果如图 7-46 所示。

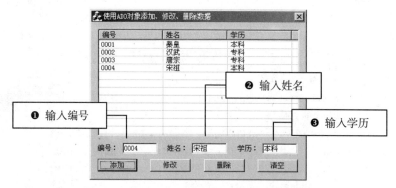

图 7-46　使用 ADO 对象添加、修改、删除数据

知识点提炼

（1）在常用数据库软件 Access 和 SQL Server 中建立数据库的方法。

（2）基本 SQL 语句 select、insert、update 和 delete 的使用。

（3）连接对象的 Open 方法可以打开连接。

（4）执行没有返回记录集的命令可以使用连接对象或命令对象的 Excute 方法。

（5）获取记录集可以使用命令对象的 Excute 方法，也可以使用记录集对象的 Open 方法。

（6）记录集的 MoveNext 方法可以遍历记录。

（7）参数对象可以方便 SQL 语句的设计。

（8）借助 SafeArray 可以将图片信息存入数据库。

（9）使用 ADO 控件操作数据库的方法。

习　　题

7-1　简述遍历记录集的方法。

7-2 简述使用 ADO 记录集对象添加数据的步骤。

7-3 如果使用 SQL 语句添加数据，怎样验证数据是否添加成功？

7-4 在 ADO 对象中，有几种执行 SQL 语句的方法，各是什么？

7-5 怎样在 SQL Server 中附加和分享数据库？

实验：表格控件操作

实验目的

（1）掌握 ADO 控件使用方法。

（2）理解 ADO 对象编程。

实验内容

有两个表，员工和部门，员工表中有编号、姓名、性别和所属部门四个字段，部门表中有部门编号、部门名称和负责人三个字段。其中员工表中的所属部门来自部门表的部门编号。设计一个程序，用表格显示每个员工的编号、姓名、性别和所在部门的名称，并且用表单实现增加、修改和删除功能。运行效果如图 7-47 所示。

图 7-47 员工管理

实验步骤

（1）打开 Visual C++6.0 开发环境，新建一个对话框工程 DataOperate。

（2）按 7.5.1 小节的方法，添加 Microsoft ADO Data Control 控件、Microsoft DataGrid Control 控件和 Microsoft DataCombo Control 控件，按图 7-47 在对话框中添加控件，主要属性见表 7-13。

表 7-13 对话框控件属性

ID	属　　性	关联变量	变量类型
IDOK	Caption：关闭		
IDC_STATIC	Caption：编号		

ID	属　性	关联变量	变量类型
IDC_EDIT1		m_id	CString
IDC_STATIC	Caption：姓名		
IDC_EDIT2		m_name	CString
IDC_STATIC	Caption：性别		
IDC_COMBO1		m_sex	CComboBox
IDC_STATIC	Caption：所属部门		
IDC_DATACOMBO1	RowSource：IDC_ADODC1 ListField：部门名称 允许增加：false 允许修改：false 允许删除：false	m_depatment	CDataCombo
IDC_ADODC1	ConnectionString： 单击"生成…"可以通过向导设置 Provider=SQLOLEDB.1;Persist SecurityInfo=False;User ID=sa;Initial Catalog=vcjsdq;Data Source=. Visible：False Recordsource：department	m_adodepartment	CAdoDc
IDC_DATAGRID1,		m_grid	CDataGrid
GROUPBOX IDC_STATIC	Caption：空白　说明：标题为空白用于产生外框		
IDC_BUTADD	Caption：增加		
IDC_BUTMODIFY	Caption：保存修改		
IDC_BUTDEL	Caption：删除		

（3）打开 stdafx.h，导入 ADO 对象支持。

```
#import "C:\Program Files\Common Files\System\ado\msado15.dll" no_namespace rename
("EOF","ADOEOF")
```

（4）在对话框类中添加数据库智能指针。

```
_ConnectionPtr con;
_RecordsetPtr rec;
```

（5）打开 OnInitDialog 方法，输入如下语句，在表格中显示员工信息。

```
BOOL CGridOperateDlg::OnInitDialog()
{
    ……
    //打开连接对象
    CString constr="Provider=SQLOLEDB.1;Persist Security Info=False;User ID=sa;Initial
Catalog=vcjsdq;Data Source=.";
    con.CreateInstance("ADODB.Connection");
    con->CursorLocation=adUseClient;
    con->Open((_bstr_t)constr,"sa","",-1);
    //打开员工记录集对象
    rec.CreateInstance("ADODB.Recordset");
    rec->Open("SELECT employees.编号, employees.姓名, employees.性别, \
    department.部门名称 AS 所属部门 \
FROM employees INNER JOIN \
```

```
department ON employees.部门 = department.部门编号",con.GetInterfacePtr(),adOpenDynamic,
adLockOptimistic,-1);
        m_grid.SetRefDataSource(rec);              //设置表格数据源
        m_grid.SetWindowText("员工列表");           //设置表格标题

        OnRowColChangeDatagrid1(01,0);//先执行表格 RowColChange 事件，用以初始化表单
        return TRUE;  // return TRUE  unless you set the focus to a control
}
```

（6）当表格中选中行改变时，上方表单数据也随着改变，以方便修改和增加的操作。为此打开类向导，加入表格的 RowColChange 事件。代码如下。

```
void CGridOperateDlg::OnRowColChangeDatagrid1(VARIANT FAR* LastRow, short LastCol)
{
        CString id=(char *)(_bstr_t)m_grid.GetColumns().GetItem((_variant_t)01).GetValue();
        CString name=(char *)(_bstr_t)m_grid.GetColumns().GetItem((_variant_t)11).GetValue();
        CString sex=(char *)(_bstr_t)m_grid.GetColumns().GetItem((_variant_t)21).GetValue();
        CString department;
department =(char *)(_bstr_t)m_grid.GetColumns().GetItem((_variant_t)31).GetValue();
        m_id=id;
        m_name=name;
        if(sex=="男") m_sex.SetCurSel(0);else m_sex.SetCurSel(1);
        m_department.SetText(department);
        UpdateData(false);
}
```

（7）当执行增加和修改操作时，由于界面显示的是部门名称，而员工表中要保存部门编号，因此要由部门名称取得部门编号，为此加入 getValue 方法，用于由部门名称查找部门编号。代码如下。

```
CString CGridOperateDlg::getValue(CString sql)
{
    _RecordsetPtr r;
    CString value="";
    r.CreateInstance("ADODB.Recordset");
r->Open((_bstr_t)(_variant_t)sql,con.GetInterfacePtr(),adOpenKeyset,adLockOptimistic,-1);
    if (!r->ADOEOF)
     value=(char*)(_bstr_t)r->GetFields()->GetItem(_variant_t(01))->GetValue();
    return value;
}
```

（8）在执行增加和修改操作时，员工编号不能有重复值，因此加入 findid 方法，用于测试指定员工编号是否存在。代码如下。

```
bool CGridOperateDlg::findid(CString id)
{
    _RecordsetPtr r;
    r.CreateInstance("ADODB.Recordset");
    r->Open((_bstr_t)(_variant_t)("select 编号 from employees where 编号="+id),con.GetInterfacePtr(),
adOpenKeyset,adLockOptimistic,-1);
    return !r->ADOEOF;
}
```

（9）添加"增加"按钮的响应事件。代码如下。

```
void CGridOperateDlg::OnButadd()
{
    // TODO: Add your control notification handler code here
    UpdateData();
    if(findid(m_id)){MessageBox(m_id+"已存在");return;}
    CString sql,sex,dep;
```

```
        _variant_t v;
        m_sex.GetWindowText(sex);
        dep=getValue("select 部门编号 from department where 部门名称=\'" + m_department.GetText()
+ "\'");
        if(dep=="")
        {
            MessageBox(m_department.GetText()+"不存在");
            return;
        }
        sql.Format("Insert into employees values(\'%s\',\'%s\',\'%s\',\'%s\')", \
            m_id,m_name,sex,dep);
        con->Execute((_bstr_t)sql,&v,0);
        rec->Requery(0l);
    }
```

（10）添加"保存修改"按钮的响应事件。代码如下。

```
void CGridOperateDlg::OnButmodify()
{
    // TODO: Add your control notification handler code here
    UpdateData();
    CString sql,sex,dep,oldid;
    if(dep=="")
    {
        MessageBox(m_department.GetText()+"不存在");
        return;
    }
    oldid=(char*)(_bstr_t)m_grid.GetColumns().GetItem(_variant_t(0l)).GetValue();
    if(oldid!=m_id&&findid(m_id)){MessageBox(m_id+"已存在");return;}
    _variant_t v;
    m_sex.GetWindowText(sex);
    dep=getValue("select 部门编号 from department where 部门名称=\'" + m_department.GetText()
+ "\'");
    if(dep=="")
    {
        MessageBox(m_department.GetText()+"不存在");
        return;
    }
    oldid=(char*)(_bstr_t)m_grid.GetColumns().GetItem(_variant_t(0l)).GetValue();
    sql.Format("Update employees set 编号=%s,姓名=\'%s\',性别=\'%s\',部门=\'%s\' \
        where 编号=%s", m_id,m_name,sex,dep,oldid);
    //MessageBox(sql);
    con->Execute((_bstr_t)sql,&v,0);
    rec->Requery(0l);
}
```

（11）添加"删除"按钮的响应事件。代码如下。

```
void CGridOperateDlg::OnButdel()
{
    // TODO: Add your control notification handler code here
    CString   id=(char *)(_bstr_t)m_grid.GetColumns().GetItem((_variant_t)0l).GetValue();
    if(MessageBox("删除" +id + "员工吗?","提示",MB_YESNO)==IDNO) return;
    _variant_t r;
    con->Execute((_bstr_t)("delete from employees where 编号=" + id),&r,0);
    rec->Requery(0l);
}
```

（12）"关闭"按钮，系统会调用默认的 OnOK 方法，因此不用编写程序。

第8章
综合案例——商品销售管理系统

本章要点

■ 使用软件工程方法开发软件的步骤
■ 基于对话框程序的报表预览及打印
■ 使用 ADO 技术对数据库进行操作
■ 使用标签控件实现多页切换
■ 使用列表视图控件显示数据

前面章节中讲解了 Visual C++软件开发的主要技术，本章给出一个完整的应用案例——商品销售管理系统，该系统提供商品销售、进货和用户管理等功能，同时提供各种形式的报表的打印功能。针对该案例，我们的学习重点是熟悉软件的开发过程，掌握使用软件工程方法开发项目的完整步骤。

8.1 需 求 分 析

销售管理是企业经营管理的核心内容，在企业管理中占据首要地位，一个企业的经济实力如何，很大程度取决于企业的销售管理效果。利用先进的计算机技术，对企业的销售及销售过程中所涉及的一系列账务关系进全面的跟踪管理，解决了人工管理过程中的管理效率低下、数据不准确、管理不及时等问题，从而大大提高了企业经营运转的效率，提升企业的管理水平、提高企业的经济效益，使企业的销售管理更加的科学、合理。管理方式的转变，使企业能够及时通过计算机管理系统对整个销售过程进行数据的统计与分析，并根据分析结果作出必要的调整，使企业在经济浪潮中占据有利地位，更好地适应市场的发展变化。

通过对商品销售管理过程的分析与研究，要求商品销售管理系统应实现以下功能。

❑ 实现商品的购进和支出。
❑ 能够进行商品盘点。
❑ 实现商品查询管理。
❑ 能够进行结款管理。
❑ 实现商品入库报表打印。

8.2 总 体 设 计

8.2.1 系统目标

商品销售管理系统属于小型的进销存管理系统，主要由基础信息管理、入库管理、销售管理、查询管理、往来账管理和系统管理 6 个功能模块构成。

❑ 基础信息管理模块

在基础信息管理模块中需要实现操作员信息、商品信息、供应商信息、客户信息的管理和商品库存表等功能。

❑ 入库管理模块

在入库管理模块中需要实现商品入库管理、入库退货管理。

❑ 销售管理模块

在销售管理模块中需要实现商品销售管理、销售退货管理。

❑ 查询管理模块

在查询管理模块中需要实现商品入库查询、入库退货查询、销售查询、销售退货查询。

❑ 往来账管理模块

在往来账管理模块中需要实现供应商结款管理、客户结款管理。

❑ 系统管理模块

在系统管理模块中需要实现系统的退出功能。

❑ 系统采用良好的人机对话模式，界面设计美观、友好。

❑ 系统运行稳定、安全可靠。

8.2.2 开发及运行环境

硬件平台。

❑ CPU：P41.8GHz。

❑ 内存：256MB 以上。

软件平台。

❑ 操作系统：Windows XP/Windows 2000/Windows 2003。

❑ 数据库：SQL Server 2000。

❑ 开发工具：Visual C++ 6.0。

❑ 分辨率：最佳效果 1024×768 像素。

8.2.3 系统功能结构图

销售管理系统功能结构如图 8-1 所示。

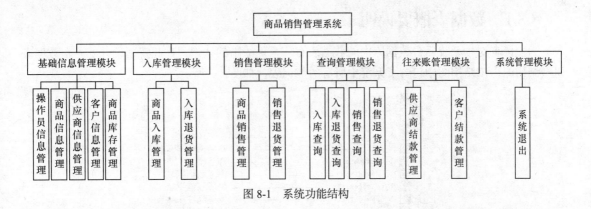

图 8-1 系统功能结构

8.2.4 业务流程图

系统业务流程如图 8-2 所示。

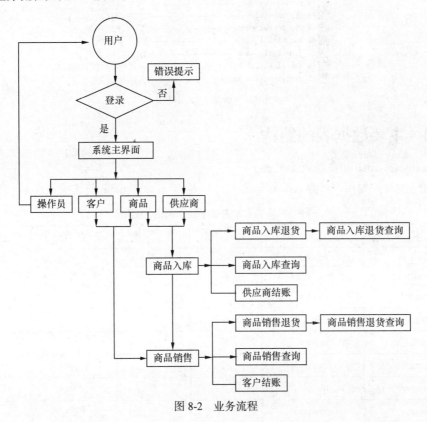

图 8-2 业务流程

8.3 数据库设计

本系统数据库采用 SQL Server 2000 数据库，系统数据库名称为 SellManage。数据库中共包含 18 张数据表。下面分别给出数据表的概要说明及数据表的结构。

8.3.1 数据表概要说明

为使读者对本系统后台数据库中的数据表有一个更清晰的认识，在此特别设计了一个数据表树型结构图，该结构图中包含了系统中所有的数据表，如图 8-3 所示。

tb_storageinfo	库存信息表
tb_sell_sub	商品销售明细表
tb_sell_main	商品销售主表
tb_providerpay	供应商结款表
tb_providerinfo	供应商信息表
tb_provideraccount	供应商往来账表
tb_operator	操作员信息表
tb_merchandisestorage	商品库存表
tb_merchandiseinfo	商品信息表
tb_instore_main	商品入库主表
tb_instock_sub	入库明细表
tb_customerpay	客户结款表
tb_customerinfo	客户信息表
tb_customeraccount	客户往来账表
tb_cancelsell_sub	销售退货明细表
tb_cancelsell_main	销售退货主表
tb_cancelinstock_sub	入库退货明细表
tb_cancelinstock_main	入库退货主表

图 8-3　数据表树型结构

8.3.2 主要数据表的结构

❑ tb_insotre_main（商品入库主表）

商品入库主表主要用于保存入库商品的信息。表 tb_insotre_main 的结构见表 8-1。

表 8-1　商品入库主表（tb_insotre_main）

字 段 名 称	字 段 类 型	主　键	外　键	是否为空	描　　述
ID	varchar	是	否	否	入库单号
provider	varchar	否	否	否	供应商
operator	varchar	否	否	否	操作员
Rebate	float	否	否	否	折扣
sumtotal	money	否	否	否	总计
paymoney	money	否	否	否	应付金额
factmoney	money	否	否	否	实付金额
Intime	datetime	否	否	否	时间

❑ tb_instock_sub（入库明细表）

入库明细表主要用于记录入库明细的信息。表 tb_instock_sub 的结构见表 8-2。

表 8-2　入库明细表（tb_instock_sub）

字 段 名 称	字 段 类 型	主　键	外　键	是否为空	描　　述
instockid	varchar	否	否	是	入库单号
merchandiseID	varchar	否	否	否	商品编号

字 段 名 称	字 段 类 型	主　键	外　键	是否为空	描　述
UnitPrice	money	否	否	否	单价
numbers	float	否	否	否	数量
rebate	float	否	否	否	折扣
paymoney	money	否	否	否	金额
stockname	varchar	否	否	否	仓库名称

❑　tb_cancelinstock_main（入库退货主表）

入库退货主表 tb_cancelinstock_main 的结构见表 8-3。

表 8-3　入库退货主表（tb_cancelinstock_main）

字 段 名 称	字 段 类 型	主　键	外　键	是否为空	描　述
CancelID	varchar	是	否	否	退货单号
provider	varchar	否	否	否	供应商
operator	varchar	否	否	否	操作员
rebate	float	否	否	否	折扣
sumtotal	money	否	否	否	总计
paymoney	money	否	否	否	应付金额
factmoney	money	否	否	否	实付金额
intime	datetime	否	否	否	时间

❑　tb_sell_main（商品销售主表）

商品销售主表 tb_sell_main 的结构见表 8-4。

表 8-4　商品销售主表（tb_sell_main）

字 段 名 称	字 段 类 型	主　键	外　键	是否为空	描　述
CancelID	varchar	是	否	否	销售单号
Customer	varchar	否	否	否	客户
operator	varchar	否	否	否	操作员
rebate	float	否	否	否	折扣
sumtotal	money	否	否	否	总计
paymoney	money	否	否	否	应付金额
factmoney	money	否	否	否	实付金额
intime	Datetime	否	否	否	时间

❑　tb_cancelsell_main（销售退货主表）

销售退货主表 tb_cancelsell_main 的结构见表 8-5。

表 8-5　销售退货主表（tb_cancelsell_main）

字 段 名 称	字 段 类 型	主　键	外　键	是否为空	描　述
CancelID	varchar	是	否	否	退货单号
Customer	varchar	否	否	否	客户

续表

字 段 名 称	字 段 类 型	主　键	外　键	是否为空	描　述
Operator	varchar	否	否	否	操作员
rebate	float	否	否	否	折扣
sumtotal	money	否	否	否	总计
paymoney	money	否	否	否	应退金额
factmoney	money	否	否	否	实退金额
intime	datetime	否	否	否	时间

❑　tb_customerinfo（客户信息表）

客户信息表 tb_customerinfo 的结构见表 8-6。

表 8-6　客户信息表（tb_customerinfo）

字 段 名 称	字 段 类 型	主　键	外　键	是否为空	描　述
name	varchar	是	否	否	客户名称
principal	varchar	否	否	否	负责人
phone	varchar	否	否	否	联系电话
addr	varchar	否	否	否	地址
web	varchar	否	否	是	网址
e_mail	varchar	否	否	是	邮箱

❑　tb_customerpay（客户结款表）

客户结款表 tb_customerpay 的结构见表 8-7。

表 8-7　客户结款表（tb_customerpay）

字 段 名 称	字 段 类 型	主　键	外　键	是否为空	描　述
PayID	varchar	是	否	否	结款单号
customer	varchar	否	否	否	客户名称
checker	varbinary	否	否	否	结款人
paymoney	money	否	否	否	结款金额
paytime	datetime	否	否	否	结款时间

8.4　公共类设计

销售管理系统采用 ADO 技术操作数据库，在程序中通过导入 ADO Com 接口实现对 SQL Server 2000 的操作。为了操作方便，我们将对数据库的各种操作封装在 CDatabase 类中。

8.4.1　设计步骤

（1）在工作区的文件视图窗口中打开"StdAfx.h"头文件，输入如下代码导入 msado15.dll 动态链接库。

```
#import "C://Program Files//Common Files//System/ado//msado15.DLL" no_namespace
rename("EOF","adoEOF")
```

（2）在应用程序初始化时初始化 Com 库。

```
CoInitialize(NULL);
```

（3）在工作区的类视图中鼠标右键单击"MerchandiseSell classes"节点，在弹出的快捷菜单中选择"New Class"菜单项，打开"New Class"窗口，如图 8-4 所示。

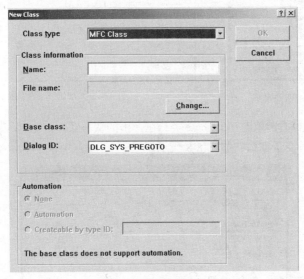

图 8-4　新建类窗口 1

（4）在"New Class"窗口中的"Class Type"组合框中选择"Generic Class"选项，表示创建普通类，在"Name"编辑框中输入类名，本例为"CDatabase"，如图 8-5 所示。

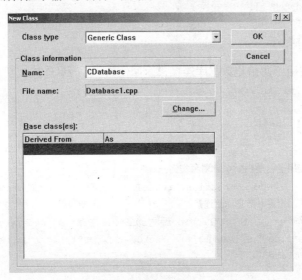

图 8-5　新建类窗口 2

（5）单击"OK"按钮，生成自定义类"CDatabase"，如图 8-6 所示。

（6）在工作区中选中此类，单击鼠标右键，在弹出的快捷菜单中选择"Add Member Function"菜单项，为 CDatabase 添加成员函数，如图 8-7 所示。

（7）在"Function Type"编辑框中输入函数类型，在"Function Declaration"编辑框中输入函数原型，单击 OK 按钮添加成员函数。

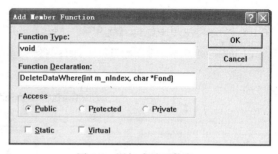

图 8-6　CDatabase 类　　　　　　　　图 8-7　添加成员函数窗口

（8）在工作区中鼠标右键单击 CDatabase 类，在弹出的快捷菜单中选择"Add Member Variable"菜单项，打开添加成员变量窗口，如图 8-8 所示。

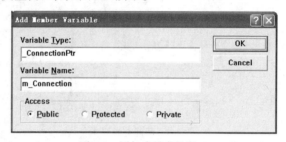

图 8-8　添加成员变量窗口

（9）在"Variable Type"编辑框中输入变量类型，在"Variable Name"编辑框中输入变量名，单击 OK 按钮添加成员变量。

8.4.2　代码分析

InitData 成员函数用于初始化数据库连接，返回值为 1，表示连接成功；为 0 表示连接失败。

```cpp
int CDatabase::InitData()
{
    char m_szTmp[1024]="" ;
    try
    {
        //该方法用于创建一个 Com 对象实例
        HRESULT hr = m_Connection.CreateInstance(__uuidof(Connection));
        //该方法用于打开数据库的连接。
hr=m_Connection->Open(_bstr_t("Provider=SQLOLEDB.1;Persist Security
Info=False;Initial Catalog=SellManage;Data Source=."),_bstr_t("sa"),_bstr_t(""),-1);
        //连接 XdData
    }
    catch(_com_error & e)
    {
        sprintf(m_szTmp, "数据库打开失败,错误原因：%s\n",LPCTSTR(e.Description()));
        AfxMessageBox(m_szTmp);
        return 0 ;
    }
    return 1 ;
}
```

IsVerifyUser()成员函数用于验证用户的登录身份。函数根据传递的用户名和密码从数据库中查询数据，如果有数据返回，表示登录成功，否则，表示登录失败。

```
int CDatabase::IsVerifyUser(char *m_szUser, char *m_szPwd, char *m_szLevel)
{
    _variant_t v(0L) ;
    _RecordsetPtr m_Rsp ;
    char m_szSql[512] ;
    sprintf(m_szSql, "select * from tb_operator where name = '%s' and password = '%s'",
m_szUser,m_szPwd) ;//设置查询的 SQL 语句
    try{
        //执行 SQL 语句
        m_Rsp = m_Connection->Execute(_bstr_t(m_szSql), &v, adCmdText) ;
        if(!m_Rsp->GetadoEOF())//判断记录集指针是否到达记录集末尾，在此处判断记录集是否为空。
        {
            v = m_Rsp->GetCollect("level") ;// 获取当前行某一字段的值
            if(atoi(_bstr_t(v)) == 0)
            {//系统
                strcpy(m_szLevel, "系统管理员") ;
            }
            else
            {//普通
                strcpy(m_szLevel, "普通管理员") ;
            }
            return 1 ;
        }
    }
    catch(_com_error & e)
    {
        char m_szTmp[1024] ;
        sprintf(m_szTmp, "执行==>%s<==, 数据库操作失败,错误原因：%s\n",m_szSql,LPCTSTR(e.
          Description())));
        return -1 ;
    }
    return 0 ;
}
```

8.5　主要功能模块的设计

8.5.1　主窗体设计

1. 实现目标

商品销售管理系统主窗口主要由菜单、工具栏和客户区域 3 部分组成，其主要功能是实现对各个子功能模块的调用。商品销售管理系统主界面效果如图 8-9 所示。

2. 设计步骤

（1）创建一个基于对话框的工程，工程名称为 "MerchandiseSell"。

（2）在工作区的资源视图窗口中添加一个菜单资源，设计菜单效果如图 8-10 所示。

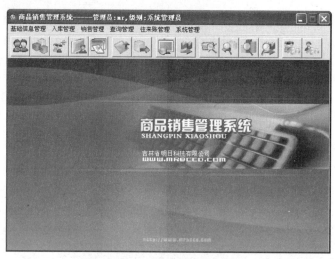

图 8-9 商品销售管理系统主界面

图 8-10 菜单设计效果图

菜单资源文件如下。

```
IDR_MENU_MAIN MENU DISCARDABLE
BEGIN
    POPUP "基础信息管理"
    BEGIN
        MENUITEM "操作员信息管理",              IDM_JCXX_CZYXX
        MENUITEM "商品信息管理",                IDM_JCXX_SPXX
        MENUITEM "供应商信息管理",              IDM_JCXX_GYSXX
        MENUITEM "客户信息管理",                IDM_JCXX_KHXX
        MENUITEM "商品库存管理",                IDM_JCXX_SPKCB
    END
    POPUP "入库管理"
    BEGIN
        MENUITEM "商品入库管理",                IDM_RKGL_SPRK
        MENUITEM "入库退货管理",                IDM_RKGL_RKTH
    END
    POPUP "销售管理"
    BEGIN
        MENUITEM "商品销售管理",                IDM_XSGL_SPXS
        MENUITEM "销售退货管理",                IDM_XSGL_XSTH
    END
    POPUP "查询管理"
    BEGIN
        MENUITEM "入库查询",                    IDM_CXGL_RKCX
        MENUITEM "入库退货查询",                IDM_CXGL_RKTH
```

```
        MENUITEM "销售查询",                    IDM_CXGL_XSCX
        MENUITEM "销售退货查询",                IDM_CXGL_XSTH
    END
    POPUP "往来账管理"
    BEGIN
        MENUITEM "供应商结款管理",              IDM_WLZGL_GYSJK
        MENUITEM "客户结款管理",                IDM_WLZGL_KHJK
    END
    POPUP "系统管理"
    BEGIN
        MENUITEM "退出系统",                    IDC_Exit
    END
END
```

（3）在对话框窗口中按<Alt+Enter>组合键打开属性窗口，在"Menu"组合框中选中创建的菜单资源 ID，如图 8-11 所示。

图 8-11　对话框属性窗口

3. 代码分析

在对话框初始化时设置对话框的标题，创建工具栏，设置工具栏按钮文本和图标。

```
BOOL CMerchandiseSellDlg::OnInitDialog()
{
    CDialog::OnInitDialog();
    ASSERT((IDM_ABOUTBOX & 0xFFF0) == IDM_ABOUTBOX);
    ASSERT(IDM_ABOUTBOX < 0xF000);
    CMenu* pSysMenu = GetSystemMenu(FALSE);
    if (pSysMenu != NULL)
    {
        CString strAboutMenu;
        strAboutMenu.LoadString(IDS_ABOUTBOX);
        if (!strAboutMenu.IsEmpty())
        {
            pSysMenu->AppendMenu(MF_SEPARATOR);
            pSysMenu->AppendMenu(MF_STRING, IDM_ABOUTBOX, strAboutMenu);
        }
    }
    SetIcon(m_hIcon, TRUE);
    SetIcon(m_hIcon, FALSE);
    //显示标题栏标题
    char m_szTitle[256] = "" ;
    sprintf(m_szTitle,"商品销售管理系统-----管理员:%s,级别:%s",m_szOpName,m_szLevel) ;
    SetWindowText(m_szTitle) ;// 获取当前行某一字段的值
    //工具栏内容的设置
    m_ImageList.Create(32,32,ILC_COLOR24|ILC_MASK,1,1);  //创建图像列表
```

```cpp
    m_ImageList.Add(AfxGetApp()->LoadIcon(IDI_ICONOper));//向图像列表中添加操作员图标
    m_ImageList.Add(AfxGetApp()->LoadIcon(IDI_ICONMech));      //商品信息管理
    m_ImageList.Add(AfxGetApp()->LoadIcon(IDI_ICONSup));       //供应商信息管理
    m_ImageList.Add(AfxGetApp()->LoadIcon(IDI_ICONClient));    //客户信息管理
    m_ImageList.Add(AfxGetApp()->LoadIcon(IDI_ICONSPKC));      //库存管理
    m_ImageList.Add(AfxGetApp()->LoadIcon(IDI_ICONSPRK));      //入库管理
    m_ImageList.Add(AfxGetApp()->LoadIcon(IDI_ICONRKTH));      //入库退货
    m_ImageList.Add(AfxGetApp()->LoadIcon(IDI_ICONSPXS));      //商品销售
    m_ImageList.Add(AfxGetApp()->LoadIcon(IDI_ICONSXTH));      //销售退货
    m_ImageList.Add(AfxGetApp()->LoadIcon(IDI_ICONRKCX));      //入库查询
    m_ImageList.Add(AfxGetApp()->LoadIcon(IDI_ICONRKTHCX));    //入库退货查询
    m_ImageList.Add(AfxGetApp()->LoadIcon(IDI_ICONXSCX));      //销售查询
    m_ImageList.Add(AfxGetApp()->LoadIcon(IDI_ICONXSTHCX));    //销售退货查询
    m_ImageList.Add(AfxGetApp()->LoadIcon(IDI_ICONGYSJK));     //供应商结账
    m_ImageList.Add(AfxGetApp()->LoadIcon(IDI_ICONKHJK));      //客户结账
    UINT array[19];
    for(int i=0;i<19;i++)
    {
        if(i==5||i==8||i==11||i==16)
        {
            array[i]=ID_SEPARATOR;                            //第三个和第九个按钮为分隔条
        }
        else  array[i]=i+1120;
    }
    m_ToolBar.Create(this);
    m_ToolBar.SetButtons(array,19);
    //设置工具栏按钮文本
    m_ToolBar.SetButtonText(0,"操作员信息");
    m_ToolBar.SetButtonText(1,"商品信息");
    m_ToolBar.SetButtonText(2,"供应商信息");
    m_ToolBar.SetButtonText(3,"客户信息");
    m_ToolBar.SetButtonText(4,"商品库存信息");
    m_ToolBar.SetButtonText(6,"商品入库");
    m_ToolBar.SetButtonText(7,"入库退货");
    m_ToolBar.SetButtonText(9,"商品销售");
    m_ToolBar.SetButtonText(10,"销售退货");
    m_ToolBar.SetButtonText(12,"入库查询");
    m_ToolBar.SetButtonText(13,"入库退货");
    m_ToolBar.SetButtonText(14,"销售查询");
    m_ToolBar.SetButtonText(15,"销售退货");
    m_ToolBar.SetButtonText(17,"供应商结款");
    m_ToolBar.SetButtonText(18,"客户结款");
    m_ToolBar.GetToolBarCtrl().SetImageList(&m_ImageList);     //关联图像列表
    m_ToolBar.SetSizes(CSize(40,40),CSize(32,32));            //设置按钮和按钮位图大小
    m_ToolBar.EnableToolTips(true);
    //显示工具栏
    RepositionBars(AFX_IDW_CONTROLBAR_FIRST, AFX_IDW_CONTROLBAR_LAST, 0);
    return TRUE;
}
```

本系统工具栏按钮的 ID 和对应菜单项的 ID 是相同的，这样，当用户单击工具栏按钮时将自动调用对应菜单的单击事件消息处理函数。

在对话框的 **OnPaint** 方法中绘制对话框客户区域的位图，作为对话框的背景图片。

```
void CMerchandiseSellDlg::OnPaint()
{
    CDC* pDC =GetDC();                              //创建设备上下文
    CBitmap bmp;
    RECT RectView;
    POINT    ptSize;
    CDC      dcmem;
    BITMAP   bm;
    int bRet = bmp.LoadBitmap(IDB_BITMAP1);
    if(!bRet)
        ::AfxMessageBox("加载位图失败!");            //将位图取出
    dcmem.CreateCompatibleDC(pDC);                  //创建兼容设备上下文
    dcmem.SelectObject(&bmp);                       //用设备上下文选择位图
    CRect rcWnd;
    GetClientRect(rcWnd);                           //获取窗口客户区域
    BITMAP bmInfo;
    bmp.GetBitmap(&bmInfo);                         //获取位图信息
    int bmWidth = bmInfo.bmWidth;
    int bmHeight = bmInfo.bmHeight;
    pDC->StretchBlt(0,0,rcWnd.Width(),rcWnd.Height(),&dcmem,0,0,bmWidth,bmHeight,
SRCCOPY);// 将位图绘制在窗口的客户区域中
    dcmem.DeleteDC();                               //释放设备上下文
    bmp.DeleteObject();                             //释放位图对象
    CDialog::OnPaint();
}
```

为工具栏按钮添加提示功能，当鼠标移动到工具栏按钮上时显示提示信息。首先在工具栏的消息映射部分添加消息映射宏。

```
ON_NOTIFY_EX(TTN_NEEDTEXT,0,OnToolTipNotify)
```

然后向对话框中添加 **OnToolTipNotify** 方法，设置工具栏按钮的提示信息。

```
bool CMerchandiseSellDlg::OnToolTipNotify(UINT id, NMHDR *pNMHDR, LRESULT *pResult)
{
    TOOLTIPTEXT *pTTT=(TOOLTIPTEXT*)pNMHDR;
    UINT nID=pNMHDR->idFrom;                        //获取工具栏按钮 ID
    if(nID)
    {
        nID = m_ToolBar.CommandToIndex(nID);       //根据 ID 获取按钮索引
        if(nID!=-1)
        {
            m_ToolBar.GetButtonText(nID,strShow);  //获取工具栏文本
            pTTT->lpszText=strShow.GetBuffer(strShow.GetLength());//设置提示信息文本
            pTTT->hinst = AfxGetResourceHandle();
            return(true);
        }
    }
    return(false);
}
```

按<Ctrl+W>组合键打开类向导窗口，为菜单项添加消息响应函数，并在消息响应函数中添加函数实现代码，以退出系统为例，代码如下。

```
void CMerchandiseSellDlg::OnExit()
{
    CDialog::OnCancel();                                    //退出系统
}
```

8.5.2　系统登录模块设计

1. 实现目标

系统登录主要用于对登录商品销售管理系统的用户进行安全性检查，以防止非法用户进入该系统。只有合法的用户才可以登录系统。

验证操作员及其密码，主要是通过对数据表 tb_operator 的查询，结合 If 语句判断用户选定的操作员及其输入的密码是否符合数据库中的操作员和密码，如果符合则允许登录，否则提示错误信息。商品销售管理系统的登录界面如图 8-12 所示。

2. 设计步骤

（1）创建一个对话框，类名为"CDlgLogin"，设计对话框资源如图 8-13 所示。

图 8-12　登录界面　　　　　　　　　图 8-13　用户登录资源设计窗口

（2）按<Ctrl+W>组合键打开类向导窗口，选择 Member Variables 选项卡，为控件设置变量，如图 8-14 所示。

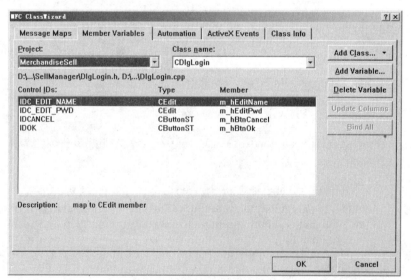

图 8-14　用户登录类向导窗口

（3）主要控件功能描述见表 8-8。

表 8-8　主要控件功能描述

资源 ID	类　　型	成 员 变 量	描　　述
IDC_EDIT_NAME	CEdit	m_hEditName	用户名称
IDC_EDIT_PWD	CEdit	m_hWndPwd	用户密码
IDOK	CButton		登录按钮

3. 代码分析

在对话框初始化时设置按钮显示的图片。

```
BOOL CDlgLogin::OnInitDialog()
{
    //为按钮加载位图
CDialog::OnInitDialog(); m_hBtnOk.SetIcon(IDI_ICON_OK);
    m_hBtnOk.OffsetColor(CButtonST::BTNST_COLOR_BK_IN, shBtnColor);
    //设置按钮文本颜色
    m_hBtnOk.SetColor(CButtonST::BTNST_COLOR_FG_IN, RGB(0, 128, 0));
    m_hBtnCancel.SetIcon(IDI_ICON_CANCEL);
    m_hBtnCancel.OffsetColor(CButtonST::BTNST_COLOR_BK_IN, shBtnColor);
    //设置按钮颜色
    m_hBtnCancel.SetColor(CButtonST::BTNST_COLOR_FG_IN, RGB(0, 128, 0));
}
```

处理"登录"按钮的单击事件，当用户输入用户名和密码以后，单击"登录"按钮将进行身份验证，如果输入的信息正确则登录系统。

```
void CDlgLogin::OnOK()
{
    char m_szName[30], m_szPwd[30] ;
    GetDlgItemText(IDC_EDIT_NAME, m_szName, sizeof(m_szName)) ;    //获取用户名称
    GetDlgItemText(IDC_EDIT_PWD, m_szPwd, sizeof(m_szPwd)) ;       //获取用户密码
    switch(m_hDatabase.IsVerifyUser(m_szName, m_szPwd, m_szLevel))//验证用户名和密码
    {
    case 1:                                                    //成功
        {
            strcpy(m_szOpName, m_szName) ;
            break ;
        }
    case 0:                                                    //失败
        {
            MessageBox("登录失败, 用户名/密码错误!") ;
            m_hEditName.SetFocus() ;
            return ;
        }
    case -1:                                                   //数据库操作异常
        {
            MessageBox("数据库操作异常, 请与系统管理员联络!") ;
            exit(0);
            break;
        }
    }
    CDialog::OnOK();
}
```

8.5.3 操作员管理模块设计

1. 实现目标

操作员管理主要实现操作员信息的添加、修改、删除功能。为了防止非法用户进入系统，销售管理系统设计了系统登录模块，在系统登录模块中需要输入用户名和密码，此处的用户名和密码就是在操作员信息管理窗口中设置的。操作员信息管理运行结果如图 8-15 所示。

2. 设计步骤

（1）创建一个对话框，类名为"COpCtrlDlg"。默认情况下，窗口中会包含两个按钮，删除窗口中这两个按钮，设计对话框资源如图 8-16 所示。

图 8-15 操作员信息管理窗口

图 8-16 操作员信息管理设计窗口

（2）按<Ctrl+W>组合键打开类向导窗口，选择 Member Variables 选项卡，为控件设置变量，如图 8-17 所示。

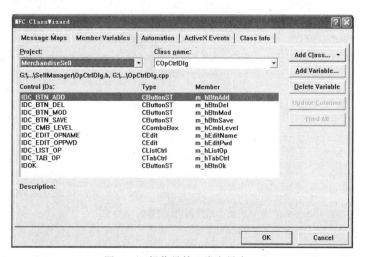

图 8-17 操作员管理类向导窗口

（3）主要控件功能描述见表 8-9。

表 8-9 主要控件功能描述

资源 ID	类　　型	成 员 变 量	描　　述
IDC_STATIC	CStatic		标题为：操作员名称
IDC_STATIC	CStatic		标题为：操作员密码

资源 ID	类　　型	成 员 变 量	描　　述
IDC_STATIC	CStatic		标题为：操作员级别
IDC_EDIT_OPNAME	CEdit	m_hEditName	缺省
IDC_EDIT_OPPWD	CEdit	m_hEditPwd	缺省
IDC_EDIT_OPNAME	CEdit	m_hEditLevel	风格：Password
IDC_BTN_ADD	CButtonSt	m_hBtnAdd	标题为：增加
IDC_BTN_DEL	CButtonSt	m_hBtnDel	标题为：删除
IDC_BTN_MOD	CButtonSt	m_hBtnMod	标题为：修改
IDC_BTN_SAVE	CButtonSt	m_hBtnSave	标题为：保存
IDOK	CButtonSt	m_hBtnOk	标题为：关闭
IDC_LIST_OP	CListCtrl	m_hListOp	风格为：Report
IDC_TAB_OP	CTabCtrl	m_hTabOp	缺省

3. 代码分析

InitCtrlData()成员函数用于初始化所有控件内容及属性。包括创建标签页，为列表视图控件添加列，设置按钮显示的图片等。

```
void COpCtrlDlg::InitCtrlData()
{
    //添加选项卡
    m_hTabCtrl.InsertItem(0, "操作员基本信息") ;
    m_hTabCtrl.InsertItem(1, "操作员列表") ;
    m_hTabCtrl.ShowWindow(1) ;
    //向列表中添加列
    m_hListOp.InsertColumn(0, "操作员姓名", LVCFMT_CENTER, 100) ;
    m_hListOp.InsertColumn(1, "操作员密码", LVCFMT_CENTER, 100) ;
    m_hListOp.InsertColumn(2, "操作员级别", LVCFMT_CENTER, 100) ;
    //设置列风格
    m_hListOp.SetExtendedStyle(m_hListOp.GetStyle() | LVS_EX_FULLROWSELECT);
    //设置按钮选项卡
    m_hBtnOk.SetIcon(IDI_ICON_CLOSE);
    m_hBtnOk.OffsetColor(CButtonST::BTNST_COLOR_BK_IN, shBtnColor);
    m_hBtnOk.SetColor(CButtonST::BTNST_COLOR_FG_IN, RGB(0, 128, 0));
    ……
    //在显示标签控件时，首先显示操作员列表选项卡
    TabCtrlOfSelect(1) ;
}
```

处理"添加"按钮的单击事件，判断当前所处属性页，切换至增加内容页面，清空所有内容。

```
void COpCtrlDlg::OnBtnAdd()
{
    //增加操作员
    switch(m_hTabCtrl.GetCurSel())                          //获取当前标签页索引
    {
    case 0:
        {
            break ;
        }
```

```
case 1:
    {
        TabCtrlOfSelect(0) ;
        break ;
    }
}
m_hEditName.SetWindowText("") ;                      //清空编辑框文本
m_hEditPwd.SetWindowText("") ;
m_hBtnSave.EnableWindow() ;                          //使保存按钮可用
m_hEditName.SetFocus() ;                             //使编辑框获得输入焦点
}
```

向对话框中添加 TabCtrlOfSelect 方法，根据参数标识的页面索引显示相应的标签页面。

```
void COpCtrlDlg::TabCtrlOfSelect(int m_nSelected)
{
    switch(m_nSelected)
    {
    case 0:
        {
            m_hTabCtrl.SetCurSel(0) ;                //选中第一个页面
            m_hEditName.ShowWindow(TRUE) ;           //显示相应的控件
            m_hEditPwd.ShowWindow(TRUE) ;
            m_hCmbLevel.ShowWindow(TRUE) ;
            m_hListOp.ShowWindow(FALSE) ;            //隐藏相应的控件
            m_hEditName.SetFocus() ;
            break ;
        }
    case 1:
        {
            m_hTabCtrl.SetCurSel(1) ;                //选中第 2 个标签页
            m_hEditName.ShowWindow(FALSE) ;          //隐藏相应的控件
            m_hEditPwd.ShowWindow(FALSE) ;
            m_hCmbLevel.ShowWindow(FALSE) ;
            m_hListOp.ShowWindow(TRUE) ;             //显示相应的控件
            m_hEditName.SetFocus() ;
            break ;
        }
    }
    m_hDatabase.ListOpToCtrl(&m_hListOp) ;
}
```

当用户单击不同的标签页时，隐藏和显示相应的控件，以起到切换页面的效果。

```
void COpCtrlDlg::OnSelchangeTabOp(NMHDR* pNMHDR, LRESULT* pResult)
{
    switch(m_hTabCtrl.GetCurSel())                   //判断用户选择标签页
    {
    case 0:
        m_hEditName.ShowWindow(TRUE) ;
        m_hEditPwd.ShowWindow(TRUE) ;
        m_hCmbLevel.ShowWindow(TRUE) ;
        m_hListOp.ShowWindow(FALSE) ;
        m_hEditName.SetFocus() ;
        break ;
    case 1:
        m_hEditName.ShowWindow(FALSE) ;
```

```
        m_hEditPwd.ShowWindow(FALSE) ;
        m_hCmbLevel.ShowWindow(FALSE) ;
        m_hListOp.ShowWindow(TRUE) ;
        break ;
    }
    *pResult = 0;
    m_hDatabase.ListOpToCtrl(&m_hListOp) ;
}
```

8.5.4　商品入库管理模块设计

1. 实现目标

商品入库管理主要实现商品入库信息的添加、修改、删除、保存等操作。入库管理运行效果如图 8-18 所示。

2. 设计步骤

（1）创建一个对话框，类名为"CDlgSprk"。默认情况下，窗口中会包含两个按钮，删除窗口中这两个按钮。设计对话框资源如图 8-19 所示。

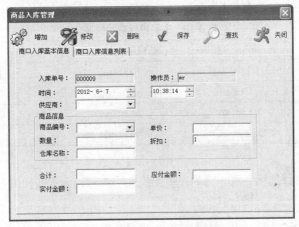

图 8-18　商品入库管理

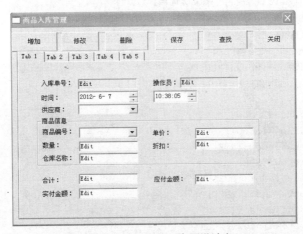

图 8-19　商品入库管理资源设计窗口

（2）按<Ctrl+W>组合键打开类向导窗口，选择 Member Variables 选项卡，为控件设置变量，如图 8-20 所示。

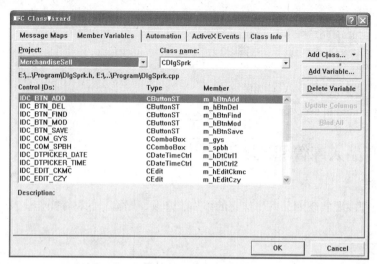

图 8-20　商品入库管理类向导窗口

（3）主要控件功能描述见表 8-10。

表 8-10　主要控件功能描述

资源 ID	类　型	成员变量	描　述
IDC_TAB_SPRK	CTabCtrl	m_hTabSprk	标签控件
IDC_EDIT_RKDH	CEdit	m_hEditRkdh	入库单号
IDC_LIST_SPRK	CListCtrl	m_hListSprk	列表视图控件
IDC_DTPICKER_DATE	CDateTimeCtrl	m_hDtCtrl1	时间控件

3. 代码分析

在对话框初始化时添加标签页，为列表视图控件添加列，设置按钮的显示图片。

```
void CDlgSprk::InitCtrlData()
{
    m_hTabSprk.InsertItem(0, "商口入库基本信息") ;
    m_hTabSprk.InsertItem(1, "商口入库信息列表") ;
    m_hTabSprk.ShowWindow(TRUE) ;
//---显示相应的窗口控件
    m_hEditZk.ShowWindow(TRUE) ;
    m_hEditYfje.ShowWindow(TRUE) ;
    m_spbh.ShowWindow(TRUE) ;
    m_hEditSl.ShowWindow(TRUE) ;
    m_hEditSfje.ShowWindow(TRUE) ;
    m_hEditRkdh.ShowWindow(TRUE) ;
    m_hEditHj.ShowWindow(TRUE) ;
    m_gys.ShowWindow(TRUE) ;
    m_hEditDj.ShowWindow(TRUE) ;
    m_hEditCzy.ShowWindow(TRUE) ;
    m_hEditCkmc.ShowWindow(TRUE) ;
    m_hListSprk.ShowWindow(FALSE) ;
    //向列表控件中添加列
    m_hListSprk.InsertColumn(0, "入库单号", LVCFMT_CENTER, 80) ;
    m_hListSprk.InsertColumn(1, "供应商", LVCFMT_CENTER, 50) ;
    m_hListSprk.InsertColumn(2, "操作员", LVCFMT_CENTER, 80) ;
```

```
m_hListSprk.InsertColumn(3, "折扣", LVCFMT_CENTER, 50);
m_hListSprk.InsertColumn(4, "合计", LVCFMT_CENTER, 50);
m_hListSprk.InsertColumn(5, "应付金额", LVCFMT_CENTER, 80);
m_hListSprk.InsertColumn(6, "实付金额", LVCFMT_CENTER, 80);
m_hListSprk.InsertColumn(7, "仓库名称", LVCFMT_CENTER, 80);
m_hListSprk.InsertColumn(8, "商品编号", LVCFMT_CENTER, 80);
m_hListSprk.InsertColumn(9, "单价", LVCFMT_CENTER, 50);
m_hListSprk.InsertColumn(10, "数量", LVCFMT_CENTER, 50);
m_hListSprk.InsertColumn(11, "金额", LVCFMT_CENTER, 50);
m_hListSprk.InsertColumn(12, "时间", LVCFMT_CENTER, 80);
//设置列表扩展风格
m_hListSprk.SetExtendedStyle(m_hListSprk.GetStyle() | LVS_EX_FULLROWSELECT);
///INIT BUTTON CTRL
m_hBtnOk.SetIcon(IDI_ICON_CLOSE);
m_hBtnOk.OffsetColor(CButtonST::BTNST_COLOR_BK_IN, shBtnColor);
m_hBtnOk.SetColor(CButtonST::BTNST_COLOR_FG_IN, RGB(0, 128, 0));
//设置保存按钮图标和颜色
m_hBtnSave.SetIcon(IDI_ICON_OK);
m_hBtnSave.OffsetColor(CButtonST::BTNST_COLOR_BK_IN, shBtnColor);
m_hBtnSave.SetColor(CButtonST::BTNST_COLOR_FG_IN, RGB(0, 128, 0));
m_hBtnSave.EnableWindow(FALSE);
//设置删除按钮图标和颜色
m_hBtnDel.SetIcon(IDI_ICON_DEL);
m_hBtnDel.OffsetColor(CButtonST::BTNST_COLOR_BK_IN, shBtnColor);
m_hBtnDel.SetColor(CButtonST::BTNST_COLOR_FG_IN, RGB(0, 128, 0));
//设置增加按钮图标和颜色
m_hBtnAdd.SetIcon(IDI_ICON_ADD);
m_hBtnAdd.OffsetColor(CButtonST::BTNST_COLOR_BK_IN, shBtnColor);
m_hBtnAdd.SetColor(CButtonST::BTNST_COLOR_FG_IN, RGB(0, 128, 0));
//设置修改按钮图标和颜色
m_hBtnMod.SetIcon(IDI_ICON_MOD);
m_hBtnMod.OffsetColor(CButtonST::BTNST_COLOR_BK_IN, shBtnColor);
m_hBtnMod.SetColor(CButtonST::BTNST_COLOR_FG_IN, RGB(0, 128, 0));
//设置查找按钮图标和颜色
m_hBtnFind.SetIcon(IDI_ICON_FIND);
m_hBtnFind.OffsetColor(CButtonST::BTNST_COLOR_BK_IN, shBtnColor);
m_hBtnFind.SetColor(CButtonST::BTNST_COLOR_FG_IN, RGB(0, 128, 0));
TabCtrlOfSelect(1);
//填充供应商列表
_RecordsetPtr rec;
rec=m_hDatabase.Sql_Query("select provider from tb_providerinfo");
m_gys.ResetContent();
while (!rec->adoEOF)
{ m_gys.AddString((char*)(_bstr_t)rec->GetCollect(0l));
  rec->MoveNext();
}
//填充商品编号列表
rec=m_hDatabase.Sql_Query("select id from tb_merchandiseinfo");
m_spbh.ResetContent();
```

```
        while (!rec->adoEOF)
        { m_spbh.AddString((char*)(_bstr_t)rec->GetCollect(01));
          rec->MoveNext();
        }
    }
```

自定义一个 TabCtrlOfSelect 方法，当用户选择不同的标签页时，显示和隐藏相应的控件，使用户感觉是在切换标签页。

```
    void CDlgSprk::TabCtrlOfSelect(int m_nSelected)
    {
        switch(m_nSelected)
        {
        case 0:
            {
                m_hTabSprk.SetCurSel(0) ;
                //---显示相应的窗口控件
                m_hEditZk.ShowWindow(TRUE) ;
                m_hEditYfje.ShowWindow(TRUE) ;
                m_spbh.ShowWindow(TRUE) ;
                m_hEditSl.ShowWindow(TRUE) ;
                m_hEditSfje.ShowWindow(TRUE) ;
                m_hEditRkdh.ShowWindow(TRUE) ;
                m_hEditHj.ShowWindow(TRUE) ;
                m_gys.ShowWindow(TRUE) ;
                m_hEditDj.ShowWindow(TRUE) ;
                m_hEditCzy.ShowWindow(TRUE) ;
                m_hEditCkmc.ShowWindow(TRUE) ;
                m_hDtCtrl1.ShowWindow(TRUE) ;
                m_hDtCtrl2.ShowWindow(TRUE) ;

                m_hListSprk.ShowWindow(FALSE) ;
                m_hEditRkdh.SetFocus() ;
                break ;
            }
        case 1:
            {
                m_hTabSprk.SetCurSel(1) ;
                //-----隐藏相应的窗口控件
                m_hEditZk.ShowWindow(FALSE) ;
                m_hEditYfje.ShowWindow(FALSE) ;
                m_spbh.ShowWindow(FALSE) ;
                m_hEditSl.ShowWindow(FALSE) ;
                m_hEditSfje.ShowWindow(FALSE) ;
                m_hEditRkdh.ShowWindow(FALSE) ;
                m_hEditHj.ShowWindow(FALSE) ;
                m_gys.ShowWindow(FALSE) ;
                m_hEditDj.ShowWindow(FALSE) ;
                m_hEditCzy.ShowWindow(FALSE) ;
                m_hEditCkmc.ShowWindow(FALSE) ;
                m_hDtCtrl1.ShowWindow(FALSE) ;
                m_hDtCtrl2.ShowWindow(FALSE) ;

                m_hListSprk.ShowWindow(TRUE) ;
```

```
                    break ;
                }
            }
        m_hDatabase.ListSprkToCtrl(&m_hListSprk) ;
    }
```

处理"增加"按钮的单击事件代码，判断当前所处属性页，切换至增加内容页面，清空所有内容。

```
void CDlgSprk::OnBtnAdd()                          //增加按钮
{
        switch(m_hTabSprk.GetCurSel())
        {
        case 0:
            {
                break ;
            }
        case 1:
            {
                TabCtrlOfSelect(0) ;
                break ;
            }
        }
//初始化编辑框中的文本
        m_hEditZk.SetWindowText("1") ;
        m_hEditYfje.SetWindowText("") ;
        m_spbh.SetWindowText("") ;
        m_hEditSl.SetWindowText("") ;
        m_hEditSfje.SetWindowText("") ;
        m_hEditRkdh.SetWindowText(m_hDatabase.getMaxId("tb_instore_main","id")) ;
        m_hEditHj.SetWindowText("") ;
        m_gys.SetWindowText("") ;
        m_hEditDj.SetWindowText("") ;
        m_hEditCzy.SetWindowText(m_szOpName) ;
        m_hEditCkmc.SetWindowText("") ;
        m_gys.SetFocus() ;
        m_hBtnSave.EnableWindow() ;
}
```

处理"保存"按钮的单击事件，将根据标签页中的内容保存用户所做的修改。

```
void CDlgSprk::OnBtnSave()
{
        char ID[30+1], provider[30+1], ooperator[50+1], rebate[10+1], sumtotal[10+1],
paymoney[10+1], factmoney[10+1], intime[20+1]="", merchandiseID[30+1], unitPrice[10+1],
numbers[10+1], stockname[30+1] ;
//获取编辑框中的文本
        m_hEditRkdh.GetWindowText(ID, sizeof(ID)) ;
        m_gys.GetWindowText(provider, sizeof(provider)) ;
        m_hEditCzy.GetWindowText(ooperator, sizeof(ooperator)) ;
        m_hEditZk.GetWindowText(rebate, sizeof(rebate)) ;
        m_hEditHj.GetWindowText(sumtotal, sizeof(sumtotal)) ;
        m_hEditYfje.GetWindowText(paymoney, sizeof(paymoney)) ;
        m_hEditSfje.GetWindowText(factmoney, sizeof(factmoney)) ;
        m_spbh.GetWindowText(merchandiseID, sizeof(merchandiseID)) ;
        m_hEditDj.GetWindowText(unitPrice, sizeof(unitPrice)) ;
        m_hEditSl.GetWindowText(numbers, sizeof(numbers)) ;
        m_hEditCkmc.GetWindowText(stockname, sizeof(stockname)) ;
        m_hDtCtrl1.GetWindowText(intime,sizeof(intime)
            );
```

```
//保存修改,更新数据库
    m_hDatabase.UpdateSprkData(ID,provider,ooperator,rebate,sumtotal, paymoney, factmoney,
intime,merchandiseID,unitPrice,numbers,stockname) ;
    m_hBtnSave.EnableWindow(FALSE) ;
}
```

8.5.5 销售管理模块设计

1. 实现目标

销售管理主要实现销售信息的添加、修改、删除、保存等操作。商品销售管理运行效果如图 8-21 所示。

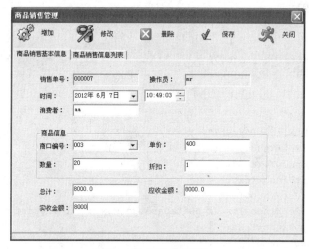

图 8-21　商品销售管理

2. 设计步骤

（1）创建一个对话框，类名为"CDlgSell"。默认情况下，窗口中会包含两个按钮，删除窗口中这两个按钮，设计对话框资源如图 8-22 所示。

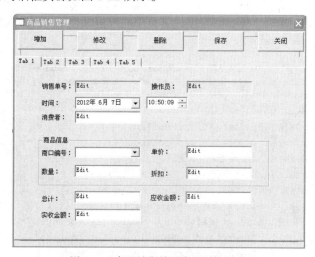

图 8-22　商品销售管理资源设计窗口

（2）按〈Ctrl+W〉组合键打开类向导窗口，选择 Member Variables 选项卡，为控件设置变量，如图 8-23 所示。

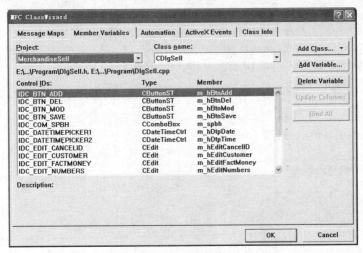

图 8-23 商品销售类向导窗口

（3）主要控件功能描述见表 8-11。

表 8-11 主要控件功能描述

资源 ID	类 型	成员变量	描 述
IDC_TAB_CANCELSELL	CTabCtrl	m_hTabCancelSell	标签控件
IDC_EDIT_CANCELID	CEdit	m_hEditCancelID	销售单号
IDC_DATETIMEPICKER1	CDateTimeCtrl	m_hDtpDate	日期控件
IDC_BTN_ADD	CButtonST	m_hBtnAdd	增加按钮

3. 代码分析

处理"增加"按钮的单击事件，判断当前所处属性页，切换至增加内容页面，清空所有内容。

```
void CDlgSell::OnBtnAdd()
{
    switch(m_hTabCancelSell.GetCurSel())//判断当前页面
    {
    case 0:
        {
            break ;
        }
    case 1:
        {
            TabCtrlOfSelect(0) ;
            break ;
        }
    }
//初始化编辑框中的文本
    m_hEditUnitPrice.SetWindowText("") ;
    m_hEditSumTotal.SetWindowText("") ;
    m_hEditRebate.SetWindowText("1") ;
    m_hEditPayMoney.SetWindowText("") ;
    m_hEditOperator.SetWindowText(m_szOpName) ;
    m_spbh.SetWindowText("") ;
    m_hEditFactMoney.SetWindowText("") ;
    m_hEditCustomer.SetWindowText("") ;
```

```
        m_hEditCancelID.SetWindowText(m_hDatabase.getMaxId("tb_sell_main","cancelID")) ;
        m_hEditNumbers.SetWindowText("") ;
        m_hEditCustomer.SetFocus() ;
        m_hBtnSave.EnableWindow() ;        //使保存按钮可用
    }
```

处理"修改"按钮的单击事件，使程序处于修改状态，使保存按钮可用，此时，单击保存按钮将进行修改操作。

```
    void CDlgSell::OnBtnMod()
    {
        switch(m_hTabCancelSell.GetCurSel())
        {
        case 0:
            {
                break ;
            }
        case 1:
            {
                if(m_hListCancelSell.GetSelectionMark() == -1)
                {//未被选中
                    MessageBox("请选择欲修改条目!") ;
                    return ;
                }
                break ;
            }
        }
        TabCtrlOfSelect(0) ;
        m_hBtnSave.EnableWindow() ;        //使保存按钮可用
        m_hEditCancelID.SetFocus() ;       //使商品销售单号获得焦点
    }
```

处理"保存"按钮的单击事件，将页面中的数据保存到数据库中。

```
    void CDlgSell::OnBtnSave()
    {
        char CancelID[30+1], Customer[30+1], ooperator[50+1], rebate[10+1], sumtotal[10+1],
    paymoney[10+1], factmoney[10+1], intime[20+1]="", merchandiseID[30+1], unitPrice[10+1],
    numbers[10+1], stockname[30+1]="" ;
        m_hEditCancelID.GetWindowText(CancelID, sizeof(CancelID)) ; //获取编辑框文本
        m_hEditCustomer.GetWindowText(Customer, sizeof(Customer)) ;
        m_hEditOperator.GetWindowText(ooperator, sizeof(ooperator)) ;
        m_hEditRebate.GetWindowText(rebate, sizeof(rebate)) ;
        m_hEditSumTotal.GetWindowText(sumtotal, sizeof(sumtotal)) ;
        m_hEditPayMoney.GetWindowText(paymoney, sizeof(paymoney)) ;
        m_hEditFactMoney.GetWindowText(factmoney, sizeof(factmoney)) ;
        m_spbh.GetWindowText(merchandiseID, sizeof(merchandiseID)) ;
        m_hEditUnitPrice.GetWindowText(unitPrice, sizeof(unitPrice)) ;
        m_hEditNumbers.GetWindowText(numbers, sizeof(numbers)) ;
        //保存修改,更新数据库
        m_hDatabase.UpdateSellData(CancelID,Customer,ooperator,rebate,sumtotal,paymoney,
    factmoney,intime,merchandiseID,unitPrice,numbers,stockname) ;
        m_hBtnSave.EnableWindow(FALSE) ;
    }
```

处理"删除"按钮的单击事件，将删除用户选择的信息。

```
    void CDlgSell::OnBtnDel()
    {
```

```
    if(m_hListCancelSell.GetSelectionMark() == -1)
    {//未被选中
        MessageBox("请选择欲删除条目!") ;
        return ;
    }
    char m_szCancelID[30+1] ;
  m_hListCancelSell.GetItemText(m_hListCancelSell.GetSelectionMark(), 0, m_szCancelID,
sizeof(m_szCancelID)) ;
    m_hDatabase.DeleteDataWhere(SPXS, m_szCancelID) ;                    //删除数据
    TabCtrlOfSelect(1) ;                                                //选择标签页
}
```

8.5.6　查询管理模块设计

1．实现目标

查询管理主要包含入库查询、入库退货查询、销售查询和销售退货查询，涉及查询信息的打印操作。查询管理模块运行效果如图 8-24 所示。

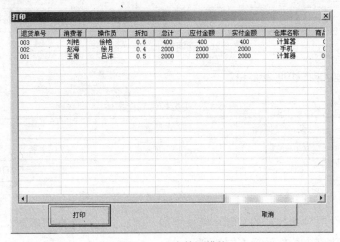

图 8-24　查询管理模块

2．设计步骤

（1）创建一个对话框，类名为"CDlgPrint"，设计对话框资源如图 8-25 所示。

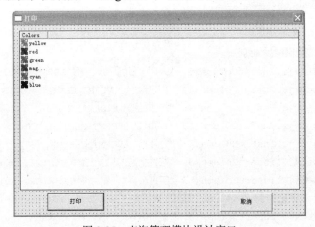

图 8-25　查询管理模块设计窗口

（2）按<Ctrl+W>组合键打开类向导窗口，选择 Member Variables 选项卡，为控件设置变量，如图 8-26 所示。

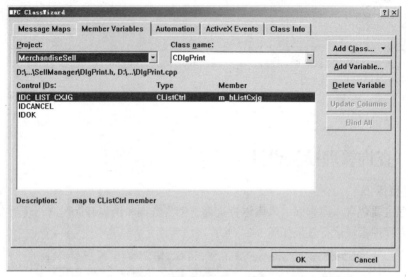

图 8-26　查询模块类向导窗口

（3）主要控件功能描述见表 8-12。

表 8-12　主要控件功能描述

资源 ID	类　型	成员变量	描　　述
IDC_LIST_CXJG	CListCtrl	m_hListCxjg	列表控件，用于显示数据
IDOK	CButton		打印按钮

3. 代码分析

在对话框初始化时判断执行的是哪个模块查询，例如，是入库查询还是入库退货查询。并根据不同的查询模块为列表控件设置不同的列。

```
BOOL CDlgPrint::OnInitDialog()
{
    CDialog::OnInitDialog();
    switch(m_nCxSelected)
    {
case 1:  //入库查询
    //向列表视图中添加列
    m_hListCxjg.InsertColumn(0, "入库单号", LVCFMT_CENTER, 80) ;
    m_hListCxjg.InsertColumn(1, "供应商", LVCFMT_CENTER, 50) ;
    m_hListCxjg.InsertColumn(2, "操作员", LVCFMT_CENTER, 80) ;
    m_hListCxjg.InsertColumn(3, "折扣", LVCFMT_CENTER, 50) ;
    m_hListCxjg.InsertColumn(4, "合计", LVCFMT_CENTER, 50) ;
    m_hListCxjg.InsertColumn(5, "应付金额", LVCFMT_CENTER, 80) ;
    m_hListCxjg.InsertColumn(6, "实付金额", LVCFMT_CENTER, 80) ;
    m_hListCxjg.InsertColumn(7, "仓库名称", LVCFMT_CENTER, 80) ;
    m_hListCxjg.InsertColumn(8, "商品编号", LVCFMT_CENTER, 80) ;
    m_hListCxjg.InsertColumn(9, "单价", LVCFMT_CENTER, 50) ;
```

```
        m_hListCxjg.InsertColumn(10, "数量", LVCFMT_CENTER, 50) ;
        m_hListCxjg.InsertColumn(11, "金额", LVCFMT_CENTER, 50) ;
        m_hListCxjg.InsertColumn(12, "时间", LVCFMT_CENTER, 80) ;
        m_hDatabase.ListSprkToCtrl(&m_hListCxjg) ;    //将入库信息添加到列表中
        break ;
case 2: //入库退货查询
        m_hListCxjg.InsertColumn(0, "退货单号", LVCFMT_CENTER, 80) ;
        m_hListCxjg.InsertColumn(1, "客户", LVCFMT_CENTER, 50) ;
        m_hListCxjg.InsertColumn(2, "操作员", LVCFMT_CENTER, 80) ;
        m_hListCxjg.InsertColumn(3, "折扣", LVCFMT_CENTER, 50) ;
        m_hListCxjg.InsertColumn(4, "总计", LVCFMT_CENTER, 50) ;
        m_hListCxjg.InsertColumn(5, "应付金额", LVCFMT_CENTER, 80) ;
        m_hListCxjg.InsertColumn(6, "实付金额", LVCFMT_CENTER, 80) ;
        m_hListCxjg.InsertColumn(7, "仓库名称", LVCFMT_CENTER, 80) ;
        m_hListCxjg.InsertColumn(8, "商品编号", LVCFMT_CENTER, 80) ;
        m_hListCxjg.InsertColumn(9, "单价", LVCFMT_CENTER, 50) ;
        m_hListCxjg.InsertColumn(10, "数量", LVCFMT_CENTER, 50) ;
        m_hListCxjg.InsertColumn(11, "金额", LVCFMT_CENTER, 50) ;
        m_hListCxjg.InsertColumn(12, "时间", LVCFMT_CENTER, 80) ;
        m_hDatabase.ListCancelInStockToCtrl(&m_hListCxjg);//将入库退货信息添加到列表中
        break ;
case 3: //商品销售查询
        m_hListCxjg.InsertColumn(0, "销售单号", LVCFMT_CENTER, 80) ;
        m_hListCxjg.InsertColumn(1, "客户", LVCFMT_CENTER, 50) ;
        m_hListCxjg.InsertColumn(2, "操作员", LVCFMT_CENTER, 80) ;
        m_hListCxjg.InsertColumn(3, "折扣", LVCFMT_CENTER, 50) ;
        m_hListCxjg.InsertColumn(4, "总计", LVCFMT_CENTER, 50) ;
        m_hListCxjg.InsertColumn(5, "应付金额", LVCFMT_CENTER, 80) ;
        m_hListCxjg.InsertColumn(6, "实付金额", LVCFMT_CENTER, 80) ;
        m_hListCxjg.InsertColumn(7, "仓库名称", LVCFMT_CENTER, 80) ;
        m_hListCxjg.InsertColumn(8, "商品编号", LVCFMT_CENTER, 80) ;
        m_hListCxjg.InsertColumn(9, "单价", LVCFMT_CENTER, 50) ;
        m_hListCxjg.InsertColumn(10, "数量", LVCFMT_CENTER, 50) ;
        m_hListCxjg.InsertColumn(11, "金额", LVCFMT_CENTER, 50) ;
        m_hListCxjg.InsertColumn(12, "时间", LVCFMT_CENTER, 80) ;
        m_hDatabase.ListSellToCtrl(&m_hListCxjg) ;//将商品销售信息添加到列表中
        break ;
case 4: //销售退货查询
        m_hListCxjg.InsertColumn(0, "退货单号", LVCFMT_CENTER, 80) ;
        m_hListCxjg.InsertColumn(1, "消费者", LVCFMT_CENTER, 50) ;
        m_hListCxjg.InsertColumn(2, "操作员", LVCFMT_CENTER, 80) ;
        m_hListCxjg.InsertColumn(3, "折扣", LVCFMT_CENTER, 50) ;
        m_hListCxjg.InsertColumn(4, "总计", LVCFMT_CENTER, 50) ;
        m_hListCxjg.InsertColumn(5, "应付金额", LVCFMT_CENTER, 80) ;
        m_hListCxjg.InsertColumn(6, "实付金额", LVCFMT_CENTER, 80) ;
        m_hListCxjg.InsertColumn(7, "仓库名称", LVCFMT_CENTER, 80) ;
```

```
            m_hListCxjg.InsertColumn(8, "商品编号", LVCFMT_CENTER, 80) ;
            m_hListCxjg.InsertColumn(9, "单价", LVCFMT_CENTER, 50) ;
            m_hListCxjg.InsertColumn(10, "数量", LVCFMT_CENTER, 50) ;
            m_hListCxjg.InsertColumn(11, "金额", LVCFMT_CENTER, 50) ;
            m_hListCxjg.InsertColumn(12, "时间", LVCFMT_CENTER, 80) ;
            m_hDatabase.ListCancelSellToCtrl(&m_hListCxjg) ;//将销售退货信息添加到列表中
            break ;
        default:
            exit(1) ;
            break ;
        }
        //设置列表控件的扩展风格
        m_hListCxjg.SetExtendedStyle(m_hListCxjg.GetStyle() | LVS_EX_FULLROWSELECT);
        return TRUE;
    }
```

处理"打印"按钮的单击事件，打印列表中的数据。

```
    void CDlgPrint::OnOK()                                   //响应打印按钮
    {
        if(m_hListCxjg.GetItemCount()<= 0)                    //判断列表中是否有数据
            return;
        PRNINFO PrnInfo = {0};
        PrnInfo.hListView = m_hListCxjg.m_hWnd;
        PrnInfo.hWnd = this->m_hWnd;
        PrnInfo.IsPrint = FALSE;
        PrnInfo.nCurPage = 1;
        PrnInfo.nMaxLine = m_hListCxjg.GetItemCount();//获取行数
        CPreParent DlgPreView;
        DlgPreView.SetCallBackFun(DrawInfo, PrnInfo);
        DlgPreView.DoModal();                                //显示预览窗口
    }
```

向对话框中添加 DrawInfo 方法，用于设置打印预览或者打印信息，并将其输出到预览窗口或打印机。

```
    void CDlgPrint::DrawInfo(CDC &memDC, PRNINFO PrnInfo)
    {
        if(memDC.m_hDC == NULL)
            return;
        int nCurPage = PrnInfo.nCurPage;                     //当前页
        BOOL IsPrint = PrnInfo.IsPrint;                      //是否打印
        int nMaxPage = PrnInfo.nCountPage;                   //最大页码
        HWND hWnd = PrnInfo.hWnd;
        HWND hList = PrnInfo.hListView;
        CString csLFinality, csRFinality;
        CTime time;
        time=CTime::GetCurrentTime();                        //获取当前时间
        csLFinality = time.Format("报表日期:%Y-%m-%d");       //格式化时间
        csRFinality.Format("第 %i 页/共 %i 页", nCurPage, nMaxPage);
        TCHAR szTitle[100] ;
        switch(m_nCxSelected)
        {
        case 1:
```

```
        strcpy(szTitle, "入库管理") ;
        break ;
case 2:
        strcpy(szTitle, "入库退货管理") ;
        break ;
case 3:
        strcpy(szTitle, "销售管理") ;
        break ;
case 4:
        strcpy(szTitle, "销售退货管理") ;
        break ;
}
CRect rc, rt1, rt2, rt3, rt4, rt5, rt6, rt7, rt8,rt9,rt10,rt11,rt12,rt13;
CPen *hPenOld;
CPen    cPen;
CFont TitleFont, DetailFont, *oldfont;
TitleFont.CreateFont(-MulDiv(14,memDC.GetDeviceCaps(LOGPIXELSY),72),
    0,0,0,FW_NORMAL,0,0,0,GB2312_CHARSET,
    OUT_STROKE_PRECIS,CLIP_STROKE_PRECIS,DRAFT_QUALITY,
    VARIABLE_PITCH|FF_SWISS,_T("黑体"));              //标题字体
DetailFont.CreateFont(-MulDiv(10,memDC.GetDeviceCaps(LOGPIXELSY),72),
    0,0,0,FW_NORMAL,0,0,0,GB2312_CHARSET,
    OUT_STROKE_PRECIS,CLIP_STROKE_PRECIS,DRAFT_QUALITY,
    VARIABLE_PITCH|FF_SWISS,_T("宋体"));              //细节字体
cPen.CreatePen(PS_SOLID, 2, RGB(0, 0, 0));           //定义画笔
int xP = GetDeviceCaps(memDC.m_hDC, LOGPIXELSX);     //x方向每英寸像素点数
int yP = GetDeviceCaps(memDC.m_hDC, LOGPIXELSY);     //y方向每英寸像素点数
DOUBLE xPix = (DOUBLE)xP*10/254;                     //每 mm 宽度的像素
DOUBLE yPix = (DOUBLE)yP*10/254;                     //每 mm 高度的像素
DOUBLE fAdd = 7*yPix;                                //每格递增量
DOUBLE nTop = 25*yPix;                               //第一页最上线
int    iStart = 0;                                   //从第几行开始读取
DOUBLE nBottom = nTop+B5_ONELINE*fAdd;
if(nCurPage != 1)
    nTop = 25*yPix-fAdd;                             //非第一页最上线
if(nCurPage == 2)
    iStart = B5_ONELINE;
if(nCurPage>2)
    iStart = B5_ONELINE+(nCurPage - 2)*B5_OTHERLINE;
DOUBLE nLeft = 20*xPix;                              //最左线
DOUBLE nRight = xPix*(B5_W-20);                      //最右线
DOUBLE nTextAdd = 1.5*xPix;
if(IsPrint)
{                                                    //真正打印部分
    static DOCINFO di = {sizeof (DOCINFO), szTitle} ;
    if(memDC.StartDoc(&di)<0)                        //开始文档打印
        ::MessageBox(hWnd, "连接到打印机失败!", "错误", MB_ICONSTOP);
    else
    {
        iStart = 0;
        nTop = 25*yPix;                              //第一页最上线
```

```
                    for(int iTotalPages = 1; iTotalPages<=nMaxPage; iTotalPages++)
                    {    int nCurPage = iTotalPages;
                        csRFinality.Format("第 %i 页/共 %i 页", nCurPage, nMaxPage);
                        time=CTime::GetCurrentTime();
                        csLFinality = time.Format("报表日期:%Y-%m-%d");
                        if(nCurPage != 1)
                            nTop = 25*yPix-fAdd;                    //非第一页最上线
                        if(nCurPage == 2)
                            iStart = B5_ONELINE;
                        if(nCurPage>2)
                            iStart = B5_ONELINE+(nCurPage - 2)*B5_OTHERLINE;
                        if(memDC.StartPage() < 0)               //开始页
                        {
                            ::MessageBox(hWnd, _T("打印失败!"), "错误", MB_ICONSTOP);
                            memDC.AbortDoc();
                            return;
                        }
                        else
                        {
                            //打印标题
                            oldfont = memDC.SelectObject(&TitleFont);
                            int nItem = B5_OTHERLINE;
                            if(nCurPage == 1)
                            {
                                nItem = B5_ONELINE;
                                rc.SetRect(0, yPix*10, B5_W*xPix, yPix*20);
    memDC.DrawText(szTitle, &rc, DT_CENTER | DT_VCENTER |
    DT_SINGLELINE);
                            }
                            memDC.SelectObject(&DetailFont);              //细字体
                            rc.SetRect(nLeft, nTop, nRight, nTop+fAdd);
                            memDC.MoveTo(rc.left, rc.top);              //上横线
                            memDC.LineTo(rc.right, rc.top);
                            //入库单号/退货单号/销售单号
            rt1.SetRect(nLeft, nTop, nLeft+20*xPix, nTop+fAdd);
                            //供应商/客户/消费者
      rt2.SetRect(rt1.right, rt1.top, rt1.right + 25*xPix, rt1.bottom);
                            rt3.SetRect(rt2.right, rt1.top, rt2.right + 10*xPix,
    rt1.bottom);        //该方法用于设置操作员区域对象新的范围
                            //折扣
                            rt4.SetRect(rt3.right, rt1.top, rt3.right + 25*xPix, rt1.bottom);
                            //总计
                            rt5.SetRect(rt4.right, rt1.top, rt4.right + 25*xPix, rt1.bottom);
                            rt6.SetRect(rt5.right, rt1.top, rc.right, rt1.bottom);//应付金额
                            switch(m_nCxSelected)
                            {
                            case 1:
            memDC.DrawText("入库单号", &rt1, DT_CENTER | DT_VCENTER |
    DT_SINGLELINE);// 该方法用于在指定的区域绘制文本
    memDC.DrawText("供应商", &rt2, DT_CENTER | DT_VCENTER |
    DT_SINGLELINE);
```

```
                                    break ;
                           case 2:
memDC.DrawText("退货单号", &rt1, DT_CENTER | DT_VCENTER |
DT_SINGLELINE);
memDC.DrawText("客户", &rt2, DT_CENTER | DT_VCENTER |
DT_SINGLELINE);
                                    break ;
                           case 3:
memDC.DrawText("销售单号", &rt1, DT_CENTER | DT_VCENTER |
DT_SINGLELINE);
memDC.DrawText("客户", &rt2, DT_CENTER | DT_VCENTER |
DT_SINGLELINE);
                                    break ;
                           case 4:
memDC.DrawText("退货单号", &rt1, DT_CENTER | DT_VCENTER |
DT_SINGLELINE);
memDC.DrawText("消费者", &rt2, DT_CENTER | DT_VCENTER |
DT_SINGLELINE);
                                    break ;
                       }
    memDC.DrawText("操作员", &rt3, DT_CENTER | DT_VCENTER |
DT_SINGLELINE);
    memDC.DrawText("折扣", &rt4, DT_CENTER | DT_VCENTER |
DT_SINGLELINE);
    memDC.DrawText("总计", &rt5, DT_CENTER | DT_VCENTER |
DT_SINGLELINE);
    memDC.DrawText("应付金额", &rt6, DT_CENTER | DT_VCENTER |
DT_SINGLELINE);
                       memDC.MoveTo(rt1.right, rt1.top);   //设置线条的起点
              memDC.LineTo(rt1.right, rt1.bottom);          //设置线条的终点
                       memDC.MoveTo(rt2.right, rt1.top);
                       memDC.LineTo(rt2.right, rt1.bottom);
                       memDC.MoveTo(rt3.right, rt1.top);
                       memDC.LineTo(rt3.right, rt1.bottom);
                       memDC.MoveTo(rt4.right, rt1.top);
                       memDC.LineTo(rt4.right, rt1.bottom);
                       memDC.MoveTo(rt5.right, rt1.top);
                       memDC.LineTo(rt5.right, rt1.bottom);
                       memDC.MoveTo(rc.left, rt1.bottom);
                       memDC.LineTo(rc.right, rt1.bottom);
    TCHAR szID[32]={0}, szName[16]={0}, szSex[8]={0}, szZY[32]={0},
  szNJ[32]={0}, szBJ[32]={0};
    rc.SetRect(nLeft, nTop+fAdd, nRight, nTop+2*fAdd);
    rt1.SetRect(nLeft+nTextAdd, rc.top, nLeft+20*xPix, rc.bottom);
                       rt2.SetRect(rt1.right+nTextAdd, rt1.top, rt1.right + 25*xPix,
rt1.bottom);
                       rt3.SetRect(rt2.right+nTextAdd, rt1.top, rt2.right + 10*xPix,
rt1.bottom);
                       rt4.SetRect(rt3.right+nTextAdd, rt1.top, rt3.right + 25*xPix,
rt1.bottom);
```

```
                        rt5.SetRect(rt4.right+nTextAdd, rt1.top, rt4.right + 25*xPix,
rt1.bottom);

                        rt6.SetRect(rt5.right+nTextAdd, rt1.top, rc.right,
rt1.bottom);

                        int nCountItem = ListView_GetItemCount(hList);
                        for(int i=0;i<nItem; i++)
                        {
                                ListView_GetItemText(hList, i+iStart, 0, szID, 32);
                                ListView_GetItemText(hList, i+iStart, 1, szName, 16);
                                ListView_GetItemText(hList, i+iStart, 2, szSex, 8);
                                ListView_GetItemText(hList, i+iStart, 3, szZY, 32);
                                ListView_GetItemText(hList, i+iStart, 4, szNJ, 32);
                                ListView_GetItemText(hList, i+iStart, 5, szBJ, 32);
                                memDC.DrawText(szID, &rt1, DT_LEFT | DT_VCENTER |
DT_SINGLELINE);
        memDC.DrawText(szName, &rt2, DT_LEFT | DT_VCENTER |
DT_SINGLELINE);
        memDC.DrawText(szSex, &rt3, DT_LEFT | DT_VCENTER |
DT_SINGLELINE);
        memDC.DrawText(szZY, &rt4, DT_LEFT | DT_VCENTER |
DT_SINGLELINE);
        memDC.DrawText(szNJ, &rt5, DT_LEFT | DT_VCENTER |
DT_SINGLELINE);
        memDC.DrawText(szBJ, &rt6, DT_LEFT | DT_VCENTER |
DT_SINGLELINE);
                                //下横线
                                memDC.MoveTo(rc.left, rc.bottom);
                                memDC.LineTo(rc.right, rc.bottom);
                                memDC.MoveTo(rt1.right, rt1.top);
                                memDC.LineTo(rt1.right, rt1.bottom);
                                memDC.MoveTo(rt2.right, rt1.top);
                                memDC.LineTo(rt2.right, rt1.bottom);
                                memDC.MoveTo(rt3.right, rt1.top);
                                memDC.LineTo(rt3.right, rt1.bottom);
                                memDC.MoveTo(rt4.right, rt1.top);
                                memDC.LineTo(rt4.right, rt1.bottom);
                                memDC.MoveTo(rt5.right, rt1.top);
memDC.LineTo(rt5.right, rt1.bottom);
                                memDC.MoveTo(rc.left, rt1.bottom);
                                memDC.LineTo(rc.right, rt1.bottom);
                                rc.top += fAdd;
                                rc.bottom += fAdd;
                                rt1.top = rc.top;
                                rt1.bottom = rc.bottom;
                                rt2.top = rt1.top;
                                rt2.bottom = rt1.bottom;
                                rt3.top = rt1.top;
                                rt3.bottom = rt1.bottom;
                                rt4.top = rt1.top;
                                rt4.bottom = rt1.bottom;
                                rt5.top = rt1.top;
                                rt5.bottom = rt1.bottom;
                                rt6.top = rt1.top;
```

```
                                rt6.bottom = rt1.bottom;
                                if((i+iStart+1)>=nCountItem)
                                    break;
                            }
                            //结尾
                            memDC.MoveTo(rc.left, nTop);
                            memDC.LineTo(rc.left, rc.top);
                            memDC.MoveTo(rc.right, nTop);
                            memDC.LineTo(rc.right, rc.top);
memDC.DrawText(csLFinality, &rc, DT_LEFT| DT_VCENTER |
DT_SINGLELINE);
memDC.DrawText(csRFinality, &rc, DT_RIGHT| DT_VCENTER |
DT_SINGLELINE);
                            memDC.EndPage();
                            memDC.SelectObject(oldfont);
                        }
                    }
                    memDC.EndDoc();
                }
            }
            else                                            //打印预览
            {
                //代码省略，与打印部分代码基本相同
            }
            TitleFont.DeleteObject();                       //释放字体对象
            DetailFont.DeleteObject();                      //释放字体对象
            cPen.DeleteObject();                            //释放画笔对象
}
```

8.5.7　往来账管理模块设计

1. 实现目标

往来账管理主要包含供应商结款管理和客户结款管理，涉及结款信息的添加、修改、删除、保存等操作。往来账管理运行结果如图 8-27 所示。

图 8-27　往来账管理

2. 设计步骤

（1）创建一个对话框，类名为"CDlgProviderPay"，设计对话框资源如图 8-28 所示。

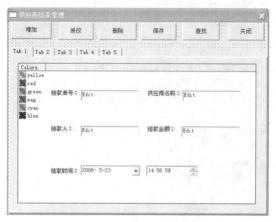

图 8-28　供应商结款设计窗口

（2）按<Ctrl+W>组合键打开类向导窗口，选择 Member Variables 选项卡，为控件设置变量，如图 8-29 所示。

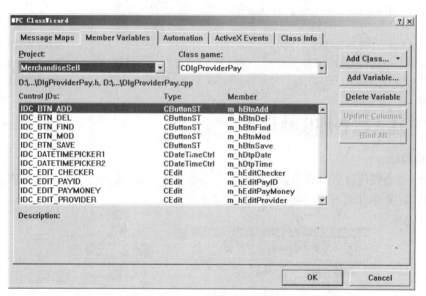

图 8-29　供应商结款类向导窗口

（3）主要控件功能描述见表 8-13。

表 8-13　主要控件功能描述

资源 ID	类　型	成员变量	描　述
IDC_TAB_PROVIDERPAY	CTabCtrl	m_hTabProviderPay	标签控件
IDC_EDIT_PAYID	CEdit	m_hEditPayID	结款单号
IDC_DATETIMEPICKER1	CDateTimeCtrl	m_hDtpDate	日期控件
IDC_BTN_ADD	CButtonST	m_hBtnAdd	增加按钮

3. 代码分析

处理"增加"按钮的单击事件，判断当前所处属性页，切换至增加内容页面，清空所有内容。

```
void CDlgProviderPay::OnBtnAdd()
{
        switch(m_hTabProviderPay.GetCurSel())          //获取标签控件当前索引
        {
        case 0:
            {
                break ;
            }
        case 1:
            {
                TabCtrlOfSelect(0) ;
                break ;
            }
        }
        m_hEditPayID.SetWindowText("") ;               //清空编辑框文本
        m_hEditProvider.SetWindowText("") ;
        m_hEditChecker.SetWindowText("") ;
        m_hEditPayMoney.SetWindowText("") ;
        m_hBtnSave.EnableWindow() ;                    //使保存按钮可用
        m_hEditPayID.SetFocus() ;                      //使编辑框获得焦点
}
```

处理"修改"按钮的单击事件，使程序进入修改状态，此时用户单击"保存"按钮将进行实际的修改操作。

```
void CDlgProviderPay::OnBtnMod()
{
        switch(m_hTabProviderPay.GetCurSel())          //获取标签控件当前索引
        {
        case 0:
                break ;
        case 1:
            {
                if(m_hListProviderPay.GetSelectionMark() == -1)    //未被选中
                {
                    MessageBox("请选择欲修改条目!") ;              //弹出提示对话框
                    return ;
                }
                break ;
            }
        }
        m_hBtnSave.EnableWindow() ;                    //使保存按钮可用
        m_hEditPayID.SetFocus() ;                      //使编辑框获得焦点
}
```

处理"删除"按钮的单击事件，将删除当前用户选择的信息。

```
void CDlgProviderPay::OnBtnDel()
{
        if(m_hListProviderPay.GetSelectionMark() == -1)    //未被选中
```

```
    {
        MessageBox("请选择欲删除条目!") ;                    //弹出提示对话框
        return ;
    }
    char PayID[30+1] ;                                       //定义字符数组
    m_hListProviderPay.GetItemText(m_hListProviderPay.GetSelectionMark(), 0, PayID,
sizeof(PayID)) ;
    m_hDatabase.DeleteDataWhere(GYSJK, PayID) ;              //删除数据
    TabCtrlOfSelect(1) ;
}
```

处理"保存"按钮的单击事件，将当前页面中的信息保存到数据库中。

```
void CDlgProviderPay::OnBtnSave()
{
    char PayID[30+1], Provider[30+1], Checker[30+1], PayMoney[10+1], PayTime[20+1] =
"" ;
    m_hEditPayID.GetWindowText(PayID, sizeof(PayID)) ;       // 获取编辑框文本
    m_hEditProvider.GetWindowText(Provider, sizeof(Provider)) ;
    m_hEditChecker.GetWindowText(Checker, sizeof(Checker)) ;
    m_hEditPayMoney.GetWindowText(PayMoney, sizeof(PayMoney)) ;
    m_hDtpDate.GetWindowText(PayTime,sizeof(PayTime));
    //修改数据
    m_hDatabase.UpdateProviderPayData(PayID, Provider, Checker, PayMoney, PayTime) ;
    m_hBtnSave.EnableWindow(FALSE) ;                         //保存按钮不可用
}
```

8.6　程序打包与安装

使用 Visual C++开发的软件保护不需要特殊的安装程序，就可以脱离开发环境直接在目标机器上执行。程序中的数据库要特殊处理。将数据库从 SQL Server2000 数据库系统分离，然后在目标机器的 SQL Server 2000 上附加数据库就可以了。如果目标机器的 SQL Server2000 与开发机器上的 SQL Server 2000 的实例名、用户名、密码不一致，要修改数据库连接字符串如下。

```
hr=m_Connection->Open(_bstr_t("Provider=SQLOLEDB.1;Persist Security Info= False;Initial
Catalog=SellManage;Data Source=."),_bstr_t("sa"),_bstr_t(""),-1);
```

如果希望不修改源代码就可以使程序在目标机器上运行，可以将数据库连接信息放入配置文件中，只修改配置文件就可以了。

程序可以改为如下代码。

```
    char database[80],datasource[80],user[80],pwd[80];
    FILE *fp;
    fp=fopen("配置文件.txt","r");                           //打开文件
    fgets(database,80,fp);                                  //读数据库名
database[strchr(database,'\n')-database]=0;                 //去掉行尾回车符
    fgets(datasource,80,fp);                                //实例名
datasource[strchr(datasource,'\n')-datasource]=0;
    fgets(user,80,fp);                                      //用户名
```

```
user[strchr(user,'\n')-user]=0;
    fgets(pwd,80,fp);                                    //密码
pwd[strchr(pwd,'\n')-pwd]=0;
    CString strcon;
    strcon.Format("Provider=SQLOLEDB.1;Persist Security Info=False;Initial Catalog=%s;Data
Source=%s",database,datasource);
    hr=m_Connection->Open(_bstr_t(strcon),_bstr_t(user),_bstr_t(pwd),-1);
```

图 8-30 所示为配置文件内容，其中"sa"后有一个空行，是密码，密码为空时要留下一个空行。

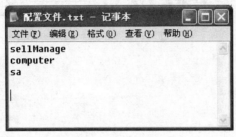

图 8-30　配置文件内容

第9章

课程设计——网络五子棋

本章要点
- 网络五子棋的设计目的
- 网络五子棋的开发环境要求
- 网络五子棋的功能结构
- 主要功能模块的界面设计
- 主要功能模块的关键代码
- 网络五子棋的调试运行

五子棋是起源于中国古代的传统黑白棋种之一。五子棋不仅能增强思维能力，提高智力，而且富含哲理，有助于修身养性。五子棋既有现代休闲的明显特征"短、平、快"，又有古典哲学的高深学问"阴阳易理"；既具有简单易学的特性，为人们所喜爱，又有深奥的技巧和高水平的国际性比赛。五子棋文化源远流长，具有东方的神秘和西方的直观；既有"场"的概念，亦有"点"的连接。五子棋起源于中国古代，发展于日本，风靡于欧洲，可以说五子棋是中西方文化的交流点，是古今哲学的结晶。

9.1 课程设计目的

本章提供了"网络五子棋"作为本书的第二个课程设计项目，本次课程设计旨在进一步提升大家的动手能力，加强大家对通信程序的理解。本次课程设计的主要目的如下。
- 学习客户服务器程序的开发流程
- 学会使用 TCP 协议进行网络通信。
- 自定义网络通信协议
- 对方网络状态测试
- 实现动态调整棋盘大小

9.2 功能描述

相信每个人都会五子棋游戏，当游戏的一方构成 5 个连续的棋子，无论是水平方向、垂直方向，还是斜对角线方向，都表示获胜了。

现实中，两人玩五子棋时难免有悔棋的情况，程序同其他设计了悔棋功能。

俗话说"世事如棋局局新"，本程序还设计了现实中实现不了的功能，比如游戏回放等功能。

9.3 总 体 设 计

9.3.1 构建开发环境

网络五子棋的开发环境具体要求如下。

- ❑ 开发环境：Microsoft Visual C++6.0。
- ❑ 操作系统：Windows XP（SP2）/Windows Server 2003（SP2）/Windows 7。
- ❑ 分辨率：最佳效果 1024×768 像素。

9.3.2 软件功能结构

网络五子棋是一个双人游戏程序，程序分为服务器端和客户端两部分。

网络五子棋服务器端模块主要包含服务器端主窗口、服务器设置窗口、服务器套接字，客户套接字类共 4 个模块。

网络五子棋服务器端模块主要包含客户端窗口、客户端登录窗口和客户端套接字类。

软件结构如图 9-1 所示。

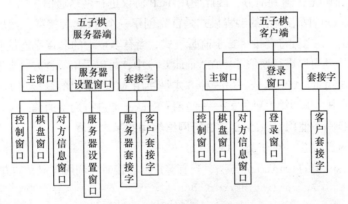

图 9-1 网络五子棋软件结构

9.3.3 业务流程图

网络五子棋的使用，要先在服务器端设置服务器 IP 和端口号，然后客户端登录服务器，可以由任意一方开始游戏。其业务流程如图 9-2 所示。

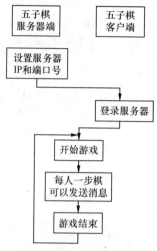

图 9-2　网络五子棋业务流程

9.4　实　现　过　程

9.4.1　使用 TCP 协议进行网络通信

TCP 协议全称 Translate Control Protocol，中文称为传输控制协议，它提供了一个完全可靠的、面向连接的、全双工的字节流传输服务。在设计网络五子棋模块时，考虑到网络传输的数据量不是很大，数据要求准确地传递到对方，因此使用 TCP 协议进行网络通信。

采用 TCP 协议进行网络通信的编程模式是首先创建一个 TCP 套接字，然后将套接字绑定到本机的 IP 和端口号上，之后将套接字置于监听模式，当有客户端的套接字连接时，接收客户端的连接请求，这样双方就可以进行通信了。在 Visual C++中，可以采用两种方式来进行套接字编程，一种方式是使用套接字的 API 函数，另一种方式是使用 MFC 提供的套接字类 CAsyncSocket 和 CSocket。在本模块中，采用第二种方式——使用 CSocket 类进行网络通信。

1．在 Visual C++下使用 CSocket 类进行网络编程的基本步骤

（1）从 CSocket 类派生一个子类，例如 CSrvSock。

（2）改写 CSocket 类的 OnAccept 方法，当有客户端连接时，调用自定义的方法来接受连接。

```
void CSrvSock::OnAccept(int nErrorCode)
{
    m_pDlg->AcceptConnection();              //在主对话框中自定义的方法，用于接受客户端连接
    CSocket::OnAccept(nErrorCode);
}
```

自定义的 AcceptConnection 方法，用于接受客户端的连接。

```
void CChessBorad::AcceptConnection()
{
    m_ClientSock.Close();                    //关闭套接字
    m_SrvSock.Accept(m_ClientSock);          //接受连接
    }
```

（3）从 CSocket 类再派生一个子类，例如 CClientSock。

（4）改写 CSocket 类的 OnReceive 方法，当客户端发送数据时，将调用自定义的方法接收数据。

```
void CClientSock::OnReceive(int nErrorCode)
{
    if (m_pDlg != NULL)
        m_pDlg->ReceiveData();              //调用主对话框自定义方法，接收数据
    CSocket::OnReceive(nErrorCode);
}
```

自定义的 ReceiveData 方法，当服务器端得知客户端发送数据时接收数据。

```
void CChessBorad::ReceiveData()
{
    BYTE* pBuffer = new BYTE[sizeof(TCP_PACKAGE)];          //定义一个缓冲区
    //接收客户端发来的数据
    int factlen = m_ClientSock.Receive(pBuffer,sizeof(TCP_PACKAGE));
    delete []pBuffer;                                       //释放缓冲区
}
```

（5）在 "StdAfx.h" 头文件中引用 "afxsock.h" 头文件，目的是使用 CSocket 类。

```
#include <afxsock.h>
```

（6）在应用程序初始化时调用 AfxSocketInit 方法初始化套接字函数库。

```
WSADATA wsa;
AfxSocketInit(&wsa);                                        //初始化套接字
```

至此就完成了对套接字类 CSocket 的封装。

2. 通过代码来说明套接字类的通信过程

（1）创建并绑定套接字地址和端口。

```
m_SrvSock.Create(port,SOCK_STREAM,SrvDlg.m_HostIP);          //创建套接字
```

Create 方法的第 2 个参数为——SOCK_STREAM，表示创建 TCP 套接字。

（2）将套接字置于监听模式。

```
m_SrvSock.Listen();                                         //监听套接字
```

（3）在客户端创建并绑定套接字地址和端口。

```
m_ClientSock.Create();                                      //创建客户端套解字
```

（4）客户端套接字开始连接服务器套接字。

```
m_ClientSock.Connect(srvDlg.m_IP,srvDlg.m_Port);            //连接服务器
```

此时服务器端的套接字将调用 OnAccept 方法（CSrvSock 类），执行自定义的 AcceptConnection 方法接收客户端的连接。这样客户端就可以和服务器端进行通信了。例如，向服务器发送一行文本数据。

```
m_ClientSock.Send("明日科技",8);                            //向服务器发送数据
```

9.4.2　定义网络通信协议

在设计网络应用程序时，通常需要定义一个应用协议，通信双方将按照此协议来解释接收的数据。以网络五子棋模块为例，网络通信的数据主要有文本数据、开始游戏命令、网络测试命令、五子棋坐标、悔棋请求命令、接受悔棋请求命令、拒绝悔棋请求命令等。这些类型数据需要在接收端按照预定的协议解析出来，然后执行相应的动作。下面给出网络五子棋模块定义的通信协议。

```
/******************************枚举常量说明***************************************
CT_BEGINGAME              开始游戏
CT_NETTEST                网络测试
CT_POINT                  棋子坐标
CT_TEXT                   文本信息
CT_WINPOINT               赢棋时的起点和终点棋子
CT_BACKREQUEST            悔棋请求
CT_BACKACCEPTANCE         同意悔棋
CT_BACKDENY               拒绝悔棋
CT_DRAWCHESSREQUEST       和棋请求
CT_DRAWCHESSACCEPTANCE    同意和棋
CT_DRAWCHESSDENY          拒绝和棋
CT_GIVEUP                 认输
********************************************************************************/
enum  CMDTYPE{CT_BEGINGAME,CT_NETTEST,CT_POINT,CT_TEXT,CT_WINPOINT,CT_BACKREQUEST,
          CT_BACKACCEPTANCE,CT_BACKDENY,
                      CT_DRAWCHESSREQUEST,CT_DRAWCHESSACCEPTANCE,
                      CT_DRAWCHESSDENY,CT_GIVEUP
                  };
//定义数据报结构
struct TCP_PACKAGE
{
    CMDTYPE cmdType;              //命令类型
    CPoint  chessPT;             //五子棋坐标(行和列坐标)
    CPoint  winPT[2];            //赢棋时的路径(起点和终点)
    char chText[512];            //文本数据
};
```

在定义了通信协议后，通信双发在发送数据时，需要按照数据的类型填充数据报。例如以发送开始游戏的请求，需要按照如下的格式填充数据报。

```
//发送游戏开始的信息
TCP_PACKAGE tcpPackage;                                    //定义数据报格式
memset(&tcpPackage,0,sizeof(TCP_PACKAGE));                 //初始化数据报
tcpPackage.cmdType = CT_BEGINGAME;                         //设置命令类型
strncpy(tcpPackage.chText,m_csNickName,512);              //设置昵称
m_ClientSock.Send(&tcpPackage,sizeof(TCP_PACKAGE));       //发送数据报
```

这样当对方到接收到数据报时，会根据数据报的类型来执行相应的动作。

```
BYTE* pBuffer = new BYTE[sizeof(TCP_PACKAGE)];            //定义缓冲区
int factlen = m_ClientSock.Receive(pBuffer,sizeof(TCP_PACKAGE)); //从套接字中读取数据
if (factlen == sizeof(TCP_PACKAGE))                       //判断读取数据的大小
{
    TCP_PACKAGE tcpPackage;                               //定义一个数据报
    memcpy(&tcpPackage,pBuffer,sizeof(TCP_PACKAGE));      //复制缓冲区数据到数据报中
    if (tcpPackage.cmdType == CT_BEGINGAME)              //开始游戏
    {
            //进行游戏开始的操作
    }
}
```

9.4.3　服务器主窗口设计

服务器端的主窗口主要由游戏控制窗口、棋盘窗口和对方信息窗口 3 个子窗口构成，效果如图 9-3 所示。

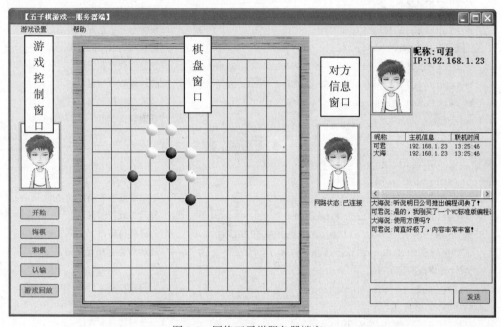

图 9-3　网络五子棋服务器端窗口

在服务器端主窗口中除了菜单和 3 个子窗口之外，没有放置任何控件，有关子窗口的布局是通过代码来实现的。

（1）创建一个基于对话框的工程，工程名称为"SrvFiveChess"。工程向导将创建一个默认的对话框类——CSrvFiveChessDlg，该类将作为网络五子棋服务器端的主窗口。

（2）定义 3 个子窗口变量，分别表示游戏控制窗口、棋盘窗口、对方信息窗口（有关这 3 个窗口的设计过程将在后面几节中进行介绍）。

```
CLeftPanel    m_LeftPanel;                          //游戏控制窗口
CRightPanel   m_RightPanel;                         //对方信息窗口
CChessBorad   m_ChessBoard;                         //棋盘窗口
```

（3）在对话框初始化时创建游戏控制窗口、棋盘窗口和对方信息窗口，并调整这 3 个窗口的大小和位置。

```
BOOL CSrvFiveChessDlg::OnInitDialog()
{
    //省略不必要的代码
    m_RightPanel.Create(IDD_RIGHTPANEL_DIALOG,this);    //创建对方信息窗口
    m_RightPanel.ShowWindow(SW_SHOW);                   //显示对方信息窗口
    CRect wndRC;
    m_RightPanel.GetWindowRect(wndRC);                  //获取窗口区域
    int nWidth = wndRC.Width();                         //获取窗口宽度
    CRect cltRC;
    GetClientRect(cltRC);                               //获取主窗口客户区域
```

```
    int nHeight = cltRC.Height();                           //获取主窗口高度
    //定义对方信息窗口显示的区域
    CRect pnlRC;
    pnlRC.left = cltRC.right-nWidth;
    pnlRC.top = 0;
    pnlRC.bottom = nHeight;
    pnlRC.right = cltRC.right;
    m_RightPanel.MoveWindow(pnlRC);                          //设置对方信息窗口显示区域
    int nRightWidth = nWidth;                                //记录右边窗口的宽度
    m_LeftPanel.Create(IDD_LEFTPANEL_DIALOG,this);           //创建游戏控制窗口
    m_LeftPanel.ShowWindow(SW_SHOW);                         //显示游戏控制窗口
    m_LeftPanel.GetWindowRect(wndRC);                        //获取游戏控制窗口区域
    nWidth = wndRC.Width();                                  //获取窗口宽度
    pnlRC.left = 0;
    pnlRC.top = 0;
    pnlRC.bottom = nHeight;
    pnlRC.right = nWidth;
    int nLeftWidth = nWidth;                                 //记录游戏控制窗口的宽度
    m_LeftPanel.MoveWindow(pnlRC);                           //显示游戏控制窗口
    m_ChessBoard.Create(IDD_CHESSBORAD_DIALOG,this);         //创建棋盘窗口
    m_ChessBoard.ShowWindow(SW_SHOW);                        //显示//创建棋盘窗口
    //计算棋盘的显示区域
    pnlRC.left = nLeftWidth;                                 //为游戏控制窗口的宽度
    pnlRC.top = 0;
    pnlRC.bottom = nHeight;                                  //主窗口的高度
    pnlRC.right = cltRC.Width() - nRightWidth;               //整个窗口的区域去除对方信息窗口的宽度
    m_ChessBoard.MoveWindow(pnlRC);                          //设置棋盘窗口显示区域
    m_bCreatePanel = TRUE;
    return TRUE;
}
```

（4）在对话框大小改变时，调整游戏控制窗口、棋盘窗口和对方信息窗口的大小和位置。

```
void CSrvFiveChessDlg::OnSize(UINT nType, int cx, int cy)
{
    CDialog::OnSize(nType, cx, cy);
    if (m_bCreatePanel)                                      //判断子窗口是否被创建
    {
        CRect wndRC;
        m_RightPanel.GetWindowRect(wndRC);                   //获取对方信息窗口区域
        int nWidth = wndRC.Width();                          //获取对方信息窗口宽度
        CRect cltRC;
        GetClientRect(cltRC);                                //获取主窗口客户区域
        int nHeight = cltRC.Height();                        //获取主窗口高度
        //定义窗口列表显示的区域
        CRect pnlRC;
        pnlRC.left = cltRC.right-nWidth;
        pnlRC.top = 0;
        pnlRC.bottom = nHeight;
        pnlRC.right = cltRC.right;
        m_RightPanel.MoveWindow(pnlRC);                      //设置对方信息窗口显示区域
        int nRightWidth = nWidth;                            //获取对方信息窗口高度
```

```
        m_RightPanel.Invalidate();                      //更新对方信息窗口
        //显示左边的窗口列表区域
        m_LeftPanel.GetWindowRect(wndRC);
        nWidth = wndRC.Width();
        pnlRC.left = 0;
        pnlRC.top = 0;
        pnlRC.bottom = nHeight;
        pnlRC.right = nWidth;
        m_LeftPanel.MoveWindow(pnlRC);                   //设置游戏控制窗口显示区域
        int nLeftWidth = nWidth;                         //获取游戏控制窗口宽度
        pnlRC.left = nLeftWidth;
        pnlRC.top = 0;
        pnlRC.bottom = nHeight;                          //获取主窗口的高度
        pnlRC.right = cltRC.Width() - nRightWidth;       //整个窗口的区域去除右边窗口的宽度
        m_ChessBoard.MoveWindow(pnlRC);                  //设置棋盘窗口显示区域
        m_ChessBoard.Invalidate();                       //更新棋盘窗口
    }
}
```

（5）处理对话框的 **WM_GETMINMAXINFO** 消息，限制对话框的最小窗口大小。

```
void CSrvFiveChessDlg::OnGetMinMaxInfo(MINMAXINFO FAR* lpMMI)
{
    lpMMI->ptMinTrackSize.x = 800;                       //限制窗口最小宽度
    lpMMI->ptMinTrackSize.y = 500;                       //限制窗口最小高度
    CDialog::OnGetMinMaxInfo(lpMMI);
}
```

9.4.4　棋盘窗口设计

棋盘窗口是整个网络五子棋模块的核心，在棋盘窗口中实现的主要功能包括接受客户端连接、接收客户端发送的数据、绘制棋盘、绘制棋盘表格、绘制棋子、赢棋判断、网络状态测试，开始游戏、游戏回放等。棋盘窗口效果如图 9-4 所示。

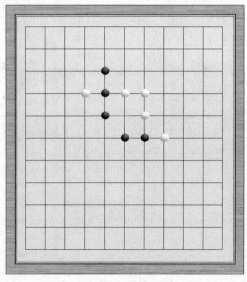

图 9-4　棋盘窗口

1. 界面设计

棋盘窗口界面布局如下。

（1）创建一个对话框类，类名为"CChessBorad"。

（2）设置对话框属性，见表9-1。

表9-1　棋盘窗口属性设置

控件 ID	控件属性	关联变量
IDD_CHESSBORAD_DIALOG	Style：Child Border：None Title bar：FALSE	CChessBorad：m_ChessBoard

2. 关键代码

（1）实现动态调整棋盘大小。

在设计网络五子棋时，为了突出游戏的特点，允许用户在游戏进行的过程中调整窗口的大小。

实现该功能的难点在于窗口调整大小后，棋盘的大小需要调整，棋盘表格的大小需要调整，棋盘中当前棋子的位置需要调整。这里采用的方式是记录水平方向和垂直方向的缩放比例。当首次显示对话框时，认为水平方向和垂直方向的缩放比例为 1，并且记录棋盘的宽度和高度，作为棋盘的原始宽度和高度。当调整对话框时，设置棋盘新的宽度和高度，并且将其与原始棋盘的宽度和高度进行除法运算，记录水平方向和垂直方向的缩放比例。在绘制棋盘表格、棋子位置时都依据缩放比例进行绘制。

以绘制棋盘的表格为例，在对话框初始时需要确定表格相对棋盘的坐标，以及表格中每个单元格的宽度和高度。本模块中，首次绘制表格时，起点坐标分别为 50 和 50，单元格的宽度和高度均为 50。

```
m_nOrginX = m_nOrginY = 50;                    //表格起点坐标
m_nCellHeight = m_nCellWidth = 50;             //单元格高度和宽度
```

当绘制表格时会根据当前水平方向和垂直方向的缩放比例计算此刻表格的起点坐标、单元格的高度和宽度，这样就可以正确地绘制表格了。

```
void CChessBorad::DrawChessboard()
{
    CDC* pDC = GetDC();                        //获取窗口设备上下文
    CPen pen(PS_SOLID,1,RGB(0,0,0));           //定义黑色的画笔
    pDC->SelectObject(&pen);                   //选中画笔
    int nOriginX = m_nOrginX*m_fRateX;         //计算表格的起点坐标
    int nOriginY = m_nOrginY*m_fRateY;
    int nCellWidth = m_nCellWidth*m_fRateX;    //计算单元格的宽度和高度
    int nCellHeight = m_nCellHeight*m_fRateY;
    for (int i = 0; i<m_nRowCount+1; i++)      //绘制棋盘中的列
    {
        pDC->MoveTo(nOriginX+nCellWidth*(i),nOriginY);
        pDC->LineTo(nOriginX+nCellWidth*(i),nOriginY+m_nRowCount*nCellHeight);
    }
    for (int j = 0; j<m_nColCount+1; j++)      //绘制棋盘中的行
    {
        pDC->MoveTo(nOriginX ,nOriginY+(j)*nCellHeight);
        pDC->LineTo(nOriginX +m_nColCount*nCellWidth,nOriginY+(j)*nCellHeight);
```

```
    }
}
```

（2）在棋盘中绘制棋子。

在设计网络五子棋时，需要在棋盘中绘制棋子，并且在窗口更新时保证棋子仍然在棋盘上。这里采用的方式是定义一个二维数组，数组的大小与棋盘中表格的行和列有关，描述棋盘中可以放置的所有棋子。每一个棋子关联一个数据结构——NODE，定义如下。

```
//定义节点颜色
/*****************************************************************************
ncWHITE:      表示白色棋子
ncBLACK:      表示黑色棋子
ncUNKOWN:     表示棋子颜色未知，当没有在棋盘中放置棋子时，棋子为 ncUNKOWN
*****************************************************************************/
typedef enum NODECOLOR{ ncWHITE,ncBLACK,ncUNKOWN};
//定义节点类
class NODE
{
public:
    NODECOLOR  m_Color;             //棋子颜色
    CPoint     m_Point;             //棋子的物理坐标点
    int        m_nX;                //棋子的逻辑横坐标
    int        m_nY;                //棋子的逻辑纵坐标
public:
    NODE*      m_pRecents[8];       //临近棋子
    BOOL       m_IsUsed;            //棋子是否被用
    NODE()
    {
        m_Color = ncUNKOWN;
        m_IsUsed = FALSE;
    }
    ~NODE()
    {
    }
};
```

当用户在棋盘中放置一个棋子时，会根据鼠标的坐标点从一个二维数组中获取对应的一个棋子，如果该棋子没有被使用，设置棋子的颜色，并将棋子标记为已用。这样在对话框更新时，从二维数组中遍历棋子，如果棋子已用，则根据棋子的坐标和颜色绘制棋子。

```
for (int m=0; m< m_nRowCount+1; m++)                        //遍历行
{
    for (int n=0; n<m_nColCount+1; n++)                     //遍历列
    {
        if (m_NodeList[m][n].m_Color == ncWHITE)           //如果为白色棋子
        {
            memDC.SelectObject(&BmpWhite);                 //选中白色棋子位图
            pDC->StretchBlt(m_NodeList[m][n].m_Point.x-nPosX,
                m_NodeList[m][n].m_Point.y-nPosY,nBmpWidth,nBmpHeight,
                &memDC,0,0,nBmpWidth,nBmpHeight,SRCCOPY);  //绘制白色棋子
        }
        else if (m_NodeList[m][n].m_Color == ncBLACK)      //如果为黑色棋子
        {
```

```
                    memDC.SelectObject(&BmpBlack);                    //选中黑色棋子位图
                    pDC->StretchBlt(m_NodeList[m][n].m_Point.x-nPosX,
                        m_NodeList[m][n].m_Point.y-nPosY,nBmpWidth,nBmpHeight,
                        &memDC,0,0,nBmpWidth,nBmpHeight,SRCCOPY);    //绘制黑色棋子
                }
            }
        }
```

这里还涉及一个问题，如何根据鼠标的坐标点从二维数组中获取对应的棋子。这里采用的方式是在对话框初始化时为每一个棋子设置一个坐标点。因为在绘制表格时知道表格的起点坐标，知道单元格的宽度和高度，自然可以知道每一个表格交叉点的坐标，也就是棋子的坐标。

```
for (int i=0; i<m_nRowCount+1; i++)                    //遍历行
{
    for (int j=0; j<m_nColCount+1; j++)                //遍历列
    {
        //设置节点的坐标
        m_NodeList[i][j].m_Point=
        CPoint(nOriginX+nCellWidth*j,nOriginY+nCellHeight*i);
    }
}
```

当对话框大小改变时，还将根据缩放比例重新设置每一个棋子的坐标。

```
void CChessBorad::OnSize(UINT nType, int cx, int cy)
{
    CDialog::OnSize(nType, cx, cy);
    //当窗口大小改变时确定图像的缩放比例
    CRect cltRC;
    GetClientRect(cltRC);                            //获取窗口客户区域
    m_fRateX= cltRC.Width() / (double)m_nBmpWidth;   //计算新的缩放比例
    m_fRateY= cltRC.Height() / (double)m_nBmpHeight;
    int nOriginX = m_nOrginX*m_fRateX;               //计算表格新的起点坐标
    int nOriginY = m_nOrginY*m_fRateY;
    int nCellWidth = m_nCellWidth*m_fRateX;          //计算表格单元格新的宽度和高度
    int nCellHeight = m_nCellHeight*m_fRateY;
    for (int i=0; i<m_nRowCount+1; i++)              //重新设置棋子的坐标
    {
        for (int j=0; j<m_nColCount+1; j++)
        {
            m_NodeList[i][j].m_Point=
            CPoint(nOriginX+nCellWidth*j,nOriginY+nCellHeight*i);
        }
    }
}
```

知道了每个棋子的坐标，根据鼠标的坐标点就可以获取对应的棋子坐标。但是，在判断坐标时，还需要设置一个近似的区域。例如，如果棋子的坐标为（100,80），而鼠标的坐标为（98,87），如果进行精确比较，则在鼠标点处获取不到棋子，玩家也不可能准确地单击到棋子坐标。为此需要进行一个近似比较。这里采用的方式是以棋子坐标为中心点，设置一个区域，只要鼠标点位于该区域中，则返回该棋子。

```
//根据坐标点获取棋子
NODE* CChessBorad::GetLikeNode(CPoint pt)
{
    CPoint tmp;
```

```
for (int i = 0 ;i<m_nRowCount+1;i++)                    //遍历行
    for (int j = 0; j<m_nColCount+1;j++)                //遍历列
    {
        tmp = m_NodeList[i][j].m_Point;                 //获取棋子坐标
        int nSizeX = 10 * m_fRateX;
        int nSizeY = 10 * m_fRateY;
        //定义一个临近棋子的区域
        CRect rect(tmp.x-nSizeX,tmp.y-nSizeY,tmp.x+nSizeX,tmp.y+nSizeY);
        if (rect.PtInRect(pt))                          //判断鼠标指针是否在临近区域
            return &m_NodeList[i][j];                   //返回棋子
    }
return NULL;
}
```

（3）五子棋赢棋判断

在设计五子棋模块时，需要提供一个算法判断用户或者对方是否赢棋。根据五子棋规则，只要在水平方向、垂直方向或两个对角线方向中的任意一个方向存在 5 个连续颜色的棋子，即表示获胜。为了能够进行赢棋判断，在设计棋子结构时，这里定义一个 m_pRecents[8] 成员，该成员表示当前节点周围的临近节点，如图 9-5 所示。

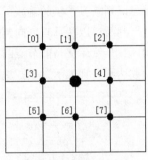

图 9-5　棋子的 8 个临近节点示意图

对于一些位于表格边缘的棋子，是没有 8 个临近节点的，则该棋子的有些临近节点为空。下面的代码用于为某一个棋子设置临近节点。

```
void CChessBorad::SetRecentNode(NODE *pNode)
{
    int nCurX = pNode->m_nX;                            //获取当前节点的行索引
    int nCurY = pNode->m_nY;                            //获取当前节点的列索引
    if (nCurX > 0 && nCurY >0)                          //左上方的临近节点
        pNode->m_pRecents[0] = &m_NodeList[nCurX-1][nCurY-1];
    else
        pNode->m_pRecents[0] = NULL;
    if (nCurY > 0)                                      //上方临近节点
        pNode->m_pRecents[1] = &m_NodeList[nCurX][nCurY-1];
    else
        pNode->m_pRecents[1] = NULL;
    if (nCurX < m_nColCount-1 && nCurY > 0)             //右上方临近节点
        pNode->m_pRecents[2] = &m_NodeList[nCurX+1][nCurY-1];
    else
        pNode->m_pRecents[2] = NULL;
    if (nCurX >0 )                                      //左方节点临近节点
        pNode->m_pRecents[3] = &m_NodeList[nCurX-1][nCurY];
    else
        pNode->m_pRecents[3] = NULL;
    if (nCurX < m_nColCount-1)                          //右方节点临近节点
        pNode->m_pRecents[4] = &m_NodeList[nCurX+1][nCurY];
    else
        pNode->m_pRecents[4] = NULL;
```

```
    if (nCurX >0 && nCurY < m_nRowCount-1)                          //左下方临近节点
        pNode->m_pRecents[5] = &m_NodeList[nCurX-1][nCurY+1];
    else
        pNode->m_pRecents[5] = NULL;
    if (nCurY < m_nRowCount-1)                                      //下方临近节点
        pNode->m_pRecents[6] = &m_NodeList[nCurX][nCurY+1];
    else
        pNode->m_pRecents[6] = NULL;
    if (nCurX < m_nColCount-1 && nCurY < m_nRowCount-1)  //右下方临近节点
        pNode->m_pRecents[7] = &m_NodeList[nCurX+1][nCurY+1];
    else
        pNode->m_pRecents[7] = NULL;
}
```

如果每个棋子都设置了临近棋子，那么通过一个棋子就可以遍历整个棋盘中的所有节点，也就可以判断五子棋的输赢了。在判断五子棋输赢时需要从水平方向、垂直方向和对角线方向分别进行判断。以从垂直方向判断为例，以当前棋子为中心，向上方查找同一个颜色的棋子，有则累加计数，然后从当前节点的下方开始查找节点，如果有同一个颜色的棋子，继续累加计数，如果计数达到 5 则表示赢棋。赢棋判断代码如下。

```
NODE* CChessBorad::IsWin(NODE *pCurrent)
{
    if (pCurrent->m_Color != ncBLACK)
        return NULL;
    //按 4 个方向判断
    int num = 0;                                               //定义计数
    m_Startpt.x = pCurrent->m_nX;
    m_Startpt.y = pCurrent->m_nY;
    m_Endpt.x = pCurrent->m_nX;
    m_Endpt.y = pCurrent->m_nY;
    //按垂直方向判断在当前节点，按上下两个方向遍历
    NODE* tmp = pCurrent->m_pRecents[1];                       //获得当前节点的上方节点
    while (tmp != NULL && tmp->m_Color==pCurrent->m_Color)     //遍历上方节点
    {
        m_Startpt.x = tmp->m_nX;
        m_Startpt.y = tmp->m_nY;
        num += 1;                                              //累计连续棋子数量
        if (num >= 4)                                          //是否有 5 个连续棋子
        {
            return tmp;                                        //表示赢棋，返回最后一个棋子
        }
        tmp = tmp->m_pRecents[1];
    }
    tmp = pCurrent->m_pRecents[6];                             //获得当前节点的下方节点
    while (tmp != NULL && tmp->m_Color==pCurrent->m_Color)     //遍历上方节点
    {
        m_Endpt.x = tmp->m_nX;
        m_Endpt.y = tmp->m_nY;
        num += 1;
        if ( num >= 4 )
        {
```

```
            return tmp;
        }
        tmp = tmp->m_pRecents[6];
}
//按水平方向判断在当前节点,按左右两个方向遍历
num = 0;
tmp = pCurrent->m_pRecents[3];                              //遍历左节点
while (tmp != NULL && tmp->m_Color==pCurrent->m_Color)
{

    m_Startpt.x = tmp->m_nX;
    m_Startpt.y = tmp->m_nY;
    num += 1;                                               //累加连续棋子数量
    if (num >= 4)                                           //是否有 5 个连续棋子
    {
        return tmp;
    }
    tmp = tmp->m_pRecents[3];
}
tmp = pCurrent->m_pRecents[4];                              //遍历右节点
while (tmp != NULL && tmp->m_Color==pCurrent->m_Color)
{
    m_Endpt.x = tmp->m_nX;
    m_Endpt.y = tmp->m_nY;
    num += 1;
    if (num >= 4)
    {
        return tmp;
    }
    tmp = tmp->m_pRecents[4];
}
num = 0;
tmp = pCurrent->m_pRecents[0];                              //按 135 度斜角遍历
while (tmp != NULL && tmp->m_Color==pCurrent->m_Color)      //遍历斜上方节点
{
    m_Startpt.x = tmp->m_nX;
    m_Startpt.y = tmp->m_nY;
    num += 1;                                               //累加棋子
    if (num >= 4)                                           //是否有 5 个连续棋子
    {
        return tmp;                                         //表示赢棋, 返回最后一个棋子
    }
    tmp = tmp->m_pRecents[0];
}
tmp = pCurrent->m_pRecents[7];                              //遍历斜下方节点
while (tmp != NULL && tmp->m_Color==pCurrent->m_Color)
{
    m_Endpt.x = tmp->m_nX;
    m_Endpt.y = tmp->m_nY;
    num += 1;                                               //累加棋子
    if (num >= 4)                                           //是否有 5 个连续棋子
```

```
            {
                return tmp;                             //表示赢棋，返回最后一个棋子
            }
            tmp = tmp->m_pRecents[7];
        }
        //按45度斜角遍历
        num = 0;
        tmp = pCurrent->m_pRecents[2];                  //遍历斜上方节点
        while (tmp != NULL && tmp->m_Color==pCurrent->m_Color)
        {
            m_Startpt.x = tmp->m_nX;
            m_Startpt.y = tmp->m_nY;
            num += 1;                                   //累加棋子
            if (num >= 4)                               //是否有5个连续棋子
            {
                return tmp;                             //表示赢棋，返回最后一个棋子
            }
            tmp = tmp->m_pRecents[2];
        }
        tmp = pCurrent->m_pRecents[5];                  //遍历斜下方节点
        while (tmp != NULL && tmp->m_Color==pCurrent->m_Color)
        {
            m_Endpt.x = tmp->m_nX;
            m_Endpt.y = tmp->m_nY;
            num += 1;                                   //累加棋子
            if (num >= 4)                               //是否有5个连续棋子
            {
                return tmp;                             //表示赢棋，返回最后一个棋子
            }
            tmp = tmp->m_pRecents[5];
        }
        return NULL;
    }
```

（4）设计游戏悔棋功能。

为了增加网络五子棋的灵活性，在本模块中添加了悔棋功能。当用户想要悔棋时，需要向对方发送悔棋请求，如果对方同意悔棋，则双方都进行悔棋操作，如果对方不同意悔棋，则向发送请求的一方发出拒绝悔棋消息。

为了实现悔棋功能，在客户端和服务器端都定义了两个成员变量，分别记录当前用户最近放置棋子的逻辑坐标和对方最近放置棋子的逻辑坐标。实现悔棋的效果处理非常简单，只需要将最近放置的棋子的颜色设置为 ncUNKOWN，然后重绘窗口就可以了。这里有一个问题需要注意，在进行悔棋时，如果在轮到本地用户下棋时进行悔棋操作，需要撤销两个棋子，第一个棋子是之前对方放置的棋子，第二个棋子是之前本地用户放置的棋子。如果轮到对方下棋时进行悔棋，则只需要撤销一个棋子，即之前本地用户放置的棋子。下面给出实现悔棋功能的主要代码。

❑ 发送悔棋请求。

```
void CLeftPanel::OnBtBack()
{
    CSrvFiveChessDlg *pDlg = (CSrvFiveChessDlg*)GetParent();
    if (pDlg->m_ChessBoard.m_State==esBEGIN)            //判断游戏是否进行中
```

```
    {
        //发出悔棋请求
        TCP_PACKAGE tcpPackage;                          //定义数据报
        tcpPackage.cmdType = CT_BACKREQUEST;             //设置数据报命令类型
        //用户已经下棋
        if (pDlg->m_ChessBoard.m_LocalChessPT.x > -1
            && pDlg->m_ChessBoard.m_LocalChessPT.y > -1 )
        {
            //发送数据报
            pDlg->m_ChessBoard.m_ClientSock.Send(&tcpPackage,sizeof(TCP_PACKAGE));
        }
        else                                             //用户还没有开始下棋
        {
            MessageBox("当前不允许悔棋!","提示");
        }
    }
}
```

❑ 对方接收到悔棋消息，判断是否同意悔棋，如果同意，则进行悔棋处理，并向对方发送
同意悔棋消息。如果不同意悔棋，则发送拒绝悔棋消息。

```
else if (tcpPackage.cmdType == CT_BACKREQUEST)          //对方发送悔棋请求
{
    if (MessageBox("是否同意悔棋?","提示",MB_YESNO)==IDYES)
    {
        CSrvFiveChessDlg *pDlg = (CSrvFiveChessDlg*)GetParent();
        //接受悔棋
        tcpPackage.cmdType = CT_BACKACCEPTANCE;
        m_ClientSock.Send(&tcpPackage,sizeof(TCP_PACKAGE));
        //进行本地的悔棋处理
        if (m_IsDown==TRUE)                              //该本地下棋了，只需要撤销一步
        {
            int nPosX = m_RemoteChessPT.x;
            int nPosY = m_RemoteChessPT.y;
            if (nPosX > -1 && nPosY > -1)                //用户已下棋
            {
                m_NodeList[nPosX][nPosY].m_Color = ncUNKOWN;    //重新设置棋子颜色
                NODE *pNode = new NODE();                //定义一个棋子
                //复制棋子信息
                memcpy(pNode,&m_NodeList[nPosX][nPosY],sizeof(NODE));
                m_BackPlayList.AddTail(pNode);           //向回放列表中添加棋子
                Invalidate();                            //刷新窗口
            }
            m_IsDown = FALSE;
        }
        else                                             //该对方下棋了，需要撤销两步
        {
            int nPosX = m_LocalChessPT.x;                //获取用户最近放置棋子的坐标
            int nPosY = m_LocalChessPT.y;
            if (nPosX > -1 && nPosY > -1)
            {
```

```
                    m_NodeList[nPosX][nPosY].m_Color = ncUNKOWN;      //重新设置棋子颜色
                    NODE *pNode = new NODE();          //定义棋子
                    //复制棋子信息
                    memcpy(pNode,&m_NodeList[nPosX][nPosY],sizeof(NODE));
                    m_BackPlayList.AddTail(pNode);          //向回放列表中添加棋子
                }
            nPosX = m_RemoteChessPT.x;              //获取对方最近放置的棋子坐标
            nPosY = m_RemoteChessPT.y;
            if (nPosX > -1 && nPosY > -1)
            {
                    m_NodeList[nPosX][nPosY].m_Color = ncUNKOWN;      //重新设置棋子颜色
                    NODE *pNode = new NODE();          //定义棋子
                    //复制棋子信息
                    memcpy(pNode,&m_NodeList[nPosX][nPosY],sizeof(NODE));
                    //向回放列表中添加棋子
                    m_BackPlayList.AddTail(pNode);
            }
                Invalidate();                      //刷新窗口
        }
        m_LocalChessPT.x  = -1;
        m_LocalChessPT.y  = -1;
        m_RemoteChessPT.x = -1;
        m_RemoteChessPT.y = -1;
    }
    else                                  //拒绝悔棋
    {
        tcpPackage.cmdType = CT_BACKDENY;          //设置数据报命令类型表示拒绝悔棋
        //发送悔棋数据报
        m_ClientSock.Send(&tcpPackage,sizeof(TCP_PACKAGE));
    }
}
```

❑ 发送请求的一方收到对方的答复信息，判断同意悔棋还是拒绝悔棋。如果同意悔棋，进行悔棋操作，如果对方拒绝了悔棋，则弹出消息提示框。

```
else if (tcpPackage.cmdType == CT_BACKDENY)          //对方拒绝悔棋
{
    MessageBox("对方拒绝悔棋!","提示");
}
else if (tcpPackage.cmdType == CT_BACKACCEPTANCE)      //对方同意悔棋
{
    CSrvFiveChessDlg *pDlg = (CSrvFiveChessDlg*)GetParent();
    //判断是否该本地用户下棋了,如果是则需要撤销之前对方下的棋子,然后再撤销本地用户下的棋子
    if (pDlg->m_ChessBoard.m_IsDown==TRUE)
    {
        int nPosX = m_RemoteChessPT.x;              //获取对方最近放置的棋子坐标
        int nPosY = m_RemoteChessPT.y;
        if (nPosX > -1 && nPosY > -1)
        {
            m_NodeList[nPosX][nPosY].m_Color = ncUNKOWN;//重新设置棋子颜色
            NODE *pNode = new NODE();                  //定义棋子
```

```
                    //复制棋子信息
                    memcpy(pNode,&m_NodeList[nPosX][nPosY],sizeof(NODE));
                    m_BackPlayList.AddTail(pNode);              //将棋子添加到回放列表中
                }
                nPosX = m_LocalChessPT.x;                       //获取用户最近放置的棋子坐标
                nPosY = m_LocalChessPT.y;
                if (nPosX > -1 && nPosY > -1)
                {
                    m_NodeList[nPosX][nPosY].m_Color = ncUNKOWN;//重新设置棋子颜色
                    NODE *pNode = new NODE();                   //定义棋子
                    //复制棋子信息
                    memcpy(pNode,&m_NodeList[nPosX][nPosY],sizeof(NODE));
                    m_BackPlayList.AddTail(pNode);              //将棋子添加到回放列表中
                }
                Invalidate();                                  //刷新窗口

        }
        else                                                   //该对方下棋了,只撤销本地用户下的棋子
        {
            int nPosX = m_LocalChessPT.x;                      //获取用户最近放置的棋子坐标
            int nPosY = m_LocalChessPT.y;
            if (nPosX > -1 && nPosY > -1)
            {
                m_NodeList[nPosX][nPosY].m_Color = ncUNKOWN;   //重新设置棋子颜色
                NODE *pNode = new NODE();                      //定义棋子
                //复制棋子信息
                memcpy(pNode,&m_NodeList[nPosX][nPosY],sizeof(NODE));
                m_BackPlayList.AddTail(pNode);                 //将棋子添加到回放列表中
                Invalidate();                                  //刷新窗口
                m_IsDown = TRUE;
            }
        }
        m_LocalChessPT.x  = -1;
        m_LocalChessPT.y  = -1;
        m_RemoteChessPT.x = -1;
        m_RemoteChessPT.y = -1;
    }
```

（5）设计游戏回放功能

为了让游戏的双方了解下棋的整个过程，在网络五子棋模块中设计了游戏回放功能。当游戏结束时，用户可以通过游戏回放了解整个下棋的过程，分析对方下棋的思路，总结经验。

为了实现游戏回放功能，需要在用户或对方放置棋子时使用链表记录棋子，在回放时遍历链表，输出每一个棋子。思路虽然简单，但实现起来却不容易。尤其是在用户悔棋时，需要从棋盘中撤销棋子，如何在链表中记录？这里采用的方式是在用户悔棋时依然向链表中添加悔棋的棋子，只是棋子的颜色为 ncUNKOWN，在游戏回放时，如果链表中的棋子颜色为 ncUNKOWN，将使用背景位图覆盖当前棋子，这样就演示了用户的悔棋效果。下面以代码的形式描述游戏回放功能的实现。

❑ 定义游戏回放的链表对象。

```
CPtrList m_BackPlayList;                                        //记录用户下棋的步骤
```

□ 在用户放置棋子时向链表中添加棋子。

```
NODE *pNode = new NODE();                                    //定义棋子
memcpy(pNode,node,sizeof(NODE));                            //复制棋子信息
m_BackPlayList.AddTail(pNode);                              //将棋子添加到回放列表中
```

□ 对方放置棋子时在棋盘中显示棋子，向链表中添加棋子，记录对方放置的棋子坐标。

```
else if (tcpPackage.cmdType == CT_POINT)                    //客户端棋子坐标信息
{
    int nX = tcpPackage.chessPT.x;                          //获取棋子坐标
    int nY = tcpPackage.chessPT.y;
    m_NodeList[nX][nY].m_Color = ncWHITE;                   //设置棋子颜色
    NODE *pNode = new NODE();                               //定义棋子
    memcpy(pNode,&m_NodeList[nX][nY],sizeof(NODE));         //复制棋子信息
    m_BackPlayList.AddTail(pNode);                          //将棋子添加到回放列表中
    m_RemoteChessPT.x = nX;                                 //记录对方放置的棋子坐标
    m_RemoteChessPT.y = nY;
    OnPaint();                                              //重新绘制窗口，显示棋子
    m_IsDown = TRUE;                                        //轮到用户下棋
}
```

□ 在游戏回放时遍历链表，将链表中的每个棋子绘制在棋盘中。如果棋子的颜色为
   ncUNKOWN，表示用户进行了悔棋操作，将使用背景位图填充原来的棋子区域，这将导致
   棋盘中当前棋子的部分表格被填充，因此，在绘制完背景位图之后，还需要绘制部分表格。

```
//游戏回放
void CChessBorad::GamePlayBack()
{
    CDC* pDC = GetDC();                                     //获取窗口设备上下文
    CDC memDC;                                              //定义内存设备上下文
    CBitmap BmpWhite,BmpBlack,BmpBK;                        //定义棋子位图
    memDC.CreateCompatibleDC(pDC);                          //创建内存设备上下文
    BmpBlack.LoadBitmap(IDB_BLACK);                         //加载棋子位图
    BmpWhite.LoadBitmap(IDB_WHITE);
    BmpBK.LoadBitmap(IDB_BLANK);
    BITMAP bmpInfo;                                         //定义位图信息对象
    BmpBlack.GetBitmap(&bmpInfo);                           //获取位图信息
    int nBmpWidth = bmpInfo.bmWidth;                        //获取位图宽度和高度
    int nBmpHeight = bmpInfo.bmHeight;
    POSITION pos = NULL;
    m_bBackPlay = FALSE;
    InitBackPlayNode();                                    //初始化回放列表
    OnPaint();                                              //刷新窗口
    m_bBackPlay = TRUE;
    for(pos = m_BackPlayList.GetHeadPosition(); pos != NULL;) //遍历回放列表
    {
        NODE* pNode = (NODE*)m_BackPlayList.GetNext(pos);   //获取棋子
        int nPosX,nPosY;
        nPosX = 10*m_fRateX;
        nPosY = 10*m_fRateY;
        pNode->m_IsUsed = TRUE;                             //棋子被使用
```

```
if (pNode->m_Color == ncWHITE)                          //如果为白色棋子
{
    memDC.SelectObject(&BmpWhite);                      //选中白色位图
    //绘制白色棋子
    pDC->StretchBlt(pNode->m_Point.x-nPosX,pNode->m_Point.y-nPosY,
        nBmpWidth,nBmpHeight,&memDC,0,0,nBmpWidth,nBmpHeight,SRCCOPY);
}
else if (pNode->m_Color == ncBLACK)                     //如果为黑色棋子
{
    memDC.SelectObject(&BmpBlack);                      //选中黑色位图
    //绘制黑色棋子
    pDC->StretchBlt(pNode->m_Point.x-nPosX,pNode->m_Point.y-nPosY,
        nBmpWidth,nBmpHeight,&memDC,0,0,nBmpWidth,nBmpHeight,SRCCOPY);
}
else if (pNode->m_Color == ncUNKOWN)                    //棋子颜色位置
{
    memDC.SelectObject(&BmpBK);                         //选中背景颜色
    //绘制背景颜色取消原来显示的棋子
    pDC->StretchBlt(pNode->m_Point.x-nPosX,pNode->m_Point.y-nPosY,
        nBmpWidth,nBmpHeight,&memDC,0,0,nBmpWidth,nBmpHeight,SRCCOPY);
    //绘制棋盘的局部表格
    //首先获取中心点坐标
    int nCenterX = pNode->m_Point.x ;                   //获取棋子坐标
    int nCenterY = pNode->m_Point.y;
    CPoint topPT(nCenterX,nCenterY-nPosY);
    CPoint bottomPT(nCenterX,nCenterY+nPosY + 5);
    CPen pen(PS_SOLID,1,RGB(0,0,0));                    //定义黑色画笔
    pDC->SelectObject(&pen);                            //选中画笔
    pDC->MoveTo(topPT);                                 //绘制直线
    pDC->LineTo(bottomPT);
    CPoint leftPT(nCenterX-nPosX,nCenterY);
    CPoint rightPT(nCenterX+nPosX + 10 ,nCenterY);
    pDC->MoveTo(leftPT);                                //绘制横线
    pDC->LineTo(rightPT);
}
//延时
SYSTEMTIME beginTime,endTime;
GetSystemTime(&beginTime);
if (beginTime.wSecond > 58)
    beginTime.wSecond = 58;
while (true)                                            //进行延时操作
{
    MSG msg;                                            //在回放过程中响应界面操作
    ::GetMessage(&msg,0,0,WM_USER);
    TranslateMessage(&msg);
    DispatchMessage(&msg);
    GetSystemTime(&endTime);
    if (endTime.wSecond ==0 )
        endTime.wSecond = 59;
    if (endTime.wSecond > beginTime.wSecond)
        break;
```

```
            }
        }
        BmpWhite.DeleteObject();                                        //释放位图对象
        BmpBlack.DeleteObject();
        BmpBK.DeleteObject();
        memDC.DeleteDC();                                               //释放内存设备上下文
        MessageBox("游戏回放结束!","提示");
    }
```

❑ 在对话框需要绘制时（WM_PAINT 消息处理函数中）如果当前处于回放状态，则保持回
放的效果。

```
if (m_bBackPlay)                                                        //当前是否为游戏回放
{
    POSITION pos = NULL;
    for(pos = m_BackPlayList.GetHeadPosition(); pos != NULL;)//遍历回放链表
    {
        NODE* pNode = (NODE*)m_BackPlayList.GetNext(pos);      //获取节点
        if (pNode->m_IsUsed==TRUE)                             //判断节点是否被使用
        {
            int nPosX,nPosY;
            nPosX = 10*m_fRateX;
            nPosY = 10*m_fRateY;
            if (pNode->m_Color == ncWHITE)                     //如果为白色棋子
            {
                memDC.SelectObject(&BmpWhite);                 //选中白色棋子位图
                //绘制白色棋子
                pDC->StretchBlt(pNode->m_Point.x-nPosX,pNode->m_Point.y-nPosY,
nBmpWidth,nBmpHeight,&memDC,0,0,nBmpWidth,nBmpHeight,SRCCOPY);
            }
            else if (pNode->m_Color == ncBLACK)                //如果为黑色棋子
            {
                memDC.SelectObject(&BmpBlack);                 //选中黑色棋子位图
                //绘制黑色棋子
                pDC->StretchBlt(pNode->m_Point.x-nPosX,pNode->m_Point.y-nPosY,
nBmpWidth,nBmpHeight,&memDC,0,0,nBmpWidth,nBmpHeight,SRCCOPY);
            }
            else if (pNode->m_Color == ncUNKOWN)               //棋子颜色未知
            {
                memDC.SelectObject(&BmpBK);                    //选中背景位图
                //绘制背景位图
                pDC->StretchBlt(pNode->m_Point.x-nPosX,pNode->m_Point.y-nPosY,
nBmpWidth,nBmpHeight,&memDC,0,0,nBmpWidth,nBmpHeight,SRCCOPY);
                //绘制棋盘的局部表格
                //首先获取中心点坐标
                int nCenterX = pNode->m_Point.x ;
                int nCenterY = pNode->m_Point.y;
                CPoint topPT(nCenterX,nCenterY-nPosY);
                CPoint bottomPT(nCenterX,nCenterY+nPosY + 5);
                CPen pen(PS_SOLID,1,RGB(0,0,0));               //定义黑色画笔
                pDC->SelectObject(&pen);                       //选中画笔
```

```
                                pDC->MoveTo(topPT);                          //绘制直线
                                pDC->LineTo(bottomPT);
                                CPoint leftPT(nCenterX-nPosX,nCenterY);
                                CPoint rightPT(nCenterX+nPosX + 10 ,nCenterY);
                                pDC->MoveTo(leftPT);                         //绘制横线
                                pDC->LineTo(rightPT);
                        }
                }
        }
}
```

（6）对方网络状态测试

在进行游戏的过程中，为了防止由于网络故障或某一方掉线使得游戏无法结束、无法重新开始，在网络五子棋模块添加了网络状态测试功能。实现网络状态测试功能比较简单，在游戏开始后，由服务器方每隔一秒钟向对方发送网络状态测试信息，然后开启一个计时器，对方接收到网络状态测试信息则发送应答信息到服务器。在服务器端如果 3 秒后没有收到应答信息，则表示与对方失去连接，当前游戏结束。在客户端，如果 3 秒后没有收到服务器端发来的网络状态测试信息，则认为与对方失去连接，游戏结束。关键代码如下。

❑　游戏过程中，在服务器端每隔 1 秒发送一次网络状态测试信息。

```
void CChessBorad::OnTimer(UINT nIDEvent)
{
    if (m_IsConnect)                                            //客户已连接服务器
    {
        TCP_PACKAGE tcpPackage;                                 //定义数据报
        tcpPackage.cmdType = CT_NETTEST;                        //设置数据报类型
        m_ClientSock.Send(&tcpPackage,sizeof(TCP_PACKAGE));    //发送网络测试信息
        m_TestNum++;                                            //累加计数
        if (m_TestNum > 3)                                      //对方掉线，游戏结束
        {
            m_TestNum = 0;
            m_IsDown = FALSE;
            m_IsStart = FALSE;
            m_IsWin = FALSE;
            m_State = esEND;
            m_IsConnect = FALSE;
            InitializeNode();                                   //初始化棋子
            //获取父窗口
            CSrvFiveChessDlg * pDlg = (CSrvFiveChessDlg*)GetParent();
            pDlg->m_RightPanel.m_NetState.SetWindowText("网路状态:断开连接");
            Invalidate();                                       //更新界面
            m_LocalChessPT.x = m_LocalChessPT.y = -1;           //初始化最近放置的棋子坐标
            m_RemoteChessPT.x = m_RemoteChessPT.y = -1;
        }
    }
    CDialog::OnTimer(nIDEvent);
}
```

❑　游戏开始时，在客户端开启一个定时器，检测是否收到服务器端的网络状态测试信息。

```
void CChessBorad::OnTimer(UINT nIDEvent)
{
```

```
        if (m_IsConnect)
        {
            m_TestNum++;                                    //累加计数
            if (m_TestNum > 3)                              //与对方断开连接
            {
                m_TestNum = 0;
                m_IsConnect = FALSE;
                m_IsDown = FALSE;
                m_IsStart = FALSE;
                m_IsWin = FALSE;
                m_State = esEND;
                m_IsConnect = FALSE;
                InitializeNode();                           //初始化所有棋子
                CClientFiveChessDlg * pDlg = (CClientFiveChessDlg*)GetParent();
                pDlg->m_RightPanel.m_NetState.SetWindowText("网路状态:断开连接");
                Invalidate();                               //更新界面
                m_LocalChessPT.x = m_LocalChessPT.y = -1;   //初始化最近放置的棋子坐标
                m_RemoteChessPT.x = m_RemoteChessPT.y = -1;
            }
        }
        CDialog::OnTimer(nIDEvent);
}
```

❑ 客户端如果收到服务器端的网络状态测试信息，则将计数器归零。

```
TCP_PACKAGE tcpPackage;                                   //定义数据报
memcpy(&tcpPackage,pBuffer,sizeof(TCP_PACKAGE));          //复制数据报
if (tcpPackage.cmdType == CT_NETTEST )                    //测试网络状态
{
    m_TestNum = 0;                                        //接收到网络状态测试,计数为0
    m_ClientSock.Send(&tcpPackage,sizeof(TCP_PACKAGE));   //向服务器发送网络状态测试信息
}
```

9.4.5　游戏控制窗口设计

游戏控制窗口实现的主要功能包括开始游戏、悔棋、和棋、认输和游戏回放，效果如图 9-6 所示。

图 9-6　游戏控制窗口

1. 界面设计

游戏控制窗口界面布局如下。

（1）创建一个对话框类，类名为"CLeftPanel"。

（2）向对话框中添加按钮和图片控件。主要控件属性设置见表 9-2。

表 9-2　游戏控制窗口控件属性设置

控件 ID	控 件 属 性	关 联 变 量
IDC_STATIC	Type：Bitmap Image：IDB_PLAYER	无
IDC_BEGINGAME	Caption：开始	无
IDC_BT_BACK	Caption：悔棋	无
IDC_GIVE_UP	Caption：认输	无
IDC_BACK_PLAY	Caption：游戏回放	无
IDC_DRAW_CHESS	Caption：和棋	无

2. 关键代码

游戏控制窗口实现过程如下。

（1）处理"开始"按钮的单击事件，向对方发送开始游戏的请求。

```
void CLeftPanel::OnBegingame()
{
    CSrvFiveChessDlg *pDlg = (CSrvFiveChessDlg*)GetParent();
    pDlg->m_ChessBoard.BeginGame();                     //开始游戏
}
```

（2）为了增加网络五子棋的灵活性，在本模块中添加了悔棋功能。当用户想要悔棋时，需要向对方发送悔棋请求，如果对方同意悔棋，则双方都进行悔棋操作，如果对方不同意悔棋，则向发送请求的一方发出拒绝悔棋消息。

为了实现悔棋功能，在客户端和服务器端都定义了两个成员变量，分别记录当前用户最近放置棋子的逻辑坐标和对方最近放置棋子的逻辑坐标。实现悔棋的效果处理非常简单，只需要将最近放置的棋子的颜色设置为 ncUNKOWN，然后重绘窗口就可以了。这里有一个问题需要注意，在进行悔棋时，如果该轮到本地用户下棋时进行悔棋操作，需要撤销两个棋子，第一个棋子是之前对方放置的棋子，第二个棋子是之前本地用户放置的棋子。如果轮到对方下棋时进行悔棋，则只需要撤销一个棋子，即之前本地用户放置的棋子。下面给出实现悔棋功能的主要代码。

```
void CLeftPanel::OnBtBack()
{
    CSrvFiveChessDlg *pDlg = (CSrvFiveChessDlg*)GetParent();
    if (pDlg->m_ChessBoard.m_State==esBEGIN)            //判断游戏是否进行中
    {
        TCP_PACKAGE tcpPackage;                         //定义数据报
        tcpPackage.cmdType = CT_BACKREQUEST;            //设置悔棋请求信息
        //用户已经下棋
        if (pDlg->m_ChessBoard.m_LocalChessPT.x > -1
            && pDlg->m_ChessBoard.m_LocalChessPT.y > -1 )
        {
            //发出悔棋请求
pDlg->m_ChessBoard.m_ClientSock.Send(&tcpPackage,sizeof(TCP_PACKAGE));
```

```
        }
        else
        {
            MessageBox("当前不允许悔棋!","提示");
        }
    }
}
```

　　对方接收到悔棋消息，判断是否同意悔棋，如果同意，则进行悔棋处理，并向对方发送同意悔棋消息。如果不同意悔棋，则发送拒绝悔棋消息。

```
else if (tcpPackage.cmdType == CT_BACKREQUEST)        //对方发送悔棋请求
{
    if (MessageBox("是否同意悔棋?","提示",MB_YESNO)==IDYES)
    {
        CSrvFiveChessDlg *pDlg = (CSrvFiveChessDlg*)GetParent();
        //接收悔棋
        tcpPackage.cmdType = CT_BACKACCEPTANCE;
        m_ClientSock.Send(&tcpPackage,sizeof(TCP_PACKAGE));
        //进行本地的悔棋处理
        if (m_IsDown==TRUE)                          //该本地下棋了，只需要撤销一步
        {
            int nPosX = m_RemoteChessPT.x;
            int nPosY = m_RemoteChessPT.y;
            if (nPosX > -1 && nPosY > -1)            //用户已下棋
            {
                m_NodeList[nPosX][nPosY].m_Color = ncUNKOWN;      //重新设置棋子颜色
                NODE *pNode = new NODE();                //定义一个棋子
                //复制棋子信息
                memcpy(pNode,&m_NodeList[nPosX][nPosY],sizeof(NODE));
                m_BackPlayList.AddTail(pNode);          //向回放列表中添加棋子
                Invalidate();                           //刷新窗口
            }
            m_IsDown = FALSE;
        }
        else                                        //该对方下棋了，需要撤销两步
        {
            int nPosX = m_LocalChessPT.x;           //获取用户最近放置棋子的坐标
            int nPosY = m_LocalChessPT.y;
            if (nPosX > -1 && nPosY > -1)
            {
                m_NodeList[nPosX][nPosY].m_Color = ncUNKOWN;      //重新设置棋子颜色
                NODE *pNode = new NODE();                //定义棋子
                //复制棋子信息
                memcpy(pNode,&m_NodeList[nPosX][nPosY],sizeof(NODE));
                m_BackPlayList.AddTail(pNode);          //向回放列表中添加棋子
            }
            nPosX = m_RemoteChessPT.x;              //获取对方最近放置的棋子坐标
            nPosY = m_RemoteChessPT.y;
            if (nPosX > -1 && nPosY > -1)
            {
```

```
                    m_NodeList[nPosX][nPosY].m_Color = ncUNKOWN;      //重新设置棋子颜色
                    NODE *pNode = new NODE();                //定义棋子
                    //复制棋子信息
                    memcpy(pNode,&m_NodeList[nPosX][nPosY],sizeof(NODE));
                    //向回放列表中添加棋子
                    m_BackPlayList.AddTail(pNode);
                }
                Invalidate();                           //刷新窗口
            }
            m_LocalChessPT.x = -1;
            m_LocalChessPT.y = -1;
            m_RemoteChessPT.x = -1;
            m_RemoteChessPT.y = -1;
        }
        else                                        //拒绝悔棋
        {
            tcpPackage.cmdType = CT_BACKDENY;            //设置数据报命令类型表示拒绝悔棋
            //发送悔棋数据报
            m_ClientSock.Send(&tcpPackage,sizeof(TCP_PACKAGE));
        }
    }
```

发送请求的一方收到对方的答复信息，判断同意悔棋还是拒绝悔棋。如果同意悔棋，进行悔棋操作，如果对方拒绝了悔棋，则弹出消息提示框。

```
else if (tcpPackage.cmdType == CT_BACKDENY)                //对方拒绝悔棋
{
    MessageBox("对方拒绝悔棋!","提示");
}
else if (tcpPackage.cmdType == CT_BACKACCEPTANCE)          //对方同意悔棋
{
    CSrvFiveChessDlg *pDlg = (CSrvFiveChessDlg*)GetParent();
    //判断是否该本地用户下棋了,如果是则需要撤销之前对方下的棋子，然后再撤销本地用户下的棋子
    if (pDlg->m_ChessBoard.m_IsDown==TRUE)
    {
        int nPosX = m_RemoteChessPT.x;                      //获取对方最近放置的棋子坐标
        int nPosY = m_RemoteChessPT.y;
        if (nPosX > -1 && nPosY > -1)
        {
            m_NodeList[nPosX][nPosY].m_Color = ncUNKOWN;      //重新设置棋子颜色
            NODE *pNode = new NODE();                        //定义棋子
            //复制棋子信息
            memcpy(pNode,&m_NodeList[nPosX][nPosY],sizeof(NODE));
            m_BackPlayList.AddTail(pNode);                   //将棋子添加到回放列表中
        }
        nPosX = m_LocalChessPT.x;                           //获取用户最近放置的棋子坐标
        nPosY = m_LocalChessPT.y;
        if (nPosX > -1 && nPosY > -1)
        {
            m_NodeList[nPosX][nPosY].m_Color = ncUNKOWN;//重新设置棋子颜色
            NODE *pNode = new NODE();                        //定义棋子
```

```
                            //复制棋子信息
            memcpy(pNode,&m_NodeList[nPosX][nPosY],sizeof(NODE));
            m_BackPlayList.AddTail(pNode);                      //将棋子添加到回放列表中
        }
        Invalidate();                                          //刷新窗口

    }
    else                                            //该对方下棋了,只撤销本地用户下的棋子
    {
        int nPosX = m_LocalChessPT.x;               //获取用户最近放置的棋子坐标
        int nPosY = m_LocalChessPT.y;
        if (nPosX > -1 && nPosY > -1)
        {
            m_NodeList[nPosX][nPosY].m_Color = ncUNKOWN;        //重新设置棋子颜色
            NODE *pNode = new NODE();                           //定义棋子
            //复制棋子信息
            memcpy(pNode,&m_NodeList[nPosX][nPosY],sizeof(NODE));
            m_BackPlayList.AddTail(pNode);                      //将棋子添加到回放列表中
            Invalidate();                                      //刷新窗口
            m_IsDown = TRUE;
        }
    }
    m_LocalChessPT.x = -1;
    m_LocalChessPT.y = -1;
    m_RemoteChessPT.x = -1;
    m_RemoteChessPT.y = -1;
}
```

（3）处理"和棋"按钮的单击事件，向对方发送和棋请求。

```
void CLeftPanel::OnDrawChess()
{
    CSrvFiveChessDlg *pDlg = (CSrvFiveChessDlg*)GetParent();
    if (pDlg->m_ChessBoard.m_State==esBEGIN)                   //判断游戏是否进行中
    {

        TCP_PACKAGE tcpPackage;                                //定义数据报
        tcpPackage.cmdType = CT_DRAWCHESSREQUEST;              //设置和棋请求信息
        //发送和棋请求
        pDlg->m_ChessBoard.m_ClientSock.Send(&tcpPackage,sizeof(TCP_PACKAGE));
    }
}
```

（4）处理"认输"按钮的单击事件，向对方发送认输消息，同时结束当前游戏。

```
void CLeftPanel::OnGiveUp()
{
    CSrvFiveChessDlg *pDlg = (CSrvFiveChessDlg*)GetParent();
    if (pDlg->m_ChessBoard.m_State==esBEGIN)                   //判断游戏是否进行中
    {
        if (MessageBox("确实要认输吗?","提示",MB_YESNO)==IDYES)
        {
            TCP_PACKAGE tcpPackage;                            //定义数据报
            tcpPackage.cmdType = CT_GIVEUP;                    //设置数据报类型
```

```
                    //发送认输信息
                    pDlg->m_ChessBoard.m_ClientSock.Send(
                        &tcpPackage,sizeof(TCP_PACKAGE));
                    //进行游戏结束处理
                    //进行和棋处理，游戏结束
                    pDlg->m_ChessBoard.m_TestNum = 0;
                    pDlg->m_ChessBoard.m_IsDown = FALSE;
                    pDlg->m_ChessBoard.m_IsStart = FALSE;
                    pDlg->m_ChessBoard.m_IsWin = FALSE;
                    pDlg->m_ChessBoard.m_State = esEND;
                    pDlg->m_ChessBoard.InitializeNode();
                    pDlg->m_ChessBoard.Invalidate();                    //更新界面
                    //初始化用户最近放置的棋子坐标和对方最近放置的棋子坐标
                    pDlg->m_ChessBoard.m_LocalChessPT.x =
                        pDlg->m_ChessBoard.m_LocalChessPT.y = -1;
                    pDlg->m_ChessBoard.m_RemoteChessPT.x =
                        pDlg->m_ChessBoard.m_RemoteChessPT.y = -1;
                    MessageBox("您输了!","提示");
            }
        }
    }
```

（5）处理"游戏回放"按钮的单击事件，如果当前游戏已结束，则进行游戏回放。

```
void CLeftPanel::OnBackPlay()
{
    CSrvFiveChessDlg *pDlg = (CSrvFiveChessDlg*)GetParent();
    if (pDlg->m_ChessBoard.m_State==esEND)                    //游戏进行中不允许回放
    {
        if (pDlg->m_ChessBoard.m_BackPlayList.GetCount()>0)  //判断回放列表是否为空
        {
            //首先清空棋盘
            pDlg->m_ChessBoard.InitializeNode();
            pDlg->m_ChessBoard.Invalidate();                 //更新棋盘窗口
            pDlg->m_ChessBoard.GamePlayBack();               //进行游戏回放
        }
        else
        {
            MessageBox("当前没有游戏记录!","提示");
        }
    }
    else
    {
        MessageBox("当前不允许回放!","提示");
    }
}
```

（6）处理对话框的 WM_CTLCOLOR 消息，设置对话框的背景颜色。

```
HBRUSH CLeftPanel::OnCtlColor(CDC* pDC, CWnd* pWnd, UINT nCtlColor)
{
    HBRUSH hbr = CDialog::OnCtlColor(pDC, pWnd, nCtlColor);
    CBrush brush(RGB(247,227,199));                          //定义颜色画刷
    if (pWnd->m_hWnd == m_hWnd)
```

```
        {
            CDC* pwndDC = pWnd->GetDC();
            CRect rc;
            GetClientRect(rc);
            pwndDC->FillRect(rc,&brush);                //使用颜色画刷填充窗口
        }
        return  brush;
    }
```

9.4.6　对方信息窗口设计

对方信息窗口主要用于显示对方的 IP、昵称、网络状态等信息，并允许向对方发送文本数据。对方信息窗口效果如图 9-7 所示。

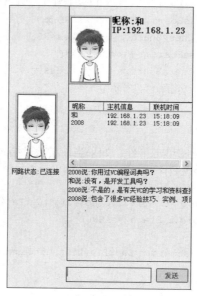

图 9-7　对方信息窗口

1. 界面设计

对方信息窗口界面布局如下。

（1）创建一个对话框类，类名为"CRightPanel"。

（2）向对话框中添加按钮、列表视图、静态文本、多功能编辑框等控件。

（3）设置控件主要属性，见表 9-3。

表 9-3　对方信息窗口控件属性设置

控件 ID	控件属性	关联变量
IDC_STATIC	Type：Bitmap Image：IDB_PLAYER	无
IDC_USERLIST	View：Report Sort：None	CListCtrl：m_UserList
IDC_CONVERSATION	Multiline：TRUE Read only：TRUE	CRichEditCtrl：m_MsgList
IDC_NETSTATE	Border：FALSE	CblackStatic：m_NetState
IDC_MESSAGE	Border：FALSE	CRichEditCtrl：m_Msg

2. 关键代码

对方信息窗口实现过程如下。

（1）处理对话框的 WM_SIZE 消息，在对话框大小位置改变时，调整窗口中控件的大小和位置。

```
void CRightPanel::OnSize(UINT nType, int cx, int cy)
{
    CDialog::OnSize(nType, cx, cy);
    if (m_Initialized == TRUE)
    {
        CRect editRC,cltRC,panelRC;
        GetClientRect(cltRC);                                //获取窗口客户区域
        m_Panel3.GetClientRect(panelRC);
        m_Panel3.MapWindowPoints(this,panelRC);              //映射窗口坐标
        m_Frame1.GetClientRect(editRC);
        m_Frame1.MapWindowPoints(this,editRC);
        int nPanelBottom = cltRC.Height()-m_nPanelToBottom;
        panelRC.bottom = nPanelBottom;
        m_Panel3.MoveWindow(panelRC);
        panelRC.DeflateRect(1,1,1,1);
        m_MsgList.MoveWindow(panelRC);                       //设置信息列表编辑框显示区域
        int nEditBottom = cltRC.Height()-m_nEditToBottom;
        int nEditHeight = editRC.Height();                   //获取编辑框高度
        editRC.bottom = nEditBottom ;
        editRC.top = nEditBottom-nEditHeight;
        m_Frame1.MoveWindow(editRC);
        editRC.DeflateRect(1,1,1,1);
        m_Msg.MoveWindow(editRC);                            //设置文本框显示区域
        CRect ButtonRC;
        m_SendBtn.GetClientRect(ButtonRC);
        editRC.OffsetRect(editRC.Width()+10,0);
        editRC.right = editRC.left + ButtonRC.Width();
        m_SendBtn.MoveWindow(editRC);                        //设置发送按钮显示区域
        GetParent()->Invalidate();                           //更新主窗口
    }
}
```

（2）处理"发送"按钮的单击事件，将编辑框中的文本发送给对方。

```
void CRightPanel::OnSendMsg()
{
    CSrvFiveChessDlg *pDlg = (CSrvFiveChessDlg*)GetParent();
    if (pDlg->m_ChessBoard.m_IsConnect)                      //判断是否处于连接状态
    {
        CString csText;
        m_Msg.GetWindowText(csText);                         //获取发送的文本信息
        if (!csText.IsEmpty() && csText.GetLength()< 512)    //验证文本长度
        {
            TCP_PACKAGE txtPackage;                          //定义数据报
            memset(&txtPackage,0,sizeof(TCP_PACKAGE));       //初始化数据报
            txtPackage.cmdType = CT_TEXT;                    //设置数据报类型
            strcpy(txtPackage.chText,csText);                //填充数据报文本
            //发送数据报
```

```
    pDlg->m_ChessBoard.m_ClientSock.Send(&txtPackage,sizeof(TCP_PACKAGE));
        //将发送信息添加到信息显示列表中
        CString csNickName = m_UserList.GetItemText(0,0);//获取用户昵称
        csNickName += "说:";
        csText = csNickName + csText;
        m_MsgList.SetSel(-1,-1);
        m_MsgList.ReplaceSel(csText);
        m_MsgList.SetSel(-1,-1);
        m_MsgList.ReplaceSel("\n");
        m_Msg.SetWindowText("");
    }
}
}
```

（3）处理对话框的 WM_CTLCOLOR 消息，设置对话框的背景颜色。

```
HBRUSH CRightPanel::OnCtlColor(CDC* pDC, CWnd* pWnd, UINT nCtlColor)
{
    HBRUSH hbr = CDialog::OnCtlColor(pDC, pWnd, nCtlColor);
    CBrush brush(RGB(247,227,199));                      //定义颜色画刷
    if (pWnd->m_hWnd == m_hWnd)
    {
        CDC* pwndDC = pWnd->GetDC();                      //获取窗口设备上下文
        CRect rc;
        GetClientRect(rc);
        pwndDC->FillRect(rc,&brush);                      //填充颜色画刷
    }
    return brush;
}
```

9.4.7 客户端主窗口设计

客户端主窗口主要由游戏控制窗口、棋盘窗口和对方信息窗口 3 个子窗口构成，效果如图 9-8 所示。

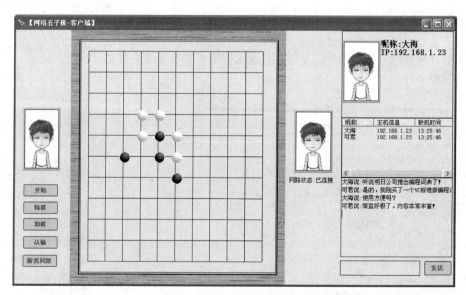

图 9-8 网络五子棋客户端窗口

在客户端主窗口中除了包含 3 个子窗口之外，没有放置任何控件，有关子窗口的布局是通过代码来实现的。

客户端主窗口实现过程如下。

（1）创建一个基于对话框的工程，工程名称为"ClientFiveChess"。工程向导将创建一个默认的对话框类——CClientFiveChessDlg，该类将作为网络五子棋客户端的主窗口。

（2）定义 3 个子窗口变量，分别表示游戏控制窗口、棋盘窗口、对方信息窗口。

```
CLeftPanel    m_LeftPanel;                                    //游戏控制窗口
CRightPanel   m_RightPanel;                                   //对方信息窗口
CChessBorad   m_ChessBoard;                                   //棋盘窗口
```

（3）在对话框初始化时创建游戏控制窗口、棋盘窗口和对方信息窗口，并调整这 3 个窗口的大小和位置。

```
BOOL CClientFiveChessDlg::OnInitDialog()
{
    //省略不必要的代码
    m_RightPanel.Create(IDD_RIGHTPANEL_DIALOG,this);          //创建对方信息窗口
    m_RightPanel.ShowWindow(SW_SHOW);                         //显示对方信息窗口
    CRect wndRC;
    m_RightPanel.GetWindowRect(wndRC);                        //获取对方信息窗口区域
    int nWidth = wndRC.Width();                               //获取窗口宽度
    CRect cltRC;
    GetClientRect(cltRC);                                     //获取主窗口客户区域
    int nHeight = cltRC.Height();                             //获取主窗口高度
    CRect pnlRC;
    pnlRC.left = cltRC.right-nWidth;
    pnlRC.top = 0;
    pnlRC.bottom = nHeight;
    pnlRC.right = cltRC.right;
    m_RightPanel.MoveWindow(pnlRC);                           //设置对方信息窗口显示区域
    int nRightWidth = nWidth;                                 //记录对方信息窗口的宽度
    m_LeftPanel.Create(IDD_LEFTPANEL_DIALOG,this);            //创建游戏控制窗口
    m_LeftPanel.ShowWindow(SW_SHOW);                          //显示游戏控制窗口
    m_LeftPanel.GetWindowRect(wndRC);                         //获取游戏控制窗口区域
    nWidth = wndRC.Width();                                   //获取游戏控制窗口宽度
    pnlRC.left = 0;
    pnlRC.top = 0;
    pnlRC.bottom = nHeight;
    pnlRC.right = nWidth;
    int nLeftWidth = nWidth;                                  //记录游戏控制窗口宽度
    m_LeftPanel.MoveWindow(pnlRC);                            //显示游戏控制窗口
    m_ChessBoard.Create(IDD_CHESSBORAD_DIALOG,this);          //创建棋盘窗口
    m_ChessBoard.ShowWindow(SW_SHOW);                         //显示棋盘窗口
    //计算棋盘的显示区域
    pnlRC.left = nLeftWidth;                                  //获取游戏控制窗口的宽度
    pnlRC.top = 0;
    pnlRC.bottom = nHeight;                                   //主窗口的高度
    pnlRC.right = cltRC.Width() - nRightWidth;  //整个窗口的区域去除对方信息窗口的宽度
    m_ChessBoard.MoveWindow(pnlRC);                           //设置棋盘窗口显示区域
```

```
        m_bCreatePanel = TRUE;
        return TRUE;
}
```

（4）处理对话框的 **WM_SIZE** 消息，在对话框大小改变时，调整子窗口的大小和位置。

```
void CClientFiveChessDlg::OnSize(UINT nType, int cx, int cy)
{
    CDialog::OnSize(nType, cx, cy);
    if (m_bCreatePanel)                                     //判断子窗口是否被创建
    {
        CRect wndRC;
        m_RightPanel.GetWindowRect(wndRC);                  //获取对方信息窗口的区域
        int nWidth = wndRC.Width();                         //获取对方信息窗口的宽度
        CRect cltRC;
        GetClientRect(cltRC);                               //获取主窗口客户区域
        int nHeight = cltRC.Height();                       //获取主窗口高度
        //定义窗口列表显示的区域
        CRect pnlRC;
        pnlRC.left = cltRC.right-nWidth;
        pnlRC.top = 0;
        pnlRC.bottom = nHeight;
        pnlRC.right = cltRC.right;
        m_RightPanel.MoveWindow(pnlRC);                     //显示对方信息窗口
        int nRightWidth = nWidth;
        m_RightPanel.Invalidate();                          //更新对方信息窗口
        m_LeftPanel.GetWindowRect(wndRC);                   //获取游戏控制窗口区域
        nWidth = wndRC.Width();                             //获取游戏控制窗口宽度
        pnlRC.left = 0;
        pnlRC.top = 0;
        pnlRC.bottom = nHeight;
        pnlRC.right = nWidth;
        m_LeftPanel.MoveWindow(pnlRC);                      //设置游戏控制窗口显示区域
        int nLeftWidth = nWidth;
        pnlRC.left = nLeftWidth;                            //为游戏控制窗口的宽度
        pnlRC.top = 0;
        pnlRC.bottom = nHeight;                             //主窗口的高度
        pnlRC.right = cltRC.Width() - nRightWidth;//整个窗口的区域去除对方信息窗口的宽度
        m_ChessBoard.MoveWindow(pnlRC);                     //设置棋盘窗口显示区域
        m_ChessBoard.Invalidate();                          //更新棋盘窗口
    }
}
```

（5）处理对话框的 **WM_GETMINMAXINFO** 消息，限制对话框的最小窗口大小。

```
void CClientFiveChessDlg::OnGetMinMaxInfo(MINMAXINFO FAR* lpMMI)
{
    lpMMI->ptMinTrackSize.x = 800;                          //限制窗口最小宽度
    lpMMI->ptMinTrackSize.y = 500;                          //限制窗口最小高度
    CDialog::OnGetMinMaxInfo(lpMMI);
}
```

在客户端的主窗口中包含有游戏控制窗口、棋盘窗口和对方信息窗口，这3个窗口的设计过程与服务器端对应的窗口设计过程是完全相同的，因此就不再单独介绍了。其设计过程请参考

9.4.4 节棋盘窗口设计、9.4.5 节游戏控制窗口设计和 9.4.6 节对方信息窗口设计。

9.5　调　试　运　行

　　客户服务器程序在调试时，由于要在两个进程间传递信息，因此调试难度远远大于单个程序，调试这种程序时，可以同时打开两个 Visual C++窗口，分别运行服务器端和客户端。但是同时在两个 Visual C++窗口中设置断点，有时又会顾此失彼。一般来说，如果我们只考虑程序的通信部分的功能，服务器端要比客户端复杂一些。因此，可以设计一个简单的提供数据的客户端，先忽略客户端的非通信部分功能，而集中完成它的通信部分功能，将它设计好，用它来为服务器提供数据。这样就可以只在服务器中设置断点，与调试单个程序就没有什么区别了。

9.6　课程设计总结

　　本章主要使用了套接字技术和 GDI 技术，通过网络五子棋程序的开发，我们可以进一步加深对这两种技术的理解。上一章的案例主要使用了数据库技术。可以说，数据库技术广范使用在各类软件中，网络通信则是当前计算机应用的热点领域。通过对这两个系统的开发，可以使我们掌握基本软件的开发方法。而更实用、更复杂的系统开发，则需要我们在实际应用中逐步积累经验。

A 类和对象概述

面向对象思想是人类最自然的一种思考方式，它将所有预处理的问题抽象为对象，同时了解这些对象具有哪些相应的属性以及展示这些对象的行为，以解决这些对象面临的一些实际问题，这样就在程序开发中引入了面向对象设计的概念，面向对象设计实质上就是对现实世界的对象进行建模操作。

现实世界中，随处可见的一种事物就是对象，对象是事物存在的实体，比如人、书桌、电脑、高楼大厦等。人们解决问题的方式总是将复杂的事物简单化，于是就会思考这些对象都是由何种部分组成的。通常都会将对象划分为两个部分，即动态部分与静态部分。静态部分，顾名思义，就是不能动的部分，这个部分被称为"属性"，任何对象都会具备其自身属性，例如一个人，包括高矮、胖瘦、性别、年龄等属性。然而具有这些属性的人会执行哪些动作也是一个值得探讨的部分，这个人可以哭泣、微笑、说话、行走，这些是这个人具备的行为（动态部分），人们通过探讨对象的属性和观察对象的行为了解对象。

B 类 的 定 义

在 C++中，定义一个类需要使用关键字 class，然后是类名，接着是被符号 "{" 和 "}" 包括的关键字、类成员和方法，最后是分号。

下面的代码声明了一个 CRectangle 类，包含两个数据成员和一个方法。

```
class CRectangle
{
private:                              //关键字
    unsigned int m_Length;           //数据成员
    unsigned int m_Width ;           //数据成员
public:                              //关键字
    unsigned int m_Id;               //数据成员
    void area();                     //方法
};
```

在定义 CRectangle 类时，并没有为其分配内存。它只是告诉编译器 CRectangle 包含哪些数据成员、方法和 CRectangle 占用多少内存空间。

C　类成员的访问

在访问类成员之前，需要为类定义一个对象，例如 CRectangle 类定义对象的代码如下。

```
CRectangle rect;
```

定义了对象之后，就可以通过对象来访问类的成员了，代码如下。

```
CRectangle rect;
rect.m_Id = 10;
rect.area();
```

访问类的成员时需要注意的是，类的成员（数据和方法）具有安全级别，所谓的安全级别是 public、private、protected 关键字。默认情况下，类的成员为私有的（private），私有成员只能在类本身的方法内访问，类的对象不能够访问私有成员，并且私有成员不能够被派生类继承。公有成员（public）能够被类的所有对象访问，并能够被派生类继承。保护成员（protected）不能够被对象访问，但能够被派生类继承。

在类外部不能访问私有成员和保护成员，只能访问公有成员。在 CRectangle 类，数据成员 m_Length 和数据成员 m_Width 是私有数据成员，数据成员 m_Id 是公有数据成员，在 main 函数中访问 CRectangle 类的 m_Length 和 m_Width 成员时，将出现编译错误。

D　构造函数和析构函数

在类中，构造函数和析构函数都是特殊的函数。从函数名可以看出，构造函数用于创建类的实例，析构函数用于销毁类的实例。

D.1　构造函数

在建立一个对象时，常常需要对对象进行初始化，为了进行初始化工作，C++提供了一个特殊的成员函数——构造函数（constructor）。

构造函数是一个与类名相同的方法，可以根据需要设置参数，但不具有返回值，甚至空值也不行。如果在声明类时，没有提供构造函数，编译器会提供一个默认的构造函数，默认构造函数没有参数，不进行任何操作。

下面的代码定义了一个 CRectangle 类，在该类中定义一个默认的构造函数，用于初始化数据成员。

```
class CRectangle
{
private:
    int m_Length;
    int m_Width ;
public:
    CRectangle() //构造函数
    {
```

```
            m_Length = 10;
            m_Width  = 15;
        }
        int m_Id;
        int area()
        {
            return m_Length * m_Width ;
        }
};

int main()
{
    CRectangle rect;
    int area;
    area = rect.area();
    printf("%d\n",area);
    return 0;
}
```

上段代码中，在构造函数 CRectangle()中为 CRectangle 类的私有数据成员进行赋值，并在 main 函数中调用 area 方法。运行结果如图 1 所示。

图 1   构造函数运行结果

一个类可以包含一个或多个构造函数，但是同一个类的构造函数必须具有不同的参数列表，参数列表在形参数量和类型上有所不同，只有这样，编译器才能将构造函数区分开。

下面的代码定义了一个 CRectangle 类，在该类中定义了两个构造函数，一个是没有参数的默认构造函数，另一个是具有两个整型参数的构造函数，在该函数中，根据传递的参数值初始化 CRectangle 类的数据成员。

```
class CRectangle
{
private:
    int m_Length;
    int m_Width;
public:
    CRectangle()                                //默认构造函数
    {
        printf("default constructor\n");
    }
    CRectangle(int length,int width )           //带参数的构造函数
    {
        m_Length = length;
        m_Width  = width;
        printf("%d\n",area());
    }
    int m_Id;
    int area()
```

```
    {
        return m_Length * m_Width;
    }
};

int main()
{
    CRectangle rect;                        //调用默认构造函数
    CRectangle CRectangle(10,12);           //调用带参数的构造函数
    return 0;
}
```

运行结果如图 2 所示。

图 2　多个构造函数运行结果

总的来说，构造函数的定义和其他方法的定义相同，但需要注意以下几点。

❑　构造函数不能指定返回类型和返回值。

❑　一个类可以有多个构造函数，如果没有定义构造函数，编译器会自动为类创建一个默认的构造函数。

❑　构造函数可以没有参数，也可以有多个参数，多个构造函数之间就是靠参数的个数和类型来区分的。

编译器除了提供默认的构造函数外，还提供了默认的复制构造函数。在一个函数中，当按值传递一个对象或是将对象作为函数的返回值时，都会调用类的复制构造函数。所有的复制构造函数都只有一个参数，即该类对象的引用。因为复制构造函数的目的是生成一个对象的拷贝，所以参数是类的对象的常量引用，即在复制构造函数中不允许修改参数。下面是声明一个复制构造函的语句，代码如下。

```
CRectangle(const CRectangle & theRectangle)
```

接下来通过一个段代码在 CRectangle 类中定义并调用复制构造函数，代码如下。

```
class CRectangle
{
private:
    int m_Length;
    int m_Width;
public:
    CRectangle(int length,int width )              //构造函数
    {
        m_Length = length;
        m_Width  = width;
    }
    CRectangle(const CRectangle & theRectangle)    //复制构造函数
    {
        m_Length = theRectangle.m_Length;
        m_Width  = theRectangle.m_Width;
```

```
            printf("%d\n",area());
        }
        int m_Id;
        int area()
        {
            return m_Length * m_Width;
        }
    };

    CRectangle CopyConstructor(CRectangle m_ra)
    {
        return m_ra;
    }

    int main()
    {
        CRectangle CRectangle(10,12);             //调用构造函数
        CopyConstructor(CRectangle);              //调用复制构造函数
        return 0;
    }
```

运行结果如图 3 所示。

图 3　复制构造函数运行结果

在这段代码中，调用了 CopyConstructor 函数，由于该函数是按值传递的，因此在调用 CopyConstructor 函数时，会执行复制构造函数，将实际参数复制一份传给形式参数，输出第一个计算结果。CopyConstructor 函数需要一个 CRectangle 类型的返回值，当函数返回 CRectangle 类型的对象时，会调用一次复制构造函数，将对象返回给被调用函数，输出第二个计算结果。

复制构造函数一般在以下情况下使用。

- 当用一个已存在的类对象初始化同一个类的新对象时。
- 把一个类对象的副本作为参数传递给参数时。
- 返回值为一个类对象时。

D.2　析构函数

对象完成使命并被撤消时，需要做一些善后工作，C++为类定义了一个与构造函数作用相对应的特殊函数——析构函数（destructor）。

析构函数在对象被撤消后清除并释放所分配的内存。析构函数与类同名，只是前面加一个 "～" 符号。析构函数同样没有返回值，而且没有参数。CRectangle 类的析构函数声明如下。

```
    ~CRectangle();
```

如果对象是在栈中被创建的，那么在对象失去作用域时，系统会自动调用其析构函数来释放对象占用的内存。

下面的代码定义了一个 CRectangle 类，在该类中定义了一个析构函数，用于在 CRectangle 对象被释放时输出一条语句。

```
class CRectangle
{
private:
    int m_Length;
    int m_Width ;
public:
    CRectangle()
    {
        printf("default constructor\n");
    }
    CRectangle(int length,int width)
    {
        m_Length = length;
        m_Width  = width ;
        printf("%d\n",area());
    }
    int m_Id;
    int area()
    {
        return m_Length * m_Width ;
    }
    ~CRectangle()                         //析构函数
    {
        printf("default destructor\n");
    }
};

int main()
{
    CRectangle rect;
    CRectangle CRectangle(10,12);
    return 0;
}
```

运行结果如图 4 所示。

图 4　析构函数运行结果

在 CRectangle 类中定义了两个构造函数，系统调用了两次析构函数。

E　方法重载和运算符重载

E.1　方法重载

方法重载是指同一个类中的多个方法共用一个名称，彼此之间以参数的类型和参数的个数相互区别，方法重载的好处是增加了程序的灵活性。

下面的代码定义了一个 CRectangle 类，在该类中定义了一个 setnum 方法，并且重载了 setnum 方法，代码如下。

```
class CRectangle
{
private:
    int m_Length;
    int m_Width;
public:
    CRectangle()
    {
    }
    void setnum(int length)  //setnum 方法
    {
        printf("%d\n",length);
    }
    void setnum(int length,int width)  //重载 setnum 方法
    {
        printf("%d\n",length + width);
    }
    ~CRectangle()
    {
    }
};

int main()
{
    CRectangle rect;
    rect.setnum(10);
    rect.setnum(10,11);
    return 0;
}
```

在上段代码中，编译器根据 setnum 方法的参数数量对两个 setnum 方法加以区分。

运行结果如图 5 所示。

图 5　方法重载运行结果

E.2　运算符重载

在 C++语言中不仅提供了方法重载，还提供了运算符重载功能，通过运算符的重载可以更形象直观地处理数据成员。运算符重载的格式如下。

返回值类型 operator 运算符 (参数列表)

下面的代码定义了一个 CRectangle 类，在该类中重载了运算符++，使运算符++的增长步长为2，代码如下。

```
class CRectangle
{
private:
    int m_Length;
```

```
        int m_Width;
public:
    CRectangle()
    {
        m_Length = 10;
    }
    ~CRectangle()
    {
    }
    int operator ++()
    {
        m_Length = m_Length + 2;
        return m_Length;
    }
};

int main()
{
    CRectangle rect;
    int i;
    i = ++rect;
    printf("%d\n",i);
    i = ++rect;
    printf("%d\n",i);
    return 0;
}
```

运行结果如图 6 所示。

图 6　运算符重载运行结果

注意

　　在 C++语言中，并不是所有的运算符都能重载的，C++中不允许重载的运算符见表 1。

表 1　C++中不允许重载的运算符

运 算 符	名　　称
.	成员运算符
.*	指针成员运算符
::	域运算符
?:	条件运算符

F　虚　函　数

　　在介绍虚函数之前要说一下多态性，多态性指的是一个接口具有多种功能。在 C++语言中，有一种运行时的多态性，就是虚函数。

　　虚函数的定义方法很简单，只要在基类中相应的方法定义原型前加上关键字 virtual 就可以将该方法定义成虚函数了。

　　下面先定义一个基类 CShape 类，CShape 类有一个派生类 CCircle 类，然后通过 CShape 类的对象来调用 CCircle 类的方法，代码如下。

```
class CShape
{
public:
    CShape();
    void output();
    ~CShape();
};

class CCircle : public CShape
{
public:
    CCircle();
    void output();
    ~CCircle();
};

CShape::CShape()
{
}

void CShape::output()
{
    printf("this is CShape\n");
}

CShape::~CShape()
{
}

CCircle::CCircle()
{
}

void CCircle::output()
{
    printf("this is CCircle\n");
}

CCircle::~CCircle()
{
}

int main()
{
    CShape* pSha = new CCircle;
    pSha->output();
    delete pSha;
    return 0;
}
```

在 C++中通常采用在类外定义类成员函数的方法。在类外定义成员函数时，必须使用作用域分辨符 "::" 来指定成员函数的归属。

运行结果如图 7 所示。

图 7　不使用虚函数的运行结果

通过运行结果发现上面的代码并没有实现想要的功能，这是因为将派生类的指针经过类型转换后成了指向基类的指针，所以就变成调用基类的方法了。在 C++中解决的方法就是引入虚函数，现在使用虚函数重写上面的代码。

```cpp
class CShape
{
public:
    CShape();
    virtual void output();
    ~CShape();
};

class CCircle : public CShape
{
public:
    CCircle();
    void output();
    ~CCircle();
};

CShape::CShape()
{
}

void CShape::output()
{
    printf("this is CShape\n");
}

CShape::~CShape()
{
}

CCircle::CCircle()
{
}

void CCircle::output()
{
    printf("this is CCircle\n");
}

CCircle::~CCircle()
{
}
```

```
int main()
{
    CShape* pSha = new CCircle;
    pSha->output();
    delete pSha;
    return 0;
}
```

运行结果如图 8 所示。

图 8　使用虚函数的运行结果

从上面的运行结果中可以看出，使用虚函数可以很好地完成要实现的结果。在上面的代码中，声明一个 CShape 指针，将其指向 CCircle 对象。在调用 output 方法时，实际上调用的是 Ccircle 对象的 output 方法，这正是虚函数起的作用。在调用一个虚函数时，是以对象运行时的类型确定的，而不以对象声明时的类型为准。

　　　　　CShape 类对象 pSha 只能够调用 CShape 类中声明的方法，不能调用 CCircle 类中存在而 CShape 类中不存在的方法。

C++中有一种特殊的虚函数——纯虚函数。纯虚函数在基类中只有声明，没有实现，而在函数结束的末尾添加 "=0"。这种不包含任何代码的虚函数称之为纯虚函数。

含有纯虚函数的类被称为抽象类，用户只能从抽象类派生子类，而不能声明抽象类对象。如果子类派生于一个抽象类，则子类必须实现抽象类中的所有纯虚函数。

在下面的代码中，首先定义了一个 CShape 类，该类提供了一个抽象方法 DrawShape，然后从 Cshape 类派生两个子类，CRectangle 和 CEllipse，在这两个子类中分别实现了 DrawShape 方法，最后在 main 函数中定义一个 CShape 指针 pSha，使其指向不同的对象，当调用 pSha 对象的 DrawShape 方法时，会根据 pSha 对象指向的对象调用相应的 DrawShape 方法。

```
class CShape
{
public:
    CShape();
    ~CShape();
    virtual void DrawShape() = 0;
};

CShape::CShape()
{

}

CShape::~CShape()
{

}
```

```
class CRectangle: public CShape
{
public:
    CRectangle();
    ~CRectangle();
    void DrawShape();                        //实现基类中的纯虚方法
};

CRectangle::CRectangle()
{

}

CRectangle::~CRectangle()
{

}

void CRectangle::DrawShape()
{
    printf("draw rectangle\n");
}

class CEllipse: public CShape
{
public:
    CEllipse();
    ~CEllipse();
    void DrawShape();                        //实现基类中的纯虚方法
};

CEllipse::CEllipse()
{

}

CEllipse::~CEllipse()
{

}

void CEllipse::DrawShape()
{
    printf("draw ellipse\n");
}

int main(int argc, char* argv[])
{
    CShape* pSha;

    int i;
    scanf("%d",&i);

    switch(i)
```

```
        {
    case 0:
        {
            pSha = new CRectangle;
            break;
        }
    case 1:
        {
            pSha = new CEllipse;
            break;
        }
    }
    pSha->DrawShape();

    delete pSha;
    return 0;
}
```

当输入 0 时运行结果如图 9 所示。

图 9　纯虚函数运行结果 1

当输入 1 时运行结果如图 10 所示。

图 10　纯虚函数运行结果 2

G　this 指针

每一个方法都有一个 this 指针。this 指针用于指向以该方法所属类定义的对象，当某个对象调用方法时，方法的 this 指针便指向该对象。因此，不同对象调用同一方法时，编译器将根据 this 指针所指的不同对象来确定应该引用哪一个对象的数据成员。

下面的代码定义了一个 Size 类，然后通过构造函数和 Size 类的 setnum 方法分别为数据成员 x 和 y 赋值。

```
class Size
{
public:
```

```
    int x;
    int y;
    Size();
    void setnum(int x,int y);
    ~Size();
};
Size::Size()
{
    x = 10;
    y = 10;
}
void Size::setnum(int x,int y)
{
    x = x;
    y = y;
}
Size::~Size()
{
}

int main()
{
    Size size;
    size.setnum(11,12);
    printf("%d,%d\n",size.x,size.y);
    return 0;
}
```

运行结果如图 11 所示。

图 11　不使用 this 指针的运行结果

通过运行结果发现数据成员 x 和 y 的值是在构造函数中被赋予的，而不是在 setnum 方法中，这是因为数据成员 x 和 y 在 setnum 方法中不被识别，setnum 方法只是将形参 x 和 y 的值赋给形参 x 和 y。

要解决这个问题有两种办法，一种是修改实参或者形参的名称，另一种就是使用 this 指针，下面就是使用 this 指针进行修改的程序代码。

```
class Size
{
public:
    int x;
    int y;
    Size();
    void setnum(int x,int y);
    ~Size();
};
Size::Size()
{
```

```
        x = 10;
        y = 10;
    }
    void Size::setnum(int x,int y)
    {
        this->x = x;
        this->y = y;
    }
    Size::~Size()
    {
    }

    int main()
    {
        Size size;
        size.setnum(11,12);
        printf("%d,%d\n",size.x,size.y);
        return 0;
    }
```

运行结果如图 12 所示。

图 12　使用 this 指针的运行结果

H　继　　承

继承是一种编程技术，可以从现有类中构造一个新类，通过新类来实现面向对象的程序设计。本节将从浅入深地介绍类的继承。

H.1　单继承

类的继承是指派生类可以全部或者部分继承基类的特征，同时加入所需要的新特征和功能。简单来说，派生类可以有选择地继承基类的某些数据成员和方法，同时定义一些新的数据成员和方法。新的类继承了原有类的特性，被称为原有类的派生类或子类，原有类被称为新类的基类或父类。而单继承就是以一个基类派生新类。

在派生一个新类时，使用 class 关键字，其后是类名称、冒号、访问限定符（public、private、protected）、基类名称。

例如从 CShape 类派生一个名为 CCircle 的类，代码如下。

```
class CCircle : public CShape
```

其中，CCircle 是类名称，CShape 是类 CCircle 的基类，public 是访问限定符，在 C++中，共有 3 种访问限定符，具体介绍如下。

□　访问限定符 public：表示对于基类中的 public 数据成员和方法，在派生类中仍然是 public，对于基类中的 protected 数据成员和方法，在派生类中仍然是 protected。

□　访问限定符 protected：表示对于基类中的 public、protected 数据成员和方法，在派生类中均为 protected。

□　访问限定符 private：表示对于基类中的 public、protected 数据成员和方法，在派生类中均为 private。

下面定义了一个 CShape 类，CShape 类中有一个 output 方法。

```
class CShape
{
public:
    CShape();
    void output(int x,int y);
    ~CShape();
};

CShape::CShape()
{
}

void CShape::output(int x,int y)
{
    printf("%d\n",x*y);
}

CShape::~CShape()
{
}
```

现在以 CShape 类为基类派生一个 CCircle 类。这样，CCircle 类就拥有了 CShape 类的所有非私有的数据成员和方法，代码如下。

```
class CCircle : public CShape
{
public:
    CCircle();
    void output(int x,int y);
    ~CCircle();
};

CCircle::CCircle()
{
}

void CCircle::coutput(int x,int y)
{
    printf("%d\n",x+y);
}

CCircle::~CCircle()
{
}
```

在 main 函数中通过 CCircle 类调用基类的 output 方法，代码如下。

```
int main()
```

```
{
    CCircle pCircle;
    pCircle.output(10,10);    //调用基类的方法
    pCircle.coutput(10,10);   //调用自己的方法
    return 0;
}
```
运行结果如图 13 所示。

图 13　单继承运行结果

H.2　多继承

多继承是指派生类有多个基类，这个派生类继承了多个无关基类的特性。多继承的格式如下。

class 类名称 : 访问限定符 1 基类 1 名称,访问限定符 2 基类 2 名称,……

在多继承中，派生类继承了多个基类的特征，每个基类都由一个访问限定符来控制其成员在派生类的访问权限。

多继承使程序重用性得到更大的发挥，可以通过已有的多个不同基类来生成需要的新类。

通过下面的代码定义两个类——CPlane 类和 CBus 类。

```
class CPlane
{
public:
    void fly();
    void output();
};

void CPlane::fly()
{
    printf("phane can fly\n");
}

void CPlane::output()
{
    printf("this is phane\n");
}

class CBus
{
public:
    void run();
    void output();
};

void CBus::run()
{
    printf("bus can run\n");
```

```
}

void CBus::output()
{
    printf("this is bus\n");
}
```

以 CPlane 类和 CBus 类为基类派生一个 CVehicle 类，代码如下。

```
class CVehicle : public CPlane,public CBus
{
public:
    void termini();
};

void CVehicle::termini()
{
    printf("this is termini\n");
}
```

因为 CVehicle 类派生于 CPlane 类和 CBus 类，所以 CVehicle 类可以调用 CPlane 类和 CBus 类中的方法，代码如下。

```
int main()
{
    CVehicle veh;
    veh.fly();        //调用 CPlane 类的方法
    veh.run();        //调用 CBus 类的方法
    veh.termini();  //调用自己的方法
    return 0;
}
```

通过上面的代码虽然可以调用基类的方法，但是读者会发现一个问题，两个基类中都有一个 output 方法，如果按照上面的代码调用 output 方法就会出现错误，所以当要调用的方法在多个基类中都有时，就需要指出要调用哪个基类的方法，代码如下。

```
int main()
{
    CVehicle veh;
    veh.fly();                      //调用 CPlane 类的方法
    veh.run();                      //调用 CBus 类的方法
    veh.termini();                  //调用自己的方法
    veh.CPlane::output();          //调用 CPlane 类的 output 方法
    veh.CBus::output();            //调用 CBus 类的 output 方法
    return 0;
}
```

同理，当要调用的数据成员在多个基类中都有，而在派生类中没有时，就需要指出要调用哪个基类的数据成员。

采用多继承还有一个问题。如果类 CPlane 和 CBus 派生于同一个基类 CMachine，那么 CVehicle 类中就会有两个 CMachine 对象，如果直接调用 Cmachine 对象中的方法，就会出现编译错误，因为编译器不知道调用的是 CPlane 父类的方法，还是 CBus 父类的方法。在调用 CMachine 中的方法时，需要指定类名称，代码如下。

```
class CMachine
{
public:
```

```cpp
    void explain();
};

void CMachine::explain()
{
    printf("phane can machine\n");
}

class CPlane : public CMachine
{
public:
    void fly();
    void output();
};

void CPlane::fly()
{
    printf("phane can fly\n");
}

void CPlane::output()
{
    printf("this is phane\n");
}

class CBus : public CMachine
{
public:
    void run();
    void output();
};

void CBus::run()
{
    printf("bus can run\n");
}

void CBus::output()
{
    printf("this is bus\n");
}

class CVehicle : public CPlane,public CBus
{
public:
    void termini();
};

void CVehicle::termini()
{
    printf("this is termini\n");
}

int main()
{
    CVehicle veh;
```

```
    veh.CPlane::explain(); //调用 CPlane 类的 explain 方法
    return 0;
}
```

H.3 虚继承

在上一节中出现了两个基类都派生于同一个类的问题，在多继承中，如果派生的多个基类又派生于同一个基类，则对该基类的方法进行访问时就会产生错误，如果通过 virtual 关键字进行继承，就可以解决这个问题了，用 virtual 关键字进行的继承叫虚继承，当进行虚继承时，编译器会通过指针对其进行处理，使其只能产生一个基类子对象，这样在编译器就不会产生错误。虚继承的格式如下。

```
class 类名称 : virtual 访问限定符 基类名称
```

通过虚继承改写上一节的代码如下。

```
class CMachine
{
public:
    void explain();
};

void CMachine::explain()
{
    printf("phane can machine\n");
}

class CPlane : virtual public CMachine
{
public:
    void fly();
    void output();
};

void CPlane::fly()
{
    printf("phane can fly\n");
}

void CPlane::output()
{
    printf("this is phane\n");
}

class CBus : virtual public CMachine
{
public:
    void run();
    void output();
};

void CBus::run()
{
    printf("bus can run\n");
}

void CBus::output()
```

```
{
    printf("this is bus\n");
}

class CVehicle : public CPlane,public CBus
{
public:
    void termini();
};

void CVehicle::termini()
{
    printf("this is termini\n");
}

int main()
{
    CVehicle veh;
    veh.explain();
    return 0;
}
```

I 静态数据成员和静态方法

I.1 静态数据成员

C++允许在类中声明静态数据成员，所谓静态数据成员是指其数据属于类的，通过类名就可以访问数据成员。在声明类数据成员时，只要在类型前添加 static 关键字，该数据成员就变为静态数据成员。静态数据成员在声明时就分配了存储空间，而且类中所有的方法都可以访问这个静态数据成员，并且可以利用这个特性在同一个类中的各对象之间传递数据。声明静态数据成员不需要声明任何类实例，不过程序的其他部分不能访问非公用的静态数据成员。

下面的代码演示了如何通过类名设置和访问静态数据成员。

```
class CRectangle
{
public:
    static int data;
};

int CRectangle::data = 1; //初始化静态成员

int main(int argc, char* argv[])
{
    printf("%d\n",CRectangle::data);
    CRectangle::data = 10;
    printf("%d\n",CRectangle::data);

    return 0;
}
```

运行结果如图 14 所示。

图 14　访问静态数据成员的运行结果

 注意　静态数据成员必须被初始化。

前面已经说明了静态数据成员可以被多个对象所共有，无论定义多少个对象，内存中的静态数据成员只有一个。因此，当一个对象修改了静态数据成员，另一个对象在访问静态数据成员时，也会发生变化。

下面的代码中定义了一个类 CRectangle，声明了两个该类的对象，并且在对每个对象的静态数据成员进行修改后都进行了输出，代码如下。

```
class CRectangle
{
public:
    static int data;
};

int CRectangle::data = 1;  //初始化静态成员

int main(int argc, char* argv[])
{
    CRectangle m_ra1,m_ra2;
    printf("%d\n",m_ra1.data);
    printf("%d\n",m_ra2.data);

    m_ra1.data = 3;
    printf("%d\n",m_ra1.data);
    printf("%d\n",m_ra2.data);

    m_ra2.data = 5;
    printf("%d\n",m_ra1.data);
    printf("%d\n",m_ra2.data);

    return 0;
}
```

运行结果如图 15 所示。

图 15　修改静态数据成员的运行结果

I.2 静态方法

在类中可以声明静态数据成员，同样也可以声明静态方法。声明静态方法与声明普通方法相似，只是在方法返回值类型前添加 static 关键字。静态方法也是在编译时分配存储空间的，并且被所有的对象所共享。静态方法与静态成员数据一样，可以由类直接调用。

下面的代码定义了一个 CRectangle 类，在该类中声明了一个静态数据成员和一个静态方法。并在 main 函数中进行了调用，代码如下。

```
class CRectangle
{
public:
    static int data;
    static int getdata(int num);                //静态方法
};

int CRectangle::data = 1;                        //初始化静态成员

int CRectangle::getdata(int num)
{
    data= data + num;
    return data;
}

int main(int argc, char* argv[])
{
    //由类名直接调用静态方法
    printf("%d\n",CRectangle::getdata(1));

    //由对象调用静态方法
    CRectangle m_ra1,m_ra2;
    printf("%d\n",m_ra1.getdata(3));
    printf("%d\n",m_ra2.getdata(3));

    printf("%d\n",m_ra1.getdata(5));
    printf("%d\n",m_ra2.getdata(5));

    return 0;
}
```

运行结果如图 16 所示。

图 16 静态方法的运行结果

在静态方法中只能访问静态成员数据，而不能访问普通的成员数据。

J 友元类和友元函数

J.1 友元类

在开发应用程序时，一个类经常将另一个类的对象作为自己的成员。这样，在该类中就可以访问另一个类的公有（public）数据和方法了。但是，有些时候需要访问另一个类中的私有数据成员和方法，该如何实现呢？

C++中提供了友元类，友元类实现了一个类对另一个类的无限制访问，一个类在确认另一个类为友元后，可以让另一个类读写自己的所有私有数据成员和方法。

下面的代码定义了一个 CBus 类和一个 CPlane 类，在 CBus 类中，将 CPlane 类声明为自己的友元类，这样，在 CPlane 类中就可以访问 CBus 类中的私有数据成员和方法了。

```
class CBus
{
public:
    CBus();
    friend class CPlane;                    //将 CPlane 作为自己的友元类

private:
    int career;
    void output();
};

CBus::CBus()
{
    career = 60;
}

void CBus::output()
{
    printf("this is bus\n");
}

class CPlane
{
public:
    CBus bus;
    int gatdata();
    void gatfun();
};

int CPlane::gatdata()
{
    return bus.career;                      //访问 CBus 中的私有数据成员
}

void CPlane::gatfun()
{
    bus.output();                           //调用 CBus 中的私有方法
```

```
}

int main(int argc, char* argv[])
{
    CPlane plane;
    printf("%d\n",plane.gatdata());
    plane.gatfun();

    return 0;
}
```

运行结果如图 17 所示。

图 17　友元类的运行结果

友元关系不能传递。如果 A 是 B 的友元，B 是 C 的友元，并不意味着 A 是 C 的友元。
友元关系也不能够继承，如果 A 是 B 的友元，C 派生于 A，不意味着 C 是 B 的友元。

J.2　友元函数

前面已经介绍了友元类，可是用到友元类的时候并不多，因为很多时候不想让整个类成为另一个类的友元，而是只需要一种方法，使另一个类的个别方法可以读写当前类的数据成员。这时可以指定某个特定的函数为类的友元，这种特定的函数称为友元函数。

下面的代码中，在 CPlane 类的声明中将 CBus 类的 write 方法设置为自己的友元函数，这样，在 CBus 类的 write 方法中，就可以访问 CPlane 类中的私有数据和方法了。

```
class CPlane;

class CBus
{
public:
    CPlane* hand;
    void write();
    CBus();
    ~CBus();
};

class CPlane
{
private:
    int fingernum;
public:
    friend void CBus::write();        //将 CBus 的 write 方法设置为友元函数
    int FetFingernum();
    CPlane();
```

```
};

CBus::CBus()
{
    hand = new CPlane;
}

CBus::~CBus()
{
    delete hand;
}

void CBus::write()
{
    hand->fingernum = 3;                    //访问 CPlane 的私有数据
}

int CPlane::FetFingernum()
{
    return fingernum;
}

CPlane::CPlane()
{
    fingernum = 5;
}

int main(int argc, char* argv[])
{
    CBus bus;
    bus.write();
    printf("%d\n",bus.hand->FetFingernum());

    return 0;
}
```

运行结果如图 18 所示。

图 18　友元函数的运行结果

K　头文件的重复引用

在设计类的时候，通常是把类的定义和方法的实现分别放到不同的文件中，把类的定义及方法的声明放到头文件中（.h 文件），把方法的实现放到源文件中（.cpp 文件）。下面介绍如何向工

程中添加头文件和源文件。(实例位置:光盘\mingrisoft\sl\02\01\Example.dsw)

首先打开一个工程,在菜单中选择 File/New 命令,在弹出的 New 对话框下的 Files 选项卡中选择 C/C++ Header File(头文件)或 C++ Source File(源文件)选项。

然后在 File 编辑框中输入头文件或源文件的名称,如 Machine.h 或 Machine.cpp,如图 19 所示。

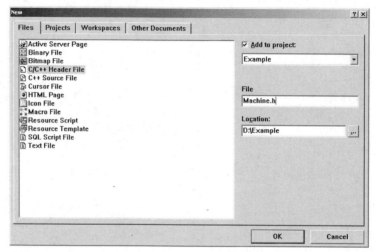

图 19　New 对话框

最后单击 OK 按钮完成新文件的添加。

还有一种办法也可以向工程中添加头文件和源文件。先在工程目录中创建文本文件,然后将文件的扩展名改为.h 文件或.cpp 文件,打开工程,在菜单中选择 Project/Add To Project/Files 命令,弹出 Insert Filesinto Project 对话框,选择要添加的文件,如图 20 所示。

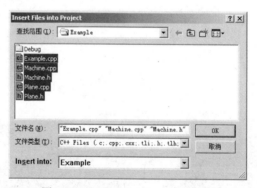

图 20　Insert Filesinto Project 对话框

单击 OK 按钮完成新文件的添加。

现在来看一下添加的文件,其中包含两个类和一个源文件,Machine 类是基类,Plane 类是 Machine 类的派生类,Example.cpp 源文件中定义的是 main 函数。

Machine 类头文件代码如下。

```
class Machine
{
public:
    Machine();
    ~Machine();
```

```
    void explain();
};
```

Machine 类源文件代码如下。

```
#include "Machine.h"              //在源文件中要包含头文件
#include <stdio.h>                //要使用 printf 函数需要包含 stdio.h 文件

Machine::Machine()
{
}

Machine::~Machine()
{
}

void Machine::explain()
{
    printf("phane can machine\n");
}
```

在包含头文件时，""表示先搜索当前目录，然后是系统目录和 PATH 所列出来的目录，<>表示搜索系统目录和 PATH 所列出来的目录，不搜索当前目录。

Plane 类头文件代码如下。

```
#include "Machine.h" //因为 Plane 类是从 Machine 类派生的，所以要包含 Machine 类的头文件

class Plane : public Machine
{
public:
    Plane();
    ~Plane();
    void fly();
    void output();
};
```

Plane 类源文件代码如下。

```
#include "Plane.h"
#include <stdio.h>

Plane::Plane()
{
}

Plane::~Plane()
{
}

void Plane::fly()
{
    printf("phane can fly\n");
}

void Plane::output()
{
    printf("this is phane\n");
}
```

Example.cpp 文件中代码如下。

```
#include "Machine.h"
#include "Plane.h"

int main()
{
    Machine Mac;
    Mac.explain();
    Plane Pla;
    Pla.fly();
    return 0;
}
```

编译程序时会出现如下结果。

```
d:\example\machine.h(2) : error C2011: 'Machine' : 'class' type redefinition
```

意思是发生了头文件的重复引用，这是因为 Plane 类中也引用了 machine.h 文件。要解决这个问题，需要在 machine.h 文件中通过#define 定义一个宏。修改后的 Machine 类头文件代码如下。

```
#ifndef MACHINE_H
#define MACHINE_H

class Machine
{
public:
    Machine();
    ~Machine();
    void explain();
};

#endif
```

现在程序就可以正常运行了，运行结果如图 21 所示。

图 21　头文件的重复引用的运行结果

L 小　结

本节以 C++面向对象开发为主题，包括类和对象的概述、类的定义和成员的访问、构造函数和析构函数、方法重载和虚函数、this 指针和继承等内容，以循序渐进的方式介绍面向对象的程序设计。

附录 2
在 VC 中新建及重载类的界面操作

以 CEdit 类为基类派生一个 CNumberEdit 类。

在编辑框控件的属性中有一个 Number 属性，选中该属性可以使编辑框成为数字编辑框，但是该属性有一个很大的缺点。当该属性被选择后，编辑框中只能输入数字，但是 "." 和 "–" 等常用的符号却不能输入，这就给用户造成了很大的麻烦，也使得程序员很少在程序中使用这一属性。可是数字编辑框在程序中是非常必要的，通过限制输入数据，可以更好地避免操作失误，所以本节就以 CEdit 类为基类派生一个 CNumberEdit 类，从而实现数字编辑框功能。

步骤如下。

（1）创建一个基于对话框的应用程序，将对话框的 Caption 属性修改为 "数字编辑框"。

（2）向对话框中添加 1 个编辑框控件。

（3）选择 Insert/New Class 命令，打开 New Class（新建类）对话框，在 Name 编辑框中输入类名 CNumberEdit，在 Base class 组合框中选择基类 CEdit，如图 1 所示。

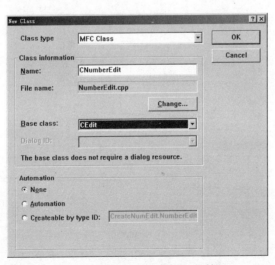

图 1 New Class（新建类）对话框

（4）单击 OK 按钮创建 CNumberEdit 类。

（5）为 CNumberEdit 类处理 WM_CHAR 消息，在该消息的处理函数中修改控件对用户输入数据的响应。代码如下。

```
void CNumberEdit::OnChar(UINT nChar, UINT nRepCnt, UINT nFlags)
{
```

```
if(nChar == 8 || nChar == 45 || nChar == 46)        //允许输入退格键、减号和小数点
{
    CEdit::OnChar(nChar, nRepCnt, nFlags);          //调用基类的方法
    return;
}
if(nChar<48 || nChar>57)                            //允许输入数字
    nChar = 0;                                      //设置键值为0
else
    CEdit::OnChar(nChar, nRepCnt, nFlags);          //调用基类的方法
}
```

说明　　退格键的 ASCII 码是 8，减号的 ASCII 码是 45，小数点的 ASCII 码是 46。

（6）在对话框的头文件中引用 NumberEdit.h 头文件。

实例的运行结果如图 2 所示。

图 2　数字编辑框